千華數位文化
Chien Hua Learning Resources Network

U0165299

考前充分準備　臨場沉穩作答

千華公職資訊網
http://www.chienhua.com.tw
每日即時考情資訊　網路書店購書不出門

千華公職證照粉絲團 f
https://www.facebook.com/chienhuafan
優惠活動搶先曝光

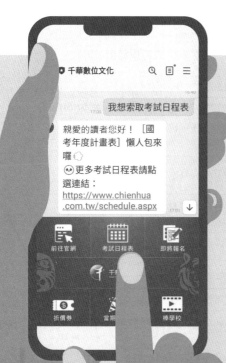

千華 Line@ 專人諮詢服務

☑ 有疑問想要諮詢嗎？
　歡迎加入千華 LINE @！

☑ 無論是考試日期、教材推薦、
　勘誤問題等，都能得到滿意的服務。

☑ 我們提供專人諮詢互動，
　更能時時掌握考訊及優惠活動！

台灣電力(股)公司新進僱用人員甄試

壹、報名資訊

一、報名日期：以正式公告為準。

二、報名學歷資格：公立或立案之私立高中（職）畢業。

貳、考試資訊

一、筆試日期：以正式公告為準。

二、考試科目：

(一) 共同科目：國文為測驗式試題及寫作一篇，英文採測驗式試題。

(二) 專業科目：專業科目A採測驗式試題；專業科目B採非測驗式試題。

類別		專業科目
1.配電線路維護	國文(10%) 英文(10%)	A：物理(30%)、B：基本電學(50%)
2.輸電線路維護		
3.輸電線路工程		A：輸配電學(30%) B：基本電學(50%)
4.變電設備維護		
5.變電工程		
6.電機運轉維護		A：電工機械(40%) B：基本電學(40%)
7.電機修護		
8.儀電運轉維護		A：電子學(40%)、B：基本電學(40%)
9.機械運轉維護		A：物理(30%)、 B：機械原理(50%)
10.機械修護		
11.土木工程		A：工程力學概要(30%) B：測量、土木、建築工程概要(50%)
12.輸電土建工程		
13.輸電土建勘測		
14.起重技術		A：物理(30%)、B：機械及起重常識(50%)
15.電銲技術		A：物理(30%)、B：機械及電銲常識(50%)
16.化學		A：環境科學概論(30%) B：化學(50%)
17.保健物理		A：物理(30%)、B：化學(50%)
18.綜合行政類	國文(20%) 英文(20%)	A：行政學概要、法律常識(30%)、 B：企業管理概論(50%)
19.會計類	國文(10%) 英文(10%)	A：會計審計法規(含預算法、會計法、決算法與審計法)、採購法概要(30%)、 B：會計學概要(50%)

詳細資訊以正式簡章為準

歡迎至千華官網(http://www.chienhua.com.tw/)查詢最新考情資訊

經濟部所屬事業機構
111年新進職員甄試

一、報名方式：一律採「網路報名」。

二、學歷資格：教育部認可之國內外公私立專科以上學校畢業，並符合各甄試類別所訂之學歷科系者，學歷證書載有輔系者得依輔系報考。

完整考試資訊

https://reurl.cc/bX0Qz6

三、應試資訊：

(一)甄試類別：各類別考試科目及錄取名額：

類別	專業科目A(30%)	專業科目B(50%)
企管	企業概論 法學緒論	管理學 經濟學
人資	企業概論 法學緒論	人力資源管理 勞工法令
財會	政府採購法規 會計審計法規	中級會計學 財務管理
資訊	計算機原理 網路概論	資訊管理 程式設計
統計資訊	統計學 巨量資料概論	資料庫及資料探勘 程式設計
政風	政府採購法規 民法	刑法 刑事訴訟法
法務	商事法 行政法	民法 民事訴訟法
地政	政府採購法規 民法	土地法規與土地登記 土地利用
土地開發	政府採購法規 環境規劃與都市設計	土地使用計畫及管制 土地開發及利用

類別	專業科目A(30%)	專業科目B(50%)
土木	應用力學 材料力學	大地工程學 結構設計
建築	建築結構、構造與施工 建築環境控制	營建法規與實務 建築計畫與設計
機械	應用力學 材料力學	熱力學與熱機學 流體力學與流體機械
電機(一)	電路學 電子學	電力系統與電機機械 電磁學
電機(二)	電路學 電子學	電力系統 電機機械
儀電	電路學 電子學	計算機概論 自動控制
環工	環化及環微 廢棄物清理工程	環境管理與空污防制 水處理技術
職業安全衛生	職業安全衛生法規 職業安全衛生管理	風險評估與管理 人因工程
畜牧獸醫	家畜各論(豬學) 豬病學	家畜解剖生理學 免疫學
農業	植物生理學 作物學	農場經營管理學 土壤學
化學	普通化學 無機化學	分析化學 儀器分析
化工製程	化工熱力學 化學反應工程學	單元操作 輸送現象
地質	普通地質學 地球物理概論	石油地質學 沉積學

(二)初(筆)試科目：

　　1.共同科目：分國文、英文2科(合併1節考試)，國文為論文寫作，英文採測驗式試題，各占初(筆)試成績10%，合計20%。

　　2.專業科目：占初(筆)試成績80%。除法務類之專業科目A及專業科目B均採非測驗式試題外，其餘各類別之專業科目A採測驗式試題，專業科目B採非測驗式試題。

　　3.測驗式試題均為選擇題（單選題，答錯不倒扣）；非測驗式試題可為問答、計算、申論或其他非屬選擇題或是非題之試題。

(三)複試(含查驗證件、複評測試、現場測試、口試)。

四、待遇：人員到職後起薪及晉薪依各所用人之機構規定辦理，目前各機構起薪約為新臺幣3萬6仟元至3萬9仟元間。本甄試進用人員如有兼任車輛駕駛及初級保養者，屬業務上、職務上之所需，不另支給兼任司機加給。

※詳細資訊請以正式簡章為準！

 千華數位文化股份有限公司 ■新北市中和區中山路三段136巷10弄17號
■TEL: 02-22289070　FAX: 02-22289076

目 次

第一章　流體運動

第二章　流體動力

第三章　白努力方程式

序言

多少畢業後的機械與環工學子的疑惑壓力是力嗎？靜壓與動壓有差？流體力學的質點與動力學質點假設的差異？質點力學較剛體少那些假設？材料力學的應力應變與流體力學的變形速率與剪力的差異性?熱流在封閉性與開放性作功定義與動力學作功的差異？

筆者深感新進同仁或剛畢業的學子辛苦工作又忙準備考試，對於浩瀚的大學力學課程若能濃縮整理，將有助準備國家或研究所各項考試，而且，在從事機械或環保的職場工作，也能快速進入專業技術領域。本書流體力學介紹日常流場物理現象開始，原理的推導也會從動力學不同觀點探討，期讀者從流體力學中體會動力學，從動力學觀點比較流體力學的差異。流體機械含括實務常用的泵、水輪機及風機、空壓機等，期剛進入職場新鮮人不陌生；材料力學篇幅包含工廠製造常碰到的機械材料常識。熟讀本書內容，除可應付一般考試外，對工廠的實務也會有幫助。

感謝千華數位文化甯經理開遠特別的提醒，好的參考書就是讓讀者方便閱讀且能了解，不用再去補習班花費面授時間；力學的理論與題目無止境，貴在能觸類旁通，本書花篇幅在例題的解答分析，引用研究所、高考及經濟部各型試題做解說，系統蒐集整理解答近10年機械類科高考流體力學（流體機械）與工程力學（動力學與材料力學）試題，節省學子準備的時間及了解力學考題的內容趨勢，並把力學常用到的向量與工程數學，放入書末俾讀者直接參考翻閱。

整本書花費兩年時間整理，期間，感謝台大邱律萱及成大機研所邱律堯多方建議，謝謝內人佩怡的支持；更感謝有多年航海經驗與焚化操作的老同事林永信組長和朱鴻儀組長實務上的指導，尤其是編輯辛苦編排校正，讓本書得以完成，在此感謝，書中若有錯誤，亦請讀者包涵指正。

推薦序

寬厚君是我臺灣大學應用力學研究所碩士班的同學，公職及專技高考高分及格後，公職期間仍未忘情力學理論，優游流體力學、流體機械、動力學及材料力學（含機械材料）與工作實務之間，怡然自得、游刃有餘。寬厚君有感於力學初學者的疑惑，故將其對力學原理及實務應用的體悟整理成書，以過來人的第一手經驗，為有志於公職及專技高考的學子，多角度地分析動力學、材料力學與流體力學的異同之處，並藉由舉例應用不同的原理來解答各式題目，幫助瞭解各學科的關聯性，有助讀者融會力學原理及相關的應用。寬厚君為人踏實，離開學校後仍繼續自我要求學習，更進而將其心得與成果著書與人分享，爰樂為之序。

國立中央大學機械工程學系教授兼系主任及能源所所長

鍾志昂

寬厚君多年來投身環境維護、垃圾車輛維修、及焚化處理工作，累積足夠的專業知識和工廠實務經驗，利用公暇，整理與機械相關的流體力學(機械)及工程力學(材料)等專業資料，引用例題引導學子熟悉原理應用，並能填補欲從事機械與環保人員專業知識的不足，及增進新進人員學理與實務的快速結合，減少實務工程理論的迷失。編寫成書要靜下心整理繁瑣公式資料，需耗掉許多寶貴時間，這要很大的毅力，寬厚君工作實務繁忙，秉持著理論與經驗傳承的美意，期能提升解決工廠永無止境問題的能力。

前臺北市政府環境保護局　局長

吳盛忠

研究所/高考/經濟部/台電　考題分析

機械科別的三大力學流體力學、材料力學及動力學,及與工廠實務相關的工程材料與流體機械,不同型考題的難易程度比較,國立研究所的考題較難且範圍廣,而經濟部與台電考題屬為基礎型,高考考題難易程度則居中。工程力學為例,經濟部與台電的考題,材料力學僅於拉力、壓力、剪力、剪力與應變的分析與樑的應力,而動力學則在質點動力學的分析,範圍固定且相似度高。高考的材料力學範圍則觸及到樑的撓度,動力學則延伸到剛體平面運動,而研究所考題則各擴及到較複雜的樑撓度計算、衝量與動量碰撞及三維的剛體運動。

流體力學的考題在高考與經濟部大部分範圍在靜壓力計算、動量方程式、伯努力方程式的應用及因次分析。而研究所則深入到管內黏性流及邊界層原理。至於與工廠實務相關的工程材料與流體機械,除非,真正有實務接觸過才會有感覺,否則,也只能靠理解盡量熟背。

面對不同性質的考試,會有不同的考試科目,而且是不同的範圍,畢竟每人的時間有限,所以,對於辛苦學子或忙碌工作新鮮人的,要準備不同的考試是很大負荷。本書,盡可能摘要濃縮內容,有研究所的程度,高考的內容,經濟部與台電的基礎,減少學子準備的功夫,原理實例有研究所試題例題解析,近十年高考考題解答,與台電考題解答。重要考題解答中並再補充重要觀念,且適時對同一例題做不同的解法,書籍涵蓋科目多,讀者可依自己的需求翻閱,可了解各型考題的範圍內容,並從原理例題解說中增進自己的專業程度。以下,整理本書各章節的流力及工程力學近十年高考考題題數供參。

考題趨勢表

章節	機械高考近十年(題數)
第一章　流體運動	
第二章　流體力學分析	109(2)、108(4)、107(2)、106(1)、105(3)、104(4)、103(3)、102(2)、101(0)、100(4)
第三章　白努力方程式	109(1)、108(1)、107(2)、106(2)、105(1)、104(1)、103(2)、102(2)、101(4)、100(0)
第四章　流體機械	—
第五章　質點與剛體運動學	—
第六章　質點動力學	—
第七章　質點系統與剛體平面運動	109(2)、108(1)、107(1)、106(2)、105(1)、104(1)、103(1)、102(1)、101(2)、100(1)
第八章　剛體三維運動	—
第九章　材料力學	109(2)、108(2)、107(2)、106(2)、105(3)、104(2)、103(2)、102(3)、101(2)
第十章　機械機件	—

參考書目

1.Beer Johnston, Jr.著 徐祥禎譯(圓山圖書有限公司)
2.動力學研析　柯學志編著(科技圖書股份有限公司)
3.流體動力學 Richard H.F.Pao著 林崇民‧李文彬譯(曉圓出版社)
4.流體力學概論 莊書豪 楊琳鏗 編著(高立圖書有限公司)
5.應用力學總整理 陳洋主編(九軍圖書出版社)
6.材料力學 王亞平‧李國榮‧康淵編著(新文京開發出版有限公司)
7.流體機械 黃博全編著(曉園出版社)
8.金屬材料 呂璞石‧黃振賢(文京圖書)

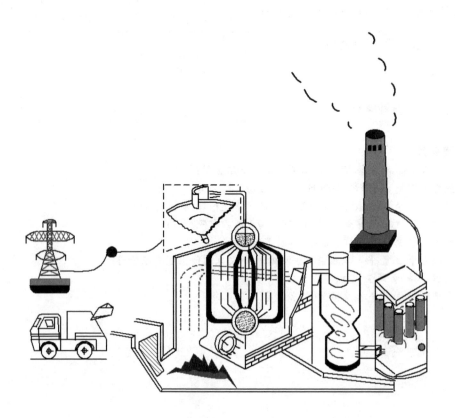

第一章 流體運動

1-1 日常流體物理現象

一、流體與固體

受剪應力作用流體會產生連續且永久變形，即流體無法在靜止狀態下承受任何剪應力。而固體在彈性限內受剪應力，應力與應變呈線性關係，當應力去除後可回復到初始的狀態。

二、壓縮性－密度與溫度及壓力

流體體積彈性模數(bulk modulus)定義：$B = -V[\frac{\partial P}{\partial V}]_T = \rho[\frac{\partial P}{\partial \rho}]_T$ （單位為 Pa）

流體體積彈性模數描述流體加壓後體積的變化比例，體積模數愈小愈易壓縮，一般液體的體積彈性模數在 10^6 到 10^{10} 間，而氣體的體積彈性模數很小，些微的壓力即會造成密度的變化。

壓縮系數(coefficient of compressibility)：$\beta = \frac{1}{B} = -\frac{1}{V}\frac{\partial V}{\partial P} = \frac{1}{\rho}\frac{\partial \rho}{\partial P}$

不可壓縮流彈性模數 B 趨近無窮大，而壓縮系數 β 為零。

流體之密度是隨溫度與壓力而改變，密度隨溫度之變化更勝於壓力變化(溫度變化即造成煙囪自然對流現象)，熱力學結合流體之壓力與密度變化，$v = v(T,P)$，所以，體積的變化量經微分可得，即 $dv = [\frac{\partial v}{\partial T}]_P dT + [\frac{\partial v}{\partial P}]_T dP$

氣體滿足氣體方程式外，仍需滿足連續方程式與動量方程式，氣體的壓縮性比液體大很多，一般情形下，應當作可壓縮流體處理，但如果壓力差較小，運動速度較小，且無很大的溫度差，也可近似將氣體視為不可壓縮的；但，當氣體流速在 0.3 倍音速以上時，則須考慮壓縮效應。

例題 1

某液體體積為 $5m^3$，體積模數 $4.5GPa$，壓力由初始 $100KPa$ 升到 $450KPa$，求液體體積變化量。

解：$\dfrac{\Delta V}{V} = -\dfrac{\Delta P}{B}$

$$\Rightarrow \Delta V = -V(\dfrac{\Delta P}{B}) = (-5)(\dfrac{(450-100) \times 10^3}{4.5 \times 10^9}) = -3.88 \times 10^{-4} (m^3) = -388(cc)$$

液體體積減少 $388(cc)$

三、作用於流體上力量

作用於流體粒子上力量分為質量力與表面力(固體力學稱此表面力為外力)，質量力大小與粒子質量有關，如重力、離心力與電磁力。而表面力是因與周圍的流體、固體壁的接觸引起，依特性有壓力、剪力等；另一種型式為表面張力、毛細現象。以下針對表面張力、毛細現象、壓力與剪力作一說明。

(一) **表面張力**：表面張力使液體表面像一張表面膜，在兩種不混合液體交接處抵抗張力，維持最小接觸面，昆蟲可在水面上行走，小物體(如針頭，刀片)可漂浮。表面張力的形成係同處在液體表面薄層內的分子的特殊受力狀態，液體分子與鄰近其他不同分子間的吸引力，當液體表面液體分子被下方的液體分子向內拉，所有表面的分子受到此向內的吸引力時，相對抗衡的是使液體的表面像拉長的彈性膜，因此液體盡可能地拉緊自身致擁有最小表面積。表面張力因次為[F/L]，其淨力為特徵長度乘上表面張力，此特徵長度為液體與固體或氣體表面接觸長度。

氣泡與液滴表面張力：

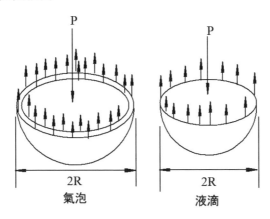

氣泡內部壓力 $P=\dfrac{4\sigma}{R}$　[$\pi R^2 P=2(2\pi R\sigma)$，因氣泡有內外膜兩表面]

液滴內部壓力 $P=\dfrac{2\sigma}{R}$　[$\pi R^2 P=(2\pi R\sigma)$]

σ 為表面張力

(二) **毛細現象**：液體內聚力與壁面附著力兩者形成的引力，附著力的影響大，則濕潤接觸固體表面接觸面升高，內聚力的影響明顯，則液體表面在接觸面會降低。

毛細管水面上升高度：

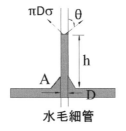

水毛細管

A 點壓力與自由表面壓力相等，表面張力與液體重成平衡

⇒液體重 $W=\pi D\sigma\cos\theta$

因為液體重 $W=\rho g(\dfrac{\pi D^2}{4})h$

得 $h=(4\sigma\cos\theta)/(\rho gD)$

(三) **靜水壓力**：流體控制體積力體圖上的壓力，假
設方向如圖。

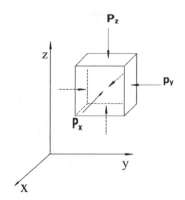

壓力單位：

1. 公制系統：單位為巴斯卡 Pa(N/m²)

2. 英制系統：psf 單位(lbf/ft²)，psi 單位(lbf/in²)

3. 大氣壓力大小及單位：

$1atm=101325(Pa)=101.3(kPa)$

$1atm=760(mmHg)$

$1atm=1kg/cm^2=1bar=14.7psi$

當流體靜止或流動時任二連接平面無相對速度運動時，流體任一點無剪應
力，惟一存在的為垂直方向應力，即壓力，亦稱為液靜壓。

壓力無一定方向為純量，無剪應力(流體靜止或等速運動)情況，流體內任一
點壓力與方向無關，且非向量，流體上任一點壓力為：

此即巴斯葛定理。

但若存在一平面，平面上因壓力所產生的力為垂直此平面，此垂直力為
向量。

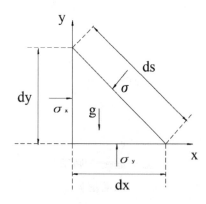

等速或靜止(無相對速度，無剪應力)，以 $\sigma_x \sigma_y$ 表垂直應力

x 方向力平衡：$\sigma_x dydz+(-\sigma dzds\ sin\theta)=0$

y 方向力平衡：$\sigma_y dxdz+(-\sigma dzds\ cos\theta)+(-\rho dxdydz)=0$

因 $dy/ds=sin\theta$，$dx/ds=cos\theta$，經整理

x 方向力平衡：$\sigma_x dydz - \sigma dydz = 0$，得 $\sigma_x = \sigma$

y 方向力平衡：$\sigma_y dxdz - \sigma dxdz - \rho gdxdydz/2 = 0$，得 $\sigma_y = \sigma + \rho gdz/2$

當 dx→0、dy→0、dz→0，楔形體趨近一點，則 $\sigma_x = \sigma_y = \sigma = p$

換言之，靜止流體任意微小面垂直應力相等，且與面的方向無關。

當流體流動發生剪應力，此點正應力各方向均不相同，壓力定義任三互相垂直方向之正應力的平均值為

$$P = \frac{-1}{3}(\sigma_{xx} + \sigma_{yy} + \sigma_{zz})$$

觀念理解

1. 流體分子無相對運動，則速度梯度為零、無剪應力。無剪應力力體分析時，因僅考慮正應力，故得壓力具有等向性，此壓力為靜水壓力(hydrostatic pressure)。

2. 靜止流體、等速運動或無黏滯性運動時，因無黏滯力，故壓力為等向性。

3. 流體流動有相對運動時，則各向正應力不相等，定義流體上任一點機械壓力(mechanical pressure)為該處三互相垂直正應力的平均值 $\frac{1}{3}(\sigma_{11} + \sigma_{22} + \sigma_{33})$，機械壓力為分子移動動能的量測指標，與量測分子振動、轉動和移動等型態指標的熱力學壓力有別，對於理想氣體與不可壓縮流體，此二值則相同。

例題 2

浸沒於流體中之單位面積所受之垂直於作用面之力，稱為壓力。而該力來自於流體分子撞擊作用面。人類生活在大氣中，由前述可知大氣中處處存在著壓力，亦即大氣壓力。壓力表示方式有：絕對壓力與表壓力。各位學子考官請說明這兩種壓力之差異。【海大河工所】

解：絕對壓力為實際的壓力值，即相對於真空所量測之壓力，表壓力係相對壓力，為絕對壓力減掉大氣壓力後之壓力，所以表壓力若為負值係其壓力小於大氣壓力。

觀念理解

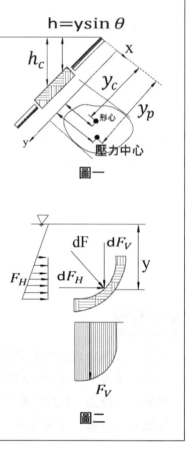

圖一

圖二

1. 靜止流體中水壓隨水深而變化，作用在水中物體平板作用力大小為物體平板形心上的壓力與平板面積的乘積。

2. 作用在水中物體平板作用力的位置
   $y_p = y_c + I_{xc}/(y_c A)$
   I_{xc}：通過面積 A 的形心且與 x 軸平行的慣性矩。
   (圖一)

3. 作用在水中曲面板作用力分為水平分量與垂直分量，水平分量作用力通過垂直投影面的壓力中心，作用力大小為形心處的壓力與曲面垂面的面積乘積；垂直分量作用力通過曲面上所有容積的形心，而作用力大小為曲面上所有容積的流體重。(圖二)

例題 3

如圖所示，一矩形木板，厚度及質地均勻，設其比重為 0.75，厚度為 1.2cm，板底以一絞鍊固定，設板長為 2.0m，水深為 1.0m，木板所受浮力與重力達平衡狀態，求木板之傾斜角 α 為若干度。【地特】

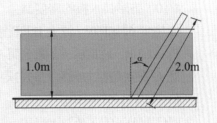

解： 浮力 B 即是排開的液體重，依壓力的變化上下板厚均勻相等，所以浮力合力在 OC 的中點，方向向上，OC 長為 $\dfrac{1}{\cos\alpha}$

木板的比重為 0.75，所以 $\dfrac{W}{B} = \dfrac{2 \times 0.75}{(1/\cos\alpha)}$

在 O 點處浮力與重力的力矩平衡，

$$W \times (1 \times \sin\alpha) = B \times \left(\frac{1}{2}\right) \times \left(\frac{1}{\cos\alpha}\right)(\sin\alpha)$$

整理上式 $\dfrac{W}{B} = (\dfrac{1}{2}) \times (\dfrac{1}{\cos\alpha}) \Rightarrow \dfrac{W}{B} = (\dfrac{1}{2}) \times (\dfrac{1}{\cos\alpha}) = \dfrac{2 \times 0.75}{(1/\cos\alpha)} \Rightarrow \cos\alpha^2 = 1/3$

得 $\alpha = 35.3°$

例題 4

One cube foot of material weighting 67lb is allowed to sink in water as shown. A circular wooden rod 10ft long and 3in^2 cross section is attached to the weight and also to the wall. If the rod weights 3lb, what will be the angle, θ, for the equilibrium?【雲科大機械】

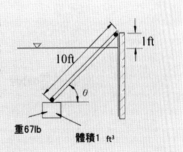

解：設方形長木板浸入水之長度為 ℓ，占全長體積 $\ell/10$，方形長木板的密度為水密度 62.4lb/ft^3，浮力 B 即是排開的液體重，F_{B1}=1.3lb，位置於 $\ell/2$ 處，而 F_{B2}=62.4lbℓ 在 O 點處各浮力與重力的力矩平衡

[3×(10/2)+67×(10)]

=[(3/144)×(ℓ)×(62.4)×(10−ℓ/2)]+[62.4×10]

⇒15+670=(1.3)(l)×(10−ℓ/2)+624，

得 ℓ 為 7.52(12.48 不合)

所以，浮在水面長度為 10−7.52=2.48ft

θ 角為 $\sin^{-1}[(1/2.48)]$=23.8°

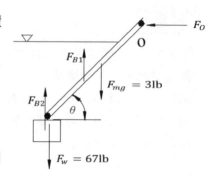

例題 5

Derive the governing equation for 2 two-dimensional incompressible potential flow in Cartesian coordinates. How to determine the pressure for the flow?【成大工科】

解：壓力值分析：二維不可壓縮、無黏性流場內任意點壓力值的變化 $dp=-\rho[(a_x-g_x)dx+(a_y-g_y)dy+(a_z-g_z)dz]$，因此對於靜止流體內壓力 $p=\rho gh$

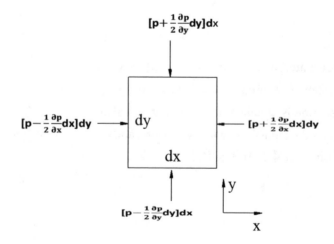

利用牛頓第二定律$\Sigma F_x = ma_x = \rho a_x dxdy$

$\Sigma F_y = ma_y = \rho a_y dxdy$

$$\Rightarrow \left\{\left[p - \frac{1}{2}\frac{\partial p}{\partial x}dx\right]dy\right\} - \left\{\left[p + \frac{1}{2}\frac{\partial p}{\partial x}dx\right]dy\right\} + \rho g_x dxdy = \rho a_x dxdy$$

$$\left\{\left[p - \frac{1}{2}\frac{\partial p}{\partial y}dy\right]dx\right\} - \left\{\left[p + \frac{1}{2}\frac{\partial p}{\partial y}dy\right]dx\right\} + \rho g_y dxdy = \rho a_y dxdy$$

上二式等號兩側均除以 dxdy

$$\Rightarrow \rho a_x = -\frac{\partial p}{\partial x} + \rho g_x \ , \ pa_y = -\frac{\partial p}{\partial y} + \rho g_y \Rightarrow \rho \vec{a} = -\nabla p + \rho \vec{g}$$

※本解題以力體圖分析，求得運動方程式，讀者也可參考後面 $\boxed{\text{式 2.3.7}}$ 的推導。

(四) **浮力**：阿基米德原理為流體作用於浮體上的浮力 F_B，即等於物體排開的液體重，浮力通過排量容積形心位置且垂直向上。物體浮於液體上，受外力漸壓入液體時，浮力會漸漸增加，物體全沉入液體則浮力為定值，等於排開物體體積的液體重，當物體沉入底部則浮力為 0。

浮體的穩定性

1. 浮體中心在重心之上⇒穩定平衡(stable equilibrium)。

2. 浮體中心與重心同位置⇒中性平衡(neutral equilibrium)。

3. 浮體中心在重心之下時⇒不穩定(unstable equilibrium)。

浮體中心在重心之下時，受一外力干擾，穩定中心在重心之上時則穩定(stable)，穩定中心在重心之上時，則不穩定(unstable)。

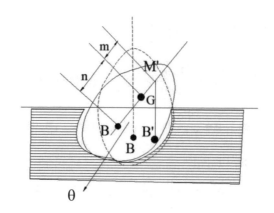

浮體重心 G 在浮力中心 B 之上時，受一外力傾斜 θ 角，沿 BG 線與新浮力中心 B′交於 M 點(穩定中心)，浮體傾斜角很小，新進入水中體積等於新浮出水面的體積且產生一力偶 $d\mu_R = x\gamma dV = x\gamma(x\Delta\theta)dA$

$\Rightarrow \mu_R = x\Delta\theta \int x^2 dA = \gamma\Delta\theta I_{yy}$，$I_{yy}$ 為水平線上浮體的軸向慣性矩

$\mu_R = W(m+n)\Delta\theta = \gamma\Delta\theta I_{yy} \Rightarrow m = [I_{yy}/V] - n$

m<0　浮體不穩定

m>0　浮體穩定

m=0　浮體於平衡位置

例題 6

浮體之均勻密度為 ρ_b，液體之密度為 ρ_1，如圖示 a>b，M：定傾中心(穩定中心 metacenter)G：形心，B：浮心，V：浮體積=被排出液體體積。試求 $\dfrac{a}{b}$ 之最大值。【高考】

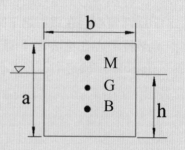

解：浮力 $F=\rho_l hb=\rho_b ab \Rightarrow h=(\rho_b/\rho_l)a$

MG(定傾中心)$=(I_y/V)-BG=[(\frac{1}{12}\cdot 1\cdot b^3)/(b\cdot h)]-\frac{1}{2}(a-h)$

將 $h=(\rho_b/\rho_l)a$ 帶入得 $MG=\frac{a}{12}(\frac{\rho_l b^2}{\rho_b a^2}-6+\frac{6\rho_b}{\rho_l})$

欲維持穩定，則 $MG \geq 0 \Rightarrow (\frac{\rho_l b^2}{\rho_b a^2}-6+\frac{6\rho_b}{\rho_l}) \geq 0 \Rightarrow (\frac{b}{a})^2 \geq 6\frac{\rho_b}{\rho_l}-\frac{6\rho_b^2}{\rho_l^2}$

因此，$(\frac{a}{b}) \leq (6\frac{\rho_b}{\rho_l}-\frac{6\rho_b^2}{\rho_l^2})^{-\frac{1}{2}}$

得 $\frac{a}{b}$ 之最大值為 $(6\frac{\rho_b}{\rho_l}-\frac{6\rho_b^2}{\rho_l^2})^{-\frac{1}{2}}$

(五) 剪應力：物質受一對拉力 V 作用，與斷面平行，單位面積上的力稱為剪應力 τ，如應力分布均勻則 τ=V/A。流體因流向橫斷面有速度的差異而發生剪力，此因黏性流體而產生的剪應力者稱為黏性剪應力，其大小與速度梯度有關。

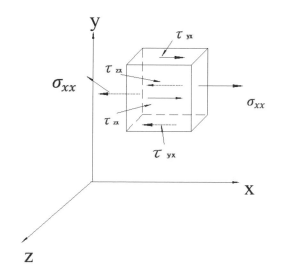

剪力方向說明例：τ_{xy} 應力為垂直於 x 軸之平面上。

四、流體虎克定律

材料力學定義應力與應變，固體受剪應力時，變形角度(shear strain)正比於剪應力，下列應力與應變關係：

垂直應力 $\qquad \sigma = \dfrac{P}{A}$

垂直應變 $\qquad \varepsilon = \dfrac{\Delta l}{l}$

剪應力 $\qquad \tau = \dfrac{F}{A}$

剪應變 $\qquad \gamma = \dfrac{\Delta x}{x}(= \tan \alpha = \alpha)$

任何斷面上垂直應力與剪應力同時存在，其大小因斷面而異，彈性變形時的虎克定律：

σ=Eε(E：縱彈性係數或楊式係數)

τ=Gγ(G：橫彈性係數，可參考 9-1 內容)

流體(包含液體與氣體)是受到剪應力(切線方向之力)時，流體會產生連續的變形，此連續變形流動的物理觀念(後面詳述的剪應力與速度梯度關係式)與固體定義上的不同，固體受剪應力雖發生變形，但不產生連續的變形。而流體受一切線方向剪應力時，其變形角度時間變化率(shear strain rate)正比此剪應力。

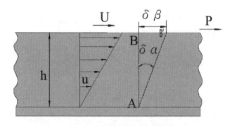

固定邊界

一平板以一速度 u 移動，流體與上板及下板均無相對速度(無滑動)，假設速度為線性，微小時間 δt 內，旋轉角度為 δα，δβ=Uδt：

$\tan(\delta\alpha) = \delta\alpha = \dfrac{\delta\beta}{h} = \dfrac{U\delta t}{h}$ ，因此 $\dfrac{\delta\alpha}{\delta t} = \dfrac{U}{h}$

而變形率 $\dot{\gamma} = \lim_{t\to 0} \delta\alpha / \delta t$ ，得 $\dot{\gamma} = \dfrac{u}{h} = \dfrac{du}{dy}$

$\dfrac{du}{dy}$ 為速度梯度,由上式得知,即為流體元素的剪應變速率

結論:牛頓流體變形率正比於剪應力:$\tau \propto \dot{\gamma}$,即 $\tau \propto \dfrac{du}{dy}$

剪應力與速度梯度關係表示為

$$\tau = \mu \dfrac{du}{dy}$$ 式 1.1.1

μ 為黏滯係數(viscosity)

觀念理解

1. 黏滯係數(動力黏滯度):流體內部抵抗流動的阻力,為流體剪應力與剪切速率之比。

   單位:C.G.S 制 $1\text{Poise(泊)} = \dfrac{\text{Dyne} \cdot s}{cm^2} = \dfrac{g}{cm \cdot s} = 0.1(\text{Pa} \cdot s)$

   M.K.S 制 $0.1 \dfrac{N \cdot s}{m^2} = \dfrac{kg}{m \cdot s} = 0.1(\text{Pa} \cdot s)$

   注意:常用的單位換算 $1\text{P(泊)} = 0.1 N \cdot s/m^2$。百分泊(Z)$= 1CP = \dfrac{1}{100} P$

2. 運動黏滯度(ν):液體在重力作用下流動時內摩擦力的量度,單位為 $\dfrac{cm^2}{s}$ (s.t 史托克)

3. 黏滯係數為相同變形速率下黏性的大小;而運動黏滯度為在相同加速度下黏性的大小。在水中較在空氣中難移動的原因為水的黏滯性大,雖水與空氣之運動黏滯度相差不大,但因水的密度較空氣大得多,致在水中移動較在空氣中為難。

五、牛頓流體

流體受剪應力時，角度變形率正比於剪應力，即黏滯係數為常數的流體稱為牛頓流體。而非牛頓流體，其黏滯係數非常數且常為速度梯度的函數。

自然界中，一般氣體的黏滯力隨溫度增加而增加，而液體黏滯力隨溫度增加而減小。流體依壓縮性大小分液體與氣體，氣體易壓縮稱為可壓縮流體，而液體為不可壓縮流體。

黏滯係數 μ：黏滯性大小的物理量，稱動力黏滯度，單位為(M/TL)。物理意義是產生單位剪向速率所需的剪向應力。

運動黏滯度 ν：動力黏滯度與流體密度的比值，單位為史托克(stoke)cm²/sec。流體黏滯度隨溫度變化有很大變化，但與壓力變化無關。

符合牛頓內摩擦定律的流體稱牛頓流體，否則，稱非牛頓流體。符合牛頓內摩擦定律係指在溫度不變條件下，μ 不隨流速梯度的變化而變，保持常數。一般水在低速下流動，與氣體均視為牛頓流體。

例題 7

試申論下列各題：
(1) 溫度升高時，氣體的黏滯性會升高或降低？為什麼？
(2) 溫度升高時，液體的黏滯性會升高或降低？為什麼？
(3) 何謂牛頓流體？試簡述之。【專技高考】

解： 分子黏滯力來自於分子間的吸引力與分子間的相互碰撞動量交換，氣體分子間密度低、距離遠，分子間相互碰撞影響大，所以，溫度愈高分子活動力愈大，相互碰撞動量大，彼此互相牽制也愈大，因此，黏滯係數也就愈大。而液體分子間較近，分子間相互吸引力佔大部分黏滯力組成，因溫度愈高，分子活動力增大，減少彼此間吸引力，因而黏滯係數愈小。

　　流體的剪應力與速度梯度成正比的特性，稱為牛頓流體。

六、非黏滯性流體

流體黏滯係數為零，意即流體不會附著於固體邊界，流體可自由滑過固體邊界。實務上沒有流體是無黏滯性的，只是其速度梯度與剪應力很小幾乎可不計，在流體力學為利分析常將流場化分為黏滯性邊界層流與邊界層外非黏性流。

1-2　流動描述

一、流體軌跡

描述流體流動軌跡有三種，流脈(streak line)、流線(stream line)、與流跡(path line)。

(一) **流脈**(streak line)：連續通過流場中固定點的流體質點軌跡。在風洞或水洞實驗中，煙或染色體連續固定點噴出而所觀察到即是流脈。

(二) **流線**(stream line)：流體質點運動的速度向量相切之線。

(三) **流跡**(path line)：流體質點所移動之路徑，質點影像速度儀利用流跡來測量流場中速度場。

流線上每一位置任何時間該處切線的向量即為速度，因此 $\dfrac{dx}{u} = \dfrac{dy}{v} = \dfrac{dz}{w}$，針對二維流場 $\dfrac{dx}{u} = \dfrac{dy}{v} \Rightarrow \dfrac{dx}{dy} = \dfrac{u}{v}$，解此微分方程即得流線方程式。流跡即質點移動路徑，所以

$$\frac{dx}{dt} = u \Rightarrow dx = udt$$

$$\frac{dy}{dt} = v \Rightarrow dy = vdt$$

$$\frac{dz}{dt} = w \Rightarrow dz = wdt$$

解上述微分方程即得流跡。

而，流脈方程式為針對第 i 個質點，其在各方向分量關係為

$$\frac{dx_i}{dt} = u_i \ , \ \frac{dy_i}{dt} = v_i \ , \ \frac{dw}{dt} = w_i$$

在穩定流場流脈(streak line)、流線(stream line)與流跡(path line)必重合。

試試看

描述速度場流動描述需空間 3 變數稱三維流動，僅需 1 變數來描述稱一維流動，如速度僅在 x 方向流動，且 $\dfrac{\partial}{\partial y}=0$，所以速度 u 僅為 x 的函數 u(x)(下圖 a)；若速度僅在 x 方向流動，僅與 y 位置無關($\dfrac{\partial}{\partial x}=0$)，所以僅為 y 函數 u(y)(下圖 b)。惟速度雖僅在 x 方向流動，與 x 位置有關又與 y 方向有關係時，此流動是二維流動(下圖 c)。

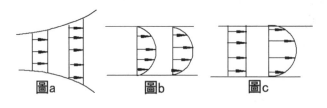

圖a　　　　圖b　　　　圖c

例題 8

下列敘述何者不符合在管路中一維(one-dimensional flow)流動的定義　(A)必須是直管　(B)流體速度為常數　(C)流體壓力為常數　(D)與時間無關。

解：(A)。管路是直管如是漸擴形，只要維持速度方向是常數仍是一維，答案為(A)。

例題 9

Consider the two-dimensional flow field defined by the following velocity components:

$$u=x(1+3t^2)，v=y$$

for this follow field, find the equation of

(1) the streamline through the point(1,1) at t=0.

(2) the path line for a particle released at the point(1,1) at t=0.

(3) the streakline at t=0 which passes through the point(1,1).

解：(1) the streamline $\dfrac{dx}{y}=\dfrac{dy}{v}\Rightarrow\dfrac{dx}{x\left(1+3t^2\right)}=\dfrac{dy}{y}$

經積分得 lnx=(1+3t²)lny+lnC

得 $x=Cy^{\left(1+3t^2\right)}$

B.C. t=0，通過(1,1)，求得 C=1

t=0，通過(1,1) streamline x=y

(2) the pathline $\dfrac{dx}{dt}=u\Rightarrow\dfrac{dx}{dt}=x\left(1+3t^2\right)$

$\dfrac{dy}{dt}=v\Rightarrow\dfrac{dy}{dt}=y$

$\Rightarrow x=C_1e^{\left(t+t^3\right)}$，$y=C_2e^t$

B.C. t=0，通過(1,1)，求得 C₁=1，C₂=1

得 pathline $x=e^{\left(t+t^3\right)}$，y=eᵗ

(3) the streakline $\dfrac{dx}{dt}=u=x\left(1+3t^2\right)\cdot\Rightarrow x=C_3e^{\left(t+t^3\right)}$

$\dfrac{dy}{dt}=v=y\Rightarrow y=C_4e^t$

在 t=tᵢ 於(1,1)放入染料得 $C_3=e^{\left(-t_i-t_i^3\right)}$，$C_4=e^{-t_i}$

得 $x=e^{\left(t+t^3-t_i-t_i^3\right)}$，$y=e^{\left(t-t_i\right)}$

t=0，通過(1,1) streakline $x=e^{\left(-t_i-t_i^3\right)}$，$y=e^{-t_i}$

二、流體運動遵守原則

流體運動是因流體質點受力發生的，所以，不論何種流體運動須遵守下列原則：

(一) **質點不滅定理**(conservation of mass)：此定理得到連續方程式。

(二) **能量不滅定律**(conservation of energy)：即熱力學第一定律，此定律得到流體能量方程式。

(三) **動量不滅定理**(conservation of momentum)：即牛頓第二定律，此定律得到流體奈維斯－史拓克方程式。

(四) **邊界條件**：流體運動受環境邊界條件的約束，如真實流體不能穿過邊界，不滑過固體邊界，即切線方向相對速度為零(理想流體的狀況是假設的)。

三、各種不同流場

(一) **均勻流**：流場中某點到某點的性質不變，如流速、壓力等，稱為均勻流，流體軌跡流體之流線均為平行，同時速度大小均為定值。

(二) **穩定流與不穩定流**：流體性質(速度、密度、壓力、溫度)不隨時間改變稱穩定流 $\dfrac{\partial V}{\partial t}=0$、$\dfrac{\partial \rho}{\partial t}=0$、$\dfrac{\partial P}{\partial t}=0$、$\dfrac{\partial T}{\partial t}=0$

(三) **非旋轉流場**(irrotational flow)：流場中旋轉度向量 $\vec{\omega}=\nabla \times \vec{V}=(\dfrac{\partial w}{\partial y}-\dfrac{\partial v}{\partial z})\vec{i}$

$+(\dfrac{\partial u}{\partial z}-\dfrac{\partial w}{\partial x})\vec{j}+(\dfrac{\partial v}{\partial x}-\dfrac{\partial u}{\partial y})\vec{k}$，當 ω 為零 $(\nabla \times \vec{V}=0)$ 時為非旋性流。

非旋性流是流體元素都不旋轉，這不旋轉觀念與動力學沒旋轉觀念一樣，非旋性流中流體元素作直線或曲線移動而不旋轉，元素中線保持相同指向(讀者可參考後面動力學章節說明)。

流體元素起初是非旋性流，但來自黏滯剪應力或因不均勻加熱擴散等，而發展成非旋性流。

日常生活中看到摩天輪每一小個座椅視為小質點，即為非旋轉流小質點。

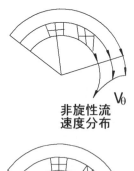

非旋性流速度分布

旋性流速度分布

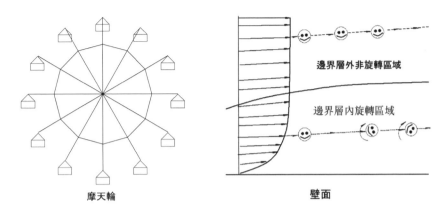

摩天輪 　　　　　　　　　　　　壁面

(四) **剛體流**：流體以剛體形態運動，運動中無變形發生，因沒變形所以無剪應力，僅有壓力。

(五) **枯魏(couette)流場(穩態、不可壓縮及完全展開層流)**：由邊界移動產生的流場，例如，兩平行板間，因板移動所造成之流場。

流體的流動來自邊界的移動，例如軸承潤滑。

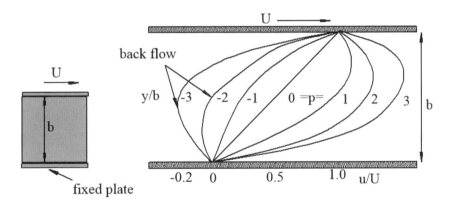

1. 速度分布 $u(y) = \dfrac{1}{2\mu}\left[\dfrac{dp}{dx}\right](y^2 - by) + \dfrac{U}{b}y$

2. 平行管流中壓力分布為 $p(x,y) = -\rho gy + \left(\dfrac{\partial p}{\partial x}\right)x + p_0$，垂直方向壓力分布與靜壓相同，水平方向壓力分布為線性。

3. u(y)無因次化表示，則 $\dfrac{u(y)}{U} = \dfrac{y}{b} + P(\dfrac{y}{b})(1 - \dfrac{y}{b})$ ，$P = -\dfrac{b^2}{2\mu U}(\dfrac{\partial p}{\partial x})$

速度的分布與參數 P 有關，在 P=0 時，$u(y) = U\dfrac{y}{b}$，從力圖分析，因剪應力與速度梯度成正比，在線性時，速度梯度造成剪應力上下平衡，流動前後也無壓力差。而在軸承潤滑情況，速度增加造成前面壓力增加。

(六) 斜面薄層流(穩態、不可壓縮及完全展開層流)

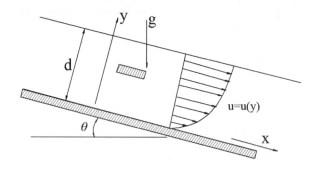

1. 牛頓流體剪應力為 $\tau = \mu\dfrac{du}{dy}$ ，流動厚度極薄，假設流體內壓力與大氣壓相同，流動動力來自重力 $\rho g \sin\theta$

2. $u(y) = \dfrac{\rho g}{2\mu}(2d - y)y\sin\theta$ ，當水平時又無前後壓力差則水流靜止。

(七) 波蘇拉(Poiseuille)流場(穩態、不可壓縮及完全展開管流)：管路內的壓力降產生流場，流體之流動係由壓力降(克服了管路摩擦與剪應力)及重力所產生的。波蘇拉(Poiseuille)流場速度場呈拋物線分布。

1. 圓管內速度場表示式 $u(r) = \dfrac{1}{4\mu}\left[\dfrac{dp}{dx} - \rho g \sin\theta\right](r^2 - r_o^2)$

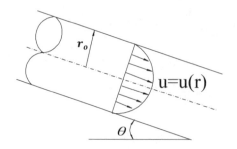

2. 圓管水平時 $u(r)=\dfrac{1}{4\mu}\left[\dfrac{dp}{dx}\right](r^2-r_0{}^2)$，壓力的分布 $p=-\rho gy+f(z)$，在垂直方向與靜壓相同。

3. 圓管水平時前後壓差 $\Delta P=\dfrac{128\mu LQ}{\pi D^4}=32\left(\dfrac{L}{D}\right)\dfrac{\mu\bar{u}}{D}$

$\Rightarrow \dfrac{\Delta P}{\rho}=h_L=\left(\dfrac{64}{R_e}\right)\left(\dfrac{L}{D}\right)\left(\dfrac{\bar{u}}{2}\right)=f\left(\dfrac{L}{D}\right)\left(\dfrac{\bar{u}^2}{2}\right)$

其中，Q：體積流率，r_0：外徑，$\bar{u}$：平均流速$=\dfrac{u_{max}}{2}$

例題 10

水平圓管層流流動，有關流率敘述，下列何者正確？　(1)正比於壓力降　(2)正比於流體黏度　(3)正比於管直徑三次方　(4)反比管長。

解：水平圓管流率與壓降公式為 $Q=(\pi r^4/8\mu)\left(\dfrac{\Delta p}{L}\right)$，因此答案為(1)(4)。

例題 11

一水平圓管直徑 10 公分，管中流體為水，其流速剖面為拋物線，最大流速為 0.5 公分/秒，已知管中 A 斷面與 B 斷面相距 10 公尺且壓力為均勻分布，試求兩斷面間之壓力水頭差與需加多少外力才能固定住管子？ μ 為 $0.001N\cdot s/m$【高考】

解：$u(r)=\dfrac{1}{4\mu}\left[\dfrac{dp}{dx}\right](r^2-r_o{}^2)$

$u_{max}(0)=-\dfrac{1}{4\mu}\left[\dfrac{dp}{dx}\right](r_o{}^2)$，

依題意最大流速為 0.5 公分/秒，

$\left[\dfrac{dp}{dx}\right]=-8\mu$

A 斷面與 B 斷面相距 10 公尺則壓力差($P_A - P_B$)為 80μ

壓力水頭差為 $\dfrac{80\mu}{(1000 \times 9.81)} = 8.155 \times 10^{-6}$ (m)

力平衡圖：$\Sigma F = 0 \Rightarrow (P_A - P_B)A = F$

得 $F = \dfrac{\pi 0.1^2}{4}(80 \times 0.001) = 0.000628N$(向左)

(此力大小也等於流體與管壁間的摩擦力)

1-3 黏滯性、邊界形狀、阻力與流速

一、層流、紊流與雷諾數

黏性流(viscous flow)分為層流(laminar flow)與紊流(turbulent flow)。連續進行的流體，其質點循的規則路徑進行者為層流;若其進行的路徑無規則可因循者為紊流，紊流進行各流體質點其路徑雖不相同，但在定流量下其平均速度不變(所以在實務上以平均速度作計算)。

判別層流、紊流的標準視雷諾數(Reynolds number)大小而定。雷諾實驗以不同管徑、不同流速、及不同流體進行實驗分析，分析發現以管徑 d、管中流體平均流速 V、流體密度 ρ 及動力黏滯度 μ，組成之無因次參數($R_e = \dfrac{\rho Vd}{\mu}$)，$N_R$ 大於某一數值時，管中成紊流，小於某數值時為層流。

生活的例子，點燃的香菸在菸頭處，煙流集中且穩定，當升到一定程度後，煙流就混亂了，前面集中那段稱為層流，後面稱為紊流。另外，從水龍頭流出來的水也一樣，水流速度愈下面速度愈快，當流速超過一定程度時水流由層流轉變為紊流。流體黏度愈大愈不易形成紊流，另與流體相互作用的物體大小也影響了紊流的形成。

雷諾數 $R_e = \dfrac{\rho VL}{\mu} = \dfrac{\rho VL}{\mu} \times \dfrac{\dfrac{LV}{V}}{\dfrac{V}{L}L^2} = \dfrac{\rho V^2 L^2}{\mu \dfrac{V}{L}L^2} = \dfrac{慣性力}{黏滯力}$，物理意義為慣性力與黏滯力之

比值。(例：慣性力$=\rho V^2 A$，剪力$=\tau A = \mu \dfrac{\Delta V}{\Delta L} A$)

二、流場阻力

流體具黏性，流經物體表面產生黏滯力與表面壓力，二力的投影與自由流相同方向稱為阻力(F_D)，與自由流垂直稱為升力(F_L)，定義阻力係數如下：

$C_D = F_D / (\dfrac{1}{2}\rho V^2 A_D)$　　A_D：F_D 力的作用面積

$C_L = F_L / (\dfrac{1}{2}\rho V^2 A_L)$　　A_L：F_L 力的作用面積

而依阻力源由分成摩擦阻力與壓力阻力：

(一) **摩擦阻力**：流體流經物體表面因黏滯效應，使物體表面會有摩擦力，此摩擦剪應力與速度梯度及接觸面積有關。非黏滯性流體可得到流線函數與速度勢，實務上，流場中物體表面會受到垂直於表面之壓力與切線方向剪應力(摩擦力)。因流體的黏滯性，物體表面上非滑動現象，流體速度在表面垂直方向有梯度存在，此速度乘上流體黏滯係數就是剪應力，方向與表面流體方向一致(剪應力係對物體表面而言)。

(二) **壓力阻力**：壓力阻力之分布與物體形狀有關，以圓球為例，圓柱前後壓力差所形成阻力即為壓力阻力，分離愈後面，尾流區域愈小，則壓力阻力愈小。常見到圓球依雷諾數大小的阻力係數如下：

$C_D = 24/R_e$	$R_e = 1$
$C_D = 24/R_e^{0.646}$	$1 < R_e < 400$
$C_D = 0.5$	$400 < R_e < 3 \times 10^5$

流體流經物體表面因逆向壓力梯度效應，使流體在物體後方產生分離脫離物體表面而形成低壓區，因此，在物體後方出現明顯的壓力差而形成壓力阻力，又稱之為形狀阻力。形狀阻力是由於物體的形狀造成流體在物體表面產生分離點形成尾流，致使物體前後壓力差產生阻力，流線形狀物體使分離點往後移動，造成尾流而降低形狀阻力，但，相對增加邊界層長度，使摩擦力增加。而物體表面粗糙度也與分離點有關係。

光滑表面球體的流動情形

分離點

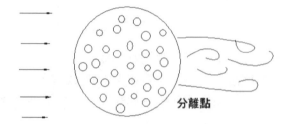

凹凸不平表面球體的流動情形

分離點

三、無黏滯性流體流經圓柱與圓球流場

無黏滯性流體流經圓柱流線的函數，可由等速流體與偶流合併得流線函數 $\Psi = -U(r - \dfrac{a^2}{r})\sin\theta$，勢函數 $\Phi = -U(r + \dfrac{a^2}{r})\cos\theta$，透過流線函數可求得圓柱及圓柱外流體速度。

圓柱流場速度分量為：

$$v_r = \frac{1}{r}\frac{\partial \Psi}{\partial \theta} = \frac{\partial \Phi}{\partial r} = -U[1 - \frac{a^2}{r^2}]\cos\theta \text{ , } v_\theta = -\frac{\partial \Psi}{\partial r} = \frac{1}{r}\frac{\partial \Phi}{\partial \theta} = U[1 + \frac{a^2}{r^2}]\sin\theta$$

在圓柱 r=a 處， $v_r = 0$ ， $v_\theta = 2U\sin\theta$

圓柱上壓力分布距圓柱遠處流速 U，壓力為 P_0，依白努力方程式圓柱上壓力分布：$\dfrac{P_0}{\rho}+\dfrac{U^2}{2}=\dfrac{P}{\rho}+\dfrac{V^2}{2}$

得圓柱上壓力分布 $P=P_0+\dfrac{1}{2}\rho U^2\,[\,1-4\sin\theta\,]$，因此 $C_P=(P-P_0)/[\,\dfrac{1}{2}\rho U^2\,]$

白努力方程式求得圓柱上壓力分布 $p=p_0+\dfrac{1}{2}\rho\,U^2\,(1-4\sin^2\theta)$，如下圖。假設理想流不考慮黏滯力，圓柱上壓力造成的阻力積分 $D=\int p\cos\theta dA=\displaystyle\int_0^{2\pi}pa\cos d\theta=0$

此理論值並不符合實驗值自然現象，須由邊界層理論補充說明。

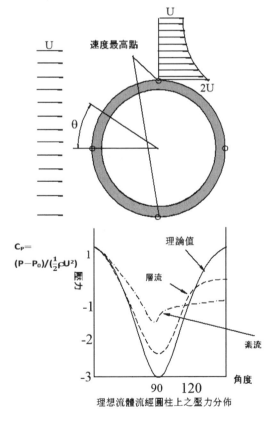

理想流體流經圓柱上之壓力分佈

注意：本題 θ 方向由−x 方向順時針為 θ，當取＋x 方向逆時針為正時，Ψ 與 Φ 的函數中 θ 以(π−θ)代入

觀念理解

1. 由圓柱表面速度分布,速度由停滯點(速度為零)後,速度逐漸上升到頂點後速度再下降。由白努力方程式知,速度上升後壓力下降,而當速度下降時壓力上升。
2. 因壓力的上升,流經圓柱表面後面會有分離現象。

四、黏滯性層流及紊流在圓柱表面壓力分布

理想流體流經圓柱表面壓力的分布情形,而在層流與紊流由於有邊界分離現象,導致形成前後壓差而產生壓力阻力,層流分離點在表面位置 θ=85°,紊流之分離點較層流延後(分離點在表面位置 θ=135°),所以紊流流體之壓力阻力較小。

流經圓柱表面的流體圓柱表面黏滯力與壓力施予與速度方向相反之力,當流體到某處無法維持前進方向,運動慣性為零,流動開始往後流動,此分界點稱為分離點,超過此點流體的流向是回流,即產生渦旋(vortex)。

以機翼位置 A、B、C 與 D 點說明壓力與速度分佈:流體流經到 B 點前速度上升壓力降低,此階段慣性力與壓力梯度同方向。B 到 C 點階段速度下降,壓力上升(不可直接單純以質點動力學觀念認為流體向下滑速度會繼續再上升,此階段慣性力須克服壓力梯度與邊界剪應力,速度分佈愈窄直到成為垂直,再往後出現反向回流,產生渦旋與尾波區。

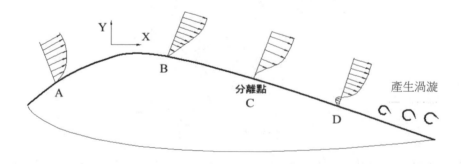

例題 12

管流在漸擴管與漸縮管內分離的現象有何不同？【鐵路高員類似題】

解：壓力增加才會有分離現象，依白努力方程式，在漸擴管速度會變慢，壓力會增加，與慣性力反向，壓力梯度增加可能造成分離現象，而漸縮管，因形成正向壓力梯度，故不會有分離現象。

五、卡門渦流

流經圓柱體的均勻流在分離點後形成渦流有規則向下游移動，此有規則序列渦流稱為卡門渦流，此穩定渦流有下列特性：

$\dfrac{h}{\ell} = 0.281$

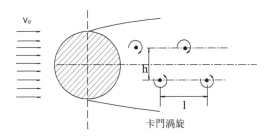

卡門渦旋

當渦流流出頻率和圓柱體自然頻率發生共振時，會加速圓柱體變形，圓柱表面上下兩分離點交替流出渦流會對圓柱產生橫向推力，導致圓柱振動，振動頻率和 Reynold($\dfrac{\rho VD}{\mu}$)數與 Strouhal($\dfrac{fD}{V}$)數有關，依圓柱體表面情況和形狀兩因素會有不同的 h/l，相同的 h/l 尾流，有相同的 S-R 關係圖

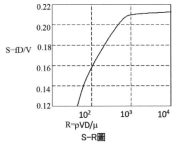

S-R圖

電線不管冬天或夏天因風吹而振動會有吱吱聲響，在冬天，電線桿間的電線因冷收縮電線縮短，電線崩得緊，風吹到電線引起振動，振動頻率較高，吱吱聲響音調較高，當夏天時溫度高，電線受熱膨脹電線較長，風吹電線振動頻率較低，以致可能聽不到聲音。

例題 13

流經圓柱空氣為例，當圓柱直徑增加 2 倍，而流速減為 1/2 時，渦流振動頻率為原來幾倍？

解：圓柱直徑增加 2 倍，D′=2D。流速減為 1/2，V′=1/2V

因此 R′=R，所以，S′=S

所以 f′D′/V′=fD/V，得 f′=(1/4)f

六、圓球阻力係數與表面粗糙度及雷諾數的關係

流線體的阻力會隨表面粗糙度增加而增大，因此，飛機機翼特別注意表面光滑度，極度鈍形體(如垂直流體的平板)阻力與表面粗糙度無關，因剪應力不會在上游，不形成阻力，鈍形體如圓柱或圓球，其阻力係數與雷諾數關係如下：

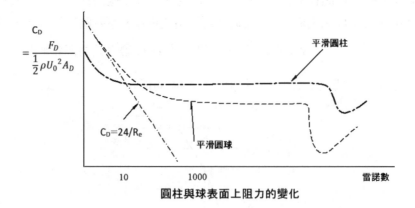

圓柱與球表面上阻力的變化

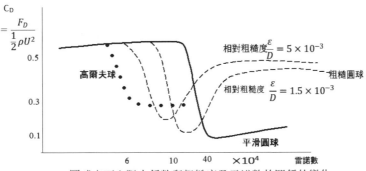

圓球表面上阻力係數與粗糙度及雷諾數的關係的變化

(一) $R_e \ll 1$ 時，流場不發生分離，阻力相當大，在 $R_e \cong =10$，物體表面產生分離，阻力依 R_e 增大而遞減，約到 $R_e=1000$ 時，分離區停止再擴大，大部分阻力來自壓力阻力，所以，總阻力幾乎維持一定值，當到 $R_e=2 \times 10^5$ 時，流場由層流轉變為紊流，再使分離點再往後面移動，所以，阻力(壓力阻力)大幅減小，此即阻力危機現象(高爾夫球表面要做成凹凸原因)。考量一般常人揮桿力量，製成凹凸表面讓高爾夫球提早進入阻力危機現象。

(二) 在極低雷諾數下($R_e \ll 1$)，未產生分流，流動仍屬層流，阻力為摩擦阻力 $C_D = \dfrac{24}{R_e}$ (類似管流 f=64/R_e)，即為潛變線。

(三) 球在低雷諾數下直徑為 D，速度為 V，黏度 μ 之潛變流(creeping flow)，在 $R_e<1$ 時，C_D 與 R_e 之關係為 $C_D=24/R_{eD}$

依定義 $R_{eD}=\rho VD/\mu$，$C_D=F_D/(\dfrac{1}{2}\rho VA^2)$，A=(π/4)$D^2$

可求得 $F_D=3\pi\mu VD$(此即為史托克阻力定律 Stokes law)

(四) 雷諾數在 1000 下，阻力隨雷諾數增加而降低。

(五) 雷諾數為 $10^3<R_e<2\times10^5$ 時，阻力係數相當水平，摩擦阻力約為總阻力百分之五，主要阻力為形狀阻力所造成，蓋因邊界層分離點緊鄰半球之上游，在球體後拖了相當大紊性尾流，球形後頭之分離區壓力大約不變。

(六) $R_e=2\times10^5$ 時，流場由層流轉變為紊流，再使分離點再往後面移動，所以，阻力(壓力阻力)會大幅減小

(七) 雷諾數>2×10^5 時，邊界層分離點位於圓球中心的下游處，尾流規模變小，阻力係數又隨雷諾數上升(同樣，相對粗糙度愈大阻力係數愈大)。

(八) 紊流邊界層的動量較層流邊界層為多，紊流較能抵抗逆向壓力梯度，可延緩分離面，減低壓力阻力。故鈍形物體常設計其外部屬紊流邊界層。

(九) 邊界層之轉變因球面粗糙度與流動紊性而變，圓滑球體低紊性自由流中，臨界雷諾數約 4×10^5，但表面粗糙度自由流中，臨界雷諾數約可低到 1×10^5

(十) 臨界雷諾數附近紊流邊界層阻力係數約為層流者的五分之一。

(十一) 圓球旋轉會改變外緣流動情形，旋轉不但改變了壓力分佈，也改變了分離點位置。

(十二) 高爾夫球表面製成許多小凹洞形狀，增加表面粗糙度讓流場快速形成紊流，分離點往後，降低流場前後壓力阻力(形狀阻力)，黏滯力雖增加，但因形狀阻力的降低量，仍是值得。

觀念理解

鈍形物體在日常生活中一般速度不會特別快，雷諾數大小約在 10^3 與 10^5 之間，當忽略黏滯力時，此阻力係由物體表面形成壓力差所造成。空氣密度 $\rho=1.204\text{kg/m}^3$，黏滯性 $1.8 \times 10^{-5}\text{nt·sec/m}^2$，以一顆全壘打球(直徑 $7.4 \times 10^{-2}\text{m}$)速 44m/sec，計算其 R_e 約 2.2×10^5

$C_D < 10^2$，阻力係數約反比速度，所以阻力約正比於速度。

七、管路流體

管路內的流體體流動稱波蘇拉流動，流體剛進管路時速度分佈未有變化(flat velocity profile)，流場為非旋轉性流場。

因流動與管路間黏滯力造成邊界層的產生與增厚，邊界層增長厚度直到管路半徑後，即不再增加，由管路進口到此處的距離稱為「進口區」，進口區特性是邊界層較薄，剪應力較大。自此「進口區」以後，流體速度分佈不再改變，此區稱為完全成形區，完全成形區的流場，性質不因位置不同而改變，在分析上就方便很多。

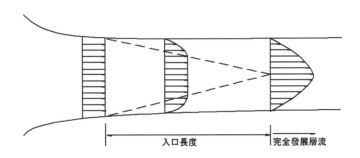

流體在管中流動,由層流轉為紊流與由紊流轉為層流之雷諾數不同,前者,稱上限臨界雷諾數;後者,為下限臨界雷諾數,一般工程應用,管流上限臨界雷諾數為 4,000,而下限臨界雷諾數為 2,000,管流之雷諾數、管相對粗糙度、層流及紊流間的關係下圖(穆迪圖)說明。

(一) 摩擦係數 f 為雷諾數 Reynold 數 R 及相對粗糙度 f(粗糙係平均高度除以管內徑($\frac{\varepsilon}{d}$)之函數。

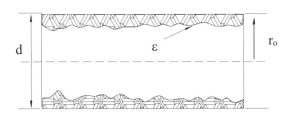

(二) 完全光滑時 $\varepsilon=0$(f 摩擦係數僅與雷諾係數有關,而與管的相對粗糙度無關的圓管稱為光滑圓管),在此情況下 f 摩擦係數則與層流或紊流有關,f 變數只有 R。

(三) 雷諾數 R<4000 視為層流,f 可以 64/Re 求得,Re 在 2000 到 4000 為過渡(R>4000,f=0.3164/Re$^{0.25}$),雷諾數 R<2000,流體為層流,管壁粗糙完全為層流淹沒,f 與 $\frac{\varepsilon}{D}$ 無關,與光滑管相同與 R 線性關係。

(四) 針對層流,後面章節推導斜圓管得$(\rho g h_{z1}+P_1)-(\rho g h_{z2}+P_2)=\dfrac{32\mu V_{ave}L}{D^2}$

(即 Hagen-Poiseuille equation,此方程式在 $\dfrac{\rho VD}{\mu}$ <2000 時有效)

(五) 雷諾數 R 升到臨界點後，管壁流體速度梯度急遽上升，即摩擦係數急遽上升。

(六) 雷諾數超過轉變值，摩擦係數起初與光滑曲線相同，僅為雷諾數函數，當雷諾數繼續升高，因管路粗糙度完全穿越黏性副邊界層，使管路粗糙度變為重要因子，因此，摩擦係數變成為雷諾數與相對粗糙度之函數。

(七) 雷諾數相當大時，管壁上粗糙度完全貫穿黏性副邊界層，使摩擦係數僅為粗糙度之函數，雷諾數反而不重要。

(八) 相對粗糙度為定值時，f 摩擦係數隨雷諾係數增加而減少，在相對粗糙度較大時，摩擦係數減少率即顯得較小，當雷諾係數達一定值後 f 摩擦係數不再變化。

(九) 雷諾數相同，$\dfrac{\varepsilon}{D}$ 愈大，f 愈大。(雷諾數固定，f 摩擦係數隨相對粗糙度增加而增加)。

而在紊流情況，穆迪圖看出，摩擦係數 f 隨相對粗糙度 ε 增加而增加，相對粗糙度相同時，f 隨雷諾數增加而減少，相對粗糙度級數大時，降低率小，當雷諾數很大時，f 僅隨相對粗糙度增加而變大，利用因次分析得 $f = f(\dfrac{\mu}{\rho VD}, \dfrac{\varepsilon}{D})$

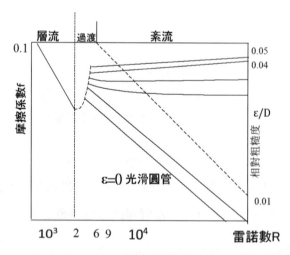

例題 **14**

有二不同管流，其雷諾數分別為 2000 及 10000
(1) 上述管流為層流或紊流？
(2) 已知在光滑管壁的情況下兩者的摩擦係數的值略相同，試問其值應為多少？
(3) 若增加管壁粗糙度對上述兩種不同的管流，摩擦係數會增加還是減少？【105 普考】

解：(1)管流的 $R_e<2000$ 為層流，>4000 為紊流，所以雷諾數 10000 為紊流。

　(2) 參考題目穆迪圖，利用橫坐標雷諾數值，查圖得 f 為 0.032。

　(3) 增加管壁粗糙度，層流的 R_e 值變化不大，而由穆迪圓知在，流管壁粗糙度增加 f 值變大。

八、管路損失與摩擦係數、雷諾數和流速關係

管流因管壁剪應力造成壓降，及管壁摩擦使流體能量降低而損失，損失分主損失(major loss)與副損失(minor loss)。

(一) 主要損失：係黏滯性摩擦損失。

$$h_l = f \frac{l}{D} \frac{v^2}{2g} \qquad \boxed{式 1.3.1}$$

$h_l = f \dfrac{L}{D} \dfrac{V^2}{2g}$ 方程式(Darcy's equation of friction)式即為達西維斯巴哈摩擦損失方程式，推導過程中並不限於層流或紊流，物理意義為單位重量流體由斷面 1 到斷面 2 能量的損失。

圓管層流的達西摩擦係數 $f=64/R_{eD}$，僅只與雷諾數有關，與管徑之粗糙度無關，由穆迪圖表可知，完全成形的管路紊流摩擦因子與層流不同，管路粗糙度對紊流摩擦力影響很大，雷諾數甚大時，摩擦因子區線區近平行與雷諾數無關。

(二) 副損失(minor loss)：係因斷面的變化、接合處、入口區、轉彎接頭與閥件等，所造成的損失。

$$h_l = C_l \frac{v^2}{2g} \qquad \boxed{\text{式 1.3.2}}$$

C_l 為損失係數，次要損失有時會遠大主要損失，如未完全打開閥門，所產生的壓力降很大。

例題 15

Air flows through a smooth pipe of 4-mm diameter with a mean velocity V=50m/s. The flow is fully developed. Evaluate the pressure drop per meter length(L=1m). The friction coeggicient is f=64/R_e if the flow is laminar. Otherwise, assume f=0.3164/$R_e^{1/4}$ if the flow is turbulent. The density and viscosity of the air are ρ=1.23 kg/m³ and μ=1.79× 10^{-5}N-s/m². 【清大動機】

解：$R_E = \dfrac{\rho VD}{\mu} = \dfrac{1.23 \times 50 \times 0.004}{1.79 \times 10^{-5}} = 13743$

$R_E > 4000$，所以，f=0.3164/ $R_e^{1/4}$ =0.0292

利用 Darcy-Weisbach 方程式 $h_L = \dfrac{\Delta P}{\rho g} = f \dfrac{L}{D} \dfrac{V^2}{2g}$

所以，$\dfrac{\Delta P}{L} = f \dfrac{\rho}{D} \dfrac{V^2}{2} = 11{,}223.7 (\text{N/m})$

例題 16

試回答下列問題：

(1) 對商用圓管流而言，若圓管內流體的斷面平均速度為 V，直徑為 D、流體密度為 d、黏滯性係數為 μ，則此管流的雷諾數 N_R 為何？

(2) 如何依雷諾數大小區分商用圓管內管流屬層流或紊流？

(3) 何為高臨界流速(Higher Critical Velocity)與低臨界流速(Lower Critical Velocity)？

(4) 請說明曼寧公式(Manning Formula)每一項參數的物理意義。【103 經濟部】

解：(1)對於一般商用圓管雷諾數的定義為：

N_R=(流體密度×平均速度×圓管內徑)/流體黏滯係數=$\rho VD/\mu$

(2) 依雷諾數大小流場分類

N_R<2300 $\Rightarrow$層流

2300< N_R<4000 $\Rightarrow$過渡流

N_R>4000 $\Rightarrow$紊流

(3) 弗洛得數 $F_r=V/\sqrt{gy_h}$，y_h：水力深度

$F_r=V/\sqrt{gy_h}$ >1，高臨界流速

$F_r=V/\sqrt{gy_h}$ =1，臨界流速

$F_r=V/\sqrt{gy_h}$ <1，低臨界流速

(4) 曼寧公式(Manning Formula)　$v=\dfrac{1}{n}R^{2/3}s^{1/2}$ 公制

N 為材料表面係數，R 為水力半徑，s 平均坡度

九、平板流(流線流經平板)

正向於流向平板剪應力並不構成阻力，但流體在平板上下端分離，在平板尾流中產生逆流，形成前後壓力差，如下圖：

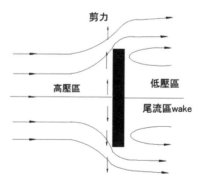

均勻流通過長度 L 之平板，雷諾數($R_e=\rho VL/\mu$，物理意義為慣性力／黏滯力)在 $R_e \ll 1$ 時，整個流場需考慮黏滯效應，即為潛變流(也稱史托克流)，在 R_e 大於 10^7 時，慣性力大於黏滯力，一般來說，當層流邊界層開始轉為過渡區時，層流邊界層再轉為紊流邊界層(圖 a，圖 b)

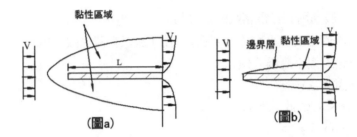

(圖a)　　　　(圖b)

平板流常用物理係數

(一) 阻力係數 $C_D = \dfrac{F_D}{\dfrac{1}{2}\rho U^2 L}$，$C_D$ 亦稱為表面阻力係數，L 為平板長度。

$F_D = \displaystyle\int_V^L \tau_w \, dx$，$\tau_w$ 為平板上剪力

(二) 在地摩擦係數 $C_f = \dfrac{\tau_w}{\dfrac{1}{2}\rho U^2}$

在地摩擦係數為壁面摩擦剪力與自由流速功能比值，在地摩擦係數亦稱為表面摩擦係數。

(三) 摩擦係數 $f = \dfrac{4\tau_w}{\dfrac{1}{2}\rho U^2} \Rightarrow f = 4C_f$

平行流向平板上，阻力係數 $C_D(C_D = F_D / \dfrac{1}{2}\rho v^2 A)$ 變化如下，轉變區間之雷諾數取決於表面粗糙度及自由紊流性強度

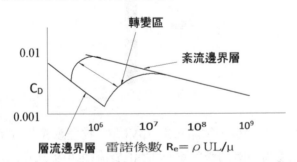

由上圖知，對一固定長度之平板，其上面流體流動動能維持之距離愈長，則阻力愈小。

邊界層厚度與在地摩擦係數關係如下：

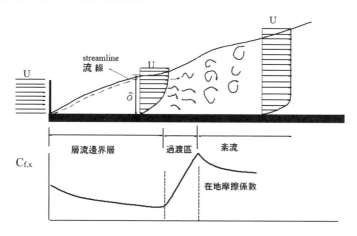

平板有粗糙表面，當雷諾數大於一值時，摩擦係數與雷諾數無關係性，如下圖，該圖與圓管的 Moody chart 很像。

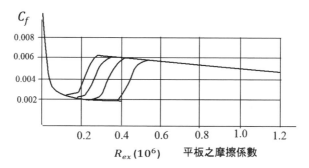

平板之摩擦係數

例題 17

天氣酷熱到游泳池戲水應該也是消暑方式之一，人在游泳池快步比在地面上走比較困難的原因為何？【106 普考】

解：因水中黏滯力與較空氣較大，所以，在水中行走所受阻力較空氣大。

(可參考 P13 觀念理解)

十、邊界層理論

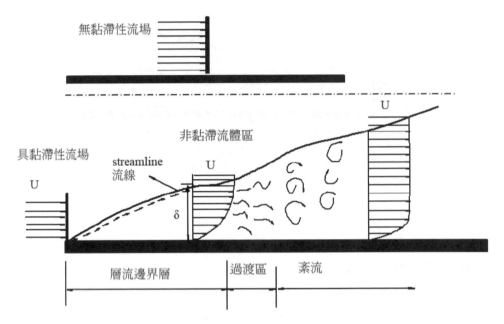

無黏滯性流與黏滯性流場流經平板流速如上圖示,黏滯流體流經平板,接觸平板之流體速度立刻為 0(無滑動 no slip),流體最下面一層不動,上面層繼續流動,每層之間的速度有差異而有剪應力,下層拖慢緊鄰之上層,直到一定高度後,平板剪應力不再影響流體速度,此高度稱為邊界層 δ,理論上要趨近於無窮大,流體速度才會完全等於起始之流體,為方便計算取速度達到流體速度之 99%之處為邊界層厚度。

避免使用複雜之 Navier Stokes 方程式,大部分邊界層外可假設為非黏滯流體,使用流線函數、速度勢。

平板邊界層隨流動方向,會愈來愈厚,邊界層內之流體會由平順之層流變成小渦流及不規則震動紊流。在完全層流邊界層轉變為完全之紊流邊界層,存在一過渡區,平板流場中 R_{ex} 的定義,以位置 x 作特徵長度,即 $R_{ex} = \dfrac{\rho U_x}{\mu} = \dfrac{U_x}{\nu}$

當 $R_{ex} \sim 10^5$ 時,層流邊界層開始轉為過渡區

　$R_{ex} \sim 5 \times 10^5$ 時,邊界層完全轉為紊流邊界層

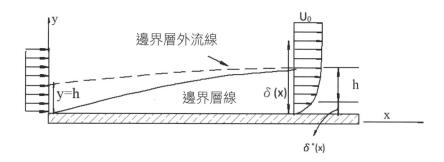

邊界層有下列幾點定義：

(一) 邊界層厚度：由底板固體邊界往上到流體速度 99%之厚(高)度。

(二) 位移厚度：因黏滯力靠近底板，固體邊界流體會向上移，入流之流線即會向上飄移，此偏移量即為位移厚度(displacement thickness) δ^*，計算公式 $\delta^* = \int_0^\delta \left[1 - \frac{u(y)}{U_0} \right] dy$，以近似法逼進平板邊界層厚度可得 $\delta \propto \sqrt{\frac{\mu x}{\rho U}}$

(三) 動量厚度Θ：評量流經固體邊界流體黏滯性摩擦力的大小，邊界層動量厚度另一物理觀點，即為補償因邊界層流動而減少的動量，使得固體邊界向上位移的厚度，計算公式 $\Theta = \int_0^\delta \frac{u(y)}{U_0} \left[1 - \frac{u(y)}{U_0} \right] dy$

(四) 流體固體邊界阻力 F_D 可利用動量方程式控制容積前後的動量變化求得 $F_D = \rho U_0^2 b(\Theta)$，平板剪應力可由 $\tau_0 = \mu \dfrac{du}{dx}$ 求得。

例題 18

Consider a boundary layer developed from the leading edge of a flat plate.

The boundary layer thickness, (x), is described by

$$\delta = 5\left[\frac{\upsilon x}{U_\infty}\right]^{\frac{1}{2}}$$

where x is the streamwise distance from the leading edge; U∞ is the free stream velocity；υ is the kinematic viscosity, $\upsilon=16\times10^{-6}m^2/s$.

In the boundary layer, the velocity profile can be described by

$$\frac{U}{U_\infty}=2(\frac{y}{\delta})-(\frac{y}{\delta})^2$$

Note that U∞=30m/s. We are interested in a streamline passing through the point A at x=0 and y=10 mm, shown in the figure. This streamline also passes the point B at x=30 mm. Find the y coordinate of the point B.【成大航太】

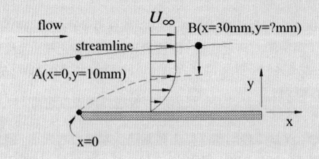

解：利用這題說明前定義各項物理意義

邊界層位移厚度即使固定邊界外移的距離，同義為流線高度的變化

依題意位移厚度 $\delta^*=\int_0^\delta[1-\frac{U}{U_\infty}]dy=\int_0^\delta[1-(2(\frac{y}{\delta})-(\frac{y}{\delta})^2)]dy$

令 $\eta=(\frac{y}{\delta}) \Rightarrow \delta^*=\delta\int_0^1[1-(2(\eta)-(\eta^2)]d\eta$

得 $\delta^*(x)=\delta/3$

依題意 $\delta=5[\frac{\upsilon x}{U_\infty}]^{\frac{1}{2}} \Rightarrow \delta^*=\frac{5}{3}[\frac{\upsilon x}{U_\infty}]^{\frac{1}{2}}$

$\delta^*(30\times10^{-3})=\frac{5}{3}[\frac{(16\times10^{-6})(30\times10^{-3})}{30}]^{\frac{1}{2}}=(\frac{5}{3})(0.000126)=0.00021$

所以，B 點 y 座標為 0.01+0.00021=0.01021m=10.21mm

觀念理解

1. 位移厚度即為流線高度的變化，因此，邊界層成長速率比流線快。
2. 平板如是無限長，雷諾數夠大時，只有平板附近區域的流體因平板的存在而形成邊界層，在有限長的平板，該板的長度即為特徵長度，以平前緣至該板座標處 x 長度作為特徵長度。
3. 小雷諾數代表黏滯性強度大，大雷諾數代表慣性力強，所以，在平板附近處速度減小，雷諾數加大(平板加長)，黏滯性區域變小，只剩平板區域後端，當雷諾數很大時，黏滯性貼近平板。平板流邊界層厚度反比於雷諾數平方根 $\delta \cong \dfrac{1}{\sqrt{R_e}}$。
4. 將邊界層包圍在固定容積內，進出動量通量損失愈大，表示 F_D 值愈大，動量厚度 Θ，物理意義為評估摩擦力的大小；而邊界層位移厚度的意義，即使固定邊界外移的距離，同義為流線高度的變化。
5. 同樣的壓力梯度下，動量通量愈小時，表示對抗阻力的能力愈小，則愈易產生分離。
6. 邊界層外垂直方向速度梯度很小，在邊界層內速度梯度大。
7. 雷諾數愈大，黏滯性影響愈小，雷諾數小黏滯性影響大，流體流經鈍形物體，如圓柱體，彎曲表面在流動方向壓力梯度改變，壓力下降又逐漸上升，壓力的回流使流體產生分離，在較大的雷諾數，慣性增強，帶動流體往前，延後分離。
8. 對於管流，說明如下：

   入口區長度：層流 $\dfrac{L_e}{D} = 0.058 R_e$

   紊流 $\dfrac{L_e}{D} = 4.4 R_e^{1/6}$

   層流雷諾數 2300 為例，入口區長度約直徑 133 倍

   入口區：慣性力為壓力與黏滯力之綜合。

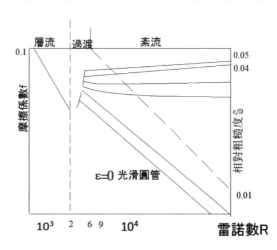

完全發展區:速度與流動 x 方向距離無關,壓力與黏滯力已達平衡。要注意在入口區是二維流的流動,到發展區已是一維流。

在入口區非平滑速度動量變動流率大於平滑速度變動流率,即因壓力作動(壓力降),動量流率增加,同理,當動量流率變小時,表示對抗阻力能力變小,所以愈易產生分離。

例題 19

下列平板邊界層有關之敘述那些為真? (A)流速若加倍,則邊界層厚度亦加倍 (B)流速增加為 4 倍,則邊界層厚度減半 (C)板長若加長為 4 倍,則邊界層厚度加倍 (D)板後若加長 1 倍,則邊界層厚度加倍。【104 中鋼】

解:(B)(C)

十一、壓力梯度與邊界層(邊界層公式推導可參考 2-3)

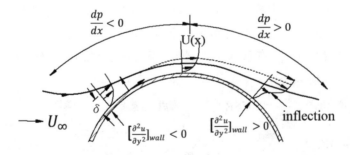

流體從左處遠方流過來,進入物體表面,左側斷面積縮小,流速增加,所以壓力漸減。右側漸擴,流速漸減,所以,壓力增加。

邊界層方程式 $u\dfrac{\partial u}{\partial x}+v\dfrac{\partial u}{\partial y}=\dfrac{-1}{\rho}\dfrac{\partial p}{\partial x}+\upsilon\dfrac{\partial^2 u}{\partial y^2}$

物體邊界條件 $u=0$,$v=0$,$\mu\dfrac{\partial^2 u}{\partial y^2}\big|_{wall}=\dfrac{dP}{dx}$

分離點要件為 $\frac{\partial u}{\partial y} = 0$，其產生要件為壓力梯度增加，即一開始 $\frac{dP}{dx} < 0$，經過 $\frac{dP}{dx} = 0$，再 $\frac{dP}{dx} > 0$，壓力梯度對速度分影響如下圖：

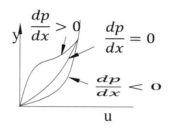

壓力梯度與邊界層厚度亦有關，逆向壓力可減少邊界層的厚度，說明如下：

連續方程 $\frac{\partial u}{\partial x} + \frac{\partial v}{\partial y} = 0 \Rightarrow v(y) = -\int_0^y \frac{\partial u}{\partial x} dy$

邊界層 $\frac{dp}{dx} = -\rho u[\frac{\partial u}{\partial x}]$ ⋯⋯⋯⋯⋯⋯ ① 帶入上式，得

$v(y) = \int_0^y \frac{1}{\rho u}[\frac{dp}{dx}]dy$ ⋯⋯⋯⋯ ②

因此，①式知 $\frac{dp}{dx} < 0$ 時，動量增加

②式知 $\frac{dp}{dx} < 0$ 時，邊界層厚度減薄

同理，速度形狀與動量有關、邊界層紊流之動量較層流

大，慣性也較大。而在形狀厚度上，層流 $\propto x^{\frac{1}{2}}$ ；紊流

$\propto x^{\frac{4}{5}}$

因此，紊流邊界層的成長較層流快。

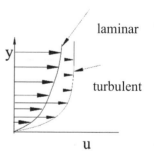

例題 **20**

Brief answer the following questions

(1) For a boundary layer flow as shown. The pressure variation along y-direction is constant or nearly constant? why?

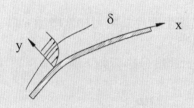

(2) For the following cured surface shown in the schematic diagrams; indicate whether or not the boundary layer flow becomes separated flow in the down stream and explain the reason.

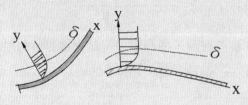

(3) If the laminar boundary layer flow of item(2) becomes turbulent, does the separation point upstream or down stream? 【成大航太】

解： (1)邊界層方程式的推導，是以無因次分析，在邊界層內 y 方向仍有速度，只是相對 u 很小，因此，壓力梯度沿 y 方向很小，幾乎為定值，但不是定值。

(2)左側流場域下游邊界層愈薄，流體被加速，因存有正向壓力梯度，所以，下游不會有分離流動。右側流場域下游邊界層愈厚，流體被減速，因存有負向壓力梯度，所以，下游會有分離流動。

(3)因紊流動量傳遞比層流佳，所以，上圖右側如為紊流，則分離會往後。

例題 21

There could be five distinct flow patterns in the case of a uniform flow across a smooth circular cylinder. The corresponding Reynolds numbers of the five flow patterns are at order of 0.1, 10, 100, 20000, and 500000. Please describe ane explain the five distinct flow patterns.

解：

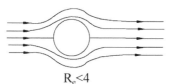

$R_e<4$
流體不分離，流場黏滯性遍佈整流場

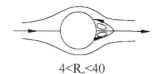

$4<R_e<40$
流體開始在圓柱後面分離
(圓柱表面後面有分離氣泡)

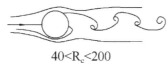

$40<R_e<200$
氣流有圓柱旋轉情形
(在圓柱表面後面有Von Kármán street流動)

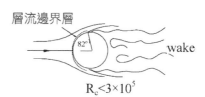

層流邊界層

wake

$R_e<3\times10^5$

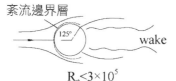

紊流邊界層

wake

$R_e<3\times10^5$
紊流流動，分離點往後移動

例題 22

黏性流體經過依物體表面時會產生邊界層，試從慣性力與黏滯力的角度說明沿流動方向的壓力梯度 $\dfrac{dP}{dx}$ 的值為正或負對邊界層的分離(separation)現象的影響，並以流體流經圓柱時經常有分離流現象發生來論證上面的論點。

解：(1)當正向壓力梯度 $\dfrac{dP}{dx}<0$

正向壓力沿流線方向遞減，壓力克服黏滯力得正向慣性力，所以流線不會有分離現象發生。

(2) 當正向壓力梯度 $\dfrac{dP}{dx}>0$

黏滯力與壓力克服慣性力，流體會減速，會有分離現象。

例題 23

下圖兩種不同之邊界層速度分布，試求其對應之動量通量(momentum flux)，若兩者承受相同的壓力梯度條件，何者較先產生分離現象？為甚麼？【高考】

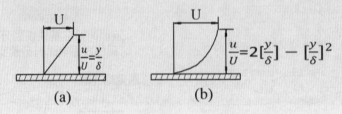

(a)   (b)

解：(a)動量通量為 $\int_0^\delta \rho u^2 dy = \int_0^\delta \rho U^2 \frac{y^2}{\delta^2} dy = \frac{\rho U^2 \delta}{3}$

(b)動量通量為 $\int_0^\delta \rho u^2 dy = \int_0^\delta \rho U^2 \left[2[\frac{y}{\delta}] - [\frac{y}{\delta}]^2 \right]^2 dy$

令 $\frac{y}{\delta} = \eta$，可得(b)動量通量為 $\frac{8\rho U^2 \delta}{15}$

(b)動量通量大於(a)動量通量，在相同的壓力梯度下，(b)情況的黏滯力較小所以(a)情況較易產生分離現象。

例題 24

試描述平板邊界層厚度 δ、位移厚度 δ^* 及動量厚度 Θ 的大小關係。【專技高考】

解：$\delta^* = \int_0^\delta \left[1 - \frac{u(y)}{U_0} \right] dy$ 而 $\Theta = \int_0^\delta \frac{u(y)}{U_0} \left[1 - \frac{u(y)}{U_0} \right] dy$，因 $u < U$，

所以 $\delta^* > \Theta$

$\delta = \int_0^\delta [1] dy$ 而 $\delta^* = \int_0^\delta \left[1 - \frac{u(y)}{U_0} \right] dy$，因 $\int_0^\delta \left[1 - \frac{u(y)}{U_0} \right] < 1$

所以 $\delta > \delta^*$

得 $\delta > \delta^* > \Theta$

第二章　流體動力

2-1 流動描述

一、流體運動

流體運動，流體內任一元素運動的變化包含移動(translation)、線性變形(linear deformation)、旋轉(rotation)及角度變形(angular deformation)。

(一) 移動(translation)：流體單純的移動，體積及形狀未改變。

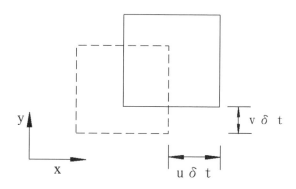

u、v、w 代表流體元素移動速率，定義

速度正向梯度(normal derivatives)：$\dfrac{\partial u}{\partial x}$、$\dfrac{\partial v}{\partial y}$、$\dfrac{\partial w}{\partial z}$

速度橫向梯度(cross derivatives)：$\dfrac{\partial u}{\partial y}$、$\dfrac{\partial v}{\partial x}$、$\dfrac{\partial w}{\partial x}$

當流體各點速度相等時，則無任何速度梯度。

(二) 線性變形(linear deformation)：流體元素因拉伸或壓縮致體積大小因而改變，但角度未改變。

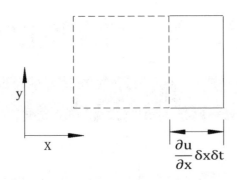

x 方向體積的改變量：$(\frac{\partial u}{\partial x}\delta x)(\delta y \delta z)(\delta t) = (\frac{\partial u}{\partial x})(\delta V)\delta t$

x 方向單位體積的變化率：

$$\frac{1}{\nabla}\frac{d\nabla}{dt}\bigg]_x = \frac{1}{d\nabla}\frac{d(d\nabla)}{dt} = \frac{1}{\delta V}\frac{d(\delta V)}{dt}\bigg]_x = \lim_{\delta t \to 0}[\frac{(\frac{\partial u}{\partial x})\delta t}{\delta t}] = \frac{\partial u}{\partial x}$$

同理可得 y 與 z 方向單位體積變化率，將各方向體積變化率加總即為

$$\frac{\partial u}{\partial x} + \frac{\partial v}{\partial y} + \frac{\partial w}{\partial z}$$

線性變形率：單位體積之體積膨脹率，即單位時間單位體積增加率為

$$\frac{1}{\delta V}\frac{d(\delta v)}{dt} = \frac{\partial u}{\partial x} + \frac{\partial v}{\partial y} + \frac{\partial w}{\partial z} = \nabla \cdot \bar{V}$$ 。流體如為不可壓縮，流體體積擴大率為

零。流體元素線性拉伸或壓縮，體積大小會改變，角度並無改變，但當非
線性拉伸或壓縮時，則體積可能會改變，伴隨的角度可能也會改變。

(三) 流體旋轉(rotation)與流體角變形率：

　　1. **流體旋轉(rotation)**：流體元素 dx 線段兩端速度不同時，元素呈現轉動：

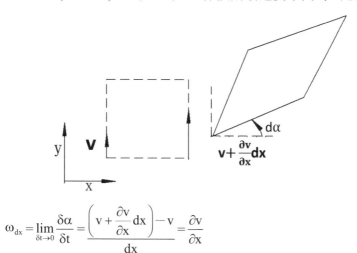

$$\omega_{dx} = \lim_{\delta t \to 0} \frac{\delta \alpha}{\delta t} = \frac{\left(v + \dfrac{\partial v}{\partial x} dx\right) - v}{dx} = \frac{\partial v}{\partial x}$$

　　流體元素 dy 線段兩端速度不一致時，會呈現轉動，在 xy 平面上以 z 軸為旋轉軸，流體元素之平均淨反時針旋轉角度為 $\omega_z = \dfrac{1}{2}\left(\dfrac{\partial v}{\partial x} - \dfrac{\partial u}{\partial y}\right)$。

觀念理解

線段 dx 與 dy 兩側各求得其旋轉角度，因此，中心點的淨反時針旋轉角度 $\omega_z = \left(\dfrac{\partial v}{\partial x} - \dfrac{\partial u}{\partial y}\right)$的一半。

　　元素繞三座標軸 X、Y 與 Z 軸的角平均速率(角轉動平均速率)分別為
$[\dfrac{1}{2}\left(\dfrac{\partial w}{\partial y} - \dfrac{\partial v}{\partial z}\right)]$、$[\dfrac{1}{2}\left(\dfrac{\partial u}{\partial z} - \dfrac{\partial w}{\partial x}\right)]$ 及 $[\dfrac{1}{2}\left(\dfrac{\partial v}{\partial x} - \dfrac{\partial u}{\partial y}\right)]$

　　流體元素旋轉角度：$\vec{\omega} = \omega_x\,\vec{i} + \omega_y\,\vec{j} + \omega_z\,\vec{k}$

定義：$\bar{\omega} = \dfrac{1}{2}\nabla \times \vec{V}$，旋轉度：$\vec{\zeta} = 2\,\bar{\omega} = \nabla \times \vec{V}$

流體元素純粹旋轉時，角度改變率為零，無形狀改變。

旋轉度為零時，流場中的任二點性質可利用白努力方程式描述，流場亦可以速度位能表示。

2. **流體形狀改變(角變形率)：**

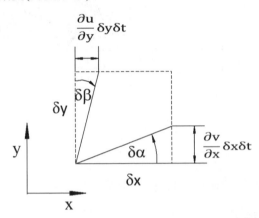

(1) 流體元素各對應 $X-Y-Z$ 三座標軸的角度變形速率分別為：

$2[\dfrac{1}{2}(\dfrac{\partial w}{\partial y} + \dfrac{\partial v}{\partial z})]$、$2[\dfrac{1}{2}(\dfrac{\partial u}{\partial z} + \dfrac{\partial w}{\partial x})]$ 與 $2[\dfrac{1}{2}(\dfrac{\partial v}{\partial x} + \dfrac{\partial u}{\partial y})]$

(2) 角度改變率為 $\dot{\gamma}(\dfrac{\partial u}{\partial y} + \dfrac{\partial v}{\partial x})$，當 $\dfrac{\partial u}{\partial y} = -(\dfrac{\partial v}{\partial x})$ 時，角度改變率為零，代表元素純旋轉，無角度形狀改變。

(3) 移動和轉動造成流體元素位移，並不改變形狀。元素的變形係由線變形項與角變形項所造成的。

例題 1

A three-dimensional flow field is described as

$$\vec{V} = (2x^2y - x)\vec{i} + (y - 2xy^2 + 1)\vec{j} + y\vec{k} \text{ (m/s)}$$

Where $\vec{i}$, $\vec{j}$ and $\vec{k}$ are unit vector in the x-, y- and z- coordinate, respectively,

Determine

(1) the volumetric dilatation rate and interpret the results.

(2) the rotation and the vorticity vector, is this an irrotational flow field?

(3) the rate of angular deformation and interpret the results.

(4) the acceleration vector of a fluid element at the point (x,y,z)=(1,1,1).【中興機械】

解：(1) 體積膨脹率 $\dfrac{1}{\delta V}\dfrac{d(\delta v)}{dt}$ $\dfrac{\partial u}{\partial x} + \dfrac{\partial v}{\partial y} + \dfrac{\partial w}{\partial z} = \nabla \cdot \vec{V}$，因 $\nabla \cdot \vec{V}$ 依題示計算為 0，所

以體積膨脹率為 0

(2) 角速率 $\vec{\omega} = \dfrac{1}{2}\nabla \cdot \vec{V}$，依題示計算為

$$\dfrac{1}{2}[\vec{i} - 2(y^2 + x^2)\vec{k}] = \dfrac{1}{2}\vec{i} - (y^2 + x^2)$$

渦度 $\vec{\zeta} = 2\vec{\omega} = \nabla \times \vec{V}$，依題示計算為 $[\vec{i} - 2(y^2 + x^2)\vec{k}]$

(3) 角變形率分別為 $2[\dfrac{1}{2}(\dfrac{\partial w}{\partial y} + \dfrac{\partial v}{\partial z})]$、$2[\dfrac{1}{2}(\dfrac{\partial u}{\partial z} + \dfrac{\partial w}{\partial x})]$ 與 $2[\dfrac{1}{2}(\dfrac{\partial v}{\partial x} + \dfrac{\partial u}{\partial y})]$

$\varepsilon_{xy} = \varepsilon_{yx} = \dfrac{\partial v}{\partial x} + \dfrac{\partial u}{\partial y} = 2(x^2 - y^2)$ $\varepsilon_{xz} = \varepsilon_{zx} = \dfrac{\partial u}{\partial z} + \dfrac{\partial w}{\partial x} = 0$ $\varepsilon_{yz} = \varepsilon_{zy} = \dfrac{\partial w}{\partial y} + \dfrac{\partial v}{\partial z} = 1$

(4) 加速度 $\vec{a} = \dfrac{d\vec{v}}{dt} = \dfrac{\partial \vec{v}}{\partial t} + (\vec{v} \cdot \nabla)\vec{v} = u\dfrac{\partial \vec{v}}{\partial x} + v\dfrac{\partial \vec{v}}{\partial y} + w\dfrac{\partial \vec{v}}{\partial z}$

$$= (u\dfrac{\partial \vec{u}}{\partial x} + v\dfrac{\partial \vec{u}}{\partial y} + w\dfrac{\partial u}{\partial z})\vec{i} + (u\dfrac{\partial \vec{v}}{\partial x} + v\dfrac{\partial \vec{v}}{\partial y} + w\dfrac{\partial v}{\partial z})\vec{j} + u\dfrac{\partial \vec{w}}{\partial x} + v\dfrac{\partial w}{\partial y} + w\dfrac{\partial w}{\partial z})\vec{k}$$

$$= [(2x^2y - x)(4xy - 1) + 2x^2(y - 2xy^2 + 1)\vec{i} +$$

$$[-2y^2(2x^2y - x) + (y - 2xy^2 + 1)(1 - 4xy)]\vec{j}$$

依題意將(1,1,1)帶入，得在(1,1,1)加速度為 $(3\vec{i} - 2\vec{j})\text{m}^2/\text{s}$

例題 2

有一極小的二維正方形流體元素(fluid element)，邊長為 a(m)經歷一極短暫的時間(以一秒鐘計)後，此元素有些邊受到 b(m)量的變形，其最後形狀如圖(a)、(b)、(c)與(d)所示。試分別計算這個流體元素在四個不同的情況下，在 A 點的轉動速度(angular velocity)與其在 AB 邊的剪應力。假設：

(1) b≪a

(2) 牛頓流體，黏性係數為 3Pass

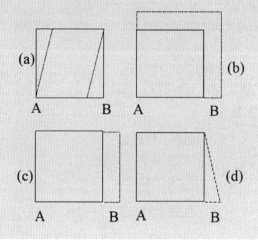

解：解題要領

線段 AB 有變長或變短則影響線變形($\frac{\partial u}{\partial x}$)，線段 AB 有無旋轉(即 $\frac{\partial v}{\partial x}$)影響轉動與剪應變。同樣，與線段 AB 垂直的 AD 線段，有變長或變短影響線變形($\frac{\partial v}{\partial y}$)，線段 AD 有無旋轉(即 $\frac{\partial u}{\partial y}$)影響轉動與剪應變

(a) $\frac{\partial u}{\partial y}=\frac{a}{b}$, $\frac{\partial v}{\partial x}=0$，得 $\omega_z=\frac{1}{2}(\frac{\partial v}{\partial x}-\frac{\partial u}{\partial y})=\frac{-a}{2b}$ (rad/s)

$\tau_{yx}=\mu\gamma_{yx}=\mu(\frac{\partial v}{\partial x}+\frac{\partial u}{\partial y})=3\frac{a}{b}$ (剪應力指向 y 平面上的 x 方向)

(b) $\frac{\partial u}{\partial y}=\frac{\partial v}{\partial x}=0$，得 $\omega_z=0$，$\tau_{yx}=0$

(c) $\dfrac{\partial u}{\partial y} = \dfrac{\partial v}{\partial x} = 0$，得 $\omega_z=0$，$\tau_{yx}=0$

(d) $\dfrac{\partial u}{\partial y} = \dfrac{\partial v}{\partial x} = 0$，得 $\omega_z=0$，$\tau_{yx}=0$

2-2　流動軌跡

一、軌跡描述

流體可視為由無數個質點所組成的，有兩種不同座標定義的描述。

(一) **拉式描述法(拉格蘭吉恩法)**：視流體由無數的質點組成的，觀察者與流體一起流動觀察流體之運動特性，流體性質由時間及初始點來描述：

　某一質點運動軌跡已知點 $x=x(t)$，$y=y(t)$，$z=z(t)$

　質點 A 之運動速度和加速度可依定義求得

$$u=\dfrac{dx}{dt} \qquad a_x=(\dfrac{du}{dt})=\dfrac{d^2x}{dt^2}$$

$$v=\dfrac{dy}{dt} \qquad a_y=(\dfrac{dv}{dt})=\dfrac{d^2y}{dt^2} \qquad \boxed{式\ 2.2.1}$$

$$w=\dfrac{dz}{dt} \qquad a_z=(\dfrac{dw}{dt})=\dfrac{d^2z}{dt^2}$$

(二) **歐拉描述法(歐拉瑞恩 Eulerian)**：流體性質由空間座標與時間來描述，即在流場中任一固定點位置 P 觀察其流動變動情形。

$$u=f_x(x,y,z,t)$$

$$v=f_y(x,y,z,t) \qquad \bar{V} = \bar{V}\,(x,y,z,t) \qquad \boxed{式\ 2.2.2}$$

$$w=f_z(x,y,z,t)$$

二、歐拉方式觀測到之加速度 $\bar{a}$

一般流動速度場表示為歐拉表示法，觀測到加速度只與時間有關(在流場上每一固定點位置觀察，每點隨不同的時間觀測到的速度也不同)，而拉式描述觀測到加速度，與時間及位置均有關(每點位置隨時間而移動)。

拉式是固體力學的觀點，在動力學質點力學分析是沿特定質點運動軌跡，流體性質 N 可寫為 $N=(x_0,y_0,z_0,t)$，x_0,y_0,z_0 為質點初始位置，但以此方法來分析流體動力學不方便，歐拉的觀點是在流場中固定區域觀察，所以其觀測之加速度只與時間有關。

$\left(\dfrac{dx}{dt}\right)_p = u = f_x(x,y,z,t)$，左邊兩項為拉式描述，而右邊兩項為歐拉描述。顯然其是互通的，一般均採用歐拉方法描述流場。

歐拉觀測到之加速度 $\bar{a}$：

$\bar{v}=\bar{v}(x,y,z,t)$，又 $x=x(t)$，$y=y(t)$，$z=z(t)$

$$\bar{a}=\frac{d\bar{v}}{dt}=\frac{\partial \bar{v}}{\partial t}+\frac{\partial \bar{v}}{\partial x}\frac{dx}{dt}+\frac{\partial \bar{v}}{\partial y}\frac{dy}{dt}+\frac{\partial \bar{v}}{\partial z}\frac{dz}{dt}=\frac{\partial \bar{v}}{\partial t}+u\frac{\partial \bar{v}}{\partial x}+v\frac{\partial \bar{v}}{\partial y}+w\frac{\partial \bar{v}}{\partial z} \qquad \boxed{\text{式 2.2.3}}$$

上面加速度可用向量表示：$\bar{a}=\dfrac{d\bar{v}}{dt}=\dfrac{\partial \bar{v}}{\partial t}+(\bar{v}\cdot\nabla)\bar{v}$，$\dfrac{dx}{dt}$，$\dfrac{dy}{dt}$，$\dfrac{dz}{dt}$ 為觀察那點的速率，並非質點沿運動軌跡在那點位置的速率，讀者常因此搞混物理觀念。上式，也可用數學微積分萊布尼茲理論概念來描述，也可用後面雷諾轉換定理推得。

$\dfrac{\partial \bar{v}}{\partial t}$：在地加速度(local acceleration)，也就是歐拉觀測之加速度。

$u\dfrac{\partial \bar{v}}{\partial x}+v\dfrac{\partial \bar{v}}{\partial y}+w\dfrac{\partial \bar{v}}{\partial z}$：流動加速度(convection acceleration)，因此穩定狀態下，流體的流動仍可能是有加速度，甚至，其值是很大的。

例題 3

在流體力學中，為了便於描述流體之運動，有不同之作法，試問：

(1) 何謂連續體(continnum)？何時連續體之假設會不成立？

(2) 何謂 Lagrangian 及 Eulerian 對流動之描述方式。

(3) 若速率 u=u(x,y,z,t)，則其加速度以(2)之兩種方法描述之式子為何？【成大工科】

解：(1) 紐森數 $Kn=\dfrac{\lambda}{L}$

　　　　λ：分子平均自由路徑，L：該問題特徵長度

　　　　$Kn \ll 1.0$，個別分子的行為可忽略，可假設物理性質連續分布。

　　　　$Kn \doteqdot 1$ 或 >1.0，個別分子的物理性值成不連續分布，連續體的假設不成立。

　　(2) Lagrangian 描述：觀測物質各質點的物理性質對時間的變化

　　　　Eulerian 描述：觀測空間內物理性質隨位置及時間的變化

　　(3) Lagrangian 描述的加速度

　　　　已知速率 $u=u(x,y,z,t) \Rightarrow \dfrac{dx}{dt}=u(x,y,z,t)$，對 t 積分得 $x=x(t) \Rightarrow a(t)=\dfrac{d^2x}{dt^2}$

　　　　Eulerian 描述的加速度

　　　　$a=\dfrac{Du}{Dt}=\dfrac{\partial u}{\partial t}+u\dfrac{\partial u}{\partial x}$

例題 4

非穩定的速度向量 $\vec{V}=2\vec{i}+0.6t\vec{j}$，且在 t=0 時通過(1,1)點，則其軌跡方程式如何？

解：$u=\dfrac{dx}{dt}=2$，$v=\dfrac{dy}{dt}=0.6t$

　　$x=2t+C_1$，$y=0.3t^2+C_2$

　　代入起始條件，t=0，x=1，y=1

　　得 $C_2=1$，因此，徑線方程式，$x=2t+1$，$y=0.3t^2+1$

例題 5

流場方程式 $\vec{V} =(x-2y)t\,\vec{i}-(y+2x)t\,\vec{j}$，求$(x,y)=(0.6,0.6)$在 t=5s 時，之 local 加速度與 convective 加速度。

解：local 加速度：$\dfrac{\partial \vec{V}}{\partial t}=(x-2y)\,\vec{i}-(y+2x)\,\vec{j}=-0.6\,\vec{i}-1.8\,\vec{j}\,(m/s^2)$

　　convective 加速度：$u\dfrac{\partial \vec{V}}{\partial x}+v\dfrac{\partial \vec{V}}{\partial y}=(x-2y)t(t\,\vec{i}-2t\,\vec{j})+(-(y+2x)t)(-2t\,\vec{i}-t\,\vec{j})$

　　$=75\,\vec{i}+75\,\vec{j}\,(m/s^2)$

例題 6

給定二維速度場 $\vec{V}=(u,v)=(2+2x)\,\vec{i}+(3-y)\,\vec{j}$(速度單位：公分/秒)，其中$(x,y)$為二維卡式座標，$(u,v)$為 x 及 y 方向之速度分量，求
(1) 流場中是否有停滯點？若有則寫出停滯點位置。
(2) 計算位置$(2,3)$之 x 及 y 方向之加速度。
(3) 試求此流線(streamlines)方程式。【普考】

解：(1) 停滯點速度為 0，2+2x=0，$(3-y)=0$，得停滯點位置$(-1,3)$。

　　(2) $\vec{a}=\dfrac{\partial \vec{v}}{\partial t}+u\dfrac{\partial \vec{v}}{\partial x}+v\dfrac{\partial \vec{v}}{\partial y}=(2+2x)(2\,\vec{i})+(3-y)(-\,\vec{j})=(4+4x)\,\vec{i}+(y-3)\,\vec{j}$

　　　在$(2,3)$位置加速度為 $12\,\vec{i}$

　　(3)流線方程式 $\dfrac{dx}{u}=\dfrac{dy}{v}\Rightarrow \dfrac{dx}{2+2x}=\dfrac{dy}{3-y}$

　　　積分，得 $\dfrac{1}{2}\ln(2+2x)=-\ln(3-y)+\ln C$

2-3 流體動量方程式

一、雷諾轉換定理

固體力學和熱力學中常用系統分析(密閉系統)，在流體力學則使用控制體積分析(開放系統)，利用雷諾轉換定理將以系統方式表示的外延性質，以控制體積方式分析。

$$N_{sys}= \lim_{\delta\forall\to 0}\sum_i \eta_i(\rho_i\delta V_i)=\int_{sys}\rho\cdot d\forall$$

$$\frac{dN}{dt}=\frac{\partial}{\partial t}\int_{c.v.}\eta\rho\cdot d+\int_{c.s.}\eta\rho\vec{V}\cdot d\vec{A}$$

式 2.3.1

N：時間 t 系統內某性質(質量、能量、動量)的總量。

η：某性質在流體中某單位質量的含量。

N(extensive property)	η(intensive property)
N=m	$\eta=1$
N=m$\vec{v}$	$\eta=\vec{v}$
N=$\frac{1}{2}$mv^2	$\eta=\frac{1}{2}v^2$
N=m($\vec{r}\times\vec{v}$)	$\eta=(\vec{r}\times\vec{v})$
N=E	$\eta=e=\frac{1}{2}v^2+gz+u$

雷諾轉換定理各項物理意義

$$\frac{dN}{dt}=\frac{\partial}{\partial t}\int_{c.v.}\eta\rho\cdot d+\int_{c.s.}\eta\rho\vec{V}\cdot d\vec{A}$$

$(\dfrac{dN}{dt})_{系統}$：在慣性座標系觀察系統 N，在時間 t 時的變率。

控制體積)cv：控制體積形狀與大小不變，在慣性座標系統分析控制體積可固定或等速運動。

$\dfrac{\partial}{\partial t}\int_{cv}\eta\rho\cdot d$：在時間 t 時，控制體積內 N 的變化率

$\int_{cs}\eta\rho\vec{V}\cdot d\vec{A}$：在時間 t 時，流經控制面 N 的通量變率。

$\vec{V}\cdot d\vec{A}$：流入控制面時，其值為負，流出控制面時，其值為正。

二、控制容積分析分成兩類

(一) **有限容積分析法(積分容積法)**：將所分析的整個系統當成一固定容積來看，可求整體固定容積與外界之交互作用(即系統外力)，但容積內部訊息不知，得到是一積分方程式。

(二) **無限小容積分析法(微分容積法)**：將分析系統空間內的一點視為一極小容積來分析，可求出每一極小容積流場的訊息，但外界對其影響無法得知，得到的是一微分方程式。

三、質量守恆－連續方程式

(一) **積分型連續方程式**

$(\dfrac{DM}{Dt})_{系統}=\dfrac{\partial}{\partial t}\int_{cv}\rho\cdot d\forall .+\int_{cs}\rho\vec{V}\cdot d\vec{A}$

質量不滅 $\dfrac{DM}{Dt})_{系統}=0$，$\dfrac{\partial}{\partial t}\int_{cv}\rho\cdot d\forall +\int_{cs}\rho\vec{V}\cdot d\vec{A}=0$

Case1：不可壓縮流(ρ 為常數)

$\dfrac{\partial}{\partial t}\int_{cv}\rho\cdot d\forall +\int_{cs}\rho\vec{V}\cdot d\vec{A}=0$，得 $\int_{cs}\rho\vec{V}\cdot d\vec{A}=0$ 　式 2.3.2

適用於穩定或不穩定狀態。

Case2：可壓縮流(ρ 不為常數)，穩定狀態

$$\frac{\partial}{\partial t}\int_{cv}\rho\cdot d\forall+\int_{cs}\rho\vec{V}\cdot d\vec{A}=0 \text{，得} \int_{cs}\rho\vec{V}\cdot d\vec{A}=0 \qquad \boxed{\text{式 2.3.3}}$$

適用於穩定狀態。

(二) 微分型連續方程式

$$\frac{\partial}{\partial t}\int_{cv}\rho\cdot d\forall+\int_{cs}\rho\vec{V}\cdot d\vec{A}=0$$

經圖形分析可得連續方程式 $\dfrac{\partial\rho}{\partial t}+\dfrac{\partial\rho u}{\partial x}+\dfrac{\partial\rho v}{\partial y}+\dfrac{\partial\rho w}{\partial z}=0$

定義 $\nabla=(\dfrac{\partial}{\partial x}\vec{i}+\dfrac{\partial}{\partial y}\vec{j}+\dfrac{\partial}{\partial z}\vec{k})$，得 $\dfrac{\partial\rho}{\partial t}+\nabla\cdot\rho\vec{v}=0$

Case1：不可壓縮流(ρ 為常數)，所以 $\nabla\cdot\vec{v}=0$

Case2：可壓縮流(ρ 不為常數)，穩定狀態，所以

$$\nabla\cdot\rho\vec{v}=0 \qquad \boxed{\text{式 2.3.4}}$$

Case3：圓柱座標的連續方程式

$$\frac{\partial\rho}{\partial t}+\frac{1}{r}\frac{\partial}{\partial r}(r\rho v_r)+\frac{1}{r}\frac{\partial}{\partial\theta}(\rho v_\theta)+\frac{\partial}{\partial z}(\rho v_z)=0 \text{，} \vec{v}=v_r\vec{e}_r+v_\theta\vec{e}_\theta+v_z\vec{e}_z \qquad \boxed{\text{式 2.3.5}}$$

高斯(Gauss)定理運用 $\displaystyle\int_{cs}\rho\vec{V}\cdot d\vec{A}=\int_{c.v.}(\nabla\cdot\rho\vec{v})dV$

將 $\dfrac{\partial}{\partial t}\displaystyle\int_{cv}\rho\cdot d\forall+\int_{cs}\rho\vec{V}\cdot d\vec{A}=0$ 整理為

$$\int_{c.v.}(\nabla\cdot\rho\vec{v}+\frac{\partial\rho}{\partial t})\,dV=0$$

$(\nabla\cdot\rho\vec{v}+\dfrac{\partial\rho}{\partial t})=0\Rightarrow\rho\nabla\cdot\vec{v}+\vec{v}\cdot\nabla\rho+\dfrac{\partial\rho}{\partial t}=0\Rightarrow$ 不可壓縮流 $\nabla\cdot\vec{v}=0$

四、動量方程式

(一) 積分型動量方程式

牛頓運動定律：$\vec{F} = (\dfrac{D\vec{P}}{Dt})_{sys}$，$\vec{P} = m\vec{V}$

$\vec{F} = \dfrac{D\vec{P}}{Dt} = m\dfrac{D\vec{V}}{Dt} = m\vec{a}$，此式用在質量系統不變，$\dfrac{dmv}{dt} = \dfrac{dm}{dt}(v) + m\dfrac{dv}{dt}$，數學的微分運算並不能直接應用在牛頓定律。

雷諾轉換定理的應用：將質量系統分析轉成固定容積分析。

$\vec{P}_{sys} = \int_{質量(sys)} \vec{v}dm = \int_{質量(sys)} \vec{v}\rho d\forall$

$\dfrac{D\vec{P}_{sys}}{Dt} = \dfrac{D}{Dt}\int_{質量(sys)} \vec{v}\rho d\forall = \dfrac{\partial}{\partial t}\int_{cv} \vec{V}(\rho \cdot d\forall) + \int_{cs} \vec{V}(\rho\vec{V} \cdot d\vec{A})$

$\sum\vec{F}_{sys} = \dfrac{D}{Dt}\int_{sys} \vec{V}(\rho \cdot d\forall) = \dfrac{\partial}{\partial t}\int_{cv} \vec{V}(\rho \cdot d\forall) + \int_{cs} \vec{V}(\rho\vec{V} \cdot d\vec{A})$

物理意義：作用在系統上各外力和等於控制體積內動量變化率加上流出控制表面淨動量之和。

$\sum\vec{F}_{sys}$：就是系統的外力，與動力學探討物體所受的外力相同。

註：本節內容讀者可配合 6-2 質量流。

例題 7

一噴射流打在一光滑斜置的平板，如圖，噴入流量為 Q_0，試決定兩端流出的流量和加於平板上之力，設衝擊損失不計。

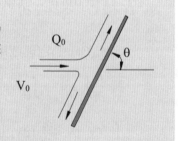

解：設板面無摩擦，噴流後高度和壓力無變化，依白努力方
程式則進噴流與離開時的速度一樣，即 $V_0=V_1=V_2$。
連續方程式 $Q_0=Q_1+Q_2$ ⋯⋯⋯⋯⋯①
平板作用於流的力垂直於平板，所以平行於平板的流
體動量不滅

$$\Sigma F_s=\int_{c.s.}(\rho v_s VdA)=0\Rightarrow-\rho Q_0V_0\cos\theta+\rho Q_1V_1-\rho Q_2V_2=0$$

$$\Rightarrow Q_1-Q_2=Q_0\cos\theta \cdots\cdots\cdots\cdots②$$

上 2 式得 $Q_1=\frac{1}{2}Q_0(1+\cos\theta)$，$Q_2=\frac{1}{2}Q_0(1-\cos\theta)$

加於平板上之力 $F=-F_n=-\int_{c.n.}(\rho v_n VdA)=\rho Q_0V_0\sin\theta$

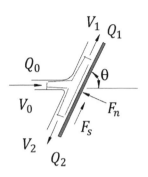

例題 8

A horizontal jet of air of width W strikes a stationary scoops as in figure. The jet velocity is $\vec{V}$ and the jet height is D. There are no losses, and neglect gravitational effects. Of the jet height remains constant as the air flows over the plate surface. Find
(1) The force $\vec{F}$ required to hold the plate stationary.
(2) The change in $\vec{F}$ when the plate moves to the right at a constant speed $\frac{V}{2}$.【台大工科】

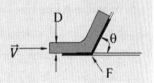

解：(1) Q=WDV

流入速度=流出速度=V
依動量方程式

$\Sigma F_x \vec{i}+\Sigma F_y \vec{j}$

$=-[\rho(WDV)][V\vec{i}]+[\rho(WDV)][V\cos\theta \vec{i}+V\sin\theta \vec{j}]$

$=WD(V^2)[(\cos\theta-1)\vec{i}+\sin\theta \vec{j}]$

所以，固定平板的力為 $WD(V^2)[(\cos\theta-1)\vec{i}+\sin\theta \vec{j}]$

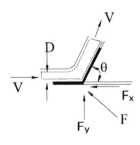

(2) 平板以 V/2 速度向右，將固定容積座標與平板 V/2 速度向右，則

$$Q=\frac{(WDV)}{2}$$

流入速度：$(V_j-U)\vec{i}=\frac{1}{2}V\vec{i}$，

流出速度：$(V_j-U)\cos\theta\,\vec{i}+(V_j-U)\sin\theta\,\vec{j}=\frac{1}{2}V\cos\theta\,\vec{i}+\frac{1}{2}V\sin\,\vec{j}$

依動量方程式

$$\Sigma R_x\vec{i}+\Sigma R_y\vec{j}=-[\rho(\frac{WDV}{2})]\,[\,\frac{1}{2}V\vec{i}\,]+[\rho(\frac{WDV}{2})][\,\frac{1}{2}V\cos\theta\,\vec{i}+\frac{1}{2}V\sin\theta\,\vec{j}\,]$$

$$=WD(\frac{V^2}{4})[(\cos\theta-1)\,\vec{i}+\sin\theta\,\vec{j}\,]$$

得，握住板子所的力為 $WD(\frac{V^2}{4})[(\cos\theta-1)\,\vec{i}+\sin\theta\,\vec{j}\,]$

例題 9

A two-dimensional liquid jet jet(having a density of ρ) of width h impinges at an angle θ onto a smooth flat plate, and divides into two stream as sketched. The ambient atmosphere is at a constant pressure P_a. Assume that the flow is incompressible and inviscid(i.e.,no sheare force can be exerted by the liquid), and neglect gravitational effects. Derive

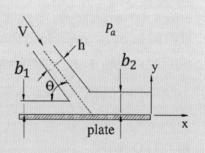

expressions for the x and y components of force, exerted by the flow on the plate(per unit length perpendicular to the figure). Also obtain expressions for the widths b_1 and b_2 of the two streams parallel to the plate. 【成大機械】

解：不考慮位能變化且大氣壓力一致，所以

$V_1 = V_2 = V$ ·························①

質量守恆，所以

$\rho h V = \rho b_1 V_1 + \rho b_2 V_2$

$\Rightarrow h V = b_1 V_1 + b_2 V_2$ ·················②

X 方向無外力，所以，

$[-(\rho h V)(V\cos\theta) + (\rho b_1 V_1)(-V_1) + (\rho b_2 V_2)(V_2)] = 0$

得 $b_2 = b_1 + h\cos\theta$ ···················③

所以，$b_1 = \dfrac{h}{2}(1-\cos\theta)$，$b_1 = \dfrac{h}{2}(1+\cos\theta)$

作用在板子上力量 $= -F_y = -[-(\rho h V)(-V\sin\theta)]\vec{j} = -\rho h V^2\sin\theta\, \vec{j}$

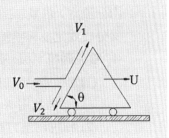

例題 10

如圖示，水柱以速度 V_0，流量 Q_0，沿水平方向衝擊台車斜面，若台車以速度 U 向右滑行，如欲使水柱作用於斜面上之功率達到最大值，其速度應為多少？【專技高考】

解：將固定容積座標與台車 U 速度一同向右觀察。

假設無摩擦，大氣壓力相同，符合白努力定律，所以進、出速度均為 $V_0 - U$

質量守恆 $Q = Q_1 + Q_2 \Rightarrow \rho A_0(V_0 - U) = \rho A_1(V_0 - U) + \rho A_2(V_0 - U)$

$\Rightarrow A_0 = A_1 + A_2$ ···························①

板面 C.V.流動水平方向作用力 $\Sigma F_x = 0$

$[-\rho A_0(V_0 - U)(V_0 - U)\cos\theta] + [\rho A_1(V_0 - U)(V_0 - U)] - [\rho A_2(V_0 - U)(V_0 - U)] = 0$

所以，$A_1 = A_0\cos\theta + A_2$ ···················②

求作用在 X 方向的力

$[-\rho A_0(V_0-U)(V_0-U)]+[\rho A_1(V_0-U)(V_0-U)\cos]-[\rho A_2(V_0-U)(V_0-U)\cos]$

$=(V_0-U)^2[A_1\cos\theta-A_2\cos\theta-A_0]$

由上二式聯立方程式知θ值固定，A_1 與 A_2 亦固定

功率 $P=F_xU=(V_0-U)^2[A_1\cos\theta-A_2\cos\theta-A_0]U$

$\Rightarrow$P 最大值時

$\dfrac{dP}{dU}=0$，$\dfrac{d}{dU}[U(V_0-U)^2]=0$，

得 $U=\dfrac{V_0}{3}$ 時，功率值最大。

(二) 噴流碰撞板面的題目分成兩類型，類型一是噴流碰撞平板，噴流噴出後即自由分流型；類型二是，碰撞板面並沿板面固定角度方向出去。依板面的移動又分成固定及與噴流有相對速度(V-U)。

  1. 噴流碰撞平板，噴流噴出後自由分流型(見圖 A 和圖 B)，解題步驟如下：
    (1) $V_0=V_1=V_2$(白努力定律)及 $Q_0=Q_1+Q_2$，
        再利用 X 方向動量守恆求得 Q_0 與 Q_1 及 Q_2 關係。
    (2) 利用動量方程求得 Y 方向動量變化。
    (3) 圖 A，噴流作用於平板 F 力為ρQV，圖 B，F 力為$\rho QV\sin\theta$，
        所以 $F_x=\rho QV\sin^2\theta$。
  2. 碰撞沿板面固定方向出去(見圖 C)，解題步驟如下：
    (1) $V_0=V_1$(白努力定律)及 $Q_0=Q_1$。
    (2) 利用動量方程求得 X 方向與 Y 方向動量變化。
        A. 圖 C 曲(平)面固定：
           $F_x=\rho QV(1-\cos\theta)$，$F_y=\rho QV(\sin\theta)$

B. 曲面移動，相對速度(V-U)：

$$F_x=\rho A(V-U)^2(1-\cos\theta)$$
$$F_y=\rho A(V-U)^2(\sin\theta)$$

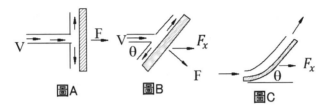

圖A　　　圖B　　　圖C

例題 11

如圖所示，有一穩定水流由圖中左下側支點處（hinge）水平射入，撞擊於傾斜的平板上，平板之另一端由一直立的彈簧支撐著。已知入口處之入射速度為 1m/s，出、入口處之截面積均為 0.01m²，支點與彈簧間的平板長度為 2m，彈簧之彈力常數（k）與自由

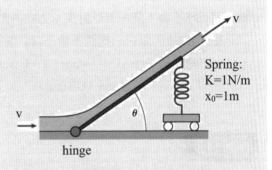

Spring:
K=1N/m
x₀=1m

長度（x₀）如圖所示，水的密度為 1000kg/m³。若平板重量不計，當達到平衡時，求平板的傾斜角度 θ 為何？【107 專技高考】

解：彈簧受力為 $k(x_0-L\sin\theta)$

水流撞擊於傾斜的平板上 $F_y=\rho AV^2\sin\theta$

因此，$\rho AV^2\sin\theta=k(x_0-L\sin\theta)$

$$\Rightarrow\sin\theta=\frac{kx_0}{(AV^2+kL)}=\frac{(1\times1)}{(1000\times0.01\times1^2+1\times2)}=\frac{1}{12}$$

$$\theta=\sin^{-1}(\frac{1}{12})$$

例題 12

如下圖，有一自由射流通過重量為的圓球，並使圓球懸浮不會下降，假設流體的黏滯性可忽略，且已知自由射流的入射速度為 U_1，入射角為 α_1，則射流通過圓球後的速度 U_2 及角度 α_2 應為何？假設射流通過圓球前後的斷面積皆為 A，如要使圓球不會下降，射流斷面積應為多少？【105 專技高考】

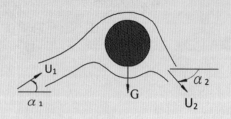

解：因圓球不會下降，所以射流 y 方向的動量變化率等於球的重量，而 x 方向動量變化未知(因題目只提到不會下降)，前後斷面積皆為 A，依連續方程式得 $U_2=U_1$

y 方向動量 $G=\rho A U_1[U_2\sin\alpha_2-(-U_1\sin\alpha_1)]$

所以 $A=G/\rho U_1(U_2\sin\alpha_2+U_1\sin\alpha_1)$

例題 13

水平矩形渠道閘門如圖，渠道寬度為 b，閘門與渠道同寬，渠道進出深度與速度如圖，試求固定閘門水平分力為何？

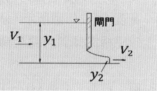

解：連續方程式 $A_1V_1=A_2V_2$，則 $y_1bV_1=y_2bV_2$，得

$$V_2=V_1(\frac{y_1}{y_2})$$

控制體積內動量方程式

$$\sum F=\rho A_2V_2(V_2)-\rho A_1V_1(V_1)$$
$$=\rho y_2bV_2(V_2)-\rho y_1bV_1(V_1)=\rho b[y_2V_2^2-y_1V_1^2]$$

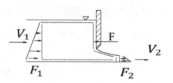

$=\rho b V_1{}^2[y_2(\frac{y_1}{y_2})^2-y_1]$

依力體圖 $\Sigma F=\frac{\gamma b y_1{}^2}{2}-\frac{\gamma b y_2{}^2}{2}-F$，F 為閘門作用在控制體積力量

上二式合併 $\frac{\gamma b y_1{}^2}{2}-\frac{\gamma b y_2{}^2}{2}-F=\rho b V_1{}^2[y_2(\frac{y_1}{y_2})^2-y_1]$

所以 $F=\frac{\gamma b y_1{}^2}{2}-\frac{\gamma b y_2{}^2}{2}-\rho b V_1{}^2[y_2(\frac{y_1}{y_2})^2-y_1]$

例題 14

直立的圓柱管流從未完全發展流到完全發展流，求其壓力降？

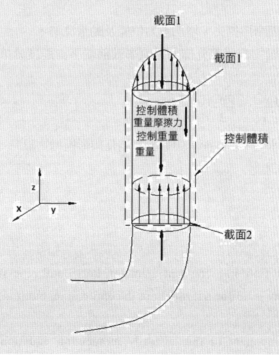

解：動量方程式

$$\sum\vec{F}_s=\frac{D}{dt}\int_{sys}\vec{V}\rho\cdot d\forall=\frac{\partial}{\partial t}\int_{cv}\vec{V}\rho\vec{V}\cdot d\forall+\int_{cs}\vec{V}\rho\vec{V}\cdot d\vec{A}$$

steady state $P_1A_1 - P_2A_2 - B - F = W_{out} \cdot \rho \cdot A_{out} \cdot V_{out} - W_{in} \cdot \rho \cdot A_{in} \cdot V_{in}$

B 為水之 body force，F 為水與管壁間之摩擦力

W_{in} 開始為 uniform 分佈

W_{out} 為拋物線分佈，$W_{out} = 2w_{in}[1 - (\dfrac{r}{R})^2]$

$\Sigma W_{out} \cdot \rho \cdot A_{out} \cdot V_{out} = \displaystyle\int w_{out} \rho w_{out} \cdot dA = \int_0^R w_{out}^2 2\pi r \rho dr = w_{in}^2 \rho \pi R^2 (\dfrac{4}{3})$

將動量方程式整理

得 $P_1A_1 - P_2A_2 - B - F = (\dfrac{4}{3}) w_{in}^2 \rho\pi R^2 - w_{in}^2 \rho\pi R^2$

所以，$P_1 - P_2 = (\dfrac{1}{3})\rho w_{in}^2 + \dfrac{B}{A} + \dfrac{F}{A}$

結論：

(1)壓力差克服摩擦損失，增加重力位能及動量流率。

(2)所以後端拋物線速度分佈動量流率較前端平滑速度分佈增加(質量流率固定)。

(3)如理想流 $\dfrac{\rho w^2}{3} \to \dfrac{\rho w^2}{2}$ ，$\dfrac{F}{A} \to 0$

(4)管子如為水平，在截面 1 與截面 2 均為成形區拋物線時，$\dfrac{F}{A}$ 項即為壓力降的原因。

例題 15

Consider unsteady flow in a constant diameter, horizontal pipe shown in the figure below. The velocity is uniform throughout the entire pipe, but it is a function of time: $\vec{V} = u(t)\vec{i}$.

(1) Use the x component of the unsteady momentum equation to determine the pressure difference($P_1 - P_2$).

(2) Discuss how this result is related to $F_x = ma$.

(3) Please also determine the pressure difference (P_1-P_2) when the flow is upwards in a vertical pipe.【中央機械】

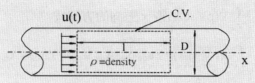

解： (1)依題意 C.V.取 x 方向動量方程式

$$\Sigma F=\frac{\partial}{\partial t}\int_{c.v.}u(\rho dV)+\oint_{c.s.}u(\rho\vec{v}\cdot d\overrightarrow{A})$$

$$\Sigma F=(P_1-P_2)A$$

淨流率為零$\Rightarrow\oint_{c.s.}u(\rho\vec{v}\cdot d\overrightarrow{A})=0$

$$\frac{\partial}{\partial t}\int_{c.v.}u(\rho d\forall)=\frac{du}{dt}\int_{c.v.}(\rho d\forall)=\rho A\frac{du}{dt}$$

$$\Rightarrow(P_1-P_2)A=\rho A\frac{du}{dt}，得(P_1-P_2)=\rho\frac{du}{dt}$$

(2) 依牛頓定律 $\Sigma F=\frac{d}{dt}(m\vec{V})$x 方向運動方程式

$$\Sigma F=A(P_1-P_2)=A\rho\frac{du}{dt}，因此，(P_1-P_2)=\rho\frac{du}{dt}$$

(3) 管路垂直時，$\Sigma F=\frac{\partial}{\partial t}\int_{c.v.}u(\rho d\forall)+\oint_{c.s.}u(\rho\vec{v}\cdot d\overrightarrow{A})$

$$\Sigma F=(P_1-P_2)A-m_{cv}g=\rho A\frac{du}{dt}$$

$$得(P_1-P_2)=\rho[g+\frac{du}{dt}]$$

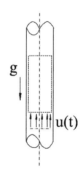

(三) 微分型動量方程式： $\Sigma \vec{F}_{sys} = (\dfrac{d\vec{P}}{dt})_{sys} = \dfrac{\partial}{\partial t}\displaystyle\int_{c.v.} \vec{v} \cdot (\rho \cdot d\forall) + \int_{c.s.} \vec{v} \cdot (\rho \vec{V} \cdot d\vec{A})$

$\dfrac{\partial}{\partial t}\displaystyle\int_{cv} \vec{V}(\rho \cdot d\forall) + \int_{cs} \vec{V}(\rho \vec{V} \cdot d\vec{A})$ 取 x 方向的方程式

$\dfrac{\partial}{\partial t}\displaystyle\int_{cv} u(\rho \cdot d\forall) + \int_{cs} u(\rho \vec{V} \cdot d\vec{A}) = \Sigma u_{out}\rho_{out}A_{out}V_{out} - \Sigma u_{in}\rho_{in}A_{in}V_{in} + \dfrac{\partial}{\partial t}\int_{cv} u\rho d\forall$

$= \Sigma u_{out}\dot{m}_{out} - \Sigma u_{in}\dot{m}_{in} + \dfrac{\partial}{\partial t}\displaystyle\int_{cv} u\rho d\forall \cdots\cdots$①

取一無窮小控制容積

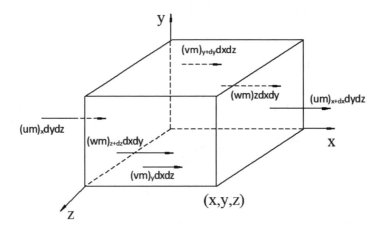

圖示 $v\dot{m}$ 及 $w\dot{m}$ 分別代表垂直 x 方向，進控制容積在 v 與 w 方向之流體，在(0,y,z)平面，u 方向 $\dot{m}$ 為 $\rho u dydz$，u 之動量為 $u\rho u dydz = \rho u u dydz$(dx,y,z)平面，u 方向之動量為$[\rho uu + \dfrac{\partial}{\partial x}(\rho uu)dx]dydz$

在(x,0,z)平面，v 方向 $\dot{m}$ 為 $\rho v dxdz$，於 u 之動量為 $u\rho v dxdz = \rho uv dxdz$

在(x,dy,z)平面，u 方向之動量為$[\rho uv dxdz + \dfrac{\partial}{\partial y}(\rho uv)dy]dxdz$

同理，可得在(x,y,0)平面與在(x,y,dz)平面於 u 方向之動量

$\Sigma u_{out}\dot{m}_{out} - \Sigma u_{in}\dot{m}_{in} = \{[\rho uu + \dfrac{\partial}{\partial x}(\rho uu)dx]dydz\} - \{[\rho uudydz\} + u$

整理 $\{[\rho uv+\dfrac{\partial}{\partial y}(\rho uv)dy]dxdz\}-\{[\rho uv]dxdz\}+\{[\rho uw+\dfrac{\partial}{\partial z}(\rho uw)dz]dxdy\}-$

$\{[\rho uw]dxdy\}$

$=[\dfrac{\partial}{\partial x}(\rho uu)dx+\dfrac{\partial}{\partial y}(\rho uv)dy+\dfrac{\partial}{\partial z}(\rho uw)dz]dxdydz$

①式等於 $\dfrac{\partial}{\partial t}(\partial u)+[\dfrac{\partial}{\partial x}(\partial uu)+\dfrac{\partial}{\partial y}(\partial uv)+\dfrac{\partial}{\partial z}(\partial uw)]$

$=u[\dfrac{\partial\rho}{\partial t}+u\dfrac{\partial(\rho u)}{\partial x}+v\dfrac{\partial(\rho v)}{\partial y}+w\dfrac{\partial(\rho w)}{\partial z}]+\rho[\dfrac{\partial u}{\partial t}+u\dfrac{\partial u}{\partial x}+v\dfrac{\partial v}{\partial y}+w\dfrac{\partial w}{\partial z}]$

$=\rho(\dfrac{\partial u}{\partial t}+u\dfrac{\partial u}{\partial x}+v\dfrac{\partial v}{\partial y}+w\dfrac{\partial w}{\partial z})$

取流體質點元素力體圖如下：

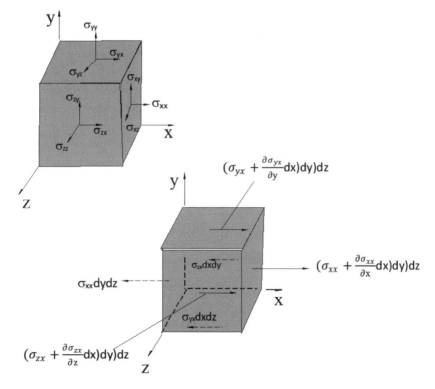

$\Sigma F_{x\ 方向分力\ C.V.}=\Sigma F_{x,body\ force}+\Sigma F_{x,surface}$，$\Sigma F_{x,body\ force}=\rho g_x dxdydz$

$\Sigma F_{x,surface}$

$=\{[\sigma_{xx}+\dfrac{\partial}{\partial x}(\sigma_{xx})dx]dydz\}-\{[\sigma_{xx}]dydz\}+\{[\sigma_{xy}+\dfrac{\partial}{\partial x}(\sigma_{xy})dy]dxdz\}-$

$\{[\sigma_{xy}]dxdz\}+\{[\sigma_{xz}+\dfrac{\partial}{\partial z}(\sigma_{xz})dz]dxdy\}-\{[\sigma_{xz}]dxdy\}$

$=[\dfrac{\partial}{\partial x}(\sigma_{xx})+\dfrac{\partial}{\partial y}(\sigma_{xy})+\dfrac{\partial}{\partial z}(\sigma_{xz})]dxdydz$

$\sum \vec{F}_{sys}=\sum \vec{F}_{body}+\sum \vec{F}_{surface}=\sum \vec{F}_{body}+\sum \vec{F}_{pressure}+\sum \vec{F}_{viscous}$

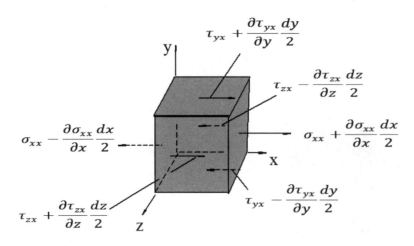

$\dfrac{d\vec{V}}{dt}=u\dfrac{\partial \vec{V}}{\partial x}+v\dfrac{\partial \vec{V}}{\partial y}+w\dfrac{\partial \vec{V}}{\partial z}+\dfrac{\partial \vec{V}}{\partial t}$

$d\vec{F}=d\vec{F}_s+d\vec{F}_B$，$d\vec{F}_s$ 代表表面力，$d\vec{F}_B$ 代表物體力
對元素中心的應力以泰勒級數展開。

$dF_{sx}=(\sigma_{xx}+\dfrac{\partial \sigma_{xx}}{\partial x}\dfrac{dx}{2})dydz-(\sigma_{xx}-\dfrac{\partial \sigma_{xx}}{\partial x}\dfrac{dx}{2})dydz$

$+(\tau_{yx}+\dfrac{\partial \tau_{yx}}{\partial y}\dfrac{dy}{2})dxdz-(\tau_{yx}-\dfrac{\partial \tau_{yx}}{\partial y}\dfrac{dy}{2})dxdz$

$+(\tau_{zx}+\dfrac{\partial \tau_{zx}}{\partial z}\dfrac{dz}{2})dxdy-(\tau_{zx}-\dfrac{\partial \tau_{zx}}{\partial z}\dfrac{dz}{2})dxdy$

簡化得 $dF_{sx}=(\dfrac{\partial \sigma_{xx}}{\partial x}+\dfrac{\partial \tau_{yx}}{\partial y}+\dfrac{\partial \tau_{zx}}{\partial z})dxdydz$

$dF_{Bx}=B_x\rho d\forall$

x 方向分量 $dF_x=dF_{sx}+dF_{Bx}=(\rho B_x+\dfrac{\partial \sigma_{xx}}{\partial x}+\dfrac{\partial \tau_{yx}}{\partial y}+\dfrac{\partial \tau_{zx}}{\partial z})dxdydz$

同理，$dF_y=(\rho B_y+\dfrac{\partial \tau_{xy}}{\partial x}+\dfrac{\partial \sigma_{yy}}{\partial y}+\dfrac{\partial \tau_{zy}}{\partial z})dxdydz$

$dF_z=(\rho B_z+\dfrac{\partial \tau_{xz}}{\partial x}+\dfrac{\partial \tau_{yz}}{\partial y}+\dfrac{\partial \sigma_{zx}}{\partial z})dxdydz$

將上面三式與牛頓第二定律加速度結合，即得

$\rho B_x+\dfrac{\partial \sigma_{xx}}{\partial x}+\dfrac{\partial \tau_{yx}}{\partial y}+\dfrac{\partial \tau_{zx}}{\partial z}=\rho(\dfrac{\partial u}{\partial t}+u\dfrac{\partial u}{\partial x}+v\dfrac{\partial u}{\partial y}+w\dfrac{\partial u}{\partial z})$

$\rho B_y+\dfrac{\partial \tau_x y}{\partial x}+\dfrac{\partial_{yy}}{\partial y}+\dfrac{\partial \tau_{zy}}{\partial z}=\rho(\dfrac{\partial v}{\partial t}+u\dfrac{\partial v}{\partial x}+v\dfrac{\partial v}{\partial y}+w\dfrac{\partial v}{\partial z})$

$\rho B_z+\dfrac{\partial \tau_{xz}}{\partial x}+\dfrac{\partial \tau_{yz}}{\partial y}+\dfrac{\partial_{zx}}{\partial z}=\rho(\dfrac{\partial w}{\partial t}+u\dfrac{\partial w}{\partial x}+v\dfrac{\partial w}{\partial y}+w\dfrac{\partial w}{\partial z})$

因 m=ρdxdydz，在關係式中的 dxdydz 因對消而不見，將壓力與黏滯力結合一應力張量。

$$\sigma_{ij}=\begin{bmatrix} \sigma_{xx} & \sigma_{xy} & \sigma_{xz} \\ \sigma_{yx} & \sigma_{yy} & \sigma_{yz} \\ \sigma_{zx} & \sigma_{zy} & \sigma_{zz} \end{bmatrix}=\begin{bmatrix} -p+\tau_{xx} & \tau_{xy} & \tau_{xz} \\ \tau_{yx} & -p+\tau_{yy} & \tau_{yz} \\ \tau_{zx} & \tau_{zy} & -p+\tau_{zz} \end{bmatrix}$$

得

$$\rho[\dfrac{\partial \vec{V}}{\partial t}+(\vec{V}\cdot\nabla)\vec{V}]=\rho\vec{g}-\nabla P+\nabla\cdot\overrightarrow{\tau_{ij}}$$

X 方向動量方程式：

$$\rho(\dfrac{\partial u}{\partial t}+u\dfrac{\partial u}{\partial x}+v\dfrac{\partial u}{\partial y}+w\dfrac{\partial u}{\partial z})=\rho g_x-\dfrac{\partial p}{\partial x}+(\dfrac{\partial \tau_{xx}}{\partial x}+\dfrac{\partial \tau_{xy}}{\partial y}+\dfrac{\partial \tau_{xz}}{\partial z})$$

Y 方向動量方程式：

$$\rho(\dfrac{\partial v}{\partial t}+u\dfrac{\partial v}{\partial x}+v\dfrac{\partial v}{\partial y}+w\dfrac{\partial v}{\partial z})=\rho g_y-\dfrac{\partial p}{\partial x}+(\dfrac{\partial \tau_{yx}}{\partial x}+\dfrac{\partial \tau_{yy}}{\partial y}+\dfrac{\partial \tau_{yz}}{\partial z})$$

Z 方向動量方程式：

$$\rho(\dfrac{\partial w}{\partial t}+u\dfrac{\partial w}{\partial x}+v\dfrac{\partial w}{\partial y}+w\dfrac{\partial w}{\partial z})=\rho g_z-\dfrac{\partial p}{\partial x}+(\dfrac{\partial \tau_{zx}}{\partial x}+\dfrac{\partial \tau_{zy}}{\partial y}+\dfrac{\partial \tau_{zz}}{\partial z})$$　　式 2.3.6

五、納維爾－史托克斯方程式(Navier-Stokes equation)

Navier-Stokes equation 是一複雜偏微分方程式 $\boxed{式\ 2.3.6}$ ，再作以下的假設：

(一) 牛頓流體剪應力與速度梯度呈線性。

(二) 流體等向性(isotropic)。

(三) σ_x 與 σ_y 正應力正比於伸縮應變速度。

得以下應力與變形速度變化的關係

$$\sigma_{xx} = -P + 2\mu\frac{\partial u}{\partial x} - \frac{2}{3}\mu\nabla\cdot\vec{v} \qquad\qquad \sigma_{yy} = -P + 2\mu\frac{\partial v}{\partial y} - \frac{2}{3}\mu\nabla\cdot\vec{v}$$

$$\sigma_{zz} = -P + 2\mu\frac{\partial w}{\partial z} - \frac{2}{3}\mu\nabla\cdot\vec{v} \qquad\qquad \tau_{yz} = \mu(\frac{\partial v}{\partial z} + \frac{\partial w}{\partial y})$$

$$\tau_{xz} = \mu(\frac{\partial w}{\partial x} + \frac{\partial u}{\partial z}) \qquad\qquad \tau_{xy} = \mu(\frac{\partial u}{\partial y} + \frac{\partial v}{\partial x})$$

上面 6 個方程式稱為組成方程式(constitutive equations)，帶入 $\boxed{式\ 2.3.6}$ 右側，

得 $\rho\dfrac{D\vec{V}}{Dt} = \rho\vec{g} - \nabla P + \dfrac{4}{3}\nabla(\mu\nabla\cdot\vec{v}) + \nabla(\vec{v}\cdot\nabla\mu) - \vec{v}\cdot\nabla^2\mu + \nabla\mu\times(\nabla\times\vec{v}) - (\nabla\cdot\vec{v})$

$\nabla\mu - \nabla\times(\nabla\times\mu\vec{v})$

經假設可簡化分類下幾種情況：

(一) 牛頓流體，密度會變但黏滯性不變

$$得\ \rho\frac{D\vec{V}}{Dt} = \rho\vec{g} - \nabla P + \frac{1}{3}\mu\nabla(\nabla\cdot\vec{v}) + \mu\nabla^2\vec{v}$$

(二) 牛頓流體，密度不變且黏性不變，$\nabla\cdot\vec{v} = 0$

$$得\ \rho\frac{D\vec{V}}{Dt} = \rho\vec{g} - \nabla P + \mu\nabla^2\vec{v} \qquad\qquad \boxed{式\ 2.3.7}$$

$\rho\vec{a}$(單位體積內的慣性力)$= \rho\vec{g}$(單位體積內的物體力)$-\nabla p$ 單位體積內的壓力梯度)$+ \mu\nabla^2\vec{V}$(單位體積內的黏滯力)

圓柱座標的表示：

$$\frac{Dv_r}{Dt} - \frac{v_\theta^2}{r} = -\frac{1}{\rho}\frac{\partial P}{\partial r} + g_r + \nu[\nabla^2 v_r - \frac{v_r}{r^2} - \frac{2}{r^2}\frac{\partial v_\theta}{\partial \theta}]$$

$$\frac{Dv_\theta}{Dt} + \frac{v_r v_\theta}{r} = -\frac{1}{\rho r}\frac{\partial P}{\partial \theta} + g_\theta + \nu[\nabla^2 v_\theta + \frac{2}{r^2}\frac{\partial v_r}{\partial \theta} - \frac{v_\theta}{r^2}]$$

$$\frac{Dv_z}{Dt} = -\frac{1}{\rho}\frac{\partial P}{\partial z} + g_z + \nu\nabla^2 v_z$$

公式使用：圓柱座標公式的符號使用如下：

$$\frac{D}{Dt} = \frac{\partial}{\partial t} + v_r\frac{\partial}{\partial r} + \frac{v_\theta}{r}\frac{\partial}{\partial \theta} + v_z\frac{\partial}{\partial z} \qquad \nabla^2 = \frac{\partial^2}{\partial r^2} + \frac{1}{r}\frac{\partial}{\partial r} + \frac{1}{r^2}\frac{\partial^2}{\partial \theta^2} + \frac{\partial^2}{\partial z^2}$$

(三) 無黏滯性流體(μ=0)，得非旋性的歐拉式方程式

$$\rho\frac{D\vec{V}}{Dt} = \rho[\frac{\partial \vec{V}}{\partial t} + (\vec{V}\cdot\nabla)\vec{V}] = \rho\vec{g} - \nabla P$$

歐拉方程式說明無摩擦力的流場，流體元素表面力僅由壓力 p 而來，單位體積表面力為 ∇ p，單位體積流體所受重力為 ρg，是流體流動惟一的物體力。

$$\rho[\frac{\partial \vec{V}}{\partial t}(慣性力) + (\vec{V}\cdot\nabla)\vec{V}] = \rho\vec{g}(重力) - \nabla P(壓力) \qquad \boxed{式 2.3.8}$$

觀念理解

1. 動力學質點(非剛體)假設質點有質量，幾乎無外形，不會變形(無扭矩)；雖然，可能是一很大的物件(參考第五章題目)，但物體無扭矩外力。

   流體力學上的質點，可看成是一很微小的質點團，該質點團的運動包含著類似剛體運動(平移+旋轉)及變形運動(線變形+角度變形)，如圖示。

   $\vec{V}_A (t,x,y) \neq \vec{V}_C (t,x+\delta x,y+\delta y)$，否則，即是平移運動。

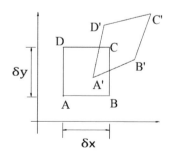

$$\vec{V}_C - \vec{V}_A = (\frac{\partial \vec{V}}{\partial x})_A \delta x + (\frac{\partial \vec{V}}{\partial y})_A \delta y + (\frac{\partial \vec{V}}{\partial z})_A \delta z = \begin{bmatrix} \delta u \\ \delta v \\ \delta w \end{bmatrix} = \begin{bmatrix} \dfrac{\partial u}{\partial x} & \dfrac{\partial u}{\partial y} & \dfrac{\partial u}{\partial z} \\ \dfrac{\partial v}{\partial x} & \dfrac{\partial v}{\partial y} & \dfrac{\partial v}{\partial z} \\ \dfrac{\partial w}{\partial x} & \dfrac{\partial w}{\partial y} & \dfrac{\partial w}{\partial z} \end{bmatrix} \begin{bmatrix} \delta x \\ \delta y \\ \delta z \end{bmatrix}$$

$$\begin{bmatrix} \dfrac{\partial u}{\partial x} & \dfrac{\partial u}{\partial y} & \dfrac{\partial u}{\partial z} \\ \dfrac{\partial v}{\partial x} & \dfrac{\partial v}{\partial y} & \dfrac{\partial v}{\partial z} \\ \dfrac{\partial w}{\partial x} & \dfrac{\partial w}{\partial y} & \dfrac{\partial w}{\partial z} \end{bmatrix} = \begin{bmatrix} \dfrac{\partial y}{\partial x} & 0 & 0 \\ 0 & \dfrac{\partial v}{\partial y} & 0 \\ 0 & 0 & \dfrac{\partial w}{\partial z} \end{bmatrix} (\text{線變形})+$$

$$\begin{bmatrix} 0 & \dfrac{1}{2}\left(\dfrac{\partial u}{\partial y} - \dfrac{\partial v}{\partial x}\right) & \dfrac{1}{2}\left(\dfrac{\partial u}{\partial z} - \dfrac{\partial w}{\partial x}\right) \\ \dfrac{-1}{2}\left(\dfrac{\partial u}{\partial y} - \dfrac{\partial v}{\partial x}\right) & 0 & \dfrac{1}{2}\left(\dfrac{\partial v}{\partial z} - \dfrac{\partial w}{\partial y}\right) \\ \dfrac{-1}{2}\left(\dfrac{\partial u}{\partial z} - \dfrac{\partial w}{\partial x}\right) & \dfrac{-1}{2}\left(\dfrac{\partial v}{\partial z} - \dfrac{\partial w}{\partial y}\right) & 0 \end{bmatrix} (\text{旋轉})+$$

$$\begin{bmatrix} 0 & \dfrac{1}{2}\left(\dfrac{\partial u}{\partial y} + \dfrac{\partial v}{\partial x}\right) & \dfrac{1}{2}\left(\dfrac{\partial u}{\partial z} + \dfrac{\partial w}{\partial x}\right) \\ \dfrac{1}{2}\left(\dfrac{\partial u}{\partial y} + \dfrac{\partial v}{\partial x}\right) & 0 & \dfrac{1}{2}\left(\dfrac{\partial v}{\partial z} + \dfrac{\partial w}{\partial y}\right) \\ \dfrac{1}{2}\left(\dfrac{\partial u}{\partial z} + \dfrac{\partial w}{\partial x}\right) & \dfrac{1}{2}\left(\dfrac{\partial v}{\partial z} + \dfrac{\partial w}{\partial y}\right) & 0 \end{bmatrix} (\text{角度變形})$$

對於 AB 線段旋轉$=\dfrac{\partial v}{\partial x}$，而 AD 線段旋轉$=\dfrac{\partial u}{\partial y}$，所以，中心點旋轉角度

$\bar{\omega} = \dfrac{1}{2}(\dfrac{\partial v}{\partial x} - \dfrac{\partial u}{\partial y})$

2. 流體動力學的壓力：$\sigma_{xx} = -P + 2\mu\dfrac{\partial u}{\partial x} - \dfrac{2}{3}\mu\nabla\cdot\bar{v}$，$[2\mu\dfrac{\partial u}{\partial x} - \dfrac{2}{3}\mu\nabla\cdot\bar{v}]$ 稱為附加黏性正應力，速度沿流線方向變化而來的，由於附加黏性正應力的存在，流體流動的壓力值不等於正應力值，但仍有 $P = \dfrac{-\left(\sigma_{xx} + \sigma_{yy} + \sigma_{zz}\right)}{3}$ 的關係。

3. 靜止流體內部沒剪應力，所以，正應力 $\sigma_{xx} = \sigma_{yy} = \sigma_{zz} = -P$，流體速度不變，流體不變形。

4. 有旋轉角速度的流場稱為旋轉流，自然界大部分是有旋轉流，如管流、物體表面邊界層及尾部後面的流動。

例題 16

如圖所示，空氣經過多孔表面進入平行平板所夾之間係中。部份外表面位於 x 的控制容積：

(1) 證明 x 方向之均勻速度為 v_0x/h。

(2) 試求 y 方向速度分量的表示式。

(3) 計算間隙中流體質點在方向之加速度分量表示式。

【台大機械】

解：(1) 取固定容積如下

連續方程式 $\oint\rho\vec{V}\cdot d\vec{A} = 0$

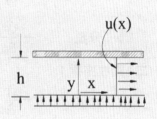

$\rho v_0(dx) + \rho u_{in}h = \rho u_0 h \Rightarrow v_0(dx) = (u_o - u_{in})h$

$\Rightarrow \dfrac{(u_o - u_{in})}{dx} = \dfrac{v_0}{h}$

即 $\dfrac{du}{dx} = \dfrac{v_0}{h}$，所以，$u = \dfrac{v_0 x}{h}$

(2) 連續方程式 $\dfrac{\partial u}{\partial x} + \dfrac{\partial v}{\partial y} = 0 \Rightarrow \dfrac{\partial v}{\partial y} = -\dfrac{v_0}{h}$，積分後得 $v(y) = \dfrac{v_0 y}{h} + C$

依題意 $v(0) = v_0$，所以，$v(y) = v_0(1 - \dfrac{y}{h})$

(3) 速度 $\vec{V} = \dfrac{v_0 x}{h}\vec{i} + v_0\left(1 - \dfrac{y}{h}\right)\vec{j}$

$\vec{a} = \dfrac{\partial \vec{V}}{\partial t} + (\vec{V} \cdot \nabla)\vec{V}$ ，因為穩態 $\Rightarrow \vec{a} = [u\dfrac{\partial u}{\partial x} + v\dfrac{\partial u}{\partial y}]\vec{i} + [u\dfrac{\partial v}{\partial x} + v\dfrac{\partial v}{\partial y}]\vec{j}$

得 $\vec{a} = \dfrac{v_0^2 x}{h}\vec{i}$

六、不同座標型式的歐拉方程式

(一) 直角座標：

x－分量　　　　$-\dfrac{\partial p}{\partial x} + \rho g_x = \rho(u\dfrac{\partial u}{\partial x} + v\dfrac{\partial u}{\partial y} + w\dfrac{\partial u}{\partial z} + \dfrac{\partial u}{\partial t})$

y－分量　　　　$-\dfrac{\partial p}{\partial y} + \rho g_y = \rho(u\dfrac{\partial v}{\partial x} + v\dfrac{\partial v}{\partial y} + w\dfrac{\partial v}{\partial z} + \dfrac{\partial v}{\partial t})$

z－分量　　　　$-\dfrac{\partial p}{\partial z} + \rho g_z = \rho(u\dfrac{\partial w}{\partial x} + v\dfrac{\partial w}{\partial y} + w\dfrac{\partial w}{\partial z} + \dfrac{\partial w}{\partial t})$

(二) 圓柱座標：

r－分量　　　　$-\dfrac{\partial p}{\partial r} + \rho g_r = \rho(v_r\dfrac{\partial v_r}{\partial r} + \dfrac{v_\theta}{r}\dfrac{\partial v_r}{\partial \theta} + v_z\dfrac{\partial v_r}{\partial z} - \dfrac{v_\theta^2}{r} + \dfrac{\partial v_r}{\partial t})$

θ－分量　　　　$-\dfrac{1}{r}\dfrac{\partial p}{\partial \theta} + \rho g_\theta = \rho(v_r\dfrac{\partial v_\theta}{\partial r} + \dfrac{v_\theta}{r}\dfrac{\partial v_\theta}{\partial \theta} + \dfrac{v_r v_\theta}{r} + v_z\dfrac{\partial v_z}{\partial z} + \dfrac{\partial v_\theta}{\partial t})$

z－分量　　　　$-\dfrac{\partial p}{\partial z} + \rho g_z = \rho(v_r\dfrac{\partial v_z}{\partial r} + \dfrac{v_\theta}{r}\dfrac{\partial v_z}{\partial \theta} + v_z\dfrac{\partial v_z}{\partial z} + \dfrac{\partial v_z}{\partial t})$

(三) 流線座標：

s－分量　　　　$+\dfrac{\partial p}{\partial s} + \rho g_s = \rho(V\dfrac{\partial V}{\partial s} + \dfrac{\partial V}{\partial t})$

n－分量　　　　$-\dfrac{\partial p}{\partial n} + \rho g_n = \rho(\dfrac{V^2}{R} + \dfrac{\partial V_n}{\partial t})$

m－分量　　　　$-\dfrac{\partial p}{\partial m} + \rho g_m = 0$

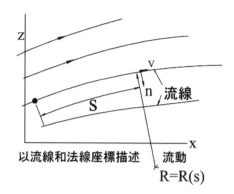

以流線和法線座標描述 流動
R=R(s)

流體在穩定狀態(steady state)流場中，任何物理性質不隨時間改變，各質點沿路徑滑動速度向量與路徑相切，質點速度 v=v(s)(非穩定狀態，則 v=v(s,t))，取一流線定出參考原點後，以距原點的距離 s=s(t)和流線局部曲率半徑 R=R(s)來描述質點運動，質點速度與行進距離有關，曲率半徑和流線形狀有關，除沿流線座標 s 之外，還有垂直流線的座標 n。在 s 及 n 方向加速度分量各為 $V\dfrac{\partial V}{\partial s}$ 及 $\dfrac{V^2}{R}$

七、剛體狀運動流體

流體以剛體狀運動，因沒有變形，所以，無剪力存在。強制剛體渦流如：提供一外力矩旋轉水桶，即產生方向向內的壓力梯度，動態壓力在接近軸心處最低，隨軸心距離增加而增加(動壓和距離軸的距離平方成正比)，壓力梯度使流體環繞軸心運動，如有自由表面，則自由表面呈現中央凹陷的拋物面。

當外力矩消失，此剛體狀渦旋流即會快速變為非旋流(非剛體狀運動)，速度隨軸心距離成反比，動壓關係式為 $p_\infty - k/r^2$，p_∞ 是距離軸無限遠處的壓力，因壓力不為負值，自由表面如存在，則靠近軸心區域會快速下降並且與 r^2 成反比，此自由渦流，如家中浴缸排水所形成漩渦，可能將空氣吸入渦旋核心。理想非旋性渦流實際上是不存在的，因它在中心處速度是無限增加，實際物理現象在接近軸心區域粒子速度停止增加，並且在 r 為 0 時下降為 0。

(一) 動力學解法：假設流體質點沿曲線作等速運動，同一水平面上流體壓力僅沿徑向變化，流體切線速度大小為定值，所以，切線壓力梯度為零。

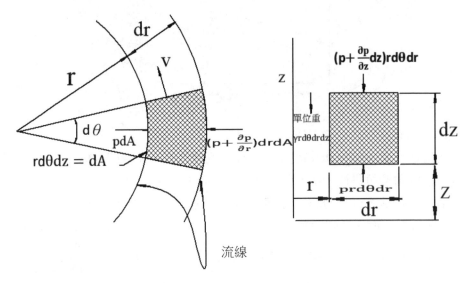

依上面力體圖分析$(P+\dfrac{\partial P}{\partial r}dr)dA - PdA = \rho dAdr\dfrac{v^2}{r}$

得$\dfrac{\partial P}{\partial r} = \rho\dfrac{v^2}{r}$ 　　　　$\boxed{式\ 2.3.9}$

上式右邊為正，所以隨徑向增加壓力增大(外面壓力比內部大才足以向心運動)。

垂直方向無運動，$\dfrac{\partial P}{\partial z} = -\rho g = -\gamma$(壓力梯度與靜壓相同)

$\boxed{式\ 2.3.9}$ 為壓力與速度關係公式，聯合速度與半徑的關係，即可分析強制渦流與自由渦流。

自由渦流作曲線運動，無外加扭力，角動量變化率為零，因此$\dfrac{\partial(mrv)}{\partial t}=0$，rv=常數=c，切線速度與徑向成反比，而強制渦流質點切線速度正比於半徑。

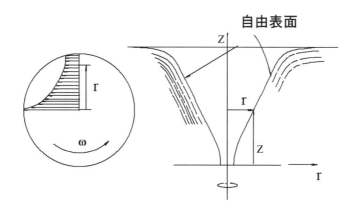

應用 $\boxed{\text{式 2.3.9}}$ 壓力與速度關係公式

$\dfrac{\partial P}{\partial r} = \rho \dfrac{v^2}{r}$ ，rv=常數=c 代入左式，結合 $\dfrac{\partial P}{\partial z} = -\rho g$

$\Rightarrow \dfrac{P_2 - P_1}{\rho} = \dfrac{1}{2} c^2 (\dfrac{1}{r_1^2} - \dfrac{1}{r_2^2}) + g(z_1 - z_2)$

得 $\dfrac{P_1}{\rho} + gz_1 + \dfrac{v_1^2}{2} = \dfrac{P_2}{\rho} + gz_2 + \dfrac{v_2^2}{2}$ ，即自由渦流滿足白努力方程式。

強制渦流與自由渦流的壓力分布

前面力體圖分析 $(P + \dfrac{\partial P}{\partial r} dr)dA - PdA = \rho dAdr \dfrac{v^2}{r}$ ，得 $\dfrac{\partial P}{\partial r} = \rho \dfrac{v^2}{r}$

因 $\dfrac{\partial P}{\partial r} > 0$，即壓力隨 r 增加而增加，r=r₀ 處的壓力 p=p₀ 作積分下限，壓力分

布各為：

$P = \dfrac{1}{2} \rho C_1 (r^2 - r_0^2) + p_o$ 強制渦流

$P = \dfrac{1}{2} \rho C_2 (\dfrac{1}{r_o^2} - \dfrac{1}{r^2}) + p_o$ 自由渦流

(二) 以 Navier-Stokes 方程式解強制渦流與自由渦流：速度僅只 θ 方向有分量，

且軸對稱($\dfrac{\partial}{\partial \theta} = 0$)，只為徑向 r 的函數，在 θ 方向 Navier-Stokes 表示如下：

$\dfrac{Dv_\theta}{Dt} + \dfrac{v_r v_\theta}{r} = -\dfrac{1}{\rho r} \dfrac{\partial P}{\partial \theta} + g_\theta + v[\nabla^2 v_\theta + \dfrac{2}{r^2} \dfrac{\partial v_r}{\partial \theta} - \dfrac{v_\theta}{r^2}]$

$$\frac{D}{Dt}=\frac{\partial}{\partial t}+v_r\frac{\partial}{\partial r}+\frac{v_\theta}{r}\frac{\partial}{\partial\theta}+v_z\frac{\partial}{\partial z}\quad,\quad \nabla^2=\frac{\partial^2}{\partial r^2}+\frac{1}{r}\frac{\partial}{\partial r}+\frac{1}{r^2}\frac{\partial^2}{\partial\theta^2}+\frac{\partial^2}{\partial z^2}$$

化簡得 $0=\dfrac{\mu}{\rho}\dfrac{\partial}{\partial r}[\dfrac{1}{r}\dfrac{\partial}{\partial r}(rv)]$

得 $v=\dfrac{c_1 r}{2}+\dfrac{c_2}{r}$　　　　$\boxed{\text{式 2.3.10}}$

1. 強制渦流：$v=\dfrac{c_1 r}{2}+\dfrac{c_2}{r}$

　　$r=0$，v 有解，所以 $C_2=0$

　　$r=R$，流體與剛體外圍速度相同為 $R\omega$，所以 $C_1=2\omega$

　　得 $v=r\omega$

　　在前面動力學分析，將流體質點視成不變形，直接得到剛體內流體質點
　　速度為 $V=r\omega$。但在流力 Navier-Stokes 方程式中，是從剛體外圍邊界
　　$V=R\omega$ 求得剛體內流體質點速度為 $V=r\omega$。

　　Navier-Stokes 方程式壓力在 r、z 方向分量

　　$\dfrac{\partial p}{\partial r}=\rho\dfrac{v^2}{r}=\rho\omega^2 r$　　　　　　$dp=\dfrac{\partial p}{\partial r}dr+\dfrac{\partial p}{\partial z}dz$

　　$p=\dfrac{\omega^2 r^2}{2}-\rho gh+C_3$　　　　　$r=0$ 時，$h=h_o$，$p=p_o$

　　得 $p-p_o=-\rho g(h-h_o)+\dfrac{\rho}{2}\omega^2 r^2$

　　水面 h 的公式 $h(r)=h_o+\dfrac{\rho}{2g}\omega^2 r^2$

2. 自由渦流：引用 $\boxed{\text{式 2.3.10}}$ $\Rightarrow v=\dfrac{c_3 r}{2}+\dfrac{k}{r}$

　　$r=0$，v 無限大，所以 $k\neq 0$

　　r 無限大，$v\to 0$，所以 $C_3=0$

　　得 $rv=\text{Constant}=k$

　　Navier-Stokes 方程式壓力在 r、z 方向分量

　　$\dfrac{\partial p}{\partial r}=\rho\dfrac{v^2}{r}=\rho\dfrac{k^2}{r^3}$　，　$\dfrac{\partial p}{\partial z}=\dfrac{\partial p}{\partial h}=-\rho g$

$$dp=\frac{\partial p}{\partial r}dr+\frac{\partial p}{\partial z}dz=\frac{\partial p}{\partial r}dr+\frac{\partial p}{\partial h}dh=\rho\frac{k^2}{r^3}dr-\rho gh$$

積分得 $p=-\rho\frac{k^2}{2r^2}-\rho gh+c$

B.C. $r=R, h\rightarrow h_L$，$p\rightarrow p_o$，$p_o=-\rho\frac{k^2}{2R^2}-\rho gh_L+c$，$c=p_o+\rho\frac{k^2}{2R^2}+\rho gh_L$

得 $p-p_o=\rho g(h-h_L)-\rho\frac{k^2}{2r^2}$

K 值的物理意義：$k=\Gamma/2\pi$

定義環流量 $\Gamma=\oint\vec{v}d\vec{s}=\int_0^{2\pi}vr\,d\theta=2\pi vr=2\pi k$

例題 17

一圓柱形容器內裝液體如圖，容器以等角速度對其軸心旋轉。求其自由面。

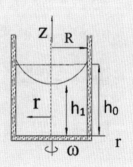

解：解法一：以動力學觀念

液柱以等角速度 ω 旋轉，有下列特點：

1. 同一水平面壓力沿徑向增大。

2. 等壓面為旋轉拋物面。

3. 自由面為一等壓面。

$\frac{\partial P}{\partial r}=\rho\frac{v^2}{r}$，強制渦流時 $v=r\omega$ 代入

$\Rightarrow\frac{\partial P}{\partial r}=\rho r\omega^2$，結合 $\frac{\partial P}{\partial z}=-\rho g$

得 $\dfrac{P_2-P_1}{\rho}=\dfrac{1}{2}\,\omega^2\,(r_2{}^2-r_1{}^2)+g(z_1-z_2)$

參考點之壓力為 (r_1,z_1)，任意點 (r,z) 與參考點間的壓力差由積分

$\displaystyle\int_{p_1}^{p}dp=\int_{p_1}^{p}\rho\omega^2 rdr-\int_{z_1}^{z}\rho gdz$ ，$p-p_1=\dfrac{\rho\omega^2}{2}\,(r^2-r_1{}^2)-\rho g(z-z_1)$

取圓柱中心通過自由面之點為參考點

$p_1=p_{atm}$ ，$r_1=0$ ，$z_1=h_1$ ，所以 $p-p_{atm}=\dfrac{\rho\omega^2}{2}\,r^2-\rho g(z-h_1)$

自由面係一等壓面，自由面之方程式

$0=\dfrac{\rho\omega^2}{2}\,r^2-\rho g(z-h_1)$ ，$z=h_1+\dfrac{(\omega r)^2}{2g}$

無旋轉時自由表面高度為 h_0，無旋轉實體體積為 $V=\pi R^2 h_0$

旋轉時體積 $V=\displaystyle\int_{0}^{R}\int_{0}^{z}2\pi r\,dzdr=\pi[h_1 R^2+\dfrac{\omega^2 R^4}{4g}]$

因 $\pi R^2 h_0=\pi[h_1 R^2+\dfrac{\omega^2 R^4}{4g}]$

$\Rightarrow h_1=h_0-\dfrac{(\omega R)^2}{4g}$

得 $z=h_1+\dfrac{(\omega r)^2}{2g}=h_0-\dfrac{(\omega R)^2}{2g}\,[\dfrac{1}{2}-(\dfrac{r}{R})^2]$

解法二：D'Alembert's principle 解法
容器中心軸旋轉，液體以與容器相同角速度 ω 旋轉，
液面中心凹下，周圍增高，流體粒子從慣性座標觀察
以角速度 ω 旋轉，從固定於容器的座標來看呈靜止，
可視為靜力學問題。

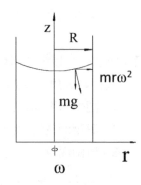

液面上質量流體粒子受重力及水平方向慣性力(離心力)，合力方向須垂直液面。$\dfrac{dz}{dr}=\dfrac{mr\omega^2}{mg}$ ，$z-h_0=\dfrac{r^2\omega^2}{2g}$ ，即自由表面成為旋轉拋物面。

觀念理解

強制渦流(剛體流動)，常利用以下觀念：

1. 強制渦流的壓力分布為 $dp=\dfrac{\partial p}{\partial r}dr+\dfrac{\partial p}{\partial z}dz$ ，$\dfrac{\partial p}{\partial r}=\rho\omega^2r$ ，

 得 $\displaystyle\int dp=\int\rho\omega^2rdr-\int\rho gdz \Rightarrow p(r,z)=\dfrac{\rho\omega^2r^2}{2}-\rho gz+C$ 。

2. 同半徑時，$P_1-P_2=-\rho g(z_1-z_2)$ ，與靜壓時相同。

3. 同一平面時，$P_1-P_2=\dfrac{1}{2}\rho\omega^2(r_1^2-r_2^2)$ ，壓力差即為向心力。

例題 18

水槽(30cm×60cm×30cm)以直線加速度前進，槽內水最多放多少水不會滿溢，並說明水箱內壓力的變化。

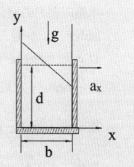

解：解法一：Navier-Stokes 方程式解

$-\nabla p + \rho \vec{g} = \rho \vec{a}$

$-(\dfrac{\partial p}{\partial x}\vec{i} + \dfrac{\partial p}{\partial y}\vec{j} + \dfrac{\partial p}{\partial z}\vec{k}) + \rho(g_x\vec{i} + g_j\vec{j} + g_k\vec{k}) = \rho(a_x\vec{i} + a_y\vec{j} + a_z\vec{k})$

$\dfrac{\partial p}{\partial z} = 0$，$g_x = 0$，$g_y = -g$，$g_z = 0$

且 $a_y = a_z = 0$

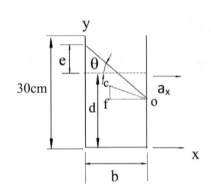

所以，$-\dfrac{\partial p}{\partial x}\vec{i} - \dfrac{\partial p}{\partial y}\vec{j} - \rho g\vec{j} = \rho a_x\vec{i}$

得 $\dfrac{\partial p}{\partial x} = -\rho a_x$，$\dfrac{\partial p}{\partial y} = -\rho g$

壓力 p(x,y) 全微分可寫為

$dp = \dfrac{\partial p}{\partial x}dx + \dfrac{\partial p}{\partial y}dy$

自由面係一等壓線，

沿等壓線 dp=0，即

$0 = \dfrac{\partial p}{\partial x}dx + \dfrac{\partial p}{\partial y}dy = -\rho a_x dx - \rho g dy$

因此 $(\dfrac{dy}{dx})_{自由面} = -\dfrac{a_x}{g}$，自由面係一直線

水箱內壓力的變化，以等壓線 o 點為起點，c 點為例，其壓力值為 $-\rho a_x dx - \rho g dy = -\rho(of \times a_x - g \times cf)$

設 e=超過原初深度之高，d=原初的深度

$e = \dfrac{b}{2}\tan\theta$，e 之最大容許值 $e = 30 - d = 15\dfrac{a_x}{g}$

故 a_x 最大值為 $\dfrac{2}{3}g$，容許之 d 值為 20cm

解法二：D′Alembert′s Principle 解法

本題從水槽座標系統觀察是靜止的，流體粒子受重力 mg 及 D′Alembert′s 慣性力，因此合力方向垂直液面，亦可得 $\tan\theta = \dfrac{a_x}{g}$

例題 19

(1) U 型管如圖示，受到水平加速度 a 的作用後，則左右兩邊液面何者較高？高多少？

(2) 若此 U 型管以作等速 ω 旋轉(此時沒有水平 a 加速度)，則左右兩邊液面何者較高？高多少？【105 專技高考】

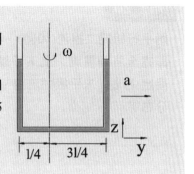

解：解法一：斜度 $a/g=(h_1-h_2)/l$，因此左邊液面會較高。

解法二：前面例題推導水面 h 的公式 $h(r)=h_0+\dfrac{\rho}{2g}\omega^2 r^2$

$h_2=h_0+\dfrac{\rho}{2g}\omega^2 3l^2/4$ $h_1=h_0+\dfrac{\rho}{2g}\omega^2 l^2/4$

因此，$h_2-h_1=\omega^2 l^2/4g$

八、兩平行板間的流場

(一) 入口區：

1. 二維流 $u=u(x,y)$，$v=v(x,y)$，$w=0$，$P=P(x,y)$
2. $P=P(x,y)$

(二) 完全展開區：

1. 穩態 $\dfrac{\partial}{\partial t}=0$

2. 完全展開，主流方向速度梯度=0，設 x 方向為主流方向，則垂直主流的 y 方向速度為 0，因 $\nabla\cdot\vec{v}=0$，所以 $u=u(y)$

3. 壓力僅與主流方向有關，設 x 方向為主流方向，則 $P=P(x)$

例題 20

兩平行板間二維流(如圖)、穩態、不可壓縮
即完全展開層流,上下平以各等速(或一板
固定)移動,求平板間流速、壓力分布、剪力
分布等。

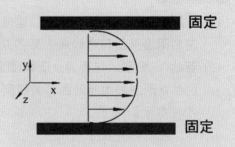

圖示為上下兩板子,固定流速分布
題目公式推導並不限定上、下板子固定

解:解法一:取一小塊流體力平衡範圍

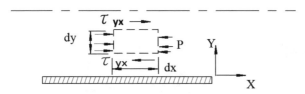

流體元素中心壓力為 P,利用泰勒級數展開右邊受力值為$(P+\frac{\partial P}{\partial x}\frac{dx}{2})dydz$,

左邊受力值為$(P-\frac{\partial P}{\partial x}\frac{dx}{2})dydz$

流體元素上面剪力值為$(\tau_{yx}+\frac{d\tau_{yx}}{dx}\frac{dy}{2})dxdz$

流體元素下面剪力值為$(\tau_{yx}-\frac{d\tau_{yx}}{dx}\frac{dy}{2})dxdz$

力平衡 $F_{sx}+F_{Bx}=\frac{\partial}{\partial t}\int_{cv}(u\rho)dV+\oint_{cs}u\rho\vec{v}\,d\vec{A}$

考慮 X 方向 $F_{Bx}=0$

穩態 $\dfrac{\partial}{\partial t}=0$

完全發展流 $\oint_{cs} u\rho\vec{v}d\vec{A} = 0$

簡化後力平衡方程式為

$(P-\dfrac{\partial P}{\partial x}\dfrac{dx}{2})dydz-(P+\dfrac{\partial P}{\partial x}\dfrac{dx}{2})dydz-(\tau_{yx}-\dfrac{d\tau_{yx}}{dx}\dfrac{dy}{2})dxdz+(\tau_{yx}+\dfrac{d\tau_{yx}}{dx}\dfrac{dy}{2})dxdz=0$

化簡得 $\dfrac{d\tau_{yx}}{dx}=\dfrac{\partial p}{\partial x}$

等號右邊為 x 函數，左邊為 y 函數，有解為 $\dfrac{\partial \tau}{\partial y}=\dfrac{\partial p}{\partial x}=$Constant

牛頓流體，所以 $\mu\dfrac{d^2u}{dy^2}=\dfrac{\partial p}{\partial x}=$Constant

得 $u(y)=\dfrac{1}{2\mu}\dfrac{\partial p}{\partial x}y^2+C_1y+C_2$

解法二：利用 Navier-Stoke equation

(1) 穩態 $\dfrac{\partial}{\partial t}=0$

(2) 二維流 $V=V(x,y)$

(3) 不可壓縮流 $\rho=$Constant

(4) 完全發展流 $\vec{V}=u\vec{i}+v\vec{j}$，$v=0$

(5) 滿足連續方程式 $\vec{V}=u(x,y)\vec{i}+v(x,y)\vec{j}$，所以 $u=u(y)$

(6) 動量方程式

    X 方向 $\rho(\dfrac{\partial u}{\partial t}+u\dfrac{\partial u}{\partial x}+v\dfrac{\partial u}{\partial y})=\rho g_x-\dfrac{\partial p}{\partial x}+\mu(\dfrac{\partial^2 u}{\partial x^2}+\dfrac{\partial^2 u}{\partial y^2})$

    Y 方向 $\rho(\dfrac{\partial v}{\partial t}+u\dfrac{\partial v}{\partial x}+v\dfrac{\partial v}{\partial y})=\rho g_y-\dfrac{\partial p}{\partial y}+\mu(\dfrac{\partial^2 v}{\partial x^2}+\dfrac{\partial^2 v}{\partial y^2})$

化簡得

x 方向：$0=-\dfrac{\partial p}{\partial x}+\mu\dfrac{\partial^2 u}{\partial y^2}$，y 方向：$0=-\dfrac{\partial p}{\partial y}-\rho g_y$

y 方向：$p(x,y)=-\rho g_y+f(x)$，即 y 方向壓力變化與靜壓相同

(注意：上 y 方向方程式可表示為 $\dfrac{\partial}{\partial y}(P+\rho gh)=0$　$P+\rho gh=f(x)$，即壓力僅與主

流方向有關。)

x 方向：$\dfrac{\partial p}{\partial x}=\mu\dfrac{\partial^2 u}{\partial y^2}$

對 y 積分得 $u(y)=\dfrac{1}{2\mu}(\dfrac{\partial p}{\partial x})y^2+C_1y+C_2$

u(y)的解與前面的推導一致

至於 C_1 與 C_2 係數的解與邊界條件及座標原點的設定有關，以此題為例，
針對同一上、下兩平板均固定的情況，可有兩種推導：

情況一：座標原點在底板

B.C. y=0，u=0，得 $C_2=0$

y=h，u=0，得 $C_1=\dfrac{-1}{2\mu}(\dfrac{\partial p}{\partial x})h$

情況二：座標原點在中心線

B.C. y=h，u=0，得 $C_1=0$

y=−h，u=0，得 $C_2=\dfrac{-1}{2\mu}(\dfrac{\partial p}{\partial x})h^2$

觀念理解

x-y-z 座標將流體質點視成動力學質點，在 x 方向合力即為壓力梯度$(\dfrac{\partial p}{\partial x})$與剪

力梯度$(\dfrac{\partial \tau}{\partial x})$的和，如考慮重量則$(\rho g)(\dfrac{\partial p}{\partial x})+(\dfrac{\partial \tau}{\partial x})=0$。而 $\tau=\mu\dfrac{\partial u}{\partial y}$。

同理，圓柱座標在 z 方向流體質點視成動力學質點，合力即為壓力梯度$(\dfrac{\partial p}{\partial z})$與

剪力梯度 $\dfrac{1}{r}(r\dfrac{\partial \tau}{\partial x})$的和。而 $\tau=\mu\dfrac{\partial u}{\partial r}$。

例題 21

兩無限長固體邊界(分別為 y=0 及 y=h)間有一穩態的不可壓縮的黏性流場,下固體邊界以等速 U 向 x 方向移動,而上固體邊界為靜止的。兩固體邊界皆為可透水的,且垂直速度為 v=v₀=常數,試求出此流場的水平速度分布 u(y)為何?【105 專技高考】

解: 利用 Navier-Stoke equation

(1) 穩態 $\dfrac{\partial}{\partial t}=0$

(2) 二維流 V=V(x,y)

(3) 不可壓縮流 ρ=Constant

(4) 完全發展流 $\vec{V}=u\vec{i}+v\vec{j}$,v=v₀=常數

(5) 滿足連續方程式 $\vec{V}=u(x,y)\vec{i}+v(x,y)\vec{j}$,所以 u=u(y)

(6) 動量方程式

X 方向 $\rho(\dfrac{\partial u}{\partial t}+u\dfrac{\partial u}{\partial x}+v\dfrac{\partial u}{\partial y})=\rho g x-\dfrac{\partial p}{\partial x}+\mu(\dfrac{\partial^2 u}{\partial x^2}+\dfrac{\partial^2 u}{\partial y^2})$

Y 方向 $\rho(\dfrac{\partial u}{\partial t}+u\dfrac{\partial u}{\partial x}+v\dfrac{\partial u}{\partial y})=\rho g y-\dfrac{\partial p}{\partial y}+\mu(\dfrac{\partial^2 v}{\partial x^2}+\dfrac{\partial^2 v}{\partial y^2})$

得 x 方向:$v_0\dfrac{\partial u}{\partial y}=-\dfrac{1}{\rho}\dfrac{dp}{dx}+\dfrac{\mu}{\rho}\dfrac{\partial^2 u}{\partial y^2}$

$\dfrac{d^2 u}{dy^2}+\dfrac{v_0}{\upsilon}(\dfrac{du}{dy})=0$,得 $u(y)=C_1 e^{\frac{v_0}{v}y}+C_2$

邊界條件 y=0,u=U,所以 $C_1+C_2=U$

y=h,u=0,所以 $C_1 e^{\frac{v_0}{v}h}+C_2=0$

求解 $C_1=U/(1-e^{\frac{v_0}{v}h})$,$C_2=-U/(e^{\frac{v_0}{v}h}-1)$

$u(y)=U/(1-e^{\frac{v_0}{v}h})\ e^{\frac{v_0}{v}y}-U/(e^{\frac{v_0}{v}h}-1)$

九、圓管內層流

(一) 完全展開區：

1. 穩態 $\dfrac{\partial}{\partial t}=0$

2. 完全展開，主流方向速度梯度=0，設軸向方向為主流方向，則 $v_r=0$、$v_\theta=0$，因 $\nabla\cdot\vec{v}=0$，所以 u=u(y)

3. 壓力僅與主流方向有關，z 方向為主流方向，則 P=P(z)

4. 管內流速、流量與壓差的關係式：

   (1) 公式得 $u(r)=\dfrac{1}{2\mu}(\dfrac{dp}{dx})[r^2-R^2]$

   (2) 定義壓力降 $\Delta P=P_1-P_2$，$(\dfrac{\Delta P}{L})$為正

   (3) 定義平均流速 $V_{avz}=\dfrac{\int udA}{A}\Rightarrow Q=\dfrac{\pi D^4}{128\mu}(\dfrac{\Delta P}{L})$，$V_{avz}=\dfrac{D^2}{32\mu}(\dfrac{\Delta P}{L})$，

   $V_{max}=2V_{avz}$

5. 壓降與剪應力關係

   (1) $\int\tau_w dx=\dfrac{D}{4}\left(\dfrac{\Delta P}{L}\right)\Rightarrow\Delta P=\tau_w\dfrac{4L}{D}$

   (2) 定義 f(摩擦係數 Darcy friction factor)$=\dfrac{8\tau_w}{\rho V_{ave}^2}$，壓力水頭損失 $\dfrac{\Delta p}{\rho g}$

   $f\dfrac{L}{D}\dfrac{V_{ave}^2}{2g}$

6. 化工業常用芬林摩擦因子(Fanning friction factor)$C_f=\dfrac{\tau_w}{\rho V_{ave}^2/2}$

例題 22

試推導推導水平圓形管流速與壓差的關係式

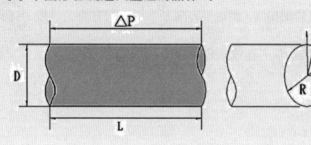

解：解法一：

假設(1)穩態，流場為水平、(2)不可壓縮流、(3)完全成形 $\frac{\partial}{\partial z}$ =0、(4)軸對稱 $\frac{\partial}{\partial \theta}$ =0

依連續方程式 $\frac{1}{r}\frac{\partial(rV_r)}{\partial r}+\frac{1}{r}\frac{\partial(V_\theta)}{\partial \theta}+\frac{\partial V_z}{\partial z}=0$

得 $\frac{1}{r}\frac{\partial(rV_r)}{\partial r}=0$，因此 rV_r=Constant

$V_r=\frac{C}{r}$ ，因 r=0 要有解，所以，V_r=0

$\vec{V}=V_r\vec{e}_r+V_\theta\vec{e}_\theta+V_z\vec{e}_z$ ，得

$\vec{V}=V_z\vec{e}_z$ ，V_z=V_z(r,θ,z,t)，因 steady state，$\frac{\partial}{\partial z}$ =0(完全成形)又軸對稱，

所以，V_z=V_z(r)

動量方程式

r－方向　$0=-\rho g\sin\theta-\frac{\partial p}{\partial r}$ ‥‥‥‥‥‥‥ ①

θ－方向　$0=-\rho g\cos\theta-\frac{1}{r}\frac{\partial p}{\partial \theta}$ ‥‥‥‥‥‥‥ ②

z－方向　$0=-\frac{\partial p}{\partial z}+\mu[\frac{1}{r}\frac{\partial}{\partial r}(r\frac{\partial V_z}{\partial r})]$ ‥‥‥‥ ③

①式與②式積分

得 $P(r,\theta,z)=-\rho gsin\theta+f(z)=-\rho g_y+f(z)$

壓力在 y 方向與靜壓相同，而水平方向 $\dfrac{\partial p}{\partial z}=\dfrac{\partial f}{\partial z}$ ，可知壓力梯度 $\dfrac{\partial p}{\partial z}$ 與 r，θ 無關

針對③式，z 方向動量方程式積分 $[\dfrac{1}{r}\dfrac{\partial}{\partial r}(r\dfrac{\partial V_z}{\partial r})]=\dfrac{1}{\mu}(\dfrac{\partial p}{\partial z})$

$r\dfrac{\partial V_z}{\partial r}=\dfrac{1}{2\mu}(\dfrac{\partial p}{\partial z})r+c_1$

$v_z(r)=\dfrac{1}{4\mu}(\dfrac{\partial p}{\partial z})r^2+c_1 r+c_2$

B.C. $r=0$，V_z 為 finite

$r=R$，V_z 為 0

得 $V_z(r)=\dfrac{-1}{4\mu}(\dfrac{\partial p}{\partial z})(R^2-r^2)$

流量 $Q=\int_0^R V_z(2\pi r)\,dr=\dfrac{-\pi R^4}{8\mu}(\dfrac{\partial p}{\partial z})$

$Q=\dfrac{-\pi R^4\Delta P}{8\mu L}$ (Poiseuille's law)或 $\Delta P=\dfrac{32\mu VL}{d^2}$

管路流體因壓力降而產生流動稱為哈根－波蘇拉流場

解法二：

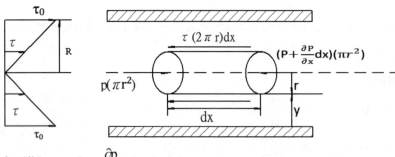

力平衡：$-\pi r^2(p+\dfrac{\partial p}{\partial x}dx)-2\pi r\cdot dx\cdot\tau=0$

得 $\tau=-\dfrac{\partial p}{\partial x}\dfrac{r}{2}\cdots\cdots$①

注意：

(1) 負號表示壓力沿流線方向減少克服了摩擦力)流線向右，因解題時 τ 之方向

假設向左為正，因 $\tau = -\mu\dfrac{du}{dy} = -\mu\dfrac{du}{dr} \cdots\cdots$②

(2) 原定義 $\tau = \mu\dfrac{du}{dy}$，因力體圖面已假設力方向向左為正，所以 $-\tau = \mu\dfrac{du}{dy}$，上式

為負號。

代入①式，得 $\mu\dfrac{du}{dr} = \dfrac{\partial p}{\partial x}\dfrac{r}{2}$

因 $\dfrac{\partial p}{\partial x}$ 不為 r 之函數，上式直接對 r 積分，得 $u = \dfrac{1}{4\mu}r^2(\dfrac{\partial p}{\partial x}) + c$

B.C. r=0，$u = u_{max}$，得 $c = u_{max}$，$r = r_0$，$u = 0$，得 $c = \dfrac{-r_0{}^2}{4\mu}(\dfrac{\partial p}{\partial x})$

求解 $u = \dfrac{1}{4\mu}r^2(\dfrac{\partial p}{\partial x}) - \dfrac{r_0{}^2}{4\mu}(\dfrac{\partial p}{\partial x})$

注意：由上面的解知 $\dfrac{\partial p}{\partial x}$ 的值是負號，即壓差克服摩擦阻力。

解法三：

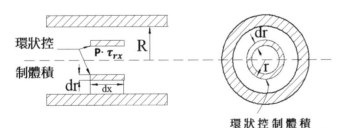

環狀控制體積

作用左邊壓力：$(p - \dfrac{\partial p}{\partial x}\dfrac{dx}{2})2\pi r \cdot dr$

作用右邊壓力：$(p + \dfrac{\partial p}{\partial x}\dfrac{dx}{2})2\pi r \cdot dr$

作用內環剪力(向左)：$(\tau_{rx} - \dfrac{d\tau_{rx}}{dr}\dfrac{dr}{2})2\pi(r - \dfrac{dr}{2})$

作用外環剪力(向右)：$(\tau_{rx} + \dfrac{d\tau_{rx}}{dr}\dfrac{dr}{2})2\pi(r + \dfrac{dr}{2})$

控制體積合力為 0：$-\dfrac{\partial p}{\partial x}(2\pi r \cdot dr) + \tau_{rx}dr2\pi dx + \dfrac{d\tau_{rx}}{dr}rdr2\pi dx = 0$

上式均除以 $2\pi rdrdx$，得 $\dfrac{\partial p}{\partial x} = \dfrac{\tau_{rx}}{r} + \dfrac{d\tau_{rx}}{dr} = \dfrac{1}{r}\dfrac{d(r\tau_{rx})}{dr}$

τ_{rx} 只是 r 的函數 $\Rightarrow \dfrac{\partial p}{\partial x} = \dfrac{1}{r}\dfrac{d(r\tau_{rx})}{dr} = $ Constant

$\Rightarrow \tau_{rx} = \dfrac{r}{2}(\dfrac{\partial p}{\partial x}) + \dfrac{c_1}{r}$，$\tau_{rx} = \mu\dfrac{d\mu}{dr}$，$\mu\dfrac{d\mu}{dr} = \dfrac{r}{2}(\dfrac{\partial p}{\partial x}) + \dfrac{c_1}{r}$

得 $u = \dfrac{r^2}{4\mu}(\dfrac{\partial p}{\partial x}) + \dfrac{c_1}{\mu}\ln r + c_2$

B.C. $r = 0$，$u = u_{max}$，得 $c_1 = 0 \cdot c_2 = u_{max}$

$r = r_o$，$u = 0$，得 $c_2 = \dfrac{-r_o^2}{4\mu}(\dfrac{\partial p}{\partial x})$

求解得 $u = \dfrac{1}{4\mu}r^2(\dfrac{\partial p}{\partial x}) - \dfrac{r_o^2}{4\mu}(\dfrac{\partial p}{\partial x})$(註：$\dfrac{\partial p}{\partial x}$ 的值是負號)

所得答案與前面相同

利用 B.C.得 $\tau = -\dfrac{\partial p}{\partial x}\dfrac{r}{2}$………①

(註：負號表示壓力沿流線方向減少，克服了摩擦力)

流線向右$\Rightarrow \tau = -\mu\dfrac{du}{dy} = -\mu\dfrac{du}{dr}$……②

②式代入①式，$\mu\dfrac{du}{dr} = \dfrac{\partial p}{\partial x}\dfrac{r}{2}$，得 $u = \dfrac{1}{4\mu}r^2(\dfrac{\partial p}{\partial x}) + c$

解法四：

不可壓縮流的 Navier－Stokes 方程式

x 方向

$\rho(\dfrac{\partial u}{\partial t} + u\dfrac{\partial u}{\partial x} + v\dfrac{\partial u}{\partial y} + w\dfrac{\partial u}{\partial z}) = \rho\dfrac{\partial g}{\partial x} - \dfrac{\partial p}{\partial x} + \mu(\dfrac{\partial^2 u}{\partial x^2} + \dfrac{\partial^2 u}{\partial y^2} + \dfrac{\partial^2 u}{\partial z^2})$

y 方向

$$\rho(\frac{\partial v}{\partial t}+u\frac{\partial v}{\partial x}+v\frac{\partial v}{\partial y}+w\frac{\partial v}{\partial z})=\rho\frac{\partial g}{\partial y}-\frac{\partial p}{\partial y}+\mu(\frac{\partial^2 v}{\partial x^2}+\frac{\partial^2 v}{\partial y^2}+\frac{\partial^2 v}{\partial z^2})$$

z 方向

$$\rho(\frac{\partial w}{\partial t}+u\frac{\partial w}{\partial x}+v\frac{\partial w}{\partial y}+w\frac{\partial w}{\partial z})=\rho\frac{\partial g}{\partial z}-\frac{\partial p}{\partial z}+\mu(\frac{\partial^2 w}{\partial x^2}+\frac{\partial^2 w}{\partial y^2}+\frac{\partial^2 w}{\partial z^2})$$

假設：

(1) 穩態 $\Rightarrow \frac{\partial}{\partial t}=0$

(2) 兩度空間 $\Rightarrow u(x,y)\vec{i}+v(x,y)\vec{i}$

(3) 流體完全成形($\frac{\partial}{\partial x}=0$)，主流方向為 x 方向　v=0，u=u(y)

得 x 方向動量方程式 $0=-(\frac{\partial p}{\partial x})+\mu\frac{\partial^2 u}{\partial y^2}$

y 方向動量方程式 $0=-(\frac{\partial p}{\partial y})-\rho g$

z 方向動量方程式 $0=-(\frac{\partial p}{\partial z})$

(4) x 方向動量方程式 $0=-(\frac{\partial p}{\partial x})+\mu\frac{\partial^2 u}{\partial y^2}$ 要有解 $\Rightarrow(\frac{\partial p}{\partial x})$ 為常數

(5) y 方向動量方程式 $p(x,y)=-\rho gy+f(x) \Rightarrow \frac{\partial p}{\partial x}=\frac{df}{dx} \Rightarrow f(x)=(\frac{\partial p}{\partial x})x+p_0$

$\Rightarrow p(x,y)=-\rho gy+(\frac{\partial p}{\partial x})x+p_0$

觀念理解

1. y 方向壓力值與靜壓時相同，壓力 p(x,y) 為一純量，該值與垂直面積相乘即為力。

2. 薄膜因 x 方向很窄，而 y 方向變化不大(均在大氣壓內)，所以，薄膜內壓力均假設為常數。(參考後面例題)

3. 水閘門放流因水位高，所以不可忽略重力方向的壓力(參考後面例題)。

(6) X 方向動量方程式得 $u(y)=\dfrac{1}{2}(\dfrac{\partial p}{\partial x})y^2+C_1y+C_2$

　　B.C. $y=-h$，$u=0$

　　B.C. $y=+h$，$u=0$，得 $C_1=0$，$C_2=\dfrac{-1}{2\mu}(\dfrac{\partial p}{\partial x})h^2$

　　速度分佈 $u(y)=\dfrac{1}{2\mu}(\dfrac{\partial p}{\partial x})(y^2-h^2)$

(7) $(\dfrac{\partial p}{\partial x})$ 為負值常數，兩點間長 L 壓降為 $\Delta P \Rightarrow (\dfrac{\partial p}{\partial x})=\dfrac{-\Delta P}{L}$

　　速度分佈 $u(y)=\dfrac{1}{2\mu}(\dfrac{\Delta P}{L})(h^2-y^2)$，則 $u_{max}=\dfrac{h^2\Delta P}{2\mu L}$

(8) 兩板間流量 $Q=\displaystyle\int_{-h}^{+h}\left[\dfrac{1}{2\mu}\left(\dfrac{\Delta P}{L}\right)\left(h^2-y^2\right)\times1\right]dy=\dfrac{2h^3\Delta p}{3\mu L}(\times1)$

(9) 平均速度 $V_{ave}=\dfrac{Q}{2h\times1}=\dfrac{h^2\Delta P}{3\mu L}$，則 $u_{max}=\dfrac{3}{2}V_{ave}$

(10)　以上分析適用 $R_e(\dfrac{\rho V_{ave}(2h)}{\mu})$ 低於 1400

(11)　當流場變為紊流時，在邊界的黏滯力變更大，中心區域速度分布較層流平
　　　滑，因此，最大速度與平均速度比值較層流小。

十、傾斜圓管層流分析

完全展開區：

(一) 穩態 $\dfrac{\partial}{\partial t}=0$

(二) 完全展開，主流方向速度梯度=0，設軸向方向為主流方向，則 $v_r=0$、$v_\theta=0$，
　　　因 $\nabla\cdot\vec{v}=0$，所以 $u=u(y)$(另 $u(r,\theta,y)$，完全程形 $\dfrac{\partial u}{\partial y}=0$，所以 $u(r,\theta)$，假設對 θ
　　　方向對稱，則 $u(r)$。

(三) 壓力僅與主流方向有關，設 z 方向為主流方向，則 $P=P(z)$。

(四) $\theta=0$ 即為水平圓管流動。

例題 22

考慮圓管內二維穩態不可壓縮即完全展開層流如圖，求其速度分布。

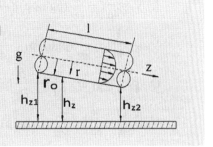

解：假設：(1)$V_r=0$

(2)$V_\theta=0$

(3)軸對稱，所以 V_z 和 θ 無關

(4)不可壓縮流的連續方程式 $\dfrac{\partial V_z}{\partial z}=0$，所以 V_z 和 z 無關，因此 $V_z=V_z(r,t)$

動量方程式

r 分量：$0=\rho g_r - \dfrac{\partial p}{\partial r}$ \qquad θ 分量：$0=\rho g_\theta - \dfrac{1}{r}\dfrac{\partial p}{\partial \theta}$

z 分量：$\rho[\dfrac{\partial V_z}{\partial t}+v_r\dfrac{\partial V_z}{\partial r}+\dfrac{V_\vartheta}{r}\dfrac{\partial V_z}{\partial \vartheta}]=\rho g_z - \dfrac{\partial p}{\partial z}+\mu[\dfrac{\partial^2 V_z}{\partial r^2}+\dfrac{1}{r}\dfrac{\partial V_z}{\partial r}+\dfrac{1}{r^2}\dfrac{\partial^2 V_z}{\partial \theta^2}+\dfrac{\partial^2 V_z}{\partial z^2}]$

穩態 $\dfrac{\partial}{\partial t}=0$，完全展開 $\dfrac{\partial V_z}{\partial x}=0$，$\dfrac{\partial V_z}{\partial r}=0$，$\dfrac{\partial V_z}{\partial \theta}=0$，

簡化

r 分量：$0=\rho g_r - \dfrac{\partial p}{\partial r}$ \qquad θ 分量：$0=\rho g_\theta - \dfrac{1}{r}\dfrac{\partial p}{\partial \theta}$

z 分量：$\rho\dfrac{\partial V_z}{\partial t}=\rho g_z - \dfrac{\partial p}{\partial z}+\mu\dfrac{1}{r}\dfrac{\partial}{\partial r}(r\dfrac{\partial V_z}{\partial r})$ $[g_z=g\sin\theta]$

steady state z 分量：$0=-\dfrac{\partial}{\partial z}(\rho g h_z+p)+\mu\dfrac{1}{r}\dfrac{\partial}{\partial r}(r\dfrac{\partial V_z}{\partial r})$ $[gh_z$ 向下為正$]$

得 $V_z=\dfrac{1}{4\mu}[\dfrac{\partial}{\partial z}(\rho g h_z+p)]r^2+C_1\ln r+C_2$ [或 $V_z=\dfrac{1}{4\mu}[\dfrac{dp}{dz}-\rho g\sin\theta]r^2+C_1\ln r+C_2]$

B.C. $r=\dfrac{D}{2}$，$V_z=0$

$r=0$，$\ln r$ 為無窮大 $\Rightarrow C_1=0$

得 $V_z = \dfrac{1}{4\mu}[-\dfrac{\partial}{\partial z}(\rho gh_z+p)](\dfrac{D^2}{4}-r^2)$[或 $V_z = \dfrac{1}{4\mu}[\dfrac{dp}{dz}-\rho g\sin\theta][r^2-r_o^2]$

$V_{max} = \dfrac{1}{4\mu}[-\dfrac{\partial}{\partial z}(\rho gh_z+p)](\dfrac{D^2}{4})$

$Q = \displaystyle\int_0^{\frac{D}{2}} V_z\, 2\pi r\, dr = \dfrac{\pi}{8\mu}[-\dfrac{\partial}{\partial z}(\rho gh_z+p)](\dfrac{D^4}{16})$

$V_{ave} = \dfrac{Q}{A} = \dfrac{\pi}{8\mu}[-\dfrac{\partial}{\partial z}(\rho gh_z+p)](\dfrac{D^2}{4})$，得 $V_{ave} = \dfrac{1}{2}V_{max}$

$V_{ave} = \dfrac{\pi}{8\mu}[-\dfrac{\partial}{\partial z}(\rho gh_z+p)](\dfrac{D^2}{4})$，得 $-\partial(\rho gh_z+p) = \dfrac{32V_{ave}}{D^2}\partial z$

z_1 到 z_2 積分，$z_2 - z_1 = L$，得 $(\rho gh_{z1}+P_1)-(\rho gh_{z2}+P_2) = \dfrac{32\mu V_{ave}L}{D^2}$

即 Hagen-Poiseuille equation，此方程式在 $R_P = \dfrac{\rho VD}{\mu} < 2000$ 時有效

例題 23

傳動帶以速度 v_0 垂直移動離開內含黏滯性液體(黏度 μ 密度 ρ 單位體積重 $\gamma = \rho g$)之容器由於黏性作用離開液體之傳動帶表面將覆蓋一厚度之薄膜液體重力作用促使液體往下如圖示。請使用 Navier-Stokes 方程式找出液體薄膜之平均速度試以 v_0、γ、h、μ 之函數表示之。(薄層流)【高考】

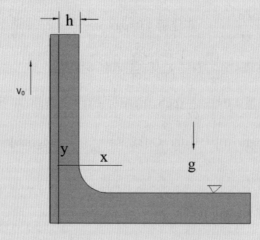

解：(1) 穩態 $\dfrac{\partial}{\partial t}=0$

(2) 不可壓縮流 $\rho=$ Constant

(3) 二維空間 $w=0$

(4) 完全發展流($\dfrac{\partial}{\partial y}=0$)，$u=0$

(5) 流場為垂直，$\vec{V}=u\vec{i}+v\vec{j}+w\vec{k}=v(x,y,z,t)\vec{j}=v(x,y)\vec{j}$

連續方程式 $\dfrac{\partial u}{\partial x}+\dfrac{\partial v}{\partial y}=0$，因 $\dfrac{\partial v}{\partial y}=0 \Rightarrow v=v(x)$

與 $v(x,y)\vec{j}$ 因完全發展流($\dfrac{\partial}{\partial y}=0$)，$v=v(x)$同理

(6) 本題型薄層流，重力效應遠大於壓力梯度，壓力梯度忽略

x 方向：$\rho(\dfrac{\partial u}{\partial t}+u\dfrac{\partial u}{\partial x}+v\dfrac{\partial u}{\partial y}+w\dfrac{\partial u}{\partial z})=\rho g_x-\dfrac{\partial p}{\partial x}+\mu(\dfrac{\partial^2 u}{\partial x^2}+\dfrac{\partial^2 u}{\partial y^2}+\dfrac{\partial^2 u}{\partial z^2})$

y 方向：$\rho(\dfrac{\partial v}{\partial t}+u\dfrac{\partial v}{\partial x}+v\dfrac{\partial v}{\partial y}+w\dfrac{\partial v}{\partial z})=\rho g_y-\dfrac{\partial p}{\partial y}+\mu(\dfrac{\partial^2 v}{\partial x^2}+\dfrac{\partial^2 v}{\partial y^2}+\dfrac{\partial^2 v}{\partial z^2})$

z 方向：$\rho(\dfrac{\partial w}{\partial t}+u\dfrac{\partial w}{\partial x}+v\dfrac{\partial w}{\partial y}+w\dfrac{\partial w}{\partial z})=\rho g_z-\dfrac{\partial p}{\partial z}+\mu(\dfrac{\partial^2 w}{\partial x^2}+\dfrac{\partial^2 w}{\partial y^2}+\dfrac{\partial^2 w}{\partial z^2})$

經化簡，x 方向：$0=-\dfrac{\partial p}{\partial x}$，y 方向：$0=-\dfrac{\partial p}{\partial y}-\rho g+\mu\dfrac{d^2 v}{dx^2}$，z 方向：$0=-\dfrac{\partial p}{\partial z}$

$\dfrac{\partial p}{\partial x}$ 與 $\dfrac{\partial p}{\partial z}$ 均等於 0 重力效應遠大於壓力梯度，$\dfrac{\partial p}{\partial y}$ 幾可忽略，

$\Rightarrow$ y 方向：$0=-\rho g+\mu\dfrac{d^2 v}{dx^2}$，積分得 $\dfrac{dv}{dx}=\dfrac{\rho g}{\mu}x+c_1$

B.C. $x=h$，無剪應力(與空氣交界處無拖曳力)$\tau_{xy}=\mu\dfrac{dv}{dx}=0$，得 $c_1=-\dfrac{\rho gh}{\mu}$

B.C. $x=0$，$v=v_0 \Rightarrow v(x)=\dfrac{\rho g}{2\mu}x^2-\dfrac{\rho gh}{\mu}x+v_0$

得流量 $q=\displaystyle\int_0^h v(x)\,dx\times 1=v_0 h-\dfrac{\rho gh^3}{3\mu}$

十一、潤滑力學

層流方程式可應用到同心管之旋轉流與楔形間隙滑動軸。

例題 24

如圖所示,同心圓管間充滿黏性流體,設內、外半徑為 R_1、R_2,轉速為 ω_1、ω_2,設流體呈穩定層流狀態做切線方向之流動,$V_\theta = V_\theta(r)$,r 表軸心向四周之輻射半徑,且滿足運動方程式 $\dfrac{d}{dr}[\dfrac{1}{r}\dfrac{d}{d}(rV_\theta)]=0$(同心管旋轉流—軸承潤滑)

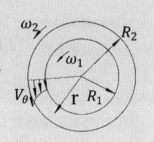

(1) 試求 $V_\theta(r)$ 之分布。

(2) 剪應力 $\tau_{r\theta}$ 之分布。

(3) 設管長為 L,試求管壁所受之扭矩。【高考】

解:解題步驟依序如下:

　　(一)假設:

　　　　1.全展流(fully developed flow) $\dfrac{\partial V_\theta}{\partial \theta}=0$, $\dfrac{\partial()}{\partial \theta}=0$

　　　　2.穩態 $\dfrac{\partial()}{\partial \theta}=0$, $V_r=0$, $V_\theta=V_\theta(r)$

　　　　3.重力不考慮

　　(二)Navier-Stokes equation θ 方向: $\mu[\dfrac{\partial}{\partial r}(\dfrac{1}{r}\dfrac{\partial}{\partial r}(rV_\theta))]=0$

　　　　$\Rightarrow V_\theta(r)=\dfrac{c_1}{2}r+\dfrac{c_2}{r}$

　　(三)邊界條件:$r=R_1$, $V_\theta=R_1\omega_1$

　　　　$r=R_2$, $V_\theta=R_2\omega_2$

　　　　得 V_θ 的速度分布:$V_\theta(r)=\dfrac{R_2{}^2\omega_2-R_1{}^2\omega_1}{R_2{}^2-R_1{}^2}\cdot r+\dfrac{R_2{}^2R_1{}^2(\omega_1-\omega_2)}{R_2{}^2-R_1{}^2}\cdot\dfrac{1}{r}$

(四)利用速度分布，得剪應力分布

軸方向剪應力 $\tau_{\theta z}$ 與 τ_{rz} 皆為 0，僅有 $\tau_{r\theta}=\mu[r\dfrac{\partial}{\partial r}(\dfrac{V_\theta}{r})+\dfrac{1}{r}(\dfrac{\partial V_r}{\partial \theta})]$

得 $\tau=[2\mu R_2^2 R_1^2(\omega_1-\omega_2)]/(R_2^2-R_1^2)r^2$

(五)內、外扭矩

在 R_1 處 $T_1=F_1 R_1=(2\pi R_1 L)\,\tau_1=[4\pi\mu L R_2^2 R_1^2(\omega_1)]/(R_2^2-R_1^2)$

在 R_2 處 $T_2=F_2 R_2=(2\pi R_2 L)\,\tau_2=[4\pi\mu L R_2^2 R_1^2(\omega_1)]/(R_2^2-R_1^2)$

注意，$T_1=T_2$

(六)求流體壓力分布

假設穩態、$V_r=0$，$V_\theta=V_\theta(r)$

Navier-Stokes equation r 方向動量方程式

$\rho\dfrac{V_\theta^2}{r}=\dfrac{\partial P}{\partial r}$ ，流場軸對稱，所以壓力僅與 r 有關，則 $\dfrac{dP}{dr}=\rho\dfrac{V_\theta^2}{r}$

積分得 $P=\rho[\dfrac{C_1^2 r^2}{2}-\dfrac{1}{2}C_2^2\dfrac{1}{r^2}+2C_1 C_2 \ln r]+C_3$

$C_1=\dfrac{\omega_2 R_2^2-\omega_1 R_1^2}{R_2^2-R_1^2}$ ，$C_2=\dfrac{R_2^2 R_1^2(\omega_1-\omega_2)}{R_2^2-R_1^2}$ ，C_3 為常數，由圓柱測得的表面

壓力決定。

(七)內外圓間距很小，外圓固定不動，則間隙流體速度分布近似 Couette flow

$V_\theta(r)=\dfrac{R_2^2\omega_2-R_1^2\omega_1}{R_2^2-R_1^2}\cdot r+\dfrac{R_2^2 R_1^2(\omega_1-\omega_2)}{R_2^2-R_1^2}\cdot\dfrac{1}{r}$

外圓固定不動，則 $\omega_2=0$，上式可表如下

$V_\theta(r)=\dfrac{-R_1^2\omega_1}{R_2^2-R_1^2}\cdot r+\dfrac{R_2^2 R_1^2(\omega_1)}{R_2^2-R_1^2}\cdot\dfrac{1}{r}=(R_1^2\omega_1)\dfrac{(R_2^2-r^2)}{R_2^2-R_1^2}(\dfrac{1}{r})$

$V_\theta(r)=(R_1^2\omega_1)\dfrac{(R_2^2-r^2)}{R_2^2-R_1^2}(\dfrac{1}{r})=(R_1^2\omega_1)\dfrac{(R_2-r)(R_2+r)}{(R_2-R_1)(R_2+R_1)}(\dfrac{1}{r})$

內外圓間距很小，所以 $R_1\cong r$，$(R_2+r)=(R_2+R_1)$

得 $V_\theta(r)=R_1\omega\dfrac{R_2-r}{R_2-R_1}=R_1\omega\dfrac{(\delta-y)}{\delta}$ ，即為近似 Couette flow(參考例題 25)

(八)將層流方程式運用到楔形潤滑面理論，滑動軸承
　　油膜之壓力承受荷重如圖，可視為以速度 U 移
　　動平面壁，對傾斜某角度固定片形成楔形間隙，
　　由楔形間隙內壓力支撐荷重。因軸頸曲面相對間
　　隙曲率半徑很小，故可當成平面。

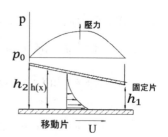

油膜厚度很小，黏性力為主要，忽略對流加速度。

x 方向動量方程式：$\dfrac{dP}{dx} = \mu \dfrac{\partial^2 u}{\partial y^2}$

B.C. y=0，u=U，y=h，u=0，得 $u(y) = U(1 - \dfrac{y}{h}) - \dfrac{h^2}{2\mu} \dfrac{dP}{dx}[\dfrac{y}{h} - (\dfrac{y}{h})^2]$

得流量 $Q = \displaystyle\int_0^{h(x)} u\, dy = \dfrac{uh}{2} - \dfrac{1}{12\mu} \dfrac{dP}{dx} h^3 = $ Constant

例題 25

一頸軸承直徑為 3in，徑向間隙為 0.0025in，以 SAE 30 機油潤滑溫度為 210°F($\mu = 2 \times 10^{-4}$lb·fsec/ft^2)，轉速為 3600rpm，寬度為 1.25in，求轉動軸所需之轉矩及所需之馬力。【中央太空研究所類似題】

解：間隙 $\dfrac{0.0025}{2} = 0.00125$，間隙極小可視為兩平行板間之流動

兩平行板間流動，僅上板平移，無壓差 $\dfrac{dp}{dx} = 0$

$\tau = \mu \dfrac{U}{b} = (\mu = 2 \times 10^{-4}$lb· fsec/ft$^2)(\dfrac{\left(\dfrac{3}{2} \times \dfrac{3600 \times 2\pi}{60}\right)}{0.00125}) = 90$lbf/ft^2

轉矩 $T = \tau \times (\pi)D \times L \times (\dfrac{D}{2}) = 0.93ft-$lbf

馬力 $P = T\omega = (0.92)(\dfrac{3600 \times 2 \times \pi}{60})(\dfrac{1}{550}) = 0.634$Hp

(二) 在固定流量 Q 下滑動軸承的考題類型有兩類，一是油進、出口的壓力均相同，但在油膜間的壓力是由小而大，再降低，另一類型是出口壓力大於進口壓力。

　1. 油進、出口的壓力一樣

$$Q = \frac{uh}{2} - \frac{1}{12\mu} \frac{dP}{dx} h^3 \Rightarrow \frac{dP}{dx} = 12\mu \left(\frac{U}{2h^2} - \frac{Q}{h^3} \right)，因前後壓力一樣$$

$$\Rightarrow \int_0^1 \left(\frac{U}{2h^2} \right) dx = \int_0^1 \left(\frac{Q}{h^3} \right) dx$$

設間隙 h(x) 從 h_2 直線減為 h_1，$\Rightarrow h(x) = h_2 - \frac{(h_2 - h_1)}{1} x$

令 $m = \frac{(h_2 - h_1)}{1} \Rightarrow dh = -mdx$

得流量 $Q = \frac{U}{2} \dfrac{\displaystyle\int_{h_1}^{h_2} \frac{1}{h^2} dh}{\displaystyle\int_{h_2}^{h_1} \frac{1}{h^3} dh} = U \frac{h_2 h_1}{h_2 + h_1}$

得流量 Q 後，即可得到壓力 P(x) 的分布

在 $\dfrac{dP}{dx} = 0$ 處，壓力值最大，P_{max} 於 $h(x) = \dfrac{2h_1 h_2}{(h_1 + h_2)}$

油膜收斂使潤滑油膜支撐負荷，下圖為頸軸承在/靜止/、/啟動/與/轉動/情況下的情況，增加讀者對機械設計與流體力學概念。

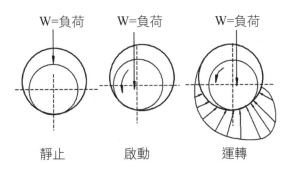

靜止　　　　啟動　　　　運轉

　2. 第二類型是出口壓力大於進口壓力。

例題 26

A viscosity pump illustrated below consists of a stationary case inside of which of a drum is rotating with angular speed of Ω, The case and the drum are concentric. Fluid enters at A and leaves at B. The length of the annulus from A to B is L and the width of the annulus is equivalent to the flow between two flat plates. Assume the flow be laminar and the fluid to be of density ρ，viscosity μ and volumetric rate Ω. Find the pressure rise between A and B in terms of μ，Ω，R，h，Q，L.(**平行板流運用在軸承潤滑**)【**中央機研**】

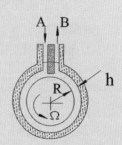

解：依題意此為平行板流動，速度分布如下：

依動量方程式 $0=-\dfrac{dP}{dx}+\mu\dfrac{d^2u}{dy^2}$

經積分得 $u(y)=\dfrac{1}{2\mu}(\dfrac{dP}{dx})y^2+C_1y+C_2$

邊界條件 $u(0)=R\Omega$，$u(h)=0$，求得 C_1 與 C_2

速度分布 $u(y)=\dfrac{1}{2\mu}\dfrac{dP}{dx}(y^2-hy)-R\Omega(\dfrac{y}{h}-1)$

流量 $Q=\displaystyle\int_0^h u\,dy=\int_0^h[\dfrac{1}{2\mu}\dfrac{dP}{dx}(y^2-hy)-R\Omega(\dfrac{y}{h}-1)]dy=-\dfrac{h^3}{12}\dfrac{dP}{dx}+\dfrac{R\Omega h}{2}$

當層流時 $\dfrac{dP}{dx}$ 為定值，依題意 $\dfrac{dP}{dx}=\dfrac{P_B-P_A}{L}$，代入上式

得 $Q=-\dfrac{h^3}{12}(\dfrac{P_B-P_A}{L})+\dfrac{R\Omega h}{2}$

壓力上升量為 $P_B-P_A=\dfrac{12\mu l}{h^3}(\dfrac{R\Omega h}{2}-Q)$

十二、損失水頭、摩擦係數與雷諾數的關係

工程需求裝設輪機如泵等是為提供流程所需的流量，惟流量與流速、管徑、壓降、摩擦阻力、管長、壓差、拖曳力、剪力及摩擦係數息息相關。利用摩擦係數(實驗值或理論值)與流速關係，來計算所需裝設輪機如泵所需要的功率($\rho Q g h_L$)。

(一) 兩固定平行板流(平行板間距為 D)

1. 壓力使流體流動：微分型方程式得 $\mu \dfrac{d^2u}{dy^2} = \dfrac{dP}{dx}$ =Constant

2. $\int u dA = Q$，求得 Q(Q 與 $\dfrac{dP}{dx}$ 的關係，工程實務皆以 Q 來表示需求)

3. $\bar{V} = Q/A$($\bar{V}$ 與 $\dfrac{dP}{dx}$ 的關係)，$\bar{V} = \dfrac{-D^2}{12\mu} \dfrac{dP}{dx} \Rightarrow u_{max} = \dfrac{3}{2} \bar{V}$

4. ΔP 壓降與 $\dfrac{\Delta P}{\rho g}$ 水頭損失皆是因流體與板面間的剪力造成的

   微分型方程式得 $\tau_w = \mu \dfrac{du}{dy}\big|_{y=0} = \dfrac{-D}{2} \dfrac{dP}{dx}$

   積分型方程式方式得 $(\tau_w)(2L) = (\Delta P)(D)$

   上面二方程式求得 τ_w 與 ΔP 關係式皆相同

5. $h_L = \dfrac{\Delta P}{\rho g} = \dfrac{2\tau_w L}{D} = (\dfrac{\tau_w}{\frac{1}{8}\rho \bar{V}^2})(\dfrac{L}{D})(\dfrac{\bar{V}^2}{2g}) = f(\dfrac{L}{D})(\dfrac{\bar{V}^2}{2g})$

   定義：$f = (\dfrac{\tau_w}{\frac{1}{8}\rho \bar{V}^2})$，將 τ_w 的 $\dfrac{dP}{dx}$ 以 $\bar{V}$ 表示帶入，可得 $f = 48/R_e$

(二) 管流(管內半徑為 r_o)：用流線座標動量方程式與能量方程式，推導損失水頭與摩擦因子關係：

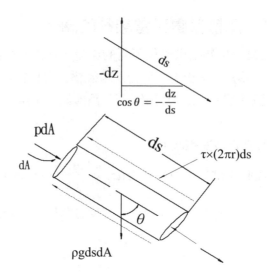

$$\sum F_s = \frac{-\partial p}{\partial s}\, dsdA - \rho g dsdA\, \frac{\partial z}{\partial s} - \tau(2\pi r)ds$$

因為 $a_s = \dfrac{\partial V}{\partial t} = \dfrac{\partial V}{\partial s}\,\dfrac{\partial s}{\partial t} = V\dfrac{\partial V}{\partial s} = \dfrac{\partial}{\partial s}\left(\dfrac{V^2}{2}\right)$

帶入流線座標動量方程式

$$\sum F_s = \rho\cdot ds\cdot dA\cdot a_s = \rho dsdA\left(\frac{\partial}{\partial s}\left(\frac{V^2}{2}\right)\right) = \frac{-\partial p}{\partial s}\, ds\cdot dA - \rho g dsdA\, \frac{\partial z}{\partial s} - \tau(2\pi r)ds$$

上式各項除以 ρg 整理後

得 $-\dfrac{\partial}{\partial s}\left(\dfrac{p}{\rho g} + z + \dfrac{V^2}{2g}\right) = \dfrac{\tau}{\rho g}\,\dfrac{2}{r}$ ，

沿流線積分為 $-\displaystyle\int_1^2 \frac{\partial}{\partial s}\left(\frac{p}{\rho g} + z + \frac{V^2}{2g}\right)ds = \int_1^2 \frac{\tau}{\rho g}\,\frac{2}{r}\, ds$

得 $\left(\dfrac{p_1}{\rho g} + z_1 + \dfrac{V_1^2}{2g}\right) - \left(\dfrac{p_2}{\rho g} + z_2 + \dfrac{V_2^2}{2g}\right) = \dfrac{\tau}{\rho g}\,\dfrac{2\ell}{r}$ ，其中 V 為平均速度

定義 h 為摩擦損失，則 $h = \dfrac{\tau}{\rho g}\,\dfrac{2\ell}{r}$

管徑 d=2r 代入上式，等號兩邊均除以 $\dfrac{\rho V^2}{2}$

得 $h = f\dfrac{l}{d}\,\dfrac{V^2}{2g}$　　　　f 為 $\dfrac{8\tau}{\rho V^2}$

我們可利用能量方程式來推導

$$h_1 = (\frac{P_1}{\gamma} + Z_1 + \frac{V_1^2}{2g}) - (\frac{P_2}{\gamma} + Z_2 + \frac{V_2^2}{2g})$$

管徑為 D，不可壓縮黏性穩定流，$V_1 = V_2$

損失水頭 $h_1 = (\frac{P_1}{\gamma} + Z_1) - (\frac{P_2}{\gamma} + Z_2)$

注意：上式即為 $\frac{\Delta p}{\rho g}$，就是損失水頭。

因為摩擦損失與管壁剪應力有關，壓力差是為克服管壁摩擦。

所以，$P_1(\frac{\pi D^2}{4}) - P_2(\frac{\pi D^2}{4}) + \gamma L(\frac{\pi D^2 \cos\theta}{4}) - \tau_0 \pi D = 0$

得 $\tau_0 = \frac{D\gamma}{4L}(\frac{P_1 - P_2}{\gamma} + L\cos\theta) = \frac{D\gamma}{4L} h_1$，其中 $L\cos\theta = Z_1 - Z_2$

將上式各項除以 $\frac{\rho V^2}{8}$

$$\Rightarrow \frac{\tau_0}{\frac{\rho V^2}{8}} = \frac{\frac{D\gamma h_1}{4L}}{\frac{\rho V^2}{8}} = f，f 為無因次摩擦因子，V 為管流平均速度，得$$

$$h_1 = f\frac{L}{D}\frac{V^2}{2g} \qquad \boxed{式 2.3.11}$$

此式即為摩擦達西方程式(Darcy's equation of friction)

加強對照補充說明：

1. 微分型方程式得 $-\mu\frac{du}{dr} = -\frac{r}{2}(\frac{dP}{dx})$(壓力與主流方向一致，P=P(x))

2. $\int u dA = Q$ 得 $Q = -\frac{\pi r_o^4}{8\mu}\frac{dP}{dx}$ (Q 與 $\frac{dP}{dx}$ 的關係)

3. $\bar{V} = Q/A$($\bar{V}$ 與 $\frac{dP}{dx}$ 的關係)，$\bar{V} = \frac{-r_o^2}{8\mu}\frac{dP}{dx} \Rightarrow u_{max} = 2\bar{V}$

4. ΔP 壓降與 τ_w 的關係

微分型方程式得 $\tau_w = -\mu \dfrac{du}{dy}\Big|_{r=r_o} = \dfrac{-r}{2}\dfrac{dP}{dx}$

積分型方程式得 $(\tau_w)(2\pi r_o L) = (\Delta P)\pi(r_o{}^2)$

上面二方程式求得 τ_w 與 ΔP 關係式，結果皆相同

5. $h_L = \dfrac{\Delta P}{\rho g} = \dfrac{2\tau_w L}{r_o} = (\dfrac{\tau_w}{\dfrac{1}{8}\rho \bar{V}^2})(\dfrac{L}{D})(\dfrac{\bar{V}^2}{2g}) = f(\dfrac{L}{D})(\dfrac{\bar{V}^2}{2g})$

定義：$f = (\dfrac{\tau_w}{\dfrac{1}{8}\rho \bar{V}^2})$，將 τ_w 的 $\dfrac{dP}{dx}$ 以 $\bar{V}$ 表示，帶入得到 $f=64/R_e$

(注意：上式的推導，係在層流下流動，如是紊流，在 $3\times10^3 < R_e < 10^5$ 時，伯拉西斯(Blasius)公式 $f = 0.316464/R_e{}^{0.25}$)

(三) 鈍形物體拖曳力係數：$C_D = F_D/(\dfrac{1}{2}\rho U^2 A)$，$C_D$ 為拖曳力係數，F_D 為 drag force，

$C_L = F_L/(\dfrac{1}{2}\rho U^2 A)$，$C_L$ 為升力係數，F_L 為 lift force，A 為平行流經與垂直流

線的投影面積，以圓球為例 $\dfrac{F_D}{\dfrac{1}{2}\rho V^2 A} = \dfrac{24\mu}{\rho UD}$，得 $F_D = 3\pi\mu DU$(史托克阻力定律)

1. $R_E \ll 1$ 時，$C_D = 24/R_e$

2. $1 < R_E < 400$ 時，$C_D = 24/R_e{}^{0646}$

3. $400 < R_E < 3\times10^5$ 時，$C_D = 0.5$

(四) 平板表面流摩擦係數 C_f(Drag coefficient)：

1. 壁面剪應力與自由流速所產生之動能比值稱摩擦係數 $C_f = \tau_w/[\dfrac{1}{2}V_0{}^2]$

2. 平板阻力係數 $C_D = \dfrac{F_D}{\dfrac{1}{2}\rho V^2 L}$，L 為平板長度

3. 配合邊界層積分方程式 $\dfrac{d\theta}{dx} = \dfrac{\tau_0}{\rho U^2}$，可求平板阻力 $F_D = \displaystyle\int_0^L \tau_0\,dx$

例題 27

圓球直徑 D，密度 ρ_b，求在密度 ρ_l 液體落下的終端速度？

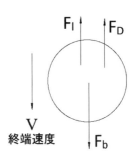

解：圓球比重 γ_b，因此圓球重量 F_b 為 $\gamma_b(\frac{1}{6}\pi D^3)$

流體比重 γ_l，因此圓球所受 F_l 浮力為 $\gamma_l(\frac{1}{6}\pi D^3)$

依史托克阻力定律 $F_D=3\pi\mu DV$

$F_b=F_D+F_l$，所以得 $V_t=\frac{gD^2}{18\mu}(\rho_b-\rho_l)$

例題 28

A small metal sphere of 0.1mm diameter is released in a large water tank. At very low Reynold number, the drag coefficient of a sphere can be estimated to be $C_D=\dfrac{24}{Re_D}$, where Re_D is based on the diameter of the sphere. The specific gravity of the metal sphere is 6.0, and the dynamic viscosity of water is $1\times10^{-3}N\cdot sec/m^2$.

(1) Drawed free body diagram of the metal sphere and estimated all the force exerted on the metal sphere.

(2) Please find the sphere velocity when it is not accelerated or decelerated.

解：阻力係數 $C_D=F_D/(\frac{1}{2}\rho V^2 A)$，A 為球面積 $\pi(\frac{0.1}{2}\times10^{-3})^2$

依題意 $C_D=\dfrac{24}{Re_D}$ ，可得 $F_D=0.942\times10^{-6}V$

力體圖 $F_l+F_D=W$，

浮力 $F_l=(9810)\times(1/6)\pi(0.1\times10^{-3})^3=5.137\times10^{-9}$

阻力 $F_D=0.942\times10^{-6}V$

球重 W=(6)(9810)(1/6)π(0.1×10⁻³)³=3.082×10⁻⁸

得終端速度 V=0.027(m/s)

例題 29

計算一直徑 1mm 表面光滑小鋼球在水中落下終端速度(Terminal velocity)。鋼球密度為 7800kg/m³，水密度為 1000kg/m³，黏滯度為 μ=1.0×10⁻³。【台大機械】

阻力係數	適用範圍
C_D=24/Re	Re≤1
C_D=24/Re$^{0.646}$	1<Re≤400
C_D=0.5	400≤Re≤3×10³

解：假設 Re≤1，則 C_D=24/Re，依定義 $F_D/[(\frac{1}{2})\rho_水 V^2 A]$=24μ/[$\rho_水$VD]

⇒F_D=9.42×10⁻⁶V ⋯⋯⋯⋯⋯⋯⋯⋯⋯⋯⋯⋯ ①

力平衡方程式 W=F_I+F_D

W=$\rho_球$g∀=7800×9.81×$\frac{1}{6}$×π×(1.0×10⁻³)³ ⋯⋯⋯ ②

F_I=$\rho_水$g∀=9810$\frac{1}{6}$×π×(1.0×10⁻³)³ ⋯⋯⋯⋯⋯⋯ ③

上 3 式聯立得 V=3.71m/s

帶入 Re=$\rho_水$VD/μ，得雷諾數為 3710，與假設不合。

再假設 Re≥400，依題意 C_D=0.5，依定義 C_D=$F_D/[(\frac{1}{2})\rho_水 V^2 A]$

⇒F_D=1.96×10⁻⁴V

依力平衡方程式得 V=0.422m/s

再帶入 Re=$\rho_水$VD/μ，得雷諾數為 422，與假設相符。

得終端速度 V=0.422m/s

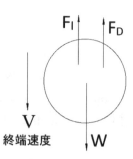

例題 30

如圖所示，一個網球重 57g，直徑為 64mm，其表面是光滑的。假設網球係於空氣中飛行，當網球的飛行速度為 25m/s，同時該球具有上旋（順時針）特性，其旋轉速度為 7500rpm。請依照圖中的升力及阻力係數 C_L，C_D 實驗數據，計算以下兩項：(1)此網球所受垂直力的大小，(2)當此球達到最大垂直高度時，計算其軌跡的曲率半徑。空氣之運動黏滯係數為(v)$1.5×10^{-5}$m²/s，密度為(ρ)1.23kg/m³。

【107 機械專技高考】

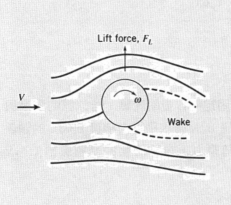

Flow pattern

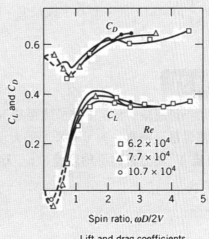

Lift and drag coefficients

解：(1)依題意

① $R_e = \dfrac{VD}{v} = \dfrac{25 \times 0.064}{1.5 \times 10^{-5}} = 1.067 \times 10^5$

② $\omega = \dfrac{7500 \times 2 \times \pi}{60} = 785 \Rightarrow \dfrac{\omega \times D}{2V} = \dfrac{785 \times 0.064}{2 \times 25} = 1.0048$

③ $A = \dfrac{\pi}{4}(0.064)^2 = 0.0032$

④查圖表 $C_L = 0.2$，$C_D = 0.5$

⑤ $F_L = [\dfrac{1}{2}(1.23)25^2] \times (0.2) \times A = 0.247$

⑥網球所受垂直力的大小為$(0.057 \times 9.81) - (0.247) = 0.31$(N)向下

(2) 因重力大於升力，最高點水平速度為 25m/s，

$$\Rightarrow 0.31=(0.057)\frac{V^2}{R}$$

得 R= $\sqrt{\dfrac{0.057 \times V^2}{0.31}} = \sqrt{114.9}$ (m)

十三、平板流表面阻力係數 C_D(skin-drag coefficient)

$F_D/[\dfrac{1}{2}\rho V_0^2 L]$，其中 L 為平板長度，$F_D = \displaystyle\int_0^L \tau_w dx$

例題 31

二維不可壓縮的穩定層流於間距為 h 的兩固定平行板間流動，若流體的密度與黏滯係數分別為 ρ 與 μ，求(1)最大水平流速 u_{max} 與水平壓力梯度 dp/dx 的關係 (2)若 V 為流體的平均流速，$\tau_{h/2}$ 為平板剪應力，求平版面的摩擦係數($C_f = \tau_{h/2}/(\rho V^2(\dfrac{1}{2}))$)。

解：$u(y)=\dfrac{1}{2\mu}(\dfrac{\partial p}{\partial x})y^2+C_1 y+C_2$

座標原點在中心線 B.C. y=h/2，u=0，y=−h/2，u=0，

$C_1=0$，$C_2=\dfrac{-1}{2\mu}(\dfrac{\partial p}{\partial x})(h/2)^2$

得 $u(y)=\dfrac{1}{2\mu}(\dfrac{\partial p}{\partial x})(y^2-\dfrac{h^2}{4})$

(1)最大水平流速 u_{max} 於 y=0 處，$u_{max}=\dfrac{-1}{2\mu}(\dfrac{\partial p}{\partial x})(\dfrac{h^2}{4})$

(2)平均流速 $V=\left[\displaystyle\int_{\frac{h}{2}}^{\frac{h}{2}}\frac{1}{2\mu}\left(\frac{\partial p}{\partial x}\right)\left(y^2-\frac{h^2}{4}\right)dy\right]/h=\frac{-1}{2\mu}\left(\frac{\partial p}{\partial x}\right)\left(\frac{h^2}{6}\right)$

$\tau_{h/2}=\mu\dfrac{du}{dy}\bigg|_{h/2}=\dfrac{h}{2}\left(-\dfrac{\partial p}{\partial x}\right)$

得 $C_f=\tau_{h/2}/[\frac{1}{2}\rho V^2]=1/[\rho Vh/12\mu]=12/R_e$

十四、邊界層動量方程式

平板上流場層邊界層厚度定義為 $y=\delta$。當 $u=0.99V_0$，邊界層線上並非流體實際速度，即流體仍有穿越邊界層，所以邊界層線並不是流線。

假設二維不可壓縮流，忽略重力效應

連續方程式 $\dfrac{\partial u}{\partial x}+\dfrac{\partial v}{\partial y}=0$

動量方程式 x－分量 $u\dfrac{\partial u}{\partial x}+v\dfrac{\partial u}{\partial y}=\dfrac{-1}{\rho}\dfrac{\partial p}{\partial x}+\upsilon\left(\dfrac{\partial^2 u}{\partial x^2}+\dfrac{\partial^2 u}{\partial y^2}\right)$

　　　　　 y－分量 $u\dfrac{\partial v}{\partial x}+v\dfrac{\partial v}{\partial y}=\dfrac{-1}{\rho}\dfrac{\partial p}{\partial y}+\upsilon\left(\dfrac{\partial^2 v}{\partial x^2}+\dfrac{\partial^2 v}{\partial y^2}\right)$

假設高雷諾數則 $x\gg\delta$，$u\gg v$，經無因次化及值級分析，在 x 方向動量方程式，得 $\delta\partial\dfrac{1}{\sqrt{R_e}}$ 及可忽略 $\dfrac{\partial^2 u^*}{\partial x^{*2}}$，在 y 方向動量方程式得 $\dfrac{\partial p^*}{\partial y^*}=0$，即 p=p(x)，因此邊界層方程式為 $\dfrac{\partial u}{\partial x}+\dfrac{\partial v}{\partial y}=0$，$u\dfrac{\partial u}{\partial x}+v\dfrac{\partial u}{\partial y}=\dfrac{-1}{\rho}\dfrac{dp}{dx}+\upsilon\left(\dfrac{\partial^2 u}{\partial y^2}\right)$

邊界層內同 x 位置處，壓力相同，邊界層內壓力等於邊界層外壓力，而邊界層外壓力可由無黏滯性白努力方程式 $\dfrac{p}{\rho}+\dfrac{1}{2}V_0{}^2=\text{Constant}$，得到 $\dfrac{-1}{\rho}\dfrac{dp}{dx}=V_0\dfrac{dV_0}{dx}$

邊界層方程式另一種方式推導：

x 方向 Navier-Stokes equ. $u\dfrac{\partial u}{\partial x}+v\dfrac{\partial u}{\partial y}=\dfrac{-1}{\rho}\dfrac{\partial p}{\partial x}+\upsilon\left(\dfrac{\partial^2 u}{\partial x^2}+\dfrac{\partial^2 u}{\partial y^2}\right)$

假設：

(一) U_∞為離物體最高速度。

(二) L 為可觀測到 U 可改變的距離。

(三) U 在 L 距離可改變速度量幾乎為 U_∞。

所以，$\dfrac{\partial u}{\partial x}=\dfrac{U_\infty}{\delta^2}\Rightarrow u\dfrac{\partial u}{\partial x}\sim\dfrac{U_\infty{}^2}{L}$ ，$\upsilon\dfrac{\partial^2 u}{\partial y^2}\sim\upsilon\dfrac{U_\infty}{\delta^2}$

因為，v 值很小，$\dfrac{U_\infty{}^2}{L}$ 和 $\upsilon\dfrac{U_\infty}{\delta^2}$ 有相同知 order(分子和分母差異不大)

$\Rightarrow\delta\sim\sqrt{\dfrac{\upsilon L}{U_\infty}}$

同樣，$\dfrac{\partial p}{\partial x}$ 和 $\rho u\dfrac{\partial u}{\partial x}$ 有相同的 order(分子和分母差異不大)$\Rightarrow p\sim\rho\,U_\infty{}^2$

令 $x'=\dfrac{x}{L}$ ，$y'=\dfrac{y}{\delta}$ ，$u'=\dfrac{u}{U_\infty}$ ，$v'=\dfrac{v}{U_\infty\left(\dfrac{\delta}{L}\right)}$ ，$p'=\dfrac{p}{U_\infty{}^2}$ ，無因次化帶入，得

x 方向動量方程式：$u'\dfrac{\partial u'}{\partial x'}+v'\dfrac{\partial u'}{\partial y'}=-\dfrac{\partial p'}{\partial x'}+\dfrac{1}{R_e}\dfrac{\partial^2 u'}{\partial x'^2}+\dfrac{\partial^2 u'}{\partial y'^2}$

y 方向動量方程式：$\dfrac{1}{R_e{}^2}[u'+v'\dfrac{\partial v'}{\partial y'}]=-\dfrac{\partial p'}{\partial y'}+\dfrac{1}{R_e{}^2}\dfrac{\partial^2 v'}{\partial x'^2}+\dfrac{1}{R_e}\dfrac{\partial^2 v'}{\partial y'^2}$

當 $R_e\gg1$ 時，上二式簡化為 $u'\dfrac{\partial u'}{\partial x'}+v'\dfrac{\partial u'}{\partial y'}=-\dfrac{\partial p'}{\partial x'}+\dfrac{\partial^2 u'}{\partial y'^2}$ ，$0=-\dfrac{\partial p'}{\partial y'}$ ，

另連續方程式為 $\dfrac{\partial u'}{\partial x'}+\dfrac{\partial v'}{\partial y'}=0$

十五、Von Karman 動量積分方程式

$\dfrac{\partial u}{\partial x}+\dfrac{\partial v}{\partial y}=0$ ，$u\dfrac{\partial u}{\partial x}+v\dfrac{\partial u}{\partial y}=V_0\dfrac{dV_0}{dx}+\upsilon\dfrac{\partial^2 u}{\partial y^2}$

積分運算得 $\dfrac{d}{dx}(V_0{}^2\Theta)+V_0\delta^*\dfrac{dV_0}{dx}=\dfrac{\tau_w}{\rho}$ ，此即 Von Karman 動量積分方程式。

當自由流 $V_0=$Constant，得 $\dfrac{d}{dx}(\Theta)=\dfrac{\tau_w}{\rho V_0{}^2}$

上面的推導為廣泛(general)的，對特定固定自由流可以下列方式得到。

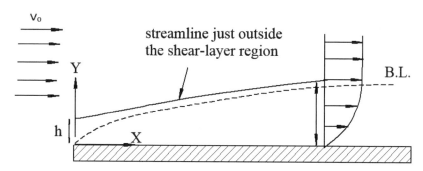

動量方程式 $-D\rho\int_0^h V_0(-V_0)dy(\times 1)-\rho\int_0^\delta u(u)dy(\times 1)$

得 $D=\rho V_0^2 h(\times 1)-\rho\int_0^h u^2\,dy(\times 1)$ ·························· ①

質量方程式 $0=\rho\int_0^h -V_0\,dy(\times 1)+\rho\int_0^\delta u\,dy(\times 1)$

$\quad V_0 h(\times 1)=\int_0^\delta u\,dy(\times 1)$ ························· ②

將②式帶入①式 $\Rightarrow D=\rho\int_0^\delta u(V_0-u)dy(\times 1)$ ，得 $\dfrac{D}{\rho V_0^2}=\int_0^\delta\left[\dfrac{u}{V_0}\left(1-\dfrac{u}{V_0}\right)\right]dy$

🖉 **試試看**

考慮一 uniform flow 通過一水平放置之平板，假設平板夠長，是以，令流場由 laminar flow 轉換為 turbulent flow(transition)影響暫不考慮。

(1) 試繪出平板上 Boundary layer 厚度之變化曲線。

(2) 題(1)之 Boundary layer 厚度之曲線是否為一 streamline？請解釋。

(3) steady、incompressible、two-dimensional flow 等條件下，由 Navier-Stokes equations 推導 boundary layer 控制方程式。推導過程中，作任何假設條件，均須說明清楚。

(4) 題(3)推導之方程式，其壓力梯度項應如何求解？試說明之。【海洋系工】

例題 32

流經平板速度分部由平滑變為曲線,速度分布以下列方程式表示:$\dfrac{u(y)}{U}=2(\dfrac{y}{\delta})-$

$(\dfrac{y}{\delta})^2$,求平板施予流體之拖曳力。

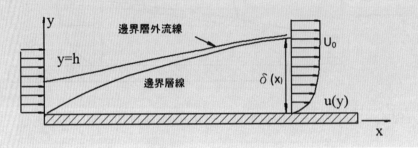

解:動量守恆 $\Sigma \vec{F}_S = \displaystyle\int_{C.S.} \vec{V}\rho\vec{V}\cdot d\vec{A} = -D$

$\vec{F}_S = \displaystyle\int_{C.S.} \vec{V}\rho\vec{V}\cdot d\vec{A} = \rho\int_0^h U_0(-U_0)dy(\times 1) + \rho\int_0^\delta u(+u)dy(1)$

$\Rightarrow D = \rho U_0^2 h(\times 1) - \rho\displaystyle\int_0^\delta u^2 dy(1)$ ......①

由質量守恆方程式求 h

$\displaystyle\int_{C.S.} \rho\vec{V}\cdot d\vec{A} = 0$,$\rho\int_0^h(-U_0)\,dy(\times 1) + \rho\int_0^\delta udy(1) = 0$

$\Rightarrow U_0 h(1) = \displaystyle\int_0^\delta udy(1)$,帶入①式動量方程式

$\Rightarrow D = \rho\displaystyle\int_0^\delta u(U_0 - u)\,dy$,將 $\dfrac{u(y)}{U} = 2(\dfrac{y}{\delta}) - (\dfrac{y}{\delta})^2$ 帶入

得 $D = \dfrac{2}{15}\rho U_0^2\delta$

例題 33

長度平板 L 其上游逼近速度及邊界層外 x 方向速為 V，已知平板上邊界剪應力

可表為 $\tau_0 = \rho U^2 \dfrac{d\theta}{dx}$ ，其中，$\theta = \displaystyle\int_0^{h>\delta} \dfrac{u}{U}\left(1 - \dfrac{u}{U}\right) dy$ =Momentum thickness。若邊界層

內速度分佈為 $u = V(\dfrac{y}{\delta})1/n$，其中 n 為定值，而 $0 \le y \le \delta$=邊界層厚度，試推導平板

單面阻力 $F_f = \dfrac{n}{(n+1)(n+2)} U^2 \delta_L$，其中 δ_L 為平板下端之邊界層厚度。

解：$d\theta/dx = \dfrac{\tau_0}{\rho u_\infty^2} \Rightarrow F_f = \displaystyle\int_0^1 \tau_0 \ dx = \rho u_\infty^2 \theta$

$F_f = \rho u_\infty^2 \displaystyle\int_0^\delta (\dfrac{y}{\delta})^{1/n} [1 - (\dfrac{y}{\delta})^{1/n}] dy$

令 $\eta = \dfrac{y}{\delta}$

$F_f = \rho u_\infty^2 \delta \displaystyle\int_0^1 \eta^{1/n} [1 - \eta^{1/n}] d\eta$ $\qquad\qquad F_f = \rho u_\infty^2 \delta \displaystyle\int_0^1 [\eta^{1/n} - \eta^{2/n}] d\eta$

$F_f = \rho u_\infty^2 \delta [\dfrac{n}{n+1} \eta^{\frac{n+1}{n}} - \dfrac{n}{n+2} \eta^{\frac{n+2}{n}}] \Big|_0^1$ $\qquad F_f = \rho u_\infty^2 \delta \dfrac{n}{(n+1)(n+2)}$

例題 34

已知二維平板層流邊界層之速度分佈 $u = a + by + cy^2$，其邊界條件為 $y=0$，$u=0$，
$y=\delta$，$u=U$，$y=\delta$，$\partial u/\partial y=0$，其中 δ 代表邊界層厚度，U 代表邊界層外之流速，
且 $u/U = f(y/\delta)$，求

(1) a，b，c 值及函數 $f(y/\delta)$。

(2) 以 δ、U 及黏滯係數 μ 之函數
關係，表示壁面上($y=0$)的剪
應力。【經濟部】

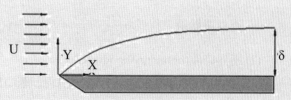

解：(1) y=0，u=0$\Rightarrow$a=0

　　　　y=δ，u=u$_\infty$=U$\Rightarrow$b+c=1

　　　　y=δ，∂u/∂y=0$\Rightarrow$b+2c=0

　　　　解聯立方程式得 b=2，c=$-$1

　　　　速度分佈為 u/u$_\infty$=2(y/δ)$-$(y/δ)^2=2$\eta-\eta^2$

　　(2) τ_0=μ(du/dy)$|_{y=0}$=2μU/δ

例題 35

有一流體(密度為 ρ，絕對黏度為 μ)以均勻進口流速 U∞流過一塊平面板，此流體在鄰近平板處會有邊界層產生如圖示。

(1) 試寫出此二為邊界層速度流場(u,v)之微分連續方程式及微分動量方程式(boundary momentum equation)。

(2) 並寫出所對應之邊界條件(boundary condition)。

(3) 若流場為層流，試敘述邊界層厚度 δ 與水平位置 x 及進口流速 U∞之關係式？

【106 鐵路特考高員三級】

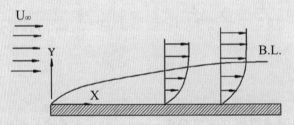

解：(1) 邊界層連續方程式 $\dfrac{\partial u}{\partial x}+\dfrac{\partial v}{\partial y}$=0

　　　　邊界層動量方程式 $u\dfrac{\partial u}{\partial x}+v\dfrac{\partial u}{\partial y}=V_0\dfrac{dV_0}{dx}+\upsilon(\dfrac{\partial^2 u}{\partial y^2}$　)

　　(2) 邊界條件(boundary condition)

　　　　u(x,0)=0$\cdots$流體不滑移；u(0,y)=U$\infty\cdots$進口自由流速；u(x,δ)=U$\infty\cdots$自由流速

　　　　$\dfrac{\partial u}{\partial y}|_{y=\delta}$=0

(3) 假設 $\dfrac{u}{U_\infty}$ =a+b($\dfrac{y}{\delta}$)+c($\dfrac{y}{\delta}$)^2

u(x,0)=0，所以 a=0；u(0,y)=U∞，所以 b+c=0；$\dfrac{\partial u}{\partial y}\big|_{y=\delta}$ =0，所以 b+2c=0

解 b=2，c=－1

得 $\dfrac{u}{U_\infty}$ =2($\dfrac{y}{\delta}$)－($\dfrac{y}{\delta}$)^2

$\dfrac{d}{dx}$ [$\displaystyle\int_0^\delta \dfrac{u}{U_\infty}$ (1－$\dfrac{u}{U_\infty}$)dy]=τw/(ρU∞^{2})

令 $\dfrac{y}{\delta}$ =η⇒dy=δdη，上式為 $\dfrac{d}{dx}$ δ$\displaystyle\int_0^1$ (2η-η^2) －(2η－η^2)^{2}dη=τw/(ρU∞^{2})

左式 $\dfrac{d}{dx}$ δ$\displaystyle\int_0^1$ (2η-η^2) －(2η－η^2)^{2}dη= $\dfrac{d}{dx}$ ($\dfrac{2\delta}{15}$)

右式 τw/(ρU∞^{2})= $\dfrac{\mu}{\rho U_\infty{}^2}$ $\dfrac{\partial u}{\partial y}\big|_{y=0}$ = $\dfrac{\mu}{\rho U_\infty}$ $\dfrac{2}{\delta}$

結合上兩式 $\dfrac{d}{dx}$ ($\dfrac{2\delta}{15}$)= $\dfrac{\mu}{\rho U_\infty}$ $\dfrac{2}{\delta}$

⇒2δdδ= $\dfrac{30\mu}{\rho U_\infty}$ dx⇒δ^2= $\dfrac{30\mu}{\rho U_\infty}$ x+c

B.C. x=0，δ=0，解出 c=0

得 δ= $\dfrac{\sqrt{30}}{\sqrt{R_{ex}}}$

經典試題

一、 光滑表面的球體在靜止的水中釋放沉降，該球體比重為 1.02，直徑為 30 公分，若阻力係數（drag coefficient）為 0.5。

(一) 試計算球體的終端速度。

(二) 若球體表面是粗糙的，其終端速度會較光滑球面者大或小？為什麼？

　　　【109 高考】

解：(一)

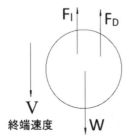

依題意 C_D=0.5，因此依定義 $F_D/[(\dfrac{1}{2})\rho_{水}V^2A]$=0.5

得 $F_D=(\dfrac{1}{2})(1000)V^2(\dfrac{\pi}{4})\times0.3^2(0.5)$=17.66$V^2$ ....①

力平衡方程式 $W=F_I+F_D$

$W=\rho_{球}g\forall=(1020)\times9.81\times\dfrac{1}{6}\times\pi\times(0.3)^3$=141.39 ....②

$F_I=\rho_{水}g\forall=9810(\dfrac{1}{6})\times\pi\times(0.3)^3$=138.62....................③

上 3 式聯立得 V=0.391m/s

(二) 球體最終速度為重力與浮力和阻力的和成平衡，當阻力係數愈小時，達到平衡所需終端速度愈大，當球體表面是粗糙的，阻力係數愈小，因此，終端速度會較光滑球面者大。

二、 已知一壓縮性流體之速度場為 $\rho\,\vec{V} = (3x^2y\,\vec{i} - 2xy^3\,\vec{j})e^{-2t}$，其中，$\rho$ 表該流體密度，x,y 表直角座標，t 表時間。請推求當 t=1 時，通過點(1,1)之 $\dfrac{\partial p}{\partial t}=?$【108 高考】

解：連續方程式 $\dfrac{\partial p}{\partial t} + \nabla \cdot \rho\vec{v} = 0$

則 $\dfrac{\partial p}{\partial t} = -\nabla \cdot \rho\vec{v}$，依題意帶入 $\rho\,\vec{V} = (3x^2y\,\vec{i} - 2xy^3\,\vec{j})e^{-2t}$

得 $\dfrac{\partial p}{\partial t} = -(6xy - 6xy^2)e^{-2t}$

當 t=1 時，通過點(1,1)之 $V\dfrac{\partial p}{\partial t} = 0$

三、 有一草地之噴水器示意如下圖，每一個噴嘴大小為 1.25 公分且每分鐘噴出 0.018 立方公尺之水量，若忽略摩擦力，試求：

(一) 於噴嘴口相對於旋轉臂之出水速度為每秒多少公尺？

(二) 達到穩定旋轉時，旋轉臂之轉動速率ω為何？【108 高考】

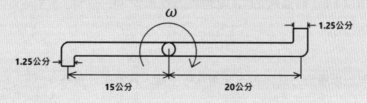

解：(一) $Q_1 = Q_2 = Q_{NOZZLE} = 0.018 m^3/s$

$V_{JET1} = V_{JET2} = V_{JET} = Q_{NOZZLE}/A = 2.44 m/s$

(二) $U = r\omega \Rightarrow U_1 = 0.2\omega$，$U_2 = 0.15\omega$

因此，$V_1 = V_{JET1} - U_1 = 2.44 - 0.2\omega$，$V_2 = V_{JET2} - U_2 = 2.44 - 0.15\omega$

$\sum \vec{M} = \displaystyle\int_{C.S.} (\vec{r} \times \vec{V})(\rho\vec{V} \cdot d\vec{A}) = r_1 V_1 \rho Q_1 + r_2 V_2 \rho Q_2$

因達到穩定旋轉，$\sum \vec{M} = 0$，所以，$[0.2 \times (2.44 - 0.2\omega) + 0.15 \times (2.44 - 0.15\omega)] = 0$

得 $\omega = 13.66 rad/s$

四、　某二維流場之速度分布如下：

u=$\dfrac{1}{1+t}$，v=1，試求此流場

(一) 在 t=1 時通過點(1,1)之流線方程式。

(二) 在 t=1 時通過點(1,1)之蹟線（或稱煙線）方程式。【108 高考】

解：(一) $\dfrac{dx}{u}=\dfrac{dy}{v}\Rightarrow\dfrac{dx}{\dfrac{1}{1+t}}=\dfrac{dy}{1}$，積分得 x=$\dfrac{1}{1+t}$y+C，C 為常數

依題意 t=1 時通過點(1,1)，得 C=1/2

所以，t=1 時通過點(1,1)之流線方程式 x=$\dfrac{1}{1+t}$y+1/2

(二) $\dfrac{dx}{dt}$=u=$\dfrac{1}{1+t}\Rightarrow$dx=$\dfrac{dt}{1+t}\Rightarrow$x=ln(1+t)+C$_1$

$\dfrac{dy}{dt}$=v=1$\Rightarrow$dy=dt$\Rightarrow$y=t+C$_2$

依題意 t=1 時通過點(1,1)，得 C$_1$=1−ln2，C$_2$=0

所以，t=1 時通過點(1,1)之煙線方程式 X=ln$\dfrac{1+t}{2}$+1，y=t

五、一均勻流以層流方式流經一光滑水平平板，其流速分布為 u=U[$\dfrac{3}{2}\dfrac{y}{\delta}-\dfrac{1}{2}(\dfrac{y}{\delta})^3$]，

式中，U 表接近速度、δ 表邊界層厚度、y 為縱座標。試求：（答案以 δ 之函

數表示）(一)位移厚度。(二)動量厚度。【108 高考】

解：(一)(二)動量厚度θ=$\displaystyle\int_0^\delta\dfrac{u}{U}\left(1-\dfrac{u}{U}\right)dy=\int_0^\delta[\dfrac{3}{2}\dfrac{y}{\delta}-\dfrac{1}{2}(\dfrac{y}{\delta})^3][1-(\dfrac{3}{2}\dfrac{y}{\delta}-\dfrac{1}{2}(\dfrac{y}{\delta})^3)]\,dy$

令η=$\dfrac{y}{\delta}\Rightarrow$dy=δdη

B.C. y=0，η=0

y=η=1

得 $\theta = \int_0^1 (\frac{3}{2}\eta - (\frac{1}{2})^3)(1 - \frac{3}{2}\eta + (\frac{1}{2})^3)\delta \, d\eta = 0.139\delta$

因為 $\tau_w = \rho U^2 = \dfrac{d\theta}{dx}$

利用 $\tau_w = \mu \dfrac{du}{dy}|_{y=0} = \dfrac{3\mu U}{2}$ ，及 $\dfrac{d\theta}{dx} = \dfrac{d}{dx}(0.139\delta) = 0.139\dfrac{d}{dx}$

則 $\dfrac{\mu}{\rho U} = 0.093\dfrac{d}{dx}$

將上式積分 $\int_0 d = \int_0^x \dfrac{10.75\mu}{\rho U} dx$ ，得 $\delta = \dfrac{4.64x}{\sqrt{Re_x}}$ ， $Re_x = \dfrac{\rho U x}{\mu}$

位移厚度 $\delta^* = \int_0 (1 - \dfrac{u}{U}) \, dy = \int_0 [1 - (\dfrac{3}{2}\dfrac{y}{\delta} - \dfrac{1}{2}(\dfrac{y}{\delta})^3)] dy = \int_0^1 (1 - \dfrac{3}{2}\eta + \dfrac{1}{2}\eta^3)\delta \, d\eta = \dfrac{3}{8}\delta$

動量厚度 $\theta = 0.139\delta$

六、 水流經平面裝置的圓弧管，如圖所示，其管徑為 0.6m。倘若水排出至大氣，大氣壓力 p=101.3kPa，管中水流的流量為 85m³/min。在截面(1)與(2)之間的流體摩擦而產生的壓力損失為 415kPa。試決定水流在截面(1)與(2)的水平和垂直作用力。【107 高考】

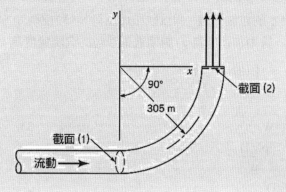

解：依題意 Q=85/60=1.416m³/sec

$A = \dfrac{\pi}{4}d^2 = \dfrac{\pi}{4}0.6^2 = 0.283$

進與出水流速相等為 V=Q/A=1.416/0.283=5(m/sec)

$\dot{m}_1 = \dot{m}_2 = (1000)(1.416) = 1416$

依題意 $P_2 = 101300Pa \Rightarrow P_1 = 101300 + 415000 = 516300(Pa)$

$(P_1)(A) = (516300)(0.283) = 146112.9$

$(P_2)(A) = (101300)(0.283) = 28667.9$

動量方程式 $\Sigma F = \oiint_{C.S} \rho \vec{V}\vec{V}\, d\vec{A} = -\dot{m}_1 V \vec{i} + \dot{m}_2 V \vec{J} = -7080\vec{i} + 7080\vec{j}$

$\Rightarrow (F_x\vec{i} + F_y\vec{j}) + (146112.9)\vec{i} - 28667.9\,\vec{j} = -7080\vec{i} + 7080\vec{j}$

$F_x = -153,193(N)$，水流在 1 處的受力，方向向左

$F_y = 35,748(N)$，水流在 2 處的受力，方向向上

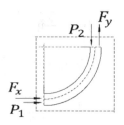

七、 欲求圓形砂粒之沉降速度，圓形砂粒以等速向下移動，如圖所示。其速度係由砂粒重量 W、水的浮力 F_B 以及水作用在砂粒的拽引力（drag force）D 之間的平衡作用。假設拽引力係數 C_D=24/Re，Re 為雷諾數（Reynolds number），其定義為 Re= ρUD/μ，μ 為水的粒性係數。假設砂粒比重為 S，粒徑為 D，水的密度為 ρ_w，重力加速度為 g，證明圓形沙粒的沉降速度為 $U = \dfrac{(S-1)\rho_w g D^2}{18\mu}$。【107 高考】

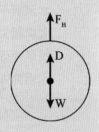

解：力體圖 $F_B + F_D = W$ ……………………………………①

$C_D = 24/R_e$，$R_e = \dfrac{\rho V D}{\mu}$

浮力 $F_B = \rho w g \dfrac{\pi D^3}{6}$ …………………………②

阻力 $F_D = C_D \dfrac{1}{2} \rho V^2 A = \dfrac{24\mu}{\rho VD} \times \dfrac{1}{2} \times \rho V^2 \times \dfrac{\pi D^2}{4}$ ‥‥‥‥③

球重 $W = (\rho_w g \dfrac{\pi D^3}{6})S$ ‥‥‥‥‥‥‥‥‥‥‥④

將上 3 式帶入①式得終端速度 $U = (S-1)\rho_w g D^2 / 18\mu$

八、 利用水管或壓力管導水使用為相當普遍的水力應用，流體在管內的水流特性
為基本的概念。若把問題描述簡化為直角座標，則為考慮上下兩平行板之間
的流動。採用水平座標為 x，垂直座標為 z，座標原點定在兩平板中間。水平
流速 u 垂直流速 v，流況考慮層流（laminar flow），流體黏性係數 μ、壓力
p、重力常數 g，平板的間距 h：

(一) 寫出描述流體運動的動量方程式（momentum equation），說明各項的來
源和物理意義。

(二) 若考慮水流僅有 x 方向，流況為穩定（steady）、均勻（uniform），若水
平方向的壓力梯度（gradient）為 $-5\dfrac{F/L^2}{L}$，推導兩平板間流速分布，以及
水平和垂直方向的壓力分布（x=0 壓力為 p_0），並說明結果的物理意義。

【106 高考】

解：

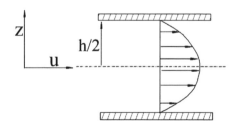

(一) 流體運動的動量方程式（momentum equation）

$$[\rho \vec{a}] = [\rho \vec{g}] - [\nabla p] + \mu[\nabla^2 \vec{V}]$$

單位體積	單位體積	單位體積	單位體積
慣性力	物體力	壓力梯度	黏滯力

X 方向 $\rho(\dfrac{\partial u}{\partial t}+u\dfrac{\partial u}{\partial x}+v\dfrac{\partial u}{\partial y})=\rho g_x-\dfrac{\partial p}{\partial x}+\mu(\dfrac{\partial^2 u}{\partial x^2}+\dfrac{\partial^2 u}{\partial y^2})$

Z 方向 $\rho(\dfrac{\partial v}{\partial t}+u\dfrac{\partial v}{\partial x}+v\dfrac{\partial v}{\partial y})=\rho g_y-\dfrac{\partial p}{\partial y}+\mu(\dfrac{\partial^2 v}{\partial x^2}+\dfrac{\partial^2 v}{\partial y^2})$

連續方程式 $\dfrac{\partial u}{\partial x}+\dfrac{\partial v}{\partial x}=0 \Rightarrow u=u(y)$

(二) 依題意水流僅有 x 方向(v=0)，穩定（steady）($\dfrac{\partial}{\partial t}$=0)、均勻（uniform）

($\dfrac{\partial}{\partial x}$=0)，忽略重力 $\rho \vec{g}$=0，得

X 方向　$0=-\dfrac{\partial p}{\partial x}+\mu\dfrac{\partial^2 u}{\partial y^2}$　　　物理意義為壓力梯度克服黏滯力

Z 方向　$\dfrac{\partial p}{\partial y}=0 \Rightarrow p=p(x)$　　　物理意義為壓力梯度僅 X 方向

上二式得流速分布 $u(y)=\dfrac{1}{2\mu}(\dfrac{dp}{dx})y^2+Cy+D$

B.C.：$u(\dfrac{h}{2})=0 \Rightarrow \dfrac{1}{2\mu}(\dfrac{dp}{dx})(\dfrac{h^2}{4})+C(\dfrac{h}{2})+D=0$

B.C.：與 $u(\dfrac{-h}{2})=0 \Rightarrow \dfrac{1}{2\mu}(\dfrac{dp}{dx})(\dfrac{h^2}{4})+C(\dfrac{-h}{2})+D=0$

得 $u(y)=\dfrac{dp}{dx}[\dfrac{1}{2\mu}y^2+\dfrac{h}{8\mu}y-\dfrac{h^2}{4\mu}]$

依題意將壓力梯度（gradient）為 $-5\dfrac{F/L^2}{L}$ 帶入，

兩平板間流速分布 $u(y)=-5[\dfrac{1}{2\mu}y^2+\dfrac{h}{8\mu}y-\dfrac{h^2}{4\mu}]$

水平方向的壓力分布由 p_0 以 $-5\dfrac{F/L^2}{L}$ 遞減

y 方向的壓力則固定為 p_0

九、 (一) U 型管如圖所示，受到水平加速度 a 的作用後，則左右兩邊那邊液面較高？高多少？

(二) 若此 U 型管以 ω 作等速旋轉（此時沒有水平加速度 a），則左右兩邊那邊液面較高？高多少？【105 高考】

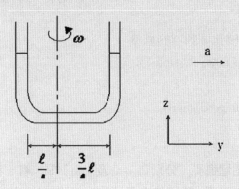

解：(一) $dp = -\int \rho a \, dx - \int \rho g \, dz = -\rho(a\,dx + g\,dz)$，取等壓線右管底點為原點

$$a\int_0^{-1} dx + g\int_0^z dz = 0 \text{，得 } z = a l/g$$

(二) $dp = \int \rho \omega^2 r \, dr - \int \rho g \, dz$，取等壓線軸中心線底點為原點在 $\frac{3l}{4}$ 處之高度 z

為 $0 = \int_0^{\frac{3l}{4}} \rho \omega^2 dr - \int_0^z \rho g \, dz \Rightarrow \frac{9l^2\omega^2}{32g} = gz$

得 $z = \frac{9l^2\omega^2}{32g}$

同理，在 $\frac{l}{4}$ 處之高度 z 為 $\frac{l^2\omega^2}{32g}$，故右邊液面高出 $\frac{l^2\omega^2}{4g}$

十、 有一自由射流通過重量為 G 的圓球，並使圓球懸浮不會下墜，如圖所示。假設流體的黏滯性可忽略，且已知自由射流的入射速度為 U_1，入射角為 α_1，則

射流通過圓球後的速度 U_2 及角度 α_2 應
為何？假設射流通過圓球前後的斷面積
皆為 A，如要使圓球不會下降，射流斷面
積 A 應為多少？【105 高考】

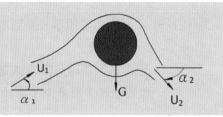

解：流體 y 方向動量變化即圓球的重量

即 $\Sigma F_Y = G = \dot{m}(U_2\sin\alpha_2 + U_1\sin\alpha_1)$

因 $\dot{m} = \rho A U_1$

得 $A = G/\rho U_1(U_2\sin\alpha_2 + U_1\sin\alpha_1)$

十一、 在兩無限長固體邊界（分別為 y=0 及 y=h）間，有一穩態的（steady）、不
可壓縮的黏性流場，下固體邊界以等速 U 向+x 方向移動，而上固體邊界為
靜止的。兩固體邊界皆為可透水的，且垂直速度為 $v = v_o$=常數；試求出此
流場的水平速度分布 u(y)為何？【105 高考】

解：連續方程式 $\dfrac{\partial u}{\partial x} + \dfrac{\partial v}{\partial x} = 0$，依題意垂直速度為 $v = v_o$=常數，所以 u=u(y)

Navier-Stokes 方程式 x 方向

$$\rho(\dfrac{\partial u}{\partial t} + u\dfrac{\partial u}{\partial x} + v\dfrac{\partial u}{\partial y}) = -\dfrac{\partial p}{\partial x} + \mu(\dfrac{\partial^2 u}{\partial x^2} + \dfrac{\partial^2 u}{\partial y^2}) + \rho g_x$$

依題意穩態(steady)，$v = -v_0$，及 u=u(y)，忽略壓力梯度，上式則為

$$\dfrac{d^2 u}{dy^2} + \dfrac{v_0}{\upsilon}\dfrac{du}{dy} 0 \Rightarrow D^2 + \dfrac{v_0}{\upsilon}D = 0 \Rightarrow D(D + \dfrac{v_0}{\upsilon}) = 0$$

$u(y) = C_1 e^{-v_0 y} + C_2$

B.C. y=0，$u=U \Rightarrow C_1 + C_2 = 0$

y=h，$u=0 \Rightarrow C_1 e^{-v_0 h} + C_2 = 0$

得 $C_1 = U/(1 - e^{-v_0 h})$，$C_2 = -U/(e^{v_0 h} - 1)$

$u(y) = U/(1 - e^{-v_0 h})e^{-v_0 y} - U/(e^{v_0 h} - 1)$

十二、 一空心圓球初始直徑 D_1=30cm，繫於一裝有水的容器底部（如圖所示）。容器內的空氣壓力若由初始壓力 P_1=100kPa 逐漸地增加到 400kPa，此時作用在繫纜繩上的力量會變為多少？假設空氣壓力 P 和圓球直徑 D 的關係為 $P=CD^{-2}$，C 為一常數，圓球和空氣的重量可忽略不計，水的密度視為常數（1000kg/m³），重力加速度為 9.81m/s²。【104 高考】

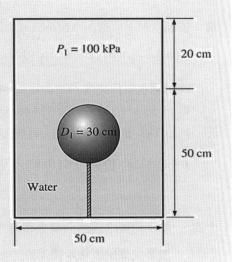

解：$P=C/D^2 \Rightarrow 100=C(0.3)^2 \Rightarrow C=9$，依題意壓力變為 4 倍 $\Rightarrow$ 直徑縮小為 0.15

圓球體積為 $\frac{4}{3}\pi(0.15/2)^3$=0.001769

繫纜繩上的力量等於浮力 1000×9.81×0.001769=17.32kN

十三、 一兩臂式旋轉灑水器（如圖所示），兩旋轉臂之幾何尺寸完全相同且均在同一水平面上。10(l/s)流量的水由轉軸下方水管進入，經由兩側旋轉臂之噴嘴（噴嘴直徑 1.2cm）噴出，不考慮任何摩擦，試求：灑水器轉速每分鐘多少轉（rpm）？要施多少力矩（torque）才能阻止其轉動？【104 高考】

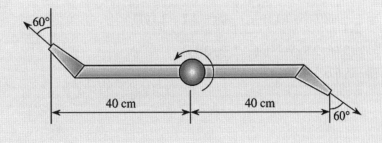

解： 依題意總進流量為 $0.01m^3/s$，所以出去流量為 $0.01/2(m^3/s)$

$0.01/2 = \dfrac{\pi}{4}(0.012)^2 \times V$，所以 $V=44.24m/s$

旋轉灑水器角速度 $r\omega=(0.4)(\omega)=44.24/2$

得 $\omega=55.312(rad/s)$，即 $528.46rpm$

穩流，所以 $T=\oint \vec{r}\vec{V}\rho\vec{V}d\vec{A}=r\,\dot{m}\,v$

$T=(22.125)\times(0.005)\times(1000)\times(0.4)\times 2=88.5(N\text{-}m)$

十四、 給定流場之速度向量分布為 $V=(0.66+2.1x)\vec{i}+(-2.7-2.1y)\vec{j}$ 是否為不可壓縮流？試求出流場中停滯點（stagnation point）的位置？試求出流場中加速度向量 a 的分布狀況？求出此速度場之流線方程式？【104 高考】

解：（一）$\nabla \cdot \vec{v}=0$，所以為不可壓縮流

（二）停滯點 $\vec{V}=0$，所以位置點 $(x,y)=(-0.314,-1.28)$

（三）$\vec{a}=\dfrac{\partial \vec{v}}{\partial t}+(\vec{v}\cdot\nabla)\vec{v}=(0.66+2.1x)\times(2.1\vec{i})+(-2.7-2.1y)(-2.1)\vec{j}$

$\qquad =(1.386+4.41x)\vec{i}+(5.67+4.41y)\vec{j}$

（四）$\dfrac{dx}{u}=\dfrac{dy}{v}$

$\qquad \Rightarrow \int\dfrac{dx}{(0.66+2.1x)}=\int\dfrac{dx}{(-2.7-2.1y)}$

$\qquad \Rightarrow \dfrac{1}{2.1}\ln(0.66+2.1x)=\dfrac{-1}{2.1}\ln(-2.7-2.1y)$

$\qquad \Rightarrow \ln(0.66+2.1x)=-\ln(-2.7-2.1y)$

$\qquad$ 得 $-5.67x-1.386y-5.67xy=2.782$

十五、　假設穩態(steady)及不可壓縮(incompressible)的黏性液體在兩無限長的垂直板間平行流動如圖所示，其流況為層流(laminar flow)，兩板間距為 h，重力加速度 g 之方向為卡氏座標之負 z 方向，液體流動純粹由重力驅動，無任何外力作用，且流場內壓力為常數，試以 Navier-Stokes 方程式 $\rho \dfrac{d\vec{u}}{dt} = -\nabla p + \rho \vec{g} + \mu \nabla^2 \vec{u}$，求此流場速度分布？【104 高考】

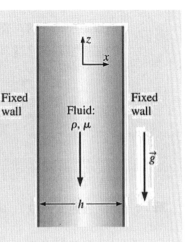

解：假設二維流場(v=0)，不可壓縮流(ρ=Constant)，穩流($\dfrac{\partial}{\partial t}$=0)，

完全發展流(u=0)，及重力 g_x=+g(依圖示向上為正)

連續方程式 $\dfrac{\partial u}{\partial x} + \dfrac{\partial w}{\partial z}$ =0，則 w=w(x)

Navier-Stokes 方程式 z 方向 0=$-\nabla$ p+ρg+μ$\dfrac{\partial^2 w}{\partial x^2}$ ⇒ $\dfrac{\partial p}{\partial z}$+ρg=μ$\dfrac{\partial^2 w}{\partial x^2}$

w(x)$\dfrac{1}{2u}$ ($\dfrac{\partial p}{\partial z}$+ρg)$x^2$+$c_1$x+$c_2$

B.C. x=h/2，w=0，x=$-$h/2，w=0

得 c_1=0，c_2=$-\dfrac{1}{2u}$ ($\dfrac{\partial p}{\partial z}$+ρg)($h^2$/4)

w(x)=$\dfrac{1}{2u}$ ($\dfrac{\partial p}{\partial z}$+ρg)($x^2-h^2$/4)

十六、　YWR 球團擬為其王牌投手 WWH 設計「類直球」變化球，以提升其主宰球場之能力。經多位專家聯手研究發現，流體流過球體表面的精確速度值，為流體流動速度（V_0）的 1.5 倍乘以該位置（A）與 x 軸夾角角度的 sin 值得出，亦即 V＝1.5V_0sin θ，詳如圖所示。已知，圓球直徑為 15 公分，流體

則以每小時 158.5 公里的速度直線朝向球體流動。請問，在 A 點處其流體的加速度為何？【103 高考】

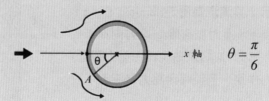

解：r－方向加速度分量　$a_r = (v_r\dfrac{\partial v_r}{\partial r} + \dfrac{v_\theta}{r}\dfrac{\partial v_r}{\partial \theta} + v_z\dfrac{\partial v_r}{\partial z} - \dfrac{v_\theta^2}{r} + \dfrac{\partial v_r}{\partial t})$

θ－方向加速度分量　$a_\theta = (v_r\dfrac{\partial v_\theta}{\partial r} + \dfrac{v_\theta}{r}\dfrac{\partial v_\theta}{\partial \theta} + \dfrac{v_r v_\theta}{r} + v_z\dfrac{\partial v_z}{\partial z} + \dfrac{\partial v_\theta}{\partial t})$

z－方向加速度分量　$a_z = (v_r\dfrac{\partial v_z}{\partial r} + \dfrac{v_\theta}{r}\dfrac{\partial v_z}{\partial \theta} + v_z\dfrac{\partial v_z}{\partial z} + \dfrac{\partial v_z}{\partial t})$

穩態，$v_r = 0$、$v_z = 0$，所以得

$a_r = -\dfrac{v_\theta^2}{r}$，$a_\theta = \dfrac{v_\theta}{r}\dfrac{\partial v_\theta}{\partial \theta}$，$a_z = 0$

依題意 θ 值$=\pi/6$，$v_\theta = (1.5) = (158.5 \times 1000/3600)\sin\theta = 33.0225$

$v_r = 0$

得 $a_r = -14540$

$a_\theta = 25183.6$，$a_z = 0$，$a = \sqrt{14540^2 + 25183.6^2} = 29079.7 \text{m/s}^2$

十七、　為貼近傑出科學家運用理論推導公式時的感受，請在三維直角座標系統中，運用柯西應力張量（stress tensor），由柯西方程式（Cauchy's equation）推導納維爾－史托克斯方程式（the Navier-Stokes equations），並明確列出推導過程。【103 高考】

解：$\rho\dfrac{Du}{Dt} = \nabla \cdot \sigma = f$ ········cauchy's equation

σ：cauchy stress tensor

f：body force

$$\sigma_{ij}=\left(\begin{bmatrix} \sigma_{xx} & \tau_{xy} & \tau_{xz} \\ \tau_{yx} & \sigma_{yy} & \tau_{yz} \\ \tau_{zx} & \tau_{zy} & \sigma_{zz} \end{bmatrix}\right)$$

σ：normal stress，τ：shear stress

$$\sigma_{ij}=-\left(\begin{bmatrix} p & 0 & 0 \\ 0 & p & 0 \\ 0 & 0 & p \end{bmatrix}\right)+\left(\begin{bmatrix} \sigma_{xx}+p & \tau_{xy} & \tau_{xz} \\ \tau_{yx} & \sigma_{yy}+p & \tau_{yz} \\ \tau_{zx} & \tau_{zy} & \sigma_{zz}+p \end{bmatrix}\right)$$

假設

(一) 牛頓流體，剪應力與速度梯度成正比

(二) 流體等向性(isotropic)

(三) 定義黏滯係數 μ 與第二黏滯係數 λ

可得 6 組成方程式

$$\sigma_{xx}=-p+2\mu\frac{\partial u}{\partial x}+\lambda(\nabla\cdot\vec{V})\cdots\cdots\cdots\cdots\cdots\cdots\text{①}$$

$$\sigma_{yy}=-p+2\mu\frac{\partial v}{\partial y}+\lambda(\nabla\cdot\vec{V})\cdots\cdots\cdots\cdots\cdots\cdots\text{②}$$

$$\sigma_{zz}=-p+2\mu\frac{\partial w}{\partial z}+\lambda(\nabla\cdot\vec{V})\cdots\cdots\cdots\cdots\cdots\cdots\text{③}$$

$$\tau_{xy}=\mu[\frac{\partial u}{\partial y}+\frac{\partial v}{\partial x}]\cdots\cdots\cdots\cdots\cdots\cdots\text{④}$$

$$\tau_{yz}=\mu[\frac{\partial v}{\partial z}+\frac{\partial w}{\partial x}]\cdots\cdots\cdots\cdots\cdots\cdots\text{⑤}$$

$$\tau_{zx}=\mu[\frac{\partial u}{\partial z}+\frac{\partial w}{\partial x}]\cdots\cdots\cdots\cdots\cdots\cdots\text{⑥}$$

由①、②及③聯立可得

$$p=-\frac{1}{3}(\sigma_{xx}+\sigma_{yy}+\sigma_{zz})+(\lambda+\frac{2}{3}\mu)(\nabla\cdot\vec{V})$$

假設流體性質如單原子氣體符合史托克假說(stokes' hypothesis)$\lambda+\frac{2}{3}\mu=0$

得 $p=-\frac{1}{3}(\sigma_{xx}+\sigma_{yy}+\sigma_{zz})$

①到⑥組成方程式及史托克假說帶入 cauchy's equation，且假設流體不可壓縮 ($\nabla \cdot \vec{V}$ =0)且黏滯性係數 μ 為固定，即可得納維爾－史托克斯方程式（the Navier-Stokes equations）$\rho \dfrac{D\vec{V}}{Dt} =+\nabla p+\rho \vec{g} +\mu \nabla^2 \vec{V}$

十八、 KCY 公司所生產的隱形膠帶占整體市場的 60%，穩居業界龍頭地位。其生產膠帶的流程 是將基材以等速 V_0 垂直向上拉移穿越盛裝運 動黏度為 v 的膠水之容器，以將厚度為 h 之膠 水均勻的塗布於基材之上，詳如圖所示。然而， 重力的作用卻導致膠水順著基材往下流動。假 設該流動可視為穩定且均勻的層流流動，請使 用納維爾－史托克斯方程式（the Navier-Stokes equations）推導出被基材拖引向上之膠水薄膜 內的平均速度。【103 高考】

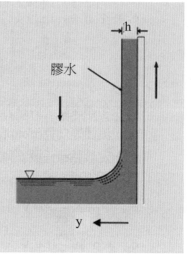

解：假設二維流場(w=0)，不可壓縮流(ρ=Constant)，穩流($\dfrac{\partial}{\partial t}$ =0)，完全發展流

(v=0)，及重力 g_x=+g(依圖示向上為正)

連續方程式 $\dfrac{\partial u}{\partial x} + \dfrac{\partial u}{\partial y}$ =0，則 u=u(y)

Navier-Stokes 方程式 x 方向

$\rho(\dfrac{\partial u}{\partial t} +u\dfrac{\partial u}{\partial x} +v\dfrac{\partial u}{\partial y})=-\dfrac{\partial p}{\partial x} +\mu(\dfrac{\partial^2 u}{\partial x^2} +\dfrac{\partial^2 u}{\partial y^2})+\rho g_x$

因薄膜忽略 $\dfrac{\partial p}{\partial x}$ ，上式為 $0=\rho g+\dfrac{\partial^2 u}{\partial y^2}$

$u(y)=\dfrac{\rho g}{2u} y^2+c_1 y+c_2$

B.C. y=0，u=V_0

y=h，$\dfrac{\partial u}{\partial y}=0$

得 $c_1=\dfrac{-\rho g}{\mu}h$，$c_2=V_0$

因此速度分布為 $u(y)=\dfrac{\rho g}{\mu}[\dfrac{y^2}{2}-hy]+V_0$

體積流率 $Q=\int\limits_0^h u(y)dy =V_0h-\dfrac{\rho g}{3\mu}h^3$

平均速度 $u_{AVE}=\int\limits_0^h u(y)dy\ /\int\limits_0^h dx =V_0-\dfrac{\rho g}{3\mu}h^2$

十九、　如圖為一流經 10 公尺長圓柱下游的速度分佈，請求出空氣在圓柱上的作用力。【102 高考】

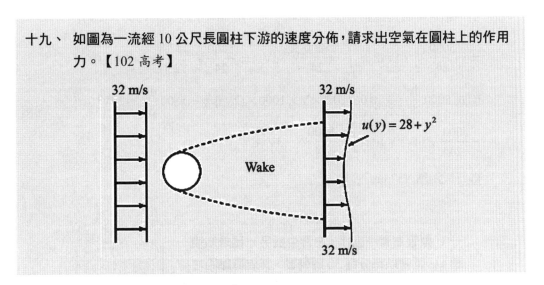

解：連續方程式(32)×(流入寬度)=$\int\limits_{-3}^{2}(28+y^2)dy =117.3\Rightarrow$(流入寬度)=3.67

作用在圓柱上的力量=作用流體上合力相反方向

依動量方程式求得作用在圓柱上的力 F 量為

$F=3.67\times10\times1.23\times32^2-\int\limits_{-3}^{2}[10\times1.23\times(28+y^2)^2]dy =3780N$

二十、　如圖為一個質量為 5000kg 的載具
　　　　(Vehicle)，以 900km/h 的速度前進。
　　　　其藉由降下 20cm 寬的勺子(scoop)，
　　　　浸入水中的高度為 6cm 來達到減速。

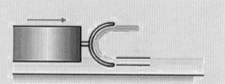

　　　　如果水會因為勺子而產生 180 度的轉向，請計算出載具要減速至 100km/h
　　　　之滑行距離。【102 高考】

解： 作用在載具上的力量=作用流體上合力相反方向

　　　　假設載具速度為 V=作用流體上合力依動量方程式 $0.06 \times 0.2 \times V \times 1000 \times (2V)$

　　　　900(km/h)=250(m/s)，100(km/h)=27.8(m/s)

　　　　依牛頓定律載具運動方程式 $5000\dfrac{dv}{dt} = -[0.06 \times 0.2 \times V \times 1000 \times (2V)]$

　　　　$\Rightarrow -\dfrac{5000}{24}V^{-2}dV = dt \Rightarrow \displaystyle\int_{250}^{27.8} -\dfrac{5000}{24}V^{-2}\,dV = t \Rightarrow \dfrac{5000}{24}V^{-2}\Big|_{250}^{27.8} \Rightarrow t = 6.67(s)$

　　　　前式 $5000\dfrac{dv}{dt} = -[0.06 \times 0.2 \times V \times 1000 \times (2V)] \Rightarrow -5000\dfrac{dv}{dt} = 24V^2$

　　　　$-\dfrac{5000}{24}V^{-1}dV = Vdt \Rightarrow \displaystyle\int_{250}^{27.8} -\dfrac{5000}{24}V^{-1}\,dV = S$

　　　　得行駛距離 457.6m

二一、　一 U 型管右臂中盛水，左臂中盛另一種未知流
　　　　體。U 型管以每分鐘 30 轉轉動，其旋轉軸距右
　　　　臂 15 公分，距左臂 5 公分，如圖所示。若此時
　　　　左右兩臂之液面高度相等，且兩液體之交界面
　　　　發生在旋轉軸處。試問左臂中未知流體的密度
　　　　為何？水的密度為 1000kg/m³，重力加速度為
　　　　9.81m/s²（假設兩臂皆開放至大氣壓）。【100
　　　　高考】

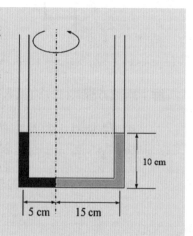

10 cm

5 cm 15 cm

解：$p_{atm}-p_1-\dfrac{\rho_1\omega^2r_1^2}{2}=p_{atm}-p_2-\dfrac{\rho_2\omega^2 2^2}{2}$

$\Rightarrow -\rho_1gh-\dfrac{\rho_1\omega^2r_1^2}{2}=-\rho_2gh-\dfrac{\rho_2\omega^2 2^2}{2}$

$\Rightarrow (\rho_2-\rho_1)gh=\dfrac{\omega^2}{2}(\rho_1r_1^2-\rho_2r_2^2)$

$(\rho_2-1000)(9.81)(0.1)=\dfrac{3.14^2}{2}[1000(0.15)^2-\rho_2(0.05)^2]$

得未知流體的密度 ρ_2 為 1099.6(kg/m^3)

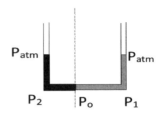

二二、 半徑為 0.8 公尺的實心圓柱鉸接在 A 點，被用來當作自動閘門，如圖所示。當水位到達 5 公尺時，圓柱會對 A 點轉動，閘門因水壓而自動打開，試求每公尺單位長度圓柱之重量是多少？圖中之液體為水，其密度為 1000kg/m^3，重力加速度為 9.81m/s^2。（假設不考慮鉸接點之摩擦，兩端皆開放至大氣壓。）【100 年高考】

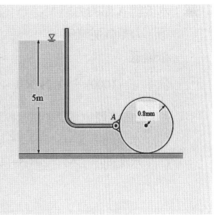

解：本題目須了解外力，對 A 點的力矩為來自實心圓柱業體重及左側水壓力力矩

左側水壓對 A 點的力矩由分成兩部分為

水平方向造成的力矩：

$$\int_0^{\pi/2}1000\times9.81\times(4.2+0.8\sin\theta)\cos\theta(0.8\sin\theta)0.8d\theta$$

垂直方向造成的力矩：

$$\int_0^{\pi/2}1000\times9.81\times(4.2+0.8\sin\theta)\sin\theta\times(1-\cos\theta)0.8d\theta$$

上二式的合力矩等於單位圓柱重所產生的力矩 W × 0.8

求得 W=37852kg/m

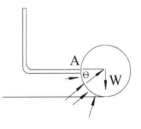

二三、 水經由管路垂直流向地面，如圖所示。水管垂直段
長度為 3 公尺，水平段長度為 2 公尺，水管管徑為
常數（12 公分），每公尺水管充滿水時之質量為
15kg，水管出口壓力為大氣壓力，水流出口平均速
度為 4m/s，試求:(一)A 點所受之力矩為多少？(二)
當水管出口垂直向上時，A 點所受之力矩為何？
（水的密度為 1000kg/m³，重力加速度為
9.81m/s²。）【100 高考】

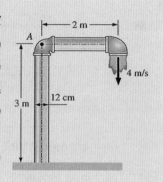

解：水流對 A 點的力矩 $M_A = \dot{m}(r_B \times v_B)$，水管出口向
下，力矩為逆時針，
依題意

流率 $\dot{m} = (1000)\dfrac{\pi}{4}(012)^2 \times 4 = 45.2$ kg/s

AB 管內流體重量 $2 \times 15 \times (9.81) = 294.3$

(一) 水流向下 $\Sigma M_A = 294.3 - (45.2) \times 4 \times 2 = -67.7$(Nm)(逆時針)

(二) 水流向上 $\Sigma M_A = 294.3 + (45.2) \times 4 \times 2 = 655.9$(Nm)(順時針)

二四、 給定二維、穩態（steady）速度場 V=(u,v)=(ax+bi)+(ay+cj)，其中（x,y）為
二維卡氏座標，（u,v）為 x 及 y 方向之速度分量，a、b 和 c 為常數。（註：
重力不作用於 xy 平面。）
(一) 請說明此流場是否為不可壓縮（incompressible）？
(二) 請用 Navier-Stokes 方程式計算出此速度場之壓力 P(x,y)。【100 高考】

解：(一) $\nabla \cdot \vec{V} = \dfrac{\partial(ax+b)}{\partial x} + \dfrac{\partial(-ay+c)}{\partial y} = a - a = 0$

得此流場為不可壓縮流

(二) Navier-Stokes 方程式

　　X 方向：

$$\rho(\frac{\partial u}{\partial t} +u\frac{\partial u}{\partial x} +v\frac{\partial u}{\partial y} +w\frac{\partial u}{\partial z}) = \rho g_x = -\frac{\partial p}{\partial x} \mu(\frac{\partial^2 u}{\partial x^2} +\frac{\partial^2 u}{\partial y^2} +\frac{\partial^2 u}{\partial z^2})$$

$$\Rightarrow \rho(ax+b)a = -\frac{\partial p}{\partial x} \text{，得 } P = -\frac{\rho a^2}{2} x^2 - \rho abx + f(x) \cdots\cdots\cdots ①$$

　　Y 方向

$$\rho(\frac{\partial v}{\partial t} +u\frac{\partial v}{\partial x} +v\frac{\partial v}{\partial y} +w\frac{\partial v}{\partial z}) = \rho g_y - \frac{\partial p}{\partial y} +\mu(\frac{\partial^2 v}{\partial x^2} +\frac{\partial^2 v}{\partial y^2} +\frac{\partial^2 v}{\partial z^2})$$

$$\Rightarrow \rho(-ax+c)(-a) = -\frac{\partial p}{\partial y} \text{，得 } P = -\frac{\rho a^2}{2} y^2 + \rho acy + f(x) \cdots\cdots\cdots ②$$

①與②式聯立得速度場之壓力 $P(x,y) = -\dfrac{\rho a^2 x^2}{2} - \rho abx - \dfrac{\rho a^2}{2}$

$y^2 + \rho acy + \text{Constant}$

第三章　白努力方程式

3-1　不同形式的白努力方程式

外界對不可壓縮無黏滯性流體（流體的密度不改變）系統不做功時，流體流速增加，而體的壓力或是重力位能會減少。這項原理是以荷蘭物理學家丹尼爾-白努力（Daniel Bernoulli）命名，白努力方程式表示如下：

$\rho v^2/2 + \rho gh + P =$ 常數

v：為液體流速

ρ：為液體密度

g：為重力加速度

h：為液體相對於基準點的高度

P：為液體壓力。

白努力原理也是流體能量守恆定律（conservation of energy）的概念。為了滿足能量守恆定律，流體元素力學能的總和在流動路徑上的各處皆要相同，亦即動能與位能的和不論流體流往何處皆應保持定值。此能量方程式觀念可與流體機械功率作結合（白努力方程式中 $\rho v^2/2$ 其實就是液體單位體積的動能，而 ρgh 為單位體積的位能），如流體在同一水平面上流動（也就是 h 為定值），則流體流速快的地方壓力會變大，反之，流體流速慢時，壓力會變小。

一、直角座標的穩流流線方向歐拉方程式

無黏滯、不可壓縮流 steady state $\rho[(\vec{V} \cdot \nabla)\vec{V}] = \rho\vec{g} - \nabla P$

$\vec{g} = -g\vec{k} = -g(0\vec{i} + 0\vec{j} + 1\vec{k}) = -g(\dfrac{\partial z}{\partial x}\vec{i} + \dfrac{\partial z}{\partial y}\vec{j} + \dfrac{\partial z}{\partial z}\vec{k}) = -g\nabla z$

$\nabla P \cdot d\vec{s} = \nabla P \cdot (dx\vec{i} + dy\vec{j} + dz\vec{k}) = (\dfrac{\partial p}{\partial x}\vec{i} + \dfrac{\partial p}{\partial y}\vec{j} + \dfrac{\partial p}{\partial z}\vec{k}) \cdot (dx\vec{i} + dy\vec{j} + dz\vec{k}) = dp$

$(\vec{V}\cdot\nabla)\vec{V}=\dfrac{1}{2}\nabla(\vec{V}\cdot\vec{V})-\vec{V}\times(\nabla\times\vec{V})$，等號兩邊對 $d\vec{s}$ 內積

$\vec{V}\times(\nabla\times\vec{V})$ 一定垂直 $\vec{V}$，所以也垂直 $d\vec{s}$，

因此 $(\vec{V}\cdot\nabla)\vec{V}\cdot(d\vec{s})=\dfrac{1}{2}\nabla(\vec{V}\cdot\vec{V})\cdot(d\vec{s})=\dfrac{1}{2}d(v^2)$

$\rho[(\vec{V}\cdot\nabla)\vec{V}]=\rho\vec{g}-\nabla P$，對 $d\vec{s}$ 內積

得 $\dfrac{dp}{\rho}+\dfrac{1}{2}d(v^2)+gdz=0$ 微分型式歐拉方程式。

沿流線方向積分

得 $\displaystyle\int\dfrac{dp}{\rho}+\dfrac{1}{2}v^2+gz=\text{Constant}$ 積分型式歐拉方程式

二、流線座標的穩流流線方向歐拉方程式

$\rho[\dfrac{\partial\vec{V}}{\partial t}+(\vec{V}\cdot\nabla)\vec{V}]=\rho\vec{g}-\nabla P$

穩定流沿流線方向微分方程式 $-\dfrac{1}{\rho}\dfrac{\partial p}{\partial s}-g\dfrac{\partial z}{\partial s}=v\dfrac{\partial v}{\partial s}$

沿流線 ds 積分 $v\dfrac{\partial v}{\partial s}ds=vdv$，$\dfrac{\partial p}{\partial s}ds=dp$，$\dfrac{\partial z}{\partial s}ds=dz$

得 $\dfrac{dp}{\rho}+gdz+vdv=0$，經積分 $\displaystyle\int\dfrac{dp}{\rho}+\dfrac{1}{2}v^2+gz=\text{Constant}$

三、流線白努力方程式

無摩擦且不可壓縮流(此即為理想流體)、非穩流流線的白努力方程式：

$\rho[\dfrac{\partial\vec{V}}{\partial t}+(\vec{V}\cdot\nabla)\vec{V}]=\rho\vec{g}-\nabla P$，取 z 軸向上為正

$\rho[\dfrac{\partial\vec{V}}{\partial t}+(\vec{V}\cdot\nabla)\vec{V}]=-\rho g\nabla z-\nabla P$

$$\frac{\partial v}{\partial t}+\frac{\partial v}{\partial s}\frac{\partial s}{\partial t}=\frac{-\nabla P}{\rho}-g\nabla z$$

沿 $d\vec{s}$ 積分，$\nabla P\cdot\ d\vec{s}=dp$，$\nabla z\cdot\ d\vec{s}=dz$，

$$\frac{\partial v}{\partial s}\frac{\partial s}{\partial t}\cdot\ d\vec{s}=\frac{\partial v}{\partial s}\cdot\ v\cdot\ d\vec{s}=v\cdot\ dv=d(\frac{v^2}{2})，因此$$

$$\frac{dp}{\rho}+gdz+d(\frac{v^2}{2})+\frac{\partial v}{\partial t}\,ds=0$$

$$\int\frac{dp}{\rho}+g(z_2-z_1)+(\frac{v_2^2}{2}-\frac{v_1^2}{2})+g(z_2-z_1)+\int\frac{\partial v}{\partial t}\,ds=B(t)$$

此白努力方程式僅滿足沿流線方向，若在穩流狀況下則 $\frac{\partial v}{\partial t}\,ds=0$

四、流線座標的法線方向白努力方程式(以歐拉方程式推導)

無摩擦、穩定且不可壓縮流體，歐拉方程式可推導出

法線白努力方程式 $\frac{1}{\rho}\int dp+gz+\int\frac{v^2}{R}\,dn=Constant$

前面流線座標公式 $n-$分量，$-\frac{\partial p}{\partial n}+\rho g_n=\rho(\frac{V^2}{R}+\frac{\partial V_n}{\partial t})$

$\frac{\partial p}{\partial n}=-\frac{\partial p}{\partial r}$ (因為法向力的定義向圓心為正)

$$\frac{1}{\rho}\int dp+gz-\int\frac{v^2}{r}\,dr=Constant$$

$$\int_{p_1}^{p_2}dp=\rho\int_{r_1}^{r_2}\frac{v^2}{r}\,dr-\rho g\int_{z_1}^{z_2}dz$$

五、法線方向白努力方程式(以力體圖分析求解)

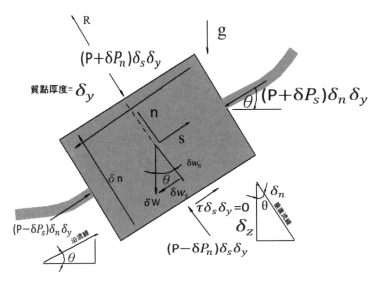

質點加速度在 s 方向加速度分量:微分連鎖法則 $a_s = \dfrac{dV}{dt} = (\dfrac{\partial V}{\partial s})V(V = \dfrac{dS}{dt})$

法線方向加速度即離心加速度為:$a_n = V^2/R$

穩定狀態下,s 及 n 加速度分量可寫成 $a_s = V\dfrac{\partial V}{\partial s}$, $a_n = V^2/R$

依牛頓第二定律

流線方向:$\Sigma \delta F_s = \delta m\ a_s = \delta m V\dfrac{\partial V}{\partial s} = \rho \delta \forall V\dfrac{\partial V}{\partial s}$ ……①

外力 $\Sigma \delta F_s$ 來自質點重力 δW_s 及壓力 $\delta p_s \Rightarrow \delta F_s = \delta W_s + \delta F_{ps}$ ……②

$\delta W_s = -\delta W\sin\theta = -\gamma \delta \forall \sin\theta$

$\delta F_{Ps} = (p - \delta p_s)\ \delta n\delta y - (p + \delta p_s)\delta n\delta y = -2\delta p_s\delta n\delta y$

δp_s 值利用下列泰勒展開定理關係可求得

$p + \delta p_s = p + (\dfrac{\partial p}{\partial s})\dfrac{ds}{2} + (\dfrac{\partial^2 p}{\partial x^2})\dfrac{1}{2}(\dfrac{ds}{2!})^2 + \cdots\cdots$③

$p\ -\delta p_s = p - (\dfrac{\partial p}{\partial s})\dfrac{ds}{2} + (\dfrac{\partial^2 p}{\partial x^2})\dfrac{1}{2}(\dfrac{ds}{2!})^2 + \cdots\cdots$④

很小流體質點，可忽略二次項後面高階項，結合③與④二式

$\Rightarrow (P-\delta p_s)-(p+\delta p_s)=-2\delta p_s=(\dfrac{\partial p}{\partial s})ds$

$\Rightarrow \delta F_{Ps}=-(\dfrac{\partial p}{\partial s})ds\delta n\delta y=-(\dfrac{\partial p}{\partial s})\delta\forall$，$\Sigma\delta F_s=\delta W_s+\delta F_{Ps}=(-\gamma\sin\theta-\dfrac{\partial p}{\partial s})\delta\forall\cdots\cdots$⑤

⑤式代入①式

得 $-\gamma\sin\theta-\dfrac{\partial p}{\partial s}=\rho V\dfrac{\partial V}{\partial s}$

法線方向：$\Sigma\delta F_n=\dfrac{\delta mV^2}{R}=\dfrac{\rho\delta V^2}{R}$

法線方向淨外力：$\Sigma\delta F_n=\delta W_n+\delta F_{pn}=(-\gamma\cos\theta-\dfrac{\partial p}{\partial n})\delta\forall$

沿垂直流線方向路徑 $\cos\theta=\dfrac{dz}{dn}\Rightarrow-\gamma\dfrac{dz}{dn}-\dfrac{\partial p}{\partial n}=\dfrac{\rho V^2}{R}$

得積分型垂直流線方向法線白努力方程式為 $P+\rho\displaystyle\int\dfrac{V^2}{R}dn+\gamma z=\text{Constant}$

例題 1

水箱內一洞口如圖，求 v_2，v_5 及 $A(z)$與 h 的關係式，並說明水柱是漸縮或漸擴？

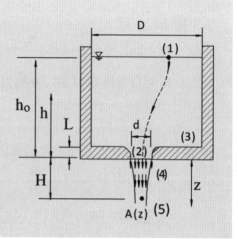

解：$1 \to 2$：$\dfrac{P_1}{\rho g} + \dfrac{v_1^2}{2g} + h = \dfrac{P_2}{\rho g} + \dfrac{v_2^2}{2g}$

$P_1 = P_2 = $ 大氣壓

(1) 圓桶水箱很大水深不變時，$v_1 = 0$，則 $v_2 = \sqrt{2gh}$

(2) 水深度 h 會有變化時，求噴小孔流速與 h 的關係：

$P_1 = P_2 = $ 大氣壓

白努力方程：$\dfrac{P_1}{\rho g} + \dfrac{v_1^2}{2g} + h = \dfrac{P_2}{\rho g} + \dfrac{v_2^2}{2g}$

方便推導 $\dfrac{\pi}{4} D^2 v_1 = A_1 v_1$，$\dfrac{\pi}{4} d^2 v_2 = A_2 v_2$，$A_1 v_1 = A_2 v_2$

則 $\dfrac{1}{2} v_1^2 + gh = \dfrac{1}{2} (\dfrac{A_1}{A_2})^2 v_1^2$，得 $2gh = [(A_1/A_2)^2 - 1]v_1^2$

用 v_1 表示，$v_1 = \sqrt{\dfrac{2gh}{(A_1/A_2)^2 - 1}}$，用 v_2 表示 $v_2 = \sqrt{\dfrac{2gh}{1 - (A_2/A_1)^2}}$

當 A_2 遠小於 A_1，$\left(\dfrac{A_2}{A_1}\right)$ 趨近 0，$v_2 = \sqrt{2gh}$，跟前面假設一致

(3) A_2 遠小於 A_1，求水深 h 與時間的關係：

質量連續方程式

$0 = \dfrac{\partial}{\partial t} \int_{c.v.} \rho d\forall + \int_{c.s} \rho \vec{V} \cdot d\vec{A}$

$0 = \dfrac{\partial}{\partial t} [\dfrac{\pi}{4} D^2 h] + v_2 \dfrac{\pi}{4} d^2$

得方程式 $\dfrac{dh}{dt} + v_2 (\dfrac{d}{D})^2 = 0$，再將 $v_2 = \sqrt{2gh}$ 代入

分離變數，得 $\dfrac{dh}{\sqrt{h}} = -\sqrt{2g} [\dfrac{d}{D}]^2 dt$，再積分 $\int_{h_0}^{h} \dfrac{dh}{\sqrt{h}} = -\sqrt{2g} [\dfrac{d}{D}]^2 \int dt$

得 $\sqrt{h(t)} = \sqrt{h_0} - \dfrac{\sqrt{2g}}{2} \times (\dfrac{d}{D})^2$

$2 \to 5$：$\dfrac{P_2}{\rho g} + \dfrac{v_2^2}{2g} + H = \dfrac{P_5}{\rho g} + \dfrac{v_5^2}{2g}$，$P_2 = P_5 = $ 大氣壓，所以 $v_5 = \sqrt{2g(h+H)}$

因為質量守恆(質量流率守恆)噴流水柱向下時，水流速度漸增，水柱會有漸縮現象，而噴流水柱向上時，水柱則會有漸擴現象。

$3\rightarrow4$：$\dfrac{P_3}{\rho g}+\dfrac{v_3^2}{2g}+L=\dfrac{P_4}{\rho g}+\dfrac{v_4^2}{2g}$

P_4=大氣壓，流線假設起點 3 之速度 v_3 趨近零

得 P_3 的壓力為 $\rho g(h-L)$，所以與開始的假設不矛盾

假設理想狀態下，噴流出口為圓滑曲線。(噴流出口非圓滑時，則會有縮孔 (vena contracta)現象。)

(5) 在理想狀態下我們可求 $2\rightarrow5$ 間水流面積 $A(z)$的變化

$P_1=P_2=P_4=P_5=P_z$=大氣壓

由前式推得 $v_5=\sqrt{2g(h+H)}$ ，即 $v_z=\sqrt{2g(h+z)}$

$2\rightarrow z$：$\dfrac{P_2}{\rho g}+\dfrac{v_2^2}{2g}+z=\dfrac{P_z}{\rho g}+\dfrac{v_z^2}{2g}$

前面得 $v_2=\sqrt{2gh}$ ，$v_z=\sqrt{2g(h+z)}$ ，因質量守恆 $A_2v_2=A_z(z)\,v_z$

得 $A_z(z)=A_2\sqrt{2g\left(\dfrac{h}{h+z}\right)}$

例題 2

有一圓桶內盛水水位高 5m，在圓筒底側開一圓孔排水，試估算水位下降至 2.5m 時所需時間(圓筒直徑 $D_1=1.0$m 排水圓孔直徑 $D_2=0.02$m，重力加速度 $g=9.8$m/s²) 【103 鐵路高員】

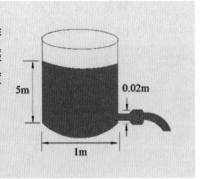

解：例題 1 水深高度與水箱洞口關係公式 $\displaystyle\int_{H}^{h}\dfrac{dh}{\sqrt{h}}=-\sqrt{2g}\,[\dfrac{d}{D}]^2\int dt$

$\Rightarrow D^2_{jet}\sqrt{2gh}\,dt=-D_{tank}^2(dh)$

因此，$dt = -\dfrac{D_{tank}^2}{D_{jet}^2}\dfrac{1}{\sqrt{2g}}h^{-\frac{1}{2}}dh$，兩邊積分 $\Rightarrow \displaystyle\int_0^t dt = \int_{h_0}^h -\dfrac{D_{tank}^2}{D_{jet}^2}\dfrac{1}{\sqrt{2g}}h^{-\frac{1}{2}}dh$

得 t=740s

例題 3

如圖，試說明管子內壓力流速及最可能產生 cavitation 的點。

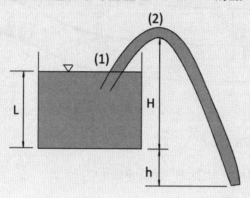

解：$P_1=P_3=$ 大氣壓

(一) $\dfrac{P_1}{\rho g} + \dfrac{v_1^2}{2g} + (L+h) = \dfrac{P_3}{\rho g} + \dfrac{v_3^2}{2g}$ ，因 $v_1=0$，所以 $v_3=\sqrt{2g(L+h)}$

(二) 管子內管徑相等，各點速度均為 $\sqrt{2g(L+h)}$

(三) 點(1)到點(2)壓力逐漸降低，點(3)到點(2)壓力也逐漸降低，壓力最小在最高點點(2)P_2。

(四) $P_2 + \dfrac{1}{2}(\rho v_1^2) + \rho g(h+H) = P_3 + \dfrac{1}{2}(\rho v_3^2)$，$P_3=$ 大氣壓，$v_2=v_3$，可求得最小壓力 P_2 的壓值。此壓縮是流體管路穴蝕的基本原理解釋，流體穴蝕在流體管路是一很重要課題，流體運動因速度增加而流場壓力降低，當流體壓力降至流體水蒸氣壓附近時則會產生穴蝕氣泡，穴蝕氣泡因周邊壓力較高而突然破裂時，會使氣泡周圍壓力遽增，因此，氣泡在葉輪或流體機械固體邊界破裂，會造成零件剝蝕損壞，或產生巨大水錘壓力。

例題 **4**

無黏滯性，不可壓縮且穩定的流動如圖，流體從 A 到 B 為直線，C 到 D 為一圓形路徑，試描述點 A 到點 D 壓力的變化，點 1 與點 2 壓力變化及點 3 與點 4 壓力變化。(法線方向白努力方程式的應用)

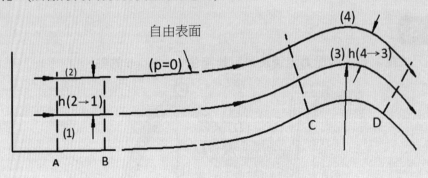

解：$P+\rho\displaystyle\int\frac{v^2}{r}\,dn+\gamma_z=$ Constant

A 到 B 區域，$R=\propto$，因此 $P+\gamma_z=$ Constant

假設 $p_2=0$、$z_1=0$、$z_2=h_{2\text{-}1}$

因此 $p_1=p_2+\gamma(z_2-z_1)=p_2+\gamma\,h_{2\text{-}1}$

顯然當曲率無限大時，垂直方向壓力變化與假設靜止狀態一致。

在 3 與 4 點間利用上面公式(注意 $dn=-dz$)

$p_4+\rho\displaystyle\int\frac{v^2}{r}(-dz)+\gamma z_4=p_3+\gamma z_3$

$p_4=0$ 且 $z_4-z_3=h_{4\text{-}3}$，可得 $p_3=\gamma h_{4\text{-}3}-\rho\displaystyle\int_{z_3}^{z_4}\frac{v^2}{r}\,dz$

顯然，p_3 壓力小於靜壓 $\gamma h_{4\text{-}3}$ 值，差值為 $\rho\displaystyle\int_{z_3}^{z_4}\frac{v^2}{r}\,dz$。此 v 值會因各種假設情況而值不同。

觀念理解

康達效應 Coanda：流體流經曲面物體，流體會改變流動方向而附著在物體表面，對無黏滯性流動，壓力是朝曲率中心向外增加，壓力梯度 $\dfrac{\delta p}{\delta n}=\dfrac{\rho V^2}{R}$。當手指靠近水龍頭水柱會彎向手指，流線彎曲的表面壓力低於大氣壓，所以流體沿手指彎曲流動。

六、勢流理論

二度空間，穩定且不可壓縮流滿足連續方程式 $\dfrac{\partial u}{\partial x}+\dfrac{\partial v}{\partial y}=0$，存在一流線函數 $\varphi(x,y)$ 滿足：$u=\dfrac{\partial \varphi}{\partial y}$，$v=-\dfrac{\partial \varphi}{\partial x}$。

流線函數 $\phi(x,y)=C$，即為流線的軌跡，兩流線間流線函數差($\varphi(x,y)=C_1$ 與 $\varphi(x,y)=C_2$ 差)即為此兩流線間的體積流量。

流線函數 φ 的定義自動滿足連續方程式，假如又是無旋轉流，流線函數 φ 即也滿足拉普拉斯方程式。

三維流場無法自動滿足連續方程式，因此流線函數不存在於三維流場。

若流場為非旋轉流($\nabla \times \vec{V})=0$，必存在一位能函數 ϕ，$\vec{V}=\nabla \phi$，由於 $\forall \cdot \vec{V}=0$，得 $\nabla^2 \phi=0$。即 ϕ 的梯度為速度向量，速度位能(速度勢或勢函數)由非旋轉性而來的，當無旋轉時，速度由位能梯度來驅動，由定義知速度位能可適用三度空間，但，流線函數僅用於二度空間。

流線函數 $\varphi(x,y)$ 須滿足連續方程式，定義 $\rho u=\dfrac{\partial \varphi}{\partial y}$，$\rho v=-\dfrac{\partial \varphi}{\partial x}$，因此，其可為可壓縮性，且與旋轉無關，而勢函數需為非旋轉流($\nabla \times \vec{V})=0$，與是否為不可壓縮流無關，但兩者要同時存在，則需為不可壓縮之非旋轉流。

簡化為拉普拉斯方程式的好處，在於不需利用動量方程式即可得到速度場。

運用勢流理論有以下特性：

(一) 線性重疊：拉普拉斯方程式的兩個解，此兩個解相加也是拉普拉斯方程式的解。因此，速度勢自動滿足拉普拉斯方程式。

(二) 沿著速度勢的線與沿著流線是互相垂直的

	$\nabla^2 \varphi = 0$ For irrotationality	$\nabla^2 \phi = 0$ For continuity
直角座標	$\dfrac{\partial^2 \varphi}{\partial x^2} + \dfrac{\partial^2 \varphi}{\partial y^2} = 0$ $u = \dfrac{\partial \varphi}{\partial y}$ $v = -\dfrac{\partial \varphi}{\partial x}$	$\dfrac{\partial^2 \phi}{\partial x^2} + \dfrac{\partial^2 \phi}{\partial y^2} = 0$ $u = \dfrac{\partial \phi}{\partial x}$ $v = \dfrac{\partial \phi}{\partial y}$
極座標	$\dfrac{\partial}{\partial r}(r^2 \dfrac{\partial \varphi}{\partial r}) + \dfrac{1}{r}\dfrac{\partial^2 \varphi}{\partial \theta^2} = 0$ $V_r = \dfrac{1}{r}\dfrac{\partial \varphi}{\partial \theta}$ $V_\theta = -\dfrac{\partial \varphi}{\partial r}$	$\dfrac{1}{r}\dfrac{\partial}{\partial r}(r\dfrac{\partial \phi}{\partial r}) + \dfrac{1}{r^2}\dfrac{\partial^2 \phi}{\partial \theta^2} + \dfrac{\partial^2 \phi}{\partial \theta^2}$ $V_r = \dfrac{\partial \phi}{\partial r}$ $V_\theta = \dfrac{1}{r}\dfrac{\partial \phi}{\partial \theta}$ $V_z = \dfrac{\partial \phi}{\partial z}$

(三) 非旋性流之環流

1. 流體流動為非旋性 $\nabla \times \vec{v} = 0$，流動中每一封閉曲線之環流為 0，但也有非旋性流之環流不為 0 的例外情形。

2. 定義單連通區域(simply-connected)是指區域內任意封閉曲線可連續縮小成一點，而不須超越其他區域。無單連通區域性質的區域則為多連通區域。

3. 以自由渦流為例，中心處為奇異點(singular point)，在物理上必須將此點去除才有意義，包含此奇異點區域稱為多連區域。

4. 包含一奇異點的非旋性流，其所包含該奇異點的封閉曲線環流大小都相同。

$$v_\theta = \frac{K}{r} \text{ 與 } v_r = 0 \qquad\qquad \oint_c V \cdot dL = 2\pi K$$

5. 不包含奇異點的非旋性流，封閉曲線環流都等於 0。

常見流線函數流場：

	流線	函數
均勻流		$\varphi(r,\theta) = Ur\sin\theta$
源流		$\varphi = \dfrac{m}{2\pi}\theta$
沉流		$\varphi = -\dfrac{m}{2\pi}\theta$

	流線	函數
自由渦流		$\varphi = \dfrac{\Gamma}{2\pi}\ln r$
偶流		$\varphi = -\dfrac{m}{2\pi}\dfrac{\sin\theta}{r}$
均勻流 加偶流		$\varphi = U\left[r - \dfrac{a^2}{r}\right]\sin\theta$
均勻流 加偶流 加自然渦流		$\varphi = U\left[r - \dfrac{a^2}{r}\right]\sin\theta + \dfrac{\Gamma}{2\pi}\ln r$

例題 4

勢流理論模擬流體流經圓柱勢能函數為 $\phi=Ur(1+\dfrac{a^2}{r^2})\cos\theta$，其中 a 為圓柱體半徑，U 為平均流速，求切線方向速度分量與圓柱體表面壓力分布。

解：流經圓柱理想流

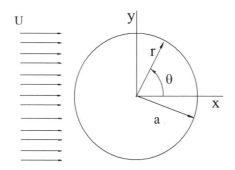

圓柱座標流場速度分布

$$\frac{1}{r}\frac{\partial\phi}{\partial\theta}=\frac{1}{r}\frac{\partial}{\partial\theta}\{Ur[1+\frac{a^2}{r^2}]\cos\theta\}=\frac{1}{r}\{-Ur[1+\frac{a^2}{r^2}]\sin\theta\}=-U[1+\frac{a^2}{r^2}]\sin\theta$$

圓柱體表面速度分布 $V_\theta=-2U\sin\theta$

依白努力方程式 $p_o+\dfrac{1}{2}\rho U^2=p_s+\dfrac{1}{2}\rho V_\theta^2$

得 $p_s=p_o+\dfrac{1}{2}\rho U^2(1-4\sin^2\theta)$

圓柱體頂在 90 度處 $V_\theta=-2U$ (注意定義的方向)，在遠處 $V_\theta=-U$，壓力愈外面，壓力愈大(滿足向心力)。在圓柱表面上壓力，理論值左半部愈往後壓力愈小，在 90 度處與 p_o 值一樣大，而在右半部壓力又逐漸上升。

非旋流場中任二點利用白努力方程是不受限須在同一流線上，流場也可用速度位能表示。(非旋流係指流體元素不旋轉，而不是指元素的行進路徑)。

將壓力分布無因次化，壓力係數 $C_P=\dfrac{P_s-P_0}{\dfrac{1}{2}\rho U^2}$

七、D′Alembert′s 矛盾(D′Alembert′s paradox)

圓柱單位深度阻力 $F_D = \int p_s \cos\theta\ ds = \int [p_o + \frac{1}{2}\rho U^2 (1-4\sin^2\theta)]\cos\theta(rd\theta) = 0$，左右壓

力分布對稱，得到圓柱上沒有阻力。但實務上，黏滯性不可忽略，必有阻力，此

理論與實際上量測的差異，稱為 D′Alembert′s 矛盾(D′Alembert′s paradox)。

(讀者可與 1-3 節流體流經圓柱與圓球流場配合參閱)

圓柱單位深度升力 $F_L = -\int p_s \sin\theta\ ds = -\iint [p_o + \frac{1}{2}\rho U^2 (1-4\sin^2\theta)]\sin(rd) = 0$

八、Kutta-Joukowski 定理

流場中每單位長度圓柱體受升力 $F_L = \rho V_0\rho$，升力的大小決定於流體密度 ρ、流速
V_0 及環流 Γ 大小。若非圓柱體，利用複變保角投影原理，將該物體投影成圓形，
求得其升力。

例題 5

試說明流線函數及速度勢的意義，二維空間流線函數及速度勢有何關係。【機械
高考】

解：流場中連續且互不交叉的曲線的各點切線，代表所處的位置流體質點速度的方
　　向，此切線曲線族即為流線，而以位置座標為變數來表示稱為流線函數 φ。

　　流體流動速度為勢函數之梯度，即 $\vec{V} = -\nabla\phi$，無黏滯性且非旋性流體其充分
　　必要條件為存在速度勢。

　　二維空間 $u = \dfrac{\partial\phi}{\partial x} = \dfrac{\partial\phi}{\partial y}$，$v = \dfrac{\partial\phi}{\partial y} = -\dfrac{\partial\varphi}{\partial x}$

　　φ 及 φ 滿足 Cauchy Rieman $w(Z) = \phi(x,y) + i\varphi(x,y)$

　　W 為可分析函數，在 Z 平面上為一連續函數，利用 w(Z) 函數映射到 w 平
　　面上仍為連續函數。因此，利用此保角映射法，即可將複雜圖形轉成簡單
　　的圖形分析。

例題 6

扼要回答下列問題
(1) 何謂 D'Alembert's 矛盾論？
(2) 在何種情況下，流線函數及位移函數同時存在，其關係如何？

解：二維流場為不可壓縮流且無旋流，則流線函數 φ 及位移函數 φ 同時存在。流

線函數 φ 及位移函數 φ 滿足 Cauchy-Riemann 方程式。即 $\dfrac{\partial \phi}{\partial x} = \dfrac{\partial \varphi}{\partial}$ 及 $\dfrac{\partial \phi}{\partial y} = -\dfrac{\partial \varphi}{\partial x}$

例題 7

一非壓縮性流體其二維流體滿足連續方程式及非旋流：
(1) 若其 x 方向速度為 $v = x^2 - y^2$，則其 x 方向速度為何？
(2) 若其流線函數 $\varphi = xy^2 - \dfrac{x^3}{3}$，則其速度勢能函數 φ = ？【經濟部】

解：(1)滿足連續方程式 $\Rightarrow \dfrac{\partial u}{\partial x} + \dfrac{\partial v}{\partial y} = 0 \Rightarrow \dfrac{\partial u}{\partial x} = 2y$，得 $u = 2xy$

(2) 滿足連續方程式及非旋流 $u = \dfrac{\partial \varphi}{\partial y} = 2xy = \dfrac{\partial \phi}{\partial x} \Rightarrow \phi = x^2 y + f(y)$

$v = -\dfrac{\partial \varphi}{\partial x} = x^2 - y^2 = \dfrac{\partial \phi}{\partial y} \Rightarrow \phi = x^2 y - \dfrac{1}{3} y^3 + C$

例題 8

說明流線及流線函數之定義，並說明流線函數和連續方程式之關係。【高考】

解：(1)流場中任一瞬間任意點速度向量(曲線切線)的軌跡稱為流線(streamline)。
(2) 將空間或平面之流線群組以位置座標為變數之函數稱為流線函數。

(3) 參考前 $\boxed{式\ 2.3.4}$ ，不可壓縮流(ρ 為常數)，$\nabla \cdot \vec{v}=0$，在二度空間有一函數 $\phi(x,y)=Constant$

$$u=\frac{\partial\varphi}{\partial y}\ , v=-\frac{\partial\varphi}{\partial x}\ , 滿足\ \nabla \cdot \vec{v}=\frac{\partial u}{\partial x}+\frac{\partial v}{\partial y}=\frac{\partial\varphi}{\partial x\partial y}-\frac{\partial\varphi}{\partial x\partial y}=0$$

例題 9

流線函數 $\varphi = Axy$ 可以用來表示流向一平板之勢位流（Potential flow），如圖(a)所示，A 為一常數。如果加上一強度為 m 之源頭（Source）於圖(a)上 O 點，可得到圖(b)之流動情形。

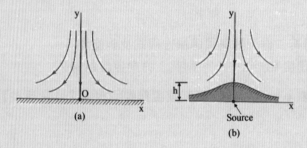

(a)

(b)

Source

(1) 證明源頭（Source）之流線函數為 $\varphi=m\theta/2\pi$，其中 θ 為極坐標。

(2) 請求出凸塊的高度 h 與常數 A 及強度 m 之關係式。【專技高考、台大船研所】

解：(1)$\varphi=\dfrac{m\theta}{2\pi}$ ，$V_r=\dfrac{1}{r}\dfrac{\partial\varphi}{\partial\theta}$ ，$V_\theta=-\dfrac{\partial\varphi}{\partial r}$

$\Rightarrow V_r=\dfrac{m}{2\pi r}$ ，$V_\theta=0$，且 $\varphi=m\theta/2\pi$ 滿足 Laplace 方程式，所以

源頭（Source）之流線函數為 $\varphi=m\theta/2\pi$

(2) 此流場利用重疊原理 $\varphi=Axy+m\theta/2\pi$

化成極座標 $\varphi=A(r\cos\theta)(r\sin\theta)y+m\theta/2\pi$

$\Rightarrow v_r=Ar\cos2\theta+\dfrac{m}{2\pi r}$ ，B.C. r=h，$v_r=0\Rightarrow0=-Ah+\dfrac{m}{2\pi h}$

得 $h=\sqrt{m/2\pi A}$

例題 10

如圖為一個與垂直紙面無關的二維、勢流(potention flow)問題(垂直紙面寬度為 1 米)x－y 為水平面,流體為水。在座標原點處有一個輻射朝外流出之源(source),而在點 A 處之速度大小為 1m/s,其壓力設為零。

(1) 求通過 AB 之流量(單位:立方米/秒)。

(2) 求 B 點之壓力(單位:為牛頓/平方米)。【高考】

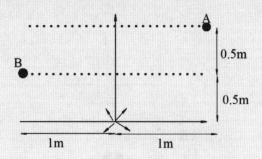

解:(1)$v_{rA}=q/(2\pi r)$,依題意 $v_{rA}=1$ 得 $q=2\sqrt{2}\pi$

$$\Rightarrow \varphi=\frac{q\theta}{2\pi} \Rightarrow \varphi_A=\frac{2\sqrt{2}\pi}{2\pi}\left(\frac{\pi}{4}\right)=1.1$$

另 $\varphi_B=\sqrt{2}[\pi-\tan^{-1}(0.5)]=2.87$

得通過 AB 之流量$(2.87-1.1)=1.77$(立方米/秒)

(2) $v_{rB}=q/(2\pi r)$,得 $v_{rB}=126$

依白努力方程式 $\dfrac{P_A}{\rho g}+\dfrac{v_A^2}{2g}=\dfrac{P_B}{\rho g}+\dfrac{v_B^2}{2g}$

$$\Rightarrow 0+\frac{1}{2\times 9.81}=\frac{P_B}{10\times 9.81}+\frac{1.26^2}{2\times 9.81}$$

得 B 點之壓力-0.31 (牛頓/平方米)

3-2 白努力方程式應用

一、流場流速與壓力的測量

(一) **皮托管**：由流場靜壓與停滯壓兩者的壓差可求得流速 $P_2 = P_1 + \dfrac{1}{2}\rho V_1{}^2$

　　P_2 管口開口必須正對流場方向

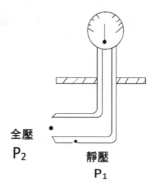

全壓
P_2
靜壓
P_1

　　如上圖，$V_1 = \sqrt{\dfrac{2\left(P_2 - P_1\right)}{\rho}}$

(二) **文式管**：管徑漸縮流速提升，因此壓力下降，藉由壓力差而求得流速。

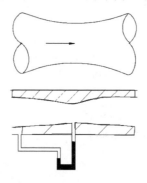

(三) **孔口板**：在管道內部加裝中間開孔的圓板，由於節流件處（孔板）形成局部收縮，流速增加，在節流件前後便產生了壓差，經計算換算即可得流量。

根據流動連續性方程（質量守恆定律）和白努力方程（能量守恆定律），得流量的大小平方與差壓的大小成比例關係。

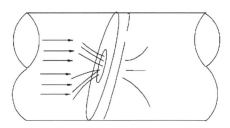

以上差壓式流量計孔口板的優點為價格低，易於安裝及更換，缺點則比文氏喉管或噴流嘴式產生較大之壓力損失。不適於含懸浮性固粒的流體，因為固體微粒會沈積在孔口板的前方。

文氏管由於喉管之斜度構造等原因，使得壓力損失較小，價格昂貴，測距改變的彈性較少。

皮托管的優點為構造簡單、安裝迅速不占空間，亦可作高速氣體的流速測量。缺點為不能測量含固體顆粒或黏滯性大的流體，因管口極易堵塞。

利用白努力定律($P_1+\dfrac{1}{2}\rho V_1{}^2=P_2+\dfrac{1}{2}\rho V_2{}^2$)與連續性關係($A_1V_1=A_2V_2$)，因截面積改變流率隨隨差壓平方根而增加($Q=A_2\sqrt{\dfrac{2\Delta P}{\rho(1-(\dfrac{A_2}{A_1})^2}}$)，圖示如下：

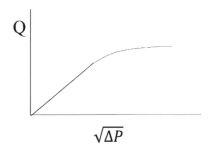

壓差增加 100 倍，流率增加 10 倍。

例題 11

流體連續通過管徑束縮的原管時壓力會變小，由圖中給定的條件，推導出點 2 的速度與 D_1、D_2、ρ、ρ_m 及 h 的關係，假設流體為無黏性且不可壓縮。

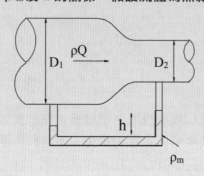

解：依圖示，進出前後壓力差即為 U 型管的靜壓差 $P_1 - P_2 = \Delta P$ [因為 $P_1 + \rho gh$ = $P_2 + \rho_m gh \Rightarrow (P_1 - P_2) = gh(\rho_m - \rho)$]

(物理意義由圖示即可知，壓差即為兩液體的比重差乘上高度。)

依連續方程式 $A_1 V_1 = A_2 V_2$，得 $V_1 = (\frac{D_2}{D_1})^2$

P_1 與 P_2 同高度(水平)，兩點間依白努力方程式，

求得的 V_2 與 V_1 關係為 $V_2 = \sqrt{\dfrac{2\Delta P}{\rho[1 - (\frac{D_2}{D_1})^4]}}$

(注意：因是水平，重力位能已對消)

再將上式 ΔP 關係帶入得

$V_2 = \sqrt{\dfrac{2\Delta P}{\rho[1 - (\frac{D_2}{D_1})^4]}} \Rightarrow V_2 = \sqrt{\dfrac{2(\rho m - \rho)gh}{\rho[1 - (\frac{D_2}{D_1})^4]}}$

例題 12

一水平流流量 Q=0.25m³/sec，流經水平之文式管如下圖所示，其壓力差 ΔP=32KPa，若 d=24cm，D=36cm，試求流量係數。【高考模擬題】

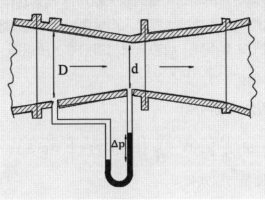

解： 假設 Q_a 為實際流量，Q_i 為理論流量

流量係數 $C_d=Q_a/Q_i$

依題意 $Q=0.25m^3/sec=\dfrac{\pi}{4}D^2V_1$

$\Rightarrow$ 理論流量 $Q_i=\dfrac{\pi}{4}d^2[\sqrt{\dfrac{2\Delta P}{\rho[1-(\frac{d}{D})^4]}}\,]$

$C_d=0.25/\{\dfrac{\pi}{4}d^2[\sqrt{\dfrac{2\Delta P}{\rho[1-(\frac{d}{D})^4]}}\,]=0.25/\{\dfrac{\pi}{4}0.24^2[\sqrt{\dfrac{2(32000)}{1000[1-(\frac{0.24}{0.36})^4]}}\,]=0.625$

二、白努力方程式與能量方程式

熱力學第一定律即為能量守恆

$$\dfrac{D}{dt}\int e\rho d\forall=\dot{Q}_{net}+\dot{W}_{net}$$　　　式 3.2.1

定義：$e=u+\dfrac{v^2}{2}+gz$，u 為內能

$\dot{w}=\dot{w}_{useful}+\dot{w}_{no\ useful}$

$\dot{w}_{useful}$：軸功(如渦輪機輸出軸功，幫浦輸入軸功)，活塞功(如往復式引擎)

$\dot{w}_{no\ useful}$：流功(流體須此流功推流體流入出輪機)，此流功無法使用

流功與活塞功意義上完全不同，流功為使流體前進，所以需

考慮進與出，$\dot{w}_{no\ useful}=-\displaystyle\oint_{C.S.}\rho(\vec{V}\cdot d\vec{A})$

定義：$h=u+\dfrac{p}{\rho}$(可視為流動內能)

利用 transport theorem $\dfrac{D}{dt}\displaystyle\int e\rho d\forall=\dfrac{\partial}{\partial t}\int_{c.v.}(e\rho d\forall)+\oint_{cs}e(\rho\vec{v}\vec{A})$

由 式 3.2.1 的能量方程式得

$$\dfrac{\partial}{\partial t}\int_{c.v.}e\rho d\forall+\sum\left(h+\dfrac{v^2}{2}+gz\right)_{out}\dot{m}_{out}-\sum\left(h+\dfrac{v^2}{2}+gz\right)_{in}\dot{m}_{in}$$

$$=(\dot{Q}_{net\ in}+\dot{W}_{useful\ in})_{c.v.}$$ 式 3.2.2

將上式各項均除以 $\dot{m}$，可簡化得到下列不同情況的能量方程式

(一) 穩定狀態

$$(h_{out}-h_{in})+(\dfrac{v_{out}^2-v_{in}^2}{2})+g(z_{out}-z_{in})=q_{net\ in}+w_{useful\ in}$$

(二) 穩定狀態，不可壓縮流，對外不作功

$$\dfrac{p_{out}}{\rho}+\dfrac{v_{out}^2}{2}+gz_{out}=\dfrac{p_{in}}{\rho}+\dfrac{v_{in}^2}{2}+gz_{in}-(u_{out}-u_{in}-q_{net\ in})$$

(三) 穩定狀態，不可壓縮流，無摩擦無損失，溫度不變

$$\dfrac{p_{out}}{\rho}+\dfrac{v_{out}^2}{2}+gz_{out}=\dfrac{p_{in}}{\rho}+\dfrac{v_{in}^2}{2}+gz_{in}\text{，即為白努力方程式}$$

(四) 引入管流平均速度觀念

$$(\dfrac{p_{in}}{\rho}+\alpha_1\dfrac{v_{in/ave}^2}{2}+gz_{in})=(\dfrac{p_{out}}{\rho}+\alpha_2\dfrac{v_{out/ave}^2}{2}+gz_{out})+(u_{out}-u_{in})-q_{net\ in}$$

$(\dfrac{p}{\rho} + \alpha \dfrac{v_{ave}^2}{2} + gz)$：截面上流體單位質量的機械能

$(u_{out} - u_{in}) - q_{net\ in}$：流體由進到出單位質量機械能的差，此機械能的差轉變
為無用內能$(u_{out} - u_{in})$(不可逆)及熱傳的損失，此總損失稱為揚程損失 h_L。
得到流體力學常用的能量方程式

$$(\dfrac{p_{in}}{\rho} + \alpha_1 \dfrac{v_{in/ave}^2}{2} + gz_{in}) - (\dfrac{p_{out}}{\rho} + \alpha_2 \dfrac{v_{out/ave}^2}{2} + gz_{out}) = h_L \qquad \boxed{\text{式 3.2.3}}$$

揚程損失 h_L：單位為(L^2/t^2)，即為單位質量所具有能量。

注意：

1. 將揚程損失除以重力加速度 $g(L^2/t^2)$，定義為揚程(單位 L)

2. 利用質量守恆理念定義通過截面 A 之平均速度$\overline{\overline{V}} = \dfrac{\int \rho \vec{V} \cdot d\vec{A}}{\rho A} = V_{ave}$，動能

   用 $\dfrac{\alpha V_{avg}^2}{2}$ 來代替(α 稱為動能修正係數)在工程實務上動能相對於能量方

   程式內其他各項的值，其實是很小的。

3. 需求功率=(單位時間質量流率)$\times$(揚程損失)

   流體機械功率 $WHP(W) = \dot{Q} \rho(kg/m^3) \times g(m/s^2) \dfrac{\int \rho \vec{V} \cdot d\vec{A}}{\rho A} \times H(m)$

   ρ：流體密度(水密度 $1g/cm^3 = 1000kg/m^3$)

   H：總揚程

   此能量方程式即可與流體機械功率作結合

$\boxed{\text{式 3.2.3}}$ 有下列各樣的型式

1. **水頭型式**

   $\dfrac{p}{\rho g} + \dfrac{1}{2g} v^2 + z = Constant = H$

   $\dfrac{p}{\rho g}$：壓力水頭(pressure head)，壓力揚程

$\dfrac{v^2}{2g}$：動壓水頭(velocity head)

z：高度水頭(elevated head)

H：總水頭

$\dfrac{p}{\rho g}$+z 的線：稱為水力坡線

$\dfrac{p}{\rho g}+\dfrac{1}{2g}v^2+z$ 線：稱為能量坡線

(1) 能量坡線的坡度代表能量損失的多寡

(2) 能量坡線與水力坡線間距離代表速度大小的變化

(3) 能量坡線與水力坡線間重合代表速度為 0

(4) 水力坡線降到某指定點以下：該指定點壓力低於大氣壓

2. **壓力型式**

$P+\dfrac{1}{2}\rho v^2+\gamma z=\text{Constant}$

P：靜壓(static pressure)代表流體實際壓力

$\dfrac{\rho v^2}{2}$：動壓(dynamic pressure)，流體等熵減速至零，壓力上升的量，這是皮托靜壓管的基本原理。一般常把靜壓與動壓混在一起，迎風打到臉上的壓力為此動壓

γz：液體靜壓力(hydrostatic pressure)，不是壓力，它是流體高度對壓力的影響。

封閉系統、開放系統及流功在動力學、流體力學與熱力學的應用息息相關，觀念的正確很重要，方便讀者連貫特再說明如下：

(1) 封閉系統活塞所做的功 $W=\int P\,dV$，在數學與物理意義上很容易理解。

(2) 開放系統 $\int V\,dP$，是輸入開放系統功中的一部分，另開放系統邊界的 PV 代表流功。

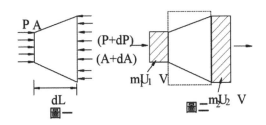

圖一力平衡系統得:$\Sigma F = PA - (P+dP)(A+dA) + F_w$

PA 與 (P+dP)(A+dA) 為流功,此流功為推動流體流進與流出,對系統不做功,作功的為外力 F_w。

$\Sigma F = ma = \rho(A + \dfrac{dA}{2})(dL)(\dfrac{d}{dt}) = \rho(A + \dfrac{dA}{2})(\dfrac{dL}{dt})(dv)$,

($\dfrac{dL}{dt}$)平均速度以 ($v + \dfrac{d}{2}$) 帶入

上二式聯立得 $F_w = AdP + \rho Avdv$,對元素作的功

$\delta W_{in} = F_w(dL) = A(dL)(dP) + \rho A(dL)vdv$,因 $A(dL) = mv$,$\rho A(dL) = m$

$\Rightarrow \delta W_{in} = (mv)dP + mvdv$

得 $\delta w_{in} = vdP + vdv$

熱力學第一定律:$q_{in} - w_{out} = \Delta e$

E 為儲能 = U(內能) + k.E.(動能) + P.E.(位能) + 電能 + ……

封閉系統:無質量交換,忽略動能、位能變化,得 $q_{in} - w_{out} = \Delta u$

開放係系統,定義 $h = u + pv$

參考上面圖二系統,依熱力學第一定律 $q_{in} - w_{out} + \Sigma(pv+e)_{in} - \Sigma(pv+e)_{out} = e_2 - e_1$

穩流系統 de=0,得 $q_{in} - w_{out} = h_1 - h_2 + \dfrac{v_2^2 - v_1^2}{2g_c} + \dfrac{g(z_2 - z_1)}{g_c}$

三、水流特性圖

以下列明渠水流來說明,A 與 B 間的水道坡度大於維持在 A 點的初速度,亦大於摩擦阻滯作用的坡度,則水流會加速;在 B 與 C 間,減少的位能等於摩擦損失,則流速保持一定;在 C 與 D 間,坡度小於臨界坡度,水流會減速,產生回水現象(backwater)。

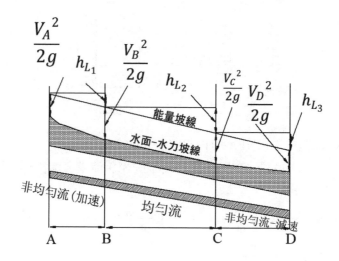

(一) 水力坡線亦被解釋為水力表面，重力管流水力坡線與管內流動液體表面坡度相同。

(二) 能量坡線高程隨水面高程與流速而變，能量坡線高出水力坡線的垂直距離，等於流速的平方除以(2g)。

(明渠流若渠寬、流量及阻力係數均已定，則在某一特定渠床坡度下，可以產生臨界的水深，此一特定坡度稱為臨界坡度，此時阻力與重力在水流方向之分力相等，水深為流速水頭之 2 倍)。

例題 13

何謂能量線(Energy line, EL)、**水力梯度線**(Hydraulic grade line, HGL)。【經濟部】

解：沿管的距離為橫坐標，壓力水頭、速度水頭與高程水頭的和為縱座標所得曲線圖為能量梯度線。

沿管的距離為橫坐標，壓力水頭與高程水頭的和為縱座標所得曲線圖為水力梯度線。量測能量梯度線可用皮托管而量測，水力梯度線可用壓力管量測。

例題 14

Referring to the figure,

(1) What do you think are at A and C ?

(2) What doy you think is at B?

(3) Beyond D, complete the physical setup that could yield the EGL and HGL.

(4) What other information is received by the EGL and HGL? Specify two (EGL:Energy Grade Line, HGL:Hydraulic Grade Line)【雲科大】

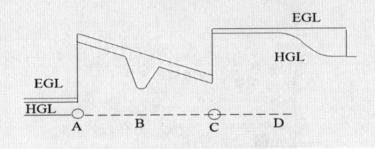

解：(1)A 與 C 能量坡線提高，有經過輪機如泵的設備

(2) B 處能量坡線形狀不變，惟動壓坡線突下又上升，係經過突縮後又突擴

(3) D 後之流動，因動壓坡線緩下而與能量坡線重合表速度為 0

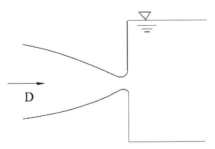

(4) 能量坡線高出水力坡線垂直距離，等於流速的平方除以(2g)。圖示 A 到 C 間距離大於進管 A 前與 C 後，速度大又須維持流率相同，所以 A 到 C 間管徑較小。此能量坡紋的設施可為由地面抽到高處的大水池。

四、幫浦功率與管路設計

管路因摩擦而有壓損，因此需由幫浦功率克服壓損

$$\dot{W}_{pump}=Q\cdot \Delta P=Q\cdot \rho gh_L= \dot{m}\, gh_L \qquad \boxed{式 3.2.4}$$

$\dot{m}$：質量流率，h_L：壓力頭損失

揚程損失量已知即可利用能量方程 $\boxed{式 3.2.3}$ 設計管路需求，以下圖示例，開放型水槽裝置幫浦，由低處抽送到高處舉例，管粗糙度、入口閥門與管形，同管徑示意如下：

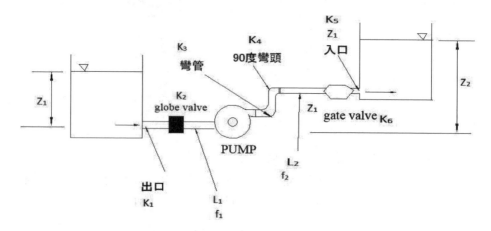

$$\frac{p_1}{\rho g}+\frac{v_1^2}{2g}+z_1+h_p=\frac{p_2}{\rho g}+\frac{v_2^2}{2g}+z_2+\Sigma\, f_iL_i/D\,\frac{v^2}{2g}++\Sigma\, K_i\,\frac{v^2}{2g}$$

幫浦所需水頭大小為$(z_2-z_1)+h_{major}+h_{minor}$

$$=(z_2-z_1)+\Sigma f_iL_i\,/\,D\,\frac{v^2}{2g}+\Sigma\, K_i\,\frac{v^2}{2g}$$

$$=(z_2-z_1)+fl_1/D+Fl_2/D+(K_1+K_2+K_3+K_4+K_5)\,\frac{v^2}{2g}$$

例題 15

如圖幫浦以 30kW 的功率,流率為 0.05m³/s。將幫浦移出,則管路流率為多少?假設 40 公尺長管直徑 50mm,直管摩擦因子 f=0.02(忽略次摩擦)

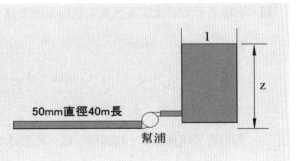

解:$h_p=30000/(1000)(9.8)(0.05)$,所以 $h_p=61(m)$

幫浦運轉時 $z_1+h_p=(1+f\dfrac{L}{D})(\dfrac{1}{2g})v^2$

因此,$z_1+(61)=[1+(0.02\times\dfrac{40}{0.05})](\dfrac{1}{2g})[\dfrac{0.05}{1(\pi)0.05^2/4}]^2=559$

得 $z_1=498[1+(0.02\times\dfrac{40}{0.05})](\dfrac{1}{2g})v^2\Rightarrow v$ 為 23.9

得流率為 $\dfrac{\pi}{4}0.05^2(23.9)=0.0469m^3/s$

例題 16

如圖,一水槽經連接管流出,假設管子的摩擦係數為 0.0205,彎管 (screwed elbow)與入口處損失係數各為 1 與 0.5,求:

(1) 流出水的流率(flow rate)。

(2) 畫出能量坡度線(energy grade line)與水力坡度線(hydraulic grade line)沿水準方向。【102 普考】

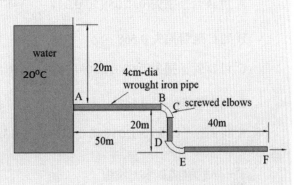

解：解題須了解能量坡線代表能量損失的多寡，而水力坡線即是能量坡線扣掉 $\dfrac{V^2}{2g}$

的動壓水頭

水頭型式：$\dfrac{p}{\rho g}+\dfrac{1}{2g}v^2+z=\text{Constant}=H$

水面高度 $H=40$，水流速度為 0

假設管子流速為 v，截面積一樣，流動水頭為（$\dfrac{v^2}{2g}$）

50m、20m 及 40m 的總損失為$(0.0205)(\dfrac{50+20+40}{0.04})(\dfrac{v^2}{2g})=56.375)(\dfrac{v^2}{2g})$

所以 $40=(1+0.5+1+1+56.375)(\dfrac{v^2}{2g})$，求得 v=3.62m/s

流率為 $\dfrac{1}{4}(3.14)(0.04)^2(3.62)=0.0045\text{m}^3/\text{s}$

速度能揚程 $\dfrac{v^2}{2g}=0.668$

彎管損失為$(1)(\dfrac{v^2}{2g})=0.668$，計有兩處

A 入口處的損失為$(05)(\dfrac{v^2}{2g})=0.334$

A 到 B 管子損失$(0.0205)(50/0.04)(\dfrac{v^2}{2g})=17.11$

B 到 C 彎管損失 0.668

C 到 D 管子損失$(0.0205)(20/0.04)(\dfrac{v^2}{2g})=6.847$

D 到 E 彎管損失 0.668

E 到 F 管子損失$(0.0205)(40/0.04)(\dfrac{v^2}{2g})=13.694$

$\dfrac{p}{\rho g}+z$ 的線稱為水力坡線

$\dfrac{p}{\rho g}+\dfrac{1}{2g}v^2+z$ 線稱為能量坡線

各截面位置能量坡線與水力坡線，列表如下：

位置	高度	動壓水頭	能量損失	水利坡線高度	能量坡線高度
水槽頂	40	0	0	0	40
A	20	0.67	0.334	38.956	39.666
B	20	0.67	17.11	21.886	22.556
C	20	0.67	0.668	21.218	21.888
D	0	0.67	6.847	14.371	15.041
E	0	0.67	0.668	13.7	14.373
F	0	067	13.694	0	0.67

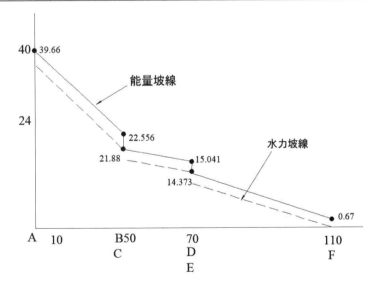

例題 17

水在直徑為 0.2cm 的水準元管穩定(steadily)流動，圓管長 15m，管中平均流速為 1.2m/s(水的黏性係數 $\mu=1.307\times10^{-3}$，其密度為 1000kg/m³，重力加速度為 9.81m/s²，試求

(1) 15m 圓管造成壓力降(pressure drop)。

(2) 水頭損耗為多少(head loss)。

(3) 克服壓力降所需功率為多少(pump power requirement)。

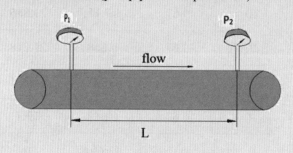

解：(1)$\Delta P=P_1-P_2=32\mu V_{avz}L/D^2=[32\times1.307\times10^{-3}\times1.2/D^2]\times1.5=188208N/m^3$

(2)$\Delta P=P_1-P_2=\rho gh_l$，因此 $h_l=(188208)/(1000)(9.81)=19.2m$

(3)$\dot{w}=(\dot{Q})(\Delta P)=(\dot{m}/\rho)(\Delta P)=[\pi(0.002)^2(1.2)/4](188208)=0.71(W)$

例題 18

當閥門關閉時，水從水槽 A 流到水槽 B，如圖所示。如果所有管路之摩擦係數（Friction Factor）為 f=0.02 及忽略其它次要損失，試求當閥門打開時，流向水槽 B 及 C 之體流量。

【高考】

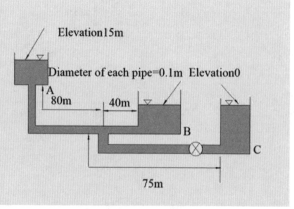

解：(1) A 槽到 B 槽的白努力方程式

$$15+\frac{v_A{}^2}{2\times9.81}=\frac{v_B{}^2}{2\times9.81}+0.02\frac{80}{0.1}\times\frac{v_A{}^2}{2\times9.81}+0.02\frac{40}{0.1}\times\frac{v_B{}^2}{2\times9.81}$$

(2) A 槽到 C 槽的白努力方程式

$$15+\frac{v_A{}^2}{2\times9.81}=\frac{v_C{}^2}{2\times9.81}+0.02\frac{80}{0.1}\times\frac{v_A{}^2}{2\times9.81}+0.02\frac{75}{0.1}\times\frac{v_C{}^2}{2\times9.81}$$

(3) $Q_A=Q_B+Q_C$，管徑相同所以 $v_A=v_B+v_C$，聯立上三式

$$15+0.03v_A{}^2=0.05v_A{}^2+0.8v_A{}^2+0.4v_B{}^2$$

$$15+0.05v_A{}^2=0.05v_C{}^2+0.8v_A{}^2+0.76v_B{}^2$$

$v_A=v_B+v_C$，得 v_A=4m/s，v_B=2.3m/s

管路面積 $A=(\frac{\pi}{4})(0.1)^2=0.00785$，因此 Q_A=0.0314m³/s，Q_B=0.0181m³/s

---

例題 19

如圖輸水系統，上下水面之高速差 H_a=30m，輸水管總長度為 40m，管之直徑為 0.1m，管中平均流速為 3m/sec，水之比重量 γ =1000kgf/m³，動黏滯係數 ν =1×10⁻⁶m²/sec，試求：(1)流量。(2)幫浦之總揚程。(3)幫浦之總效率為 70%，求電動機之馬力。【機械高考】

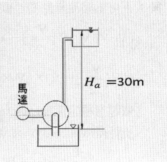

解：(1)流量 Q=AV=()(3)=0.02356m³/sec

(2) 雷諾數 $R=\frac{VD}{\nu}=\frac{3\times0.1}{10^{-6}}$>2300⇒利用 Blasius 公式 $f=\frac{0.3164}{R^{0.25}}$=0.0135

$$H_L=f\frac{L}{D}\frac{V^2}{2g}=(0.0135)(\frac{40}{0.1})(\frac{3^2}{2\times9.81})=2.48$$

$$H=H_a+H_L=30+2.48=32.48$$

(3) 得電動機之馬力 $P=\frac{\rho gHQ}{1000\times0.7}=\frac{1000\times9.81\times32.48\times0.02356}{1000\times0.7}$=10.74kW

經典試題

一、 二維尤拉方程式(Euler equation)表示如下：

$$-\frac{\partial p}{\partial x}=\rho(\frac{\partial u}{\partial t}+u\frac{\partial u}{\partial x}+w\frac{\partial u}{\partial z})$$

$$-\rho g-\frac{\partial p}{\partial z}=\rho(\frac{\partial w}{\partial t}+u\frac{\partial w}{\partial x}+w\frac{\partial w}{\partial z})$$

其中與分別表示在 x 與 z 二個方向的速度分量，g 為重力加速度，p 為壓力，ρ 為流體密度，t 為時間。若考慮流場為穩定流(steady state)、非旋性(irrotational)且流體為不可壓縮性，試推導出白努力方程式為：$\frac{p}{\rho}+\frac{1}{2}(u^2+w^2)+gz=$常數。

【109 高考】

解： 不可壓縮流無黏滯性歐拉方程式 $\rho(\vec{V}\cdot\nabla)\vec{V}=\nabla P+\rho\vec{g}$ ……………①

$(\vec{V}\cdot\nabla)\vec{V}=\nabla[\frac{V^2}{2}]-\vec{V}\times(\nabla\times\vec{V})$ 帶入①式，得

$\rho[\nabla[\frac{V^2}{2}]-\vec{V}\times(\nabla\times\vec{V})]=-\nabla(P+\rho gz)$ ……………………②

依題意穩定流(steady state)、非旋性(irrotational)，且流體為不可壓縮性，因非旋性(irrotational) $\nabla\times\vec{V}=0$，所以②式可得

$\nabla[\frac{V^2}{2}+\frac{P}{\rho}+gz]=0$，即 $\frac{V^2}{2}+\frac{P}{\rho}+gz=$Constant

注意：

(一) 在整個流場中任一點符合 $\frac{V^2}{2}+\frac{P}{\rho}+gz=$Constant 的條件為穩態、不可壓縮流、無黏滯性、非旋性。

(二) 上面②式對 $d\vec{s}$ 積分，利用 $d\vec{s}$ 平行 $\vec{V}$，且 $\vec{V}\times(\nabla\times\vec{V})$ 垂直 $\vec{V}$，所以可得 $\nabla[\frac{V^2}{2}+\frac{P}{\rho}+gz]\cdot d\vec{s}=0$ ……………………③

利用 $d\vec{s}=dx\,\vec{i}+dy\,\vec{j}+dz\,\vec{k}$ ，函數 $\nabla\varnothing=\dfrac{\partial\varnothing}{\partial x}\vec{i}+\dfrac{\partial\varnothing}{\partial y}\vec{j}+\dfrac{\partial\varnothing}{\partial z}\vec{k}$ ，③式可得

$[\nabla\varnothing]\cdot d\vec{s}=d\varnothing$ ，則 $d[\dfrac{V^2}{2}+\dfrac{P}{\rho}+gz]=0$ ，即

$\dfrac{V^2}{2}+\dfrac{P}{\rho}+gz=$Constant，此沿流線固定值條件為穩態、不可壓縮流、無黏

滯性。

二、 水流流經一水平管（內徑 D=15cm），若假設摩擦因子 f=0.015，體積流率為 0.1m³/s，試求流經 100m 管長之壓力水頭差為多少？水之密度為 $1.0g/cm^3$，重力加速度 g 為 9.81m/s²。【108 高考】

解： $\dfrac{P_1}{\rho g}+\dfrac{v_1^2}{2g}+z_1=\dfrac{P_2}{\rho g}+\dfrac{v_2^2}{2g}+z_2+h_L$

Q=AV₁=AV₂，依題意管徑相等，0.1=$\dfrac{\pi}{4}$ (0.15)²V，則 V=5.56(m/s)

z₁=z₂，$h_L=f\dfrac{L}{D}\dfrac{v^2}{2g}$ ，將 V=5.56(m/s)，得 h_L=15.76m

三、 如圖所示，在壓力計中，當在管 A 的壓力增加 34.4kPa，而在管 B 的壓力維持固定。試求左側柱水銀的高度改變值為若干？【107 高考】

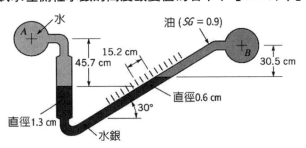

解：依題意，初始 $P_A+0.457\gamma_{水}=P_B+0.305\times0.9\times\gamma_{水}+\dfrac{0.152}{2}\times13.6\times\gamma_{水}$……… ①

管 A 的壓力增加 34.4kPa$\Rightarrow P_A'=P_A+34.4$，因管 B 的壓力固定

所以，$P_A+34.4+(0.457+h)\gamma_{水}$

$=P_B+0.305-\dfrac{4.694}{2}h\times0.9\times\gamma_{水}+[\dfrac{0.152+4.694h}{2}+h]+13.6\times\gamma_{水}$………… ②

(因右管徑較小，上升高度為左管 $\dfrac{1.3^2}{0.6^2}$ =4.694 倍)

將①代入②

則 $P_B+(0.8511+3.5066+0.457-0.2745-1.0336)\gamma_{水}=P_B+(45.5-2.11-1)h\gamma_{水}$

$4.2397h=3.5066$

得 h=0.0827(m)

四、　已知水從直徑 D=0.20m 的水槽流出，其出流口的直徑為 d=0.01m，如圖所示。若水槽中的水位維持固定高度 h=0.20m，試求流入水槽之流量應為若干？【107 高考】

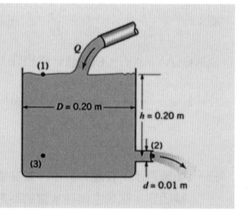

解：白努力方程式 $\dfrac{P_1}{\rho g}+\dfrac{v_1^2}{2g}+z_1=\dfrac{P_2}{\rho g}+\dfrac{v_2^2}{2g}+z_2$

$P_1=P_2=$大氣壓，$v_1=0$，所以，$v_2=\sqrt{2g(0.2)}$ =1.98

因要維持固定高度，流入水槽之流量應為 $\dfrac{\pi}{4}(0.01)^2(1.98)=1.55\times10^{-4}m^3/s$

五、 考慮一個導水器，如圖所示，上方為直徑 d_1 的圓柱體，水面高度 h_1，下方為直徑 d_2 的圓管，$d_1 \gg d_2$，不考慮任何的能量損失。若為純重力式，則出水口流速為多少？若圓柱體水面上方為封閉加壓，則希望流速增加為兩倍，壓力應為多少？【106 高考】

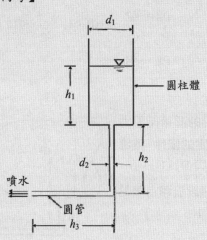

解：白努力方程式：$\dfrac{P_1}{\rho g} + \dfrac{v_1^2}{2g} + z_1 = \dfrac{P_2}{\rho g} + \dfrac{v_2^2}{2g} + z_2 \Rightarrow 0+0+h_1+h_2 = 0 + \dfrac{v_2^2}{2g} + 0$

得 $v_2 = \sqrt{2g(h_1 + h_2)}$

流速 v_2' 增加為 v_2 兩倍，$\dfrac{P_1'}{\rho g} + h_1 + h_2 = 0 + \dfrac{v_2'^2}{2g}$

得 $p_1' = \dfrac{3}{2}\rho v_2^2 = 3\rho g(h_1+h_2)$

六、 平面管流系統如圖所示，A 點的直徑 0.2m 壓力 10^6N/m^2，B 點的直徑 0.15m 壓力 $9 \times 10^6 \text{N/m}^2$，C 點的直徑 0.1m 壓力 $85 \times 10^4 \text{N/m}^2$，求 A、B、C 三個位置的流量。【106 高考】

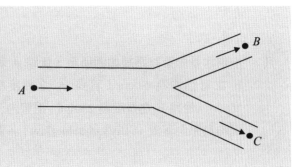

解：連續方程式 $Q_A=Q_B+Q_C \Rightarrow 0.2^2V_A=0.15^2V_B+0.1^2V_C$

得 $16V_A=9V_B+4V_C$

設 $\rho=1000kg/m^3$，$g=9.81m/s^2$

白努力方程式 $\dfrac{P_A}{\rho g}+\dfrac{v_A^2}{2g}=\dfrac{P_B}{\rho g}+\dfrac{v_B^2}{2g}$

$\Rightarrow 101.94+\dfrac{V_A^2}{2g}=917.43+\dfrac{V_B^2}{2g}=86.65+\dfrac{V_C^2}{2g}$

$\dfrac{P_A}{\rho g}+\dfrac{v_A^2}{2g}=\dfrac{P_C}{\rho g}+\dfrac{v_C^2}{2g}$

七、 流體通過管徑束縮的圓管時壓力
會變小，由圖中給定的條件，推導
出點(2)的速度 V_2 與 D_1、D_2、ρ、
ρ_m 及 h 的關係假設流體為無黏
性且不可壓縮。【105 高考】

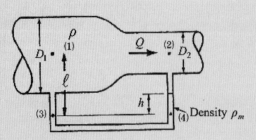

解：1 處壓力 P_1 與 2 處壓力 P_2 差為 $P_1-P_2=(\rho_m-\rho)gh$

白努力方程式 $\dfrac{P_1}{\rho g}+\dfrac{v_1^2}{2g}=\dfrac{P_2}{\rho g}+\dfrac{v_2^2}{2g}$ ··············①

質量守恆 $\dfrac{\pi D_1^2}{4}V_1=\dfrac{\pi D_2^2}{4}V_2$ ··················②

聯立上 2 式方程式得 $V_2=\sqrt{\dfrac{2(\rho_m-\rho)gh}{\rho\left(1-\dfrac{D_2^4}{D_1^4}\right)}}$

八、 一供水並聯管路系統如圖所示，管路 A 和
B 之管徑均為 30cm，管路 A 之長度為
1500m，管路 B 之長度為 2500m，兩管內流
況均為完全紊流（fully turbulent flow），假

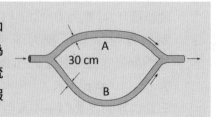

設兩管內之摩擦因子 f（friction factor）相同，若管路 A 之流量為 0.4m³/s，試求管路 B 之流量為何？【104 高考】

解：管路 A、B 並聯前後兩處壓力揚程降相等，即 $h_A=h_B$

$\Rightarrow f\dfrac{L_A}{A}\dfrac{V_A^2}{2g}=f\dfrac{L_B}{A}\dfrac{V_B^2}{2g}$ ，$L_AV_A^2=L_BV_B^2$

得 $V_S=4.38m/s$

$Q_B=4.38\times\dfrac{\pi}{4}\times0.3^2=0.309m^3/s$

九、 WL 公司專門從事特殊流體之管道設計。目前，受委託之設計條件為：滿水條件下，讓 X 流體以時速 14.4 公里的速度，自內直徑為 30 公分的圓管往方形管流動，且兩種管子之銜接處需設有緩衝區，俾便使流體之流動得以順暢。已知，X 流體在此連結管道中流動時，其摩擦係數全程均為 0.025，且每單位長度的揚程損失也全程一致。請問，方形管之內徑邊長應為何？【103 高考】

解：依題意每單位長度的揚程損失全程一致$\Rightarrow f_1\dfrac{L_1}{D_1}\dfrac{V_1^2}{2g}=f_2\dfrac{L_2}{D_2}\dfrac{V_2^2}{2g}$ ………①

依題意 $f_1=f_2$，$L_1=L_2$，$D_1=0.3$，$V_1=14400/3600=4m/s$

求水力半徑 $D_2=A/P=b^2/4b=b/4$

$Q=(\pi/4)3^2(4)=b^2(V_2)$得 $V_2=0.283/b^2$

利用①式得方形管之內徑邊長為 0.27m

十、 攝氏 60 度的原油之比重為 0.8，在噴油井經泵吸取後，以每天 300 萬桶的產量，由直徑 1.2 公尺的鋼管，水平流動到達 1500 公里外的超大型儲油槽。已知，油桶體積容量為 0.12m³，鋼管的摩擦因子值為 0.015。請問，在此一系統中，泵所需的馬力（horsepower）為何？【103 高考】

解：$Q=3000000(0.12)/(24\times3600)=4.16m^3/s$

$Q=AV=(\pi/4)(1.2)^2V$，$\Rightarrow V=3.68m/s$

$$\frac{P_1}{\rho g} + \frac{v_1^2}{2g} + z_1 = \frac{P_2}{\rho g} + \frac{v_2^2}{2g} + z_2 + h_L \text{，因 } P_1 = P_2 \text{，} V_1 = V_2 \text{，} h_L = f\frac{L}{D}\frac{V^2}{2g} = 12941.89$$

所以

功率$= \rho Q g h_L = (0.8)(9810)(4.16)(12942) = 422526.27kW = 422526.27/0.736PS$

得所需的馬力（horsepower）為 574084PS

十一、 如圖所示，水流出一個貯水槽。如果黏滯性可以忽略，請利用貯水槽的高度 H 與比重（SG）來求出壓力計高度 h。【102 高考】

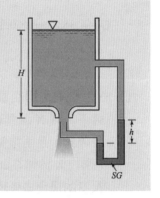

解： 取自由面往下兩條流線，一條向下往右到圖式 h 處上
端，依白努力方程式，該處壓力為 ρgh，另一條向下到洞口，速度為 $\sqrt{2gH}$，
該洞口處壓力為大氣壓，而與 h 處下端同水平。
依白努力方程式，左右二處壓力相同，所以，$P_{atm} + \rho gh = P_{atm} + \rho gH + \rho SGgh$
$\Rightarrow \rho h = \rho SGh + \rho H$，得 $h = H/(1 - SG)$

十二、 如圖為一個含有部分空氣（Air）的倒置試管（Test tube），浮在填充水（Water）的塑膠水瓶（Plastic bottle）中，且這水瓶的蓋子被緊緊地密封住。空氣的總量經調整使倒置試管恰好可以浮起。實驗發現如輕微的擠壓塑膠水瓶將會造成試管沉入瓶底。請解釋這個現象的發生且請以公式佐證。【102 高考】

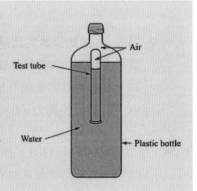

解：

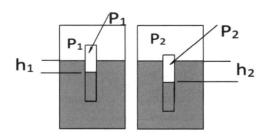

測試管子起始平衡時，塑膠水瓶壓力 P_1 等於測試管子內壓力 P_1，而 P_1 在測試管子與塑膠水瓶內均須符合波以爾定律(PV=nRT)，且 $P_1=\rho_w gh_1$。

當輕微的擠壓塑膠水瓶，塑膠水瓶上面體積變小，故塑膠水瓶 P_1 增加為 P_2，測試管子向下沉，測試管子內體積需變小以增加測試管子內壓力以達到 P_2，惟為增加測試管子內壓力達到 P_2，h_1 需變小，若 h_1 變小卻無法滿足達到平衡時 $P_2=\rho_w gh_2(h_2>h_1)$，因此，試管靜不定一直沉入瓶底。

十三、　納亞達星球統領發覺,其變形金剛在地球的表現遠較在原星球之表現遜色，因此，特別進行風洞試驗，以改良設計，而實驗設計則如圖所示。設定之進口風速為每小時 100 公里，位置①與位置②之高度相同，且位置②為停滯點（stagnation point）。已知空氣之密度為每立方公尺 1.2 公斤，壓力測量部分之油端液體高度為 5 公分，請問：

(一) 水端液體高度 h 值為何？

(二) 位置①與位置②之壓力差為何？【101 高考】

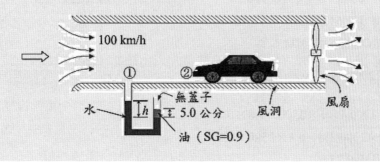

解：(一)(二)V_1=100km/h=27.97m/s

依白努力方程式 $P_1+\dfrac{1}{2}(1.2)(27.97)^2=P_2$

得位置①與位置②之壓力差為 P_2-P_1=462.96

$P_{atm}+0.9×\rho_水×g×0.05=P_1+\rho_水gh$

依題意 P_{atm}=101000，$P_2=P_{atm}$

得 P_1=100537.04Pa，h=0.0922m=9.22cm

十四、 MLX 公司承包之淤泥防治工程，使用高 1.0 公尺、寬 0.4 公尺，且每立方公尺重達 3500 公斤的長方體水泥擋板，以防止淤泥入侵，詳如圖所示。已知地表面與水泥擋板之間的摩擦係數為 0.3，而每立方公尺淤泥的平均重量則為 2000 公斤，請問：

(一)當水泥擋板開始滑動時，淤泥高度應為何？

(二)淤泥於何種高度時，水泥擋板將傾覆？【101 高考】

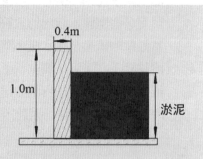

解：(一) $\displaystyle\int_0^d 2000×9.8×y×(1dy)$

=1×0.4×1×3500×9.8×0.3

$\Rightarrow 1000d^2$=0.4×3500×0.3

得 d=0.648m

(二)取 O 點為力矩中心

$\displaystyle\int_0^d 2000×9.8×y×y×(1dy)$

=1×0.4×1×3500×9.8×0.2

$\Rightarrow (2000/3)d^3$=0.4×3500×0.2

得 d=0.75m

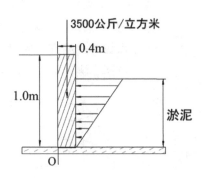

十五、 北國風景壯麗，有大河河水飛洩落入 120 公尺以下之湖面，示意如圖。已知該河寬 100 公尺，水深 1 公尺，河水流量為每秒 500 立方公尺。請問：

(一)河水之單位質量的總機械能（total mechanical energy）為何？

(二)該河水蘊涵之潛在功率的總量為何？【101 高考】

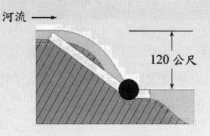

河流 →

120 公尺

解：(一) V=Q/A=5000/(100×1)=5

　　　單位質量的總機械能為單位質量的動能加單位質量的位能

$$=\frac{1}{2}V^2+gh=\frac{5^2}{2}+9.8\times120=1213J/kG$$

(二) 潛在功率為 $\dot{m}$ ×(單位質量的總機械能)=$\rho Q(1213)$=600000(kW)

十六、 SRC 公司擬設計新款輪胎，可以藉由特殊設計的智慧型充/放氣功能，在任意情況下，胎內壓力均可維持固定。標準設計胎壓（錶壓）為在 25℃時 220kPa。已知輪胎氣體容積為 0.3 立方公尺；設空氣之氣體常數為 0.3kPa・m³/kg・K，請問當溫度提升至 50℃時：

(一) 輪胎內壓力增加量為何？

(二) 如欲使胎壓回復至其設計值，輪胎應釋放的氣體量為多少？【101 高考】

解：(一) P_1=220kP$_a$，T_1=25℃，V=0.3m³，R=0.3，T_2=25℃

　　　PV=mRT⇒(101+220)×0.3=m×0.3×(25+273)

　　　得 m=1.07kg

(二) P_2×0.3=1.077×0.3×(50+273)⇒P_2=347.87kPa

　　　得 P_2-P_1=27kPa

第四章　流體機械

4-1 因次分析與相似性

一、白金漢 π 定理

含有 n 個變數物理量，此物理量中有 m 個基本因次(如質量 M、長度及時間 T)之個數，則可整理(n−m)個無因次物理量之個數。

指數法解題步驟：

(一) 列出所有物理量變數 n(一般由題目可看出來)，常用的 3 項重複變數為密度 ρ、速度 V 與特徵長度 L。

(二) 找出基本因次之個數 m(常用質量 M,長度 L,時間 T，基本因次為 3)。

(三) 由白金漢 π 定理知，無因次變數 π 有 n−m 項(所以可分成 n−m−1 組指數方程式)。

(四) 利用次方找出各指數之間關係。

(五) 某物理量為無因次，或兩物理量之比率為無因次者，則該物理量或其比率則為 π 項之一。

(六) 任一無因次變數 π 可乘上一常數代之，如 π_1 以 $3\pi_1$ 代之。任何 π 項可以其他 π 項函數表示，如有兩 π 項，$\pi_1 = f(\pi_2)$。

(七) 應付解題，熟用已知之公式如 $C_D = \dfrac{F_D}{\frac{1}{2}\rho V^2 A} \Rightarrow C_D = \dfrac{F_D}{\frac{1}{2}\rho V^2 L^2}$ ，$Q_A = \dfrac{\Delta P\pi D^4}{128\mu L}$ 與已知之無因次式如 $R_e = \dfrac{\rho v D}{\mu}$ ，在推導指數方程次方與物理量的假設會有很大的幫助。

表 4-1 各種物理量之因次

物理量	因次	物理量	因次
質量(m)	M	黏滯係數(μ)	M/LT
長度(l)	L	速度(V)	L/T
時間(t)	T	加速度(a)	L/T^2
溫度(T)	θ	角速度(ω)	1/T
壓力(P)	M/LT^2	面積(A)	L^2
密度(ρ)	M/L^3	流率(Q)	L^3/T
比重量(γ)	M/L^2T^2	質量流率($\dot{m}$)	M/T
流率(W)	ML^2/T^3		

表 4-2 流體力學常見無因次

名稱	型式	物理意義	備註(使用時機)
雷諾數 (Reynolds number Re)	$\dfrac{\rho VL}{\mu}$	慣性力/黏滯力	1.層流與紊流判斷。 2.完全沉浸流動。 3.風洞中動力相似。
歐拉數 (Euler's number Eu)	$\dfrac{P}{\rho V^2}$	壓力/慣性力	具有壓力梯度存在時此流動重要。
馬赫數 (Mach number M)	V/c	慣性力/壓縮力	流體壓縮性重要時(流體高速運動接近音速或超音速滿足理想氣體,此時流動為可壓縮流)。

名稱	型式	物理意義	備註(使用時機)
韋伯數 (Weber number We)	$\dfrac{\rho V^2 L}{\sigma}$	慣性力/表面張力	表面張力為重要因素(表面張力是由物體內部吸引力造成，當空氣與水產生甚小波動時，韋伯數重要)
弗洛得數 (Froude number Fr)	$\dfrac{V}{\sqrt{gL}}$	慣性力/重力	出現有自由表面時(如波浪、明渠流、水庫、煙囪)。
史特豪數 (Strouhal number St)	lw/V	離心力/慣性力	流場有振動流動時

例題 1

考慮汽車在空氣中行駛，其所受之阻力 F_D 受空氣密度 ρ、黏性係數 μ、汽車長度 L 與行駛速度 V 等參數影響，試以重複變數法推導出阻力與其他參數因次關係。假設 ρ、V 和 L 為重複參數。【普考】

解：依題意 n=5，m=3(取 M、L、T 系統)，有 3 個無因次變數(5−3=2)

$$F_D=f(\rho,V,L,\mu)\Rightarrow \frac{ML}{T^2}=(\frac{M}{L^3})^a(\frac{L}{T})^b(L)^c(\frac{M}{LT})^d=(M)^{a+d}(L)^{b+c-3a-d}(T)^{-(b+d)}$$

$$\Rightarrow a=1-d，b=2-d，c=2-d$$

所以，$F_D=(\rho)^{1-d}(V)^{2-d}(L)^{2-d}(\mu)^d=\rho V^2 L^2[\frac{\mu}{\rho VL}]^d$

$$\Rightarrow \frac{F_D}{\rho V^2 L^2}=[\frac{\mu}{\rho VL}]^d$$

$$\Rightarrow \frac{F_D}{\rho V^2 A}=[\frac{\mu}{\rho VL}]^d$$

得 $C_D=f(R_e)$

例題 2

Experiments show that the pressure drop due to flow through a sudden contraction in a circular duct may be expressed as $\Delta P=P_1-P_2=f(\rho,\mu,V,D,d)$

Where the geometric variables are defined in figure. Please organize the experimental data using dimensionless parameters, using ρ ,V , abd D as repeating variables.【清大工科】

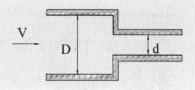

解： 依題意 n=6，m=3(取 M、L、T 系統)，有 3 個無因次變數(6－3=3)

$\Delta P=f(\rho,V,D,\mu)$

$$\Rightarrow \frac{M}{LT^2}=(\frac{M}{L^3})^a(\frac{L}{T})^b(L)^c(\frac{M}{LT})^d=(M)^{a+d}(L)^{b+c-3a-d}(T)^{-(b+d)}$$

$$\Rightarrow a=1-d，b=2-d，c=-d$$

所以，$\Delta P=(\rho)^{1-d}(V)^{2-d}(D)^{-d}(\mu)^d=\rho V^2[\frac{\mu}{\rho VD}]^d$

得 $\frac{\Delta P}{\rho V^2}$ $\Delta P=f(\frac{\mu}{\rho VD})$

$$\Delta P=f(\rho,V,D,d)\Rightarrow \frac{M}{LT^2}=(\frac{M}{L^3})^a(\frac{L}{T})^b(L)^c(L)^d=(M)^a(L)^{b+c-3a+d}(T)^{-b}$$

$$\Rightarrow a=1，b=2，c=-d$$

所以，$\Delta P=\rho V^2[\frac{d}{D}]^d$，得 $\frac{\Delta P}{\rho V^2}=f(\frac{d}{D})$

因此，無因次參數式為 $\frac{\Delta P}{\rho V^2}=f(\frac{\mu}{\rho VD},\frac{d}{D})$

例題 3

假設流體作用於物體之拖曳力以密度、黏滯力、速度、物體特性長度為函數，試求其普通方程式。

解：依題意 n=5，m=3(取 M、L、T 系統)，有 3 個無因次變數(5－3=2)

F=f(ρ,V,L,μ)

$\Rightarrow \dfrac{ML}{T^2} = (\dfrac{M}{L^3})^a(\dfrac{L}{T})^b(L)^c(\dfrac{M}{LT})^d = (M)^{a+d}(L)^{b+c-3a-d}(T)^{-(b+d)}$

$\Rightarrow$ a=1－d，b=2－d，c=2－d

所以，F=$(\rho)^{1\text{-}d}(V)^{2\text{-}d}(L)^{2\text{-}d}(\mu)^d = \rho V^2 L^2 [\dfrac{\mu}{\rho VL}]^d$

得 $\dfrac{F}{\rho V^2 L^2} = K_1(\dfrac{1}{R})^d \Rightarrow F = K\cdot(\dfrac{\rho V^2}{2})(\dfrac{1}{R})^d$

例題 4

水波在自由表面以 C 的速度移動，移動速度 C 會是水深(h)、重力加速度(g)、液體密度(ρ)及黏性(μ)的函數，請以因次分析法推導出無因次關係，假設以 ρ、h 和 g 為重複參數。【105 地特】

解：c=c(ρ,h,g,μ)，取 ρ,h,g 為重複變數，M、T、L 為參考因次系統

c	ρ	h	g	μ
L/T	M/L³	L	L/T²	M/LT

c=$\rho^a h^b g^c \mu^d$

[L/T]=$[M/L^3]^a[L]^b[L/T^2]^c[M/LT]^d \Rightarrow$ M：a+d=0

L：b－3a+c－d=1，T：－d－2c=－1

解得 a=2c－1，b=3c－1，d=－2c+1

c=$(\rho^{2c\text{-}1})(h)^{3c\text{-}1}(g)^c(\mu)^{1\text{-}2c} \Rightarrow c=(\dfrac{\mu}{\rho h})(\dfrac{gh^3\rho^2}{\mu^2})^c \Rightarrow \dfrac{\rho ch}{\mu} = [\dfrac{gh^3\rho^2}{\mu^2}]^c$

解形式為 $R_e=f(\dfrac{gh^3\rho^2}{\mu^2})$

二、相似定理

(一) 模型的狀況與原型狀況需滿足下列三條件：1.幾何相似、2.運動相似、3.動力相似，方可將模型數據應用在原型上。

　1. 幾何相似：模型與原型對應部分的線性因次必須為常數。

　2. 運動相似：模型與原型運動相似，則其流線等必須相似。

　3. 動力相似：幾何相似的流場，在對應的時間內動力方向相同且大小呈一定的比例，所以動力相似先前條件為幾何相似。

(二) 一般模型理論須滿足三大相似，幾何相似、運動相似及動力相似，幾何相似要求模型(model)與原型(prototype)形狀相似，及相對應線性因次存一定的比例，而運動相似需模型某點的速度與原型相對應點的速度成比例且方向一致，至於動力相似，則相對應點大小成比例且方向一致，實務上，要滿足所有的動力相似不容易，因此，選擇主要的控制無因次需相等。

　1. 幾何相似：$L_r = \dfrac{L_m}{L_p} \Rightarrow$ 面積比 $\dfrac{A_m}{A_p} = L_r^2$

　2. 運動相似：速度比 $V_r = \dfrac{V_m}{V_p} = \dfrac{L_r}{T_r}$

　　加速度比 $a_r = \dfrac{a_m}{a_p} = \dfrac{L_r}{T_r^2}$

　　流量比 $Q_r = \dfrac{Q_m}{Q_p} = \dfrac{L_r^3}{T_r^3}$

　　注意 T_r 則決定於動力相似的條件，下列例題作說明：

例題 5

不可壓縮流在滿足雷諾相似定理下的時間與速度之比值。

解：慣性力比：$\dfrac{F_m}{F_p}=\dfrac{M_m a_m}{M_p a_p}=\dfrac{\rho_m L_m{}^3 L_m T_m{}^{-2}}{\rho_p L_p{}^3 L_p T_p{}^{-2}}=\rho_r L_r{}^2(\dfrac{1}{T_r{}^2})$

黏滯力比：$\dfrac{F_m}{F_p}=\dfrac{\tau_m A_m}{\tau_p A_p}=\dfrac{\tau_m(\dfrac{V}{y})_m L_m{}^2}{\tau_p(\dfrac{V}{y})_p L_p{}^2}=u_r\dfrac{L_r{}^2}{T_r}$

滿足雷諾相似定理下$\Rightarrow(\dfrac{慣性力}{黏滯力})_m=(\dfrac{慣性力}{黏滯力})_p$，且$\nu=\dfrac{\mu}{\rho}$

得 $T_r=\dfrac{L_r{}^2}{\nu_r}$ ，$V_r=\dfrac{\nu_r}{L_r}$

例題 6

不可壓縮流當黏滯性為主要動力時的時間與速度之比值。

解：當黏滯性為主要動力時$\Rightarrow$黏滯力$)_m=$黏滯力$)_p$

所以 $\dfrac{\mu_m L_m{}^2}{T_m}=\dfrac{\mu_p L_p{}^2}{T_p}\Rightarrow T_r=\dfrac{T_m}{T_p}=\dfrac{\nu_p}{\nu_m}L_r{}^2=\dfrac{1}{\nu_r}L_r{}^2$，得 $V_r=\dfrac{\nu_r}{L_r}$

例題 7

蓄水池僅重力及慣性力有影響時，試證流量比為長度二分之五因次方，若模型排水需 4 分鐘，設模型比例為 1:225，求實際放流需多久時間。

解：僅重力及慣性力有影響時$\Rightarrow(\dfrac{慣性力}{重力})_m=(\dfrac{慣性力}{重力})_p$

得 $T_r{}^2=L_r\times\dfrac{\rho_r}{\gamma_r}=\dfrac{L_r}{g_r}$

相同重力場，流量比 $Q_r=\dfrac{Q_m}{Q_p}=\dfrac{L_r{}^3}{T_r{}^3}$ ，得 $Q_r=L_r{}^{5/2}$

因為 $T_r{}^2=L_r$，所以實際放流需 $4\times\sqrt{225}=60$(min)

三、相似定律

任何兩個幾何與動力相似的泵，將無因次參數群公式以下列比值表示，稱為相似定理(similarity rules)或相似定率(affinity laws)。

$$\frac{\dot{V}_B}{\dot{V}_A} = \frac{\omega_B}{\omega_A}(\frac{D_B}{D_A})^3 \ , \ \frac{H_B}{H_A} = (\frac{\omega_B}{\omega_A})^2(\frac{D_B}{D_A})^2$$

$$\frac{bhp_B}{bhp_A} = (\frac{\rho_B}{\rho_A})(\frac{\omega_B}{\omega_A})^3(\frac{D_B}{D_A})^5$$

當考慮介質密度時，需注意

$$\frac{H_B}{H_A} = (\frac{\omega_B}{\omega_A})^2(\frac{D_B}{D_A})^2(\frac{\rho_B}{\rho_A})$$

當單一的泵只有旋轉速率 ω 變化時，上式關係式如下：

$$\frac{\dot{V}_B}{\dot{V}_A} = \frac{\omega_B}{\omega_A} \ , \ \frac{H_B}{H_A} = (\frac{\omega_B}{\omega_A})^2 \ , \ \frac{bhp_B}{bhp_A} = (\frac{\omega_B}{\omega_A})^3$$

四、Euler Turbine Equation(尤拉渦輪機公式)

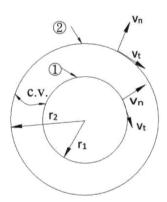

輪機葉片上各點均呈一圓形軌道，將此葉片圓形軌道拉開繪在平面上即為速度多邊型，假設流體進出均正切於各截面的葉片，流體絕對速度為葉輪速度與流體相對於葉片速的向量和。

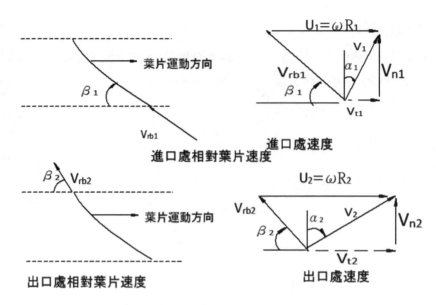

進口處相對葉片速度

進口處速度

出口處相對葉片速度

出口處速度

輪機速度多邊形幾何關係

假設：

(一) 轉輪與動葉輪在控制體積內。

(二) 穩定流動各截面呈均勻流。

(三) 流體進出轉輪各截面均正切葉片。

(四) 不可壓縮流。

(五) 無震口流。

角動量 $H = r \times Mv$

以 O 為固定點 $\dfrac{dH}{dt} = r \times F$

利用 Transport theorem $\dfrac{dH}{dt} = \dfrac{\partial}{\partial t} \int_{C.V.} \rho(r \times V)d\forall + \int_{c.s.} \rho(r \times V)(V \cdot dA)$

$\Rightarrow T = \int_{c.s.} \rho(r \times V)(V \cdot dA) = \int_{c.s.} \rho r V_t V_n dA = \int_{A_2} \rho r_2 V_{t2} V_{n2} dA_2 - \int_{A_1} \rho r_1 V_{t1} V_{n1} dA_1$

連續方程式 $\int_{A_1} \rho V_n dA = \int_{A_2} \rho V_n dA = \rho Q$

所以，$T=\rho Q[(rV_t)_2-(rV_t)_1]=\dot{m}[(rV_t)_2-(rV_t)_1]$ $\cdots\cdots\cdots\cdots$ ①

又 $\dot{w}_{輸入}=T\omega=\dot{m}g\Delta h$ $\cdots\cdots\cdots\cdots\cdots\cdots\cdots\cdots$ ②

及 $\dot{m}=\rho Q$ $\cdots\cdots\cdots\cdots\cdots\cdots\cdots\cdots\cdots\cdots\cdots\cdots$ ③

可得揚程 $\Delta h=\dfrac{1}{g}[(rV_t)_2-(rV_t)_1]\omega=\dfrac{1}{g}(r_2\omega V_{t2}-r_1\omega V_{t1})$ $\cdots\cdots\cdots$ ④

$U=r\omega$ 表示，則 $\Delta h=\dfrac{1}{g}(U_2V_{t2}-U_1V_{t1})$

若是軸流泵，$U_2=U_1=r\omega\Rightarrow\Delta h=\dfrac{1}{g}U(V_{t2}-V_{t1})$

例題 8

A fan has a bladed rotor of 12 in. outside diameter and 5 in. inside diameter and runs at 1,725 rpm, see figure. The width of each rotor blade is 1 in. from blade inlet to outlet. The volumetric flow rate is steady at 230 ft³/min and the absolute velocity of the air at blade inlet, V_1, is purely radial. The blade discharge angle is 30° measured width respect to the tangential direction at the outside diameter of the rotor.

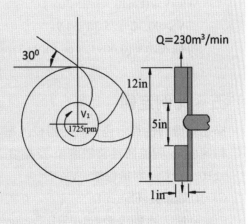

(1) Find the particular blade inlet angle (measured with respect to the tangential direction at the inside diameter of the rotor) that renders the blade tangent to the relative air velocity at the inlet.

(2) Calculate the power required to run the fan. Take air density $\rho=2.38\times10^{-3}$ slug/ft³. 【成大機研】

解：設流體進入葉片的角度 θ_1，流入速度 V_1

依題意流量 Q 為 230ft³/min，

得 $V_1 = (230/60)/[\pi(5/12)(1/12)] = 35.14(\text{ft/s})$

葉片速度

$U_1 = R\omega = [(1/2)(5/12)][1725(2\pi)/60] = 37.63(\text{ft/s})$

得 θ_1 角度為 $\tan^{-1}(35.14/37.63) = 43°$

$T = \rho Q[(rV_t)_2 - (rV_t)_1] = \dot{m}[(rV_t)_2 - (rV_t)_1]$

$\dot{m} = \rho Q = (2.38 \times 10^{-3})(230/60) = 0.00912$

$V_{t1} = 0$

$U_2 = R_2\omega = [(1/2)(12/12)][1725(2\pi/60)] = 90.3$

$V_{2n} = Q/(\pi D_2 h) = [(230)/60]/[(\pi(12/12)(1/12))] = 14.64$

$W_{2t} = V_{2n}/(\tan 30°) = 25.36$

$\Rightarrow V_{2t} = 90.32 - 25.36 = 64.9$

得輸入功率$(0.00912)(64.9)(90.3)] = 53.5(\text{ft} - \text{lb/sec})$

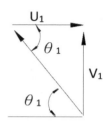

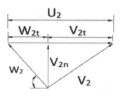

五、比例定律

描述輪機的性質，包含流體體積流率 $\dot{V}$、葉輪直徑 D、葉面粗糙高度 ε 及葉輪旋轉速度 ω 與流體性質密度 ρ 及黏度 μ，有以下四種無因次參數：C_H=水頭係數$=gH/\omega^2 D^2$ C_V=容量係數$=\dot{V}/\omega D^3$

C_P=功率係數$=bhp/\omega^2 D^2$

C_{NPSH}=吸入水頭係數$=gNPSH_{required}/\omega^2 D^2$

N_{SP}=泵的比速率$=\dfrac{C_D^{1/2}}{C_H^{3/4}}$

比速率：$(N_s = N(\dfrac{L^{1/2}}{H^{5/4}}))$：欲保持水輪機的形狀及運動型態相似，而將大小變更在單位落差下產生單位出力時的轉速，稱水輪機的比速率。所以，當一部輪機流量小壓力大時，其 N_s 值就小，而流量大、壓力小，其 N_s 值就大(N_s 乃指葉輪的胖瘦程度)。

同理，欲保持泵的形狀及運動型態相似，而將大小變更在單位流量下產生單位揚程時的轉速，稱泵的比速率。

泵的另一有用比速率 $N_{sp}=C_Q^{1/2}/C_H^{3/4}=\dfrac{\omega \dot{V}^{1/2}}{(gH)^{3/4}}$

注意：水輪機的性能是要產生動力，而泵的性能是要排出流量。

例題 9

自然落差 150m，有效落差 95%，輪機效率 68%，管徑 1m，流速 3m/sec，求輸出功率？如使用法式水輪機時，已知其比速率(N_s=300)求轉速？

解：輸出功率為 $\dot{m}\cdot H\cdot g=(\dfrac{\pi}{4}\times 1\times 3)\times 1000\times(150)\times(9.8)\times(95)\%\times(68)\%$

$=(2355)\times(94.962\%)=2236.6kW$

$N_s=N(\dfrac{P^{1/2}}{H^{5/4}})\Rightarrow N=N_s(\dfrac{H^{5/4}}{P^{1/2}})=300\times[\dfrac{(150\times 0.95)^{5/4}}{2236.6^{1/2}}]=3123.3rpm$

例題 10

設一離心泵的轉速為 1200rpm，其揚程為 12m，每分鐘排水量為 2.5m³，葉輪直徑為 25cm，試計算另一相似泵的揚程及每分鐘的排水量。設其轉速為 1000rpm，葉輪直徑為 20cm。

解：依題意 N=1250rpm，H=12m

$Q=2.5m^3/min$，D=0.25m

若 N′=1000rpm，D′=0.2m$\Rightarrow H'=(\dfrac{N'^2 D'^2}{N^2 D^2})H=(\dfrac{1000^2\times 0.2^2}{1250^2\times 0.25^2})(12)=4.915m$

$\Rightarrow Q'=(\dfrac{N'D'^3}{ND^3})Q=(\dfrac{1000\times 0.2^3}{1250\times 0.25^3})(2.5)=1.024m^3/min$

4-2 葉輪機械

流體機械(turbomachinery)又稱渦輪機械，係利用流體當介質來作功，包括泵、風機、壓縮機及渦輪機。

一、泵

依流體介質流動方向區分離心泵、軸流泵及混流泵。

(一) **離心泵**：離心泵結構包含葉輪側板(環繞葉片以增加葉片穩定度)、葉輪、軸、輪轂及葉片，流體由軸向進入，由葉片施予動量，因離心力而獲動量即速度與壓力，當流體沿葉片徑向向外擠壓到蝸行擴散器，該蝸行擴散器用來減緩流速轉為壓力，並引導流體朝特定出口。

離心泵係流體沿軸向流入，沿泵外徑流出，亦稱為徑向泵；軸流泵則進入與與流出皆經中間軸；混流泵流體流進與軸方向相同，但離開會在軸向與徑向角度之間。

離心泵依葉片分成三種，後傾式、徑向式與前傾式三種。後傾式效率高，因流體流入葉片以較少彎角流出葉片。徑向式有最大的壓力升，壓升通過最大效率後會迅速下降。而前傾式效率通常較低，有較多葉片且葉片較小。

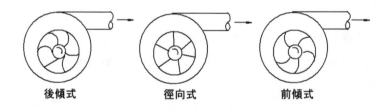

後傾式　　　　徑向式　　　　前傾式

例題 11

何謂多翼式送風機。【機械高考】

解：多翼式送風機一般即前傾式離心送風機其出口角大於 90º，在低風壓下送風量大。

1. **離心泵特性曲線**：離心泵在一定轉速N及吸入揚程 H_s 下，流量與全揚程 H，動力 L 及效率 η 之變化有一定的關係，一般以流量 Q 為橫座標，其餘為縱座標，表示之曲線稱特性曲線，以下為三種型式離心泵之特性曲線。

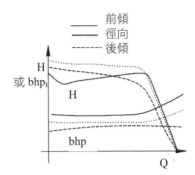

2. **工作點**：H_1'曲線為系統管路之阻力曲線，H_a 為離心泵的實揚程，將 H_1'曲線移升於 H_a 上，得 $H_1'+H_a$ 曲線，此曲線與特性曲線相交點 A，即為工作點。

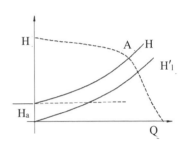

(二) **軸流泵**：軸流泵不是利用離心力而是透過改變流體的動量而產生壓力差，如直升機旋翼就是軸流泵，透過轉動平面變化使葉片上下產生壓力差。相較於葉片尾端，葉片在輪轂或軸附近橫切面有較大的節距角(pitch angle)，飛機螺旋槳具有可調整節距角的功能，螺旋槳飛機暖時，螺旋槳雖高速旋轉除剎車作用力外，因攻角近乎零，所以沒有推力，飛機滑行與起飛藉調整攻角角度而產生較小或更大的推力，同理，飛機降落藉調整負工角使飛機減速。

以下為軸流扇的性能曲線，軸流扇有較高體積流率，但壓升相對較低。

風機與水輪機常利用調整輪葉角度以配合各種轉速、使負荷得到最高效率。

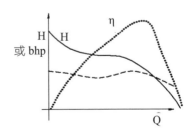

試試看

噴嘴噴出水之速度與葉片之速度方向一致，噴嘴速度為 V，輪葉速度為 U，求最
大效率時輪葉速度與噴嘴速度之關係？當水頭為 h，輪葉係數 C_v，噴嘴角為 β，
則效率與 V 之關係如何。【機械高考】

二、水錘現象

水錘作用係管路流動時，突然關閉下游閥門，閥前會突然升高壓力；或突然打開
閥門，則流出液體會顯著降低壓力。

解決方法：

(一) 避免急速開或關閥門。

(二) 氣體管路設置氣室。

(三) 在水輪機裝置與調速機連動的調壓機，當負荷驟減或水輪機轉速增加時，可
放出管路中水降低水壓上升。

三、孔蝕(cavitation)成因與防止

白努力方程式管路中在某一特定溫度下，某點壓力低於該溫度的蒸氣壓，使液
體沸騰，產生氣泡，當氣泡隨管路流動至壓力較高處，氣泡突然破裂，蒸氣濃縮
成液體而有空穴，四周液體立即填滿該凹穴而壓力升高，另氣泡中含少量氧離
子、氫離子，有時會產生鹼性化合物而高速衝擊金屬表面，發生孔蝕。由於此種
類似局部水錘效應，有無數小尖錐以即高頻率點擊固體表面，引起疲勞破壞，發
生粒狀脫落，造成機件材料的破壞。

防止水輪機發生孔蝕，須注意比速度 N_s(如增大葉輪進口面積、葉輪前蓋板轉彎
之曲率半徑等)與轉輪出口在水面上 H_s 的選定(如幫浦安裝的高度，減少吸入管
路流動阻力損失)，另外，使用防腐蝕材料機件或加上保護層及讓少量空氣進入
水力系統，減少機械內部壓力。

淨正吸水頭(NPSH)：為避免孔蝕必須使管路內部各點局部壓力大於蒸汽壓力，
為方便估算，定義入口處水頭與蒸汽壓力水頭的差值稱為淨正吸水頭(NPSH)。

$$\text{淨正吸水頭(NPSH)}=(\frac{P}{\rho g}+\frac{V^2}{2g})_{\text{pump inlet}}-\frac{P_v}{\rho g}$$

四、特殊泵

噴射泵(jet pump)：噴嘴噴出液體的泵，從噴嘴噴出流體的速度變快，因壓力降低的特性，可帶出其它液體。

五、自吸式泵(self priming pump)

也稱渦流泵(vortex pump)或再生泵(regenerating pump)，具有自吸性，啟動時不需充水，葉輪周圍兩側具有沿徑向之溝槽，水到與葉輪呈同心圓形，葉輪旋轉時，將水從吸入口帶入。適用於流量少、揚程高，揚程曲線近乎直線，揚程與動力最大值均在流量為零處。

六、水輪機

水輪機俗稱水車，係利用高度落差和流量由高處落下產生衝擊力量，帶動水輪機轉動。依動作原理分為衝動式水輪機與反動式水輪機，衝動式水輪機適用高落差水源，當噴嘴將水位能轉成動能，衝擊輪葉產生旋轉，如帕爾登水輪機(pelton turbine)，反動式水輪機適用中、低落差水源，水壓入輪機內，再經輪葉將壓力能轉為旋轉動能，如法蘭西水輪機(Francis turbine)、軸流水輪機及泵水輪機。

描述水輪機的要項：

(一) H：水輪機自然落差或稱總落差(H_g)扣掉所有損失落差。

(二) L_{TH}：水輪機獲得之理論功率為 $\frac{\gamma QH}{102}$ (kW)$= \frac{\gamma QH}{75}$ (PS)

(三) γ：水比重量(kgf/m^3)，Q：水量 m^3/sec，1PS=75kgf· m/sec

(四) η_t：水輪機全效率為 L/L_{th}，L 為水輪機實際輸出動力，$\eta_t=(\eta_h)(\eta_v)(\eta_m)$

(五) η_h：水輪機水力效率為淨有效落差($H-H_v$)與實際有效落差 H 之比 $H-H_v/H$，H_v 為水力損失落差。

(六) η_v：水輪機容積效率為 $Q-q/Q$，$(Q-q)$為流經轉輪之流量，Q 為流入水輪機流量，q 為洩漏量。

(七) η_m：水輪機機械效率，水輪機輸出動力 L 與水施予轉輪之水力動力 L_h 之比，$\eta_m=L/L_h=L/(L+L_m)$

(八) L_h：L_h 為輸出之動力(L)與機械摩耗之動力(L_m)和$[L+L_m]$，$L_h=(\gamma)(Q-q)(H-H_v)$

例題 12

一水力發電廠入口與口水面差為 180 公尺，水流量每秒 2.26 立方米時，水輪機水力損失水頭 18.3 公尺，使用的有效落差為 140 公尺，機械摩擦損失 100PS，洩漏損失每秒 0.085 立方公尺，求(1)水力效率、(2)容積效率、(3)加於軸的水力動力、(4)輸出動力、(5)機械效率、(6)全效率。

解：(1)水力效率 $\eta_h=(140-18.3)/140=86.9\%$

　　(2) 容積效率 $\eta_v=(2.26-0.085)/2.26=96.2\%$

　　(3) 加於軸的水力動力

　　　　$L_h=[(\gamma)(Q-q)(H-H_v)]75=(1000)(2.26-0.085)(140-18.3)/75=3529PS$

　　(4) 輸出動力 $L=L_h-L_m=3529-100=3429PS$

　　(5) 機械效率 $\eta_m=3429/3529=97.2\%$

　　(6) 全效率 $\eta_t=(\eta_h)(\eta_v)(\eta_m)=(0.869)(0.962)(0.972)=81.3\%$

例題 13

水力發電廠儲水池水面置放水面高度為 200m，而中途的各項損失水頭為 10m，為了要放出理論出力(theoretical power)15400kW 時，試求：(1)需多少流量(m³/s)；(2)設水車效率為 86%，發電機效率為 95%，發電機出力為多少 kw？【經濟部】

解：(1)(1000)Q(9.8)(200－10)=15400000，得流量 Q 為 8.27m³/s

(2) 發電機出力為(15400)×(86%)×(95%)=12582kW

帕爾登水輪機當噴嘴速度為葉片速度 U 的兩倍時，葉片效率最好，

理論上 β_2 為 0 時，η_b 效率最大。

例題 14

噴嘴噴出水之速度與葉片之速度方向一致，噴流速為 V，輪葉速為 U，求最大效率時輪葉速度與噴嘴流速之關係？【機械高考】

解：相對速度 V′₁=V₁－U

相對速度 V′₂=V₂－U

截面相等流進與流出流量一樣，所以，V₁－U=V₂－U

作用葉片 X 方向力量

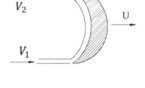

F=－[－ρA₁(V₁－U)(V₁－U)]－[ρA₂(V₂－U)(V₂－U)]

=2ρA₀(V₁－U)²=2ρQ(V₁－U)

馬力 P=2ρQ(V₁－U)U

效率$\eta = \dfrac{P}{H} = \dfrac{2Q(V_1 - U)U}{\dfrac{1}{2}V_1^2} = \dfrac{4\rho Q(V_1 - U)U}{V_1^2}$

$\dfrac{d\eta}{dU}$ =0，當 $U=\dfrac{1}{2}V_1$，效率最大

七、空氣機械

空氣機械分成二類，對空氣施加能量增高壓力或速度的機械稱送風機、壓縮機，而利用空氣速度與壓力作為動力的來源的機械，如風車、空氣輪機。

送風機與壓縮機依壓力大小與動作原理的區分，10mAq 以下為送風機範圍，壓力在 1kgf/cm² 以上者為壓縮機範圍，送風機中壓力在 1000mmAq 以內又稱為扇風機(fan)，1000mmAq 以上，10mAq 以內稱為鼓風機(blower)。

離心式風機與軸流式風機的差異：

	介質流向	風量	風壓	安裝	安裝位置
離心式	有改變	大	大	複雜	安裝在設備前、後
軸流式	不變	小	小	簡單	安裝在風管中，或風管出口前端

依壓力的產生方法不同，分為輪機形(turbo type)與容積形(positive displacement type)，輪機型係利用葉輪升力或離心力來提升氣體壓力，容積型係利用活塞往復移動來壓縮氣體。輪機式又分為軸流式、離心式與輪機式(turbo)，容積式又分迴轉式與往復式。

離心式壓縮機具有處理氣量大、體積小、結構簡單、運轉平穩及維修方便的優點。

例題 15

為何一般內送風機均用軸流式而不用離心式，以流體力學和流機之觀念解釋。
【機械高考】

解：軸流式送風機比速大，即風量大、風速大，而揚程小，所以適合室內空氣流動。而離心式送風機風量小、揚程大，適合密閉式，如焚化鍋爐誘引式抽風機。

八、送風機的風量與風壓

未特地註明時，進氣以標準狀態(大氣壓力 760mmHg，溫度 20℃，相對溼度 75%，比重量 1.2kgf/m³)為準，風量單位 m³/min，風壓單位有 mmAg 及 mmHg

t 表全壓，s 表靜壓力，d 表動壓力

送風機全壓 $p_t = p_{t2} - p_{t1} = (p_{s2} - p_{s1}) + (p_{d2} - p_{d1})$

送風機靜壓 $p_s = p_t - p_{d2} = (p_{s2} - p_{s1}) - p_{d1}$

$P_{d1} = \dfrac{\gamma_1}{2g} v_1^2$，$P_{d2} = \dfrac{\gamma_2}{2g} v_2^2$，一般進出空氣密度一樣，$\gamma_1 = \gamma_2 = \gamma$

全壓空氣動力：$L_t = \dfrac{Q_1 p_t}{60 \times 102} = \dfrac{Q_1}{6120} [(p_{s2} - p_{s1}) + (p_{d2} - p_{d1})](kW)$

靜壓空氣動力：$L_s = \dfrac{Q_1 p_s}{60 \times 102} = \dfrac{Q_1}{6120} [(p_{s2} - p_{s1}) - p_{d1}](kW)$

Q 單位為 m^3/min，p 的單位為 $mmAq(=kgf/m^2)$

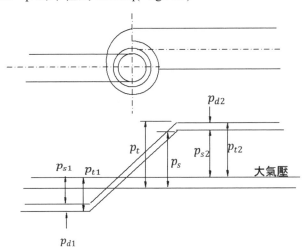

九、壓縮與中間冷卻關係

氣體壓縮有多變壓縮、絕熱壓縮與等溫壓縮 3 種，P-V 圖如圖 A，當由 P_1 到 P_2

多變過程所需之功為 $W = \dfrac{n}{n-1} P_1 V_1 [(\dfrac{P_2}{P_1})^{\frac{n-1}{n}} - 1]kg\text{-}m/kg\text{-}f$

在 B 圖，A-F-C 為等溫過程，A-E-B 為絕熱過程，A-G-D 為多變過程(n>k)，氣體壓縮在等溫與絕熱間時 1<n<k，氣體被壓縮未能充分冷卻，氣溫會上升，一般 n>k。壓縮過程有中間冷卻，AEFB 為具有中間冷卻，即可減少 EBB′F 的壓縮功。壓縮機中間冷卻器另外的功用在於提高換氣效率，當空氣進入渦輪增壓後其溫度會大幅升高，密度也相應變小，進入發動機中如果缺少中冷器而讓增壓後的高溫空氣直接進入發動機，也會因空氣溫度過高，而導致發動機損壞甚至死火的現象。

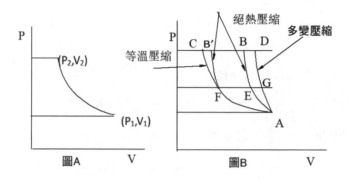

圖A 圖B

十、送風機和空壓機運轉可能產生異常現象

(一) **激變**：以下圖 A 特性曲線說明，當在 I 點時空氣儲槽壓力 P_1，風量增加，送風機壓力減少，而風量減少，送風機壓力增大，因送風機壓力與風量配合得宜，所以，不會產生強烈震動。但在 II 點時，風量增加送風機壓力增大，即對空氣流動產生阻力作用，此右升特性會產生強烈震動，防止的方法如下：

1. 盡量使壓縮機無右升特性曲線。
2. 當風量減小時，藉轉速變化有兩次的曲線變化(圖 B)，避免激變。
3. 針對小風量，可藉調整翼的角度(軸流式)、導葉(離心式)，使特性曲線往小風量移動。
4. 小風量時，利用放氣閥將氣體放出一部分，以保持系統中適當風量。
5. 利用節流閥減小震動。

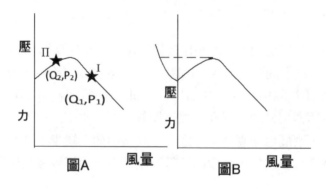

圖A 圖B

(二) **噪音**：送風機或壓縮機產生噪音原因

    1. 因翼片對空氣週期衝擊以壓力波傳出。

    2. 因翼片產生渦流。

    3. 空氣流動碰到亂流產生噪音。

    4. 風管外殼因共振產生噪音。

    5. 其他機械如馬達產而傳來。採取防措施可使用防音材料以吸收噪音。

試試看

何謂水錘現象(water hammer)？請試概述避免水錘現象的方法(至少 3 項)。【104 經濟部】

例題 16

水力發電廠的進口液面與放水口液面高度差 180m，輸水流量為 2.25m³/s，管路摩擦係數損失為 20m，水輪機之有效水頭為 135m，洩漏損失為 0.08m³/s，機械摩擦損失為 100ps，試求：

(1) 實際傳出之動力(ps)。

(2) 總效率(計算至小數點後第 2 位，以下四捨五入)。【104 經濟部】

解：(1)水力效率 η_h=(135－20)/135=85.2%

      容積效率 η_v=(2.25－0.08)/2.25=96.4%

      水力動力 L_h=(1000)(2.25－0.08)(135－20)/75=3327.3ps

      所以，實際傳出之動力為 3327.3－100=3227.3(ps)

   (2) 機械效率為 η_m=3227.3/3327.3=96.9%

      所以，全效率為(0.852)(0.964)(0.969)=79.6%

例題 **17**

有一水力發電機儲水池水面到放水面之高度總落差 H=160m，其帕爾登水輪機之流量為 2m³/sec，若中途之各項損失均不計，只考慮管路摩擦損失ΔH，管路摩擦係數為 0.03，試求：(1)假設導水管長度為 3000m，管路效率(管路效率 η_p=(H$-$$\Delta$H)/H=85.5%，試求導水管直徑(m)。(2)水輪機理論輸出功率 L_{th}(kW)(本大題計算至小數點後第 2 位，以下四捨五入)。【102 經濟部】

解：(1)本題重點為觀念應用，依題意 η_p=(H$-$$\Delta$H)/H=85.5%，則可求得$\Delta$H=29.6m

$$\Delta H= f \frac{1}{D} \frac{V^2}{2g} =(0.03)(\frac{3000}{D})(\frac{1}{2\times9.81})(\frac{Q}{A})^2 \Rightarrow 求得\ D=0.734m$$

(2)因ΔH=29.6m，所以水輪機理論能輸出功率 L_{th}(kW)為

(1000)(2)(160$-$29.6)(9.8)=2558(kW)

經典試題

一、 請回答下列有關尤拉流體機械公式（Euler turbomachine equation）的問題：

(一) 列出在推導此公式過程中用到之主要基本定律（fundamental law）。寫出兩個尤拉流體機械公式的常用表示式。

(二) 解釋部分之答案中，每一項代表的物理意涵。

(三) 依軸流式流體機械（axial-flow turbomachine）之流場特性，請寫出合適的常用假設，並將之應用來簡化尤拉流體機械公式。

(四) 依離心式流體機械（centrifugal turbomachine）之流場特性，請寫出合適的常用假設，並將之應用來簡化尤拉流體機械公式。【109 高考】

解：參考 4-1 章節說明。

二、 水泵運轉的性能特點可以下列六項參數間之關係表示之：(1)體積流率（volume flow rate，Q）、(2)功率（power，P）、(3)流體黏度（dynamic viscosity，μ）、(4)流體密度（density，ρ）、(5)葉輪直徑（impeller diameter，D）、(6)轉速（angular speed，ω）

(一) 請用因次分析方法（dimensional analysis），並選取轉速、流體密度與葉輪直徑為重複參數，求得無因次參數組合，並應用推導之無因次參數組合回答下列(2)、(3)題。

(二) 在忽略雷諾數影響（ignoring the Reynold-number effect）之下，一個葉輪直徑 $D_1=0.10m$ 之水泵運轉於 $\omega_1=1,000rpm$ 能輸出流量 $Q_1=0.01m^3/s$；請問多大葉輪直徑（$D_2=$ ？）之水泵能在運轉於 $\omega_2=500rpm$ 情況，輸出流量 $Q_2=5.0m^3/s$？假設這兩個水泵為幾何與動力相似（geometric and dynamic similarity）。

(三) 如果葉輪直徑 $D_1=0.10m$ 之水泵需要之功率為 8W，那麼輸出流量為 $Q_2=5.0m^3/s$ 之水泵需要之功率為何？【109 高考】

解：$P=P(\rho,\omega,D,Q,\mu)$，取 ρ,ω,D 為重複變數

選定 ρ,ω,D 為重複變數，M、T、L 為參考因次系統

P	ρ	ω	D	Q	μ
ML^2/T^3	M/L^3	$1/T$	L	L^3/T	M/LT

$\prod$ 之個數為(6-3)有三個

(一) $P=P(\rho,\omega,D,Q)$

$ML^2/T^3=(M/L^3)^a(1/T)^b(L)^c(L^3/T)^d \Rightarrow M：a=1$

$L：-1+c+3d=2$，$T：b=3-d$

得 $P/(\rho\omega^3D^3)=f(\dfrac{Q}{D^3\omega})$

$P=P(\rho,\omega,D,\mu)$

$ML^2/T^3=(M/L^3)^a(1/T)^b(L)^c(M/LT)^d \Rightarrow M：a+d=1$

$L：-3a+c-d=2$，$T：-b-d=-3$

得 $P/(\rho\omega^3D^5)=f(\dfrac{\mu}{D^3\rho\omega})$

解答形式為 $P/\rho\omega^3D^5=f(\dfrac{Q}{D^3\omega}，\dfrac{\mu}{D^3\rho\omega})$

(二) 已知 $N_1=1000$，$Q_1=0.01$，$D_1=0.1$

依題意 $N_2=500$，$Q_2=5.0$，求 D_2

因 $Q_2=(Q_1)(\dfrac{N_2}{N_1})(\dfrac{D_2}{Dl_1})^3 \Rightarrow (5)=(0.01)(\dfrac{500}{1000})(\dfrac{D_2}{0.1})^3$

得葉輪直徑 $D_2=1m$

(三) $\dfrac{bhp_B}{bhp_A}=(\dfrac{\rho_B}{\rho_A})(\dfrac{\omega_B}{\omega_A})^3(\dfrac{D_B}{D_A})^5$

水泵需要之功率為 $(8)(\dfrac{500}{1000})^3(10)^5=10^5w$

三、 有一軸流式風機，輪轂直徑（hub diameter）為 80cm，葉尖直徑（blade tip diameter）為 110cm，軸之轉速為 1200rpm，流量為 11.6m³/s，軸輸入功率

為 25kW，若其總效率（overall efficiency）為 0.8、水力效率（hydraulic efficiency）為 0.9。假設氣流在輪葉入口處無預漩（no whirl），試求在輪葉平均半徑處葉片之入口角度 β_1 和出口角度 β_2，如圖所示。空氣密度為 $1.2kg/m^3$。【108 高考】

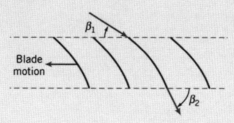

解：空氣機械損失有流體效率(η_h)即水力效率（hydraulic efficiency）、容積效率(η_v)及機械效率(η_m)，

總效率（overall efficiency）0.8=$(\eta_h)(\eta_v)(\eta_m)$=$\dfrac{理論動力}{源動機之動力}$

(η_h)水力效率=流經轉輪流量$(Q-q)$/流入風機流量(Q)

依題意輸入功率 25kW，所以，理論動力$(25)(0.8)$=20kW

20kW=$T \times (1200)(2\pi)(1/60)$，得 T=159Nm

水力效率（hydraulic efficiency）為 0.9，所以流入轉輪流量

Q=$(11.6)(0.9)$=10.44

$(11.6m^3/s)(0.9)$=$(V_n)(A_1)$=$V_{n1}(\pi/4)(D_t^2-D_n^2)$=$V_{n1}(\pi/4)(1.13^2-0.8^2)$

求得 V_{n1}=23.3m/sec

葉輪平均半徑 R_m=$(1.1+0.8)/2$

利用 T=$\rho Q R_m(V_{t2}-V_{t1})$及以之 V_{n1} 及相對幾何圖形，可求葉片之入口角度 β_1 和出口角度 β_2

四、 有一單動式往復水泵，泵缸直徑為 5cm，此水泵以曲柄連桿機構帶動，曲柄半徑 2cm，連桿長度 100cm，曲柄軸轉速 82rpm，排出管內徑 2cm，假設容積效率=1，試求在一往復周期中，排出管內水流速率與曲柄角的變化關係式，並圖示之。【108 高考】

解：容積效率=1，在一往復周期中排出量

$$= \frac{\pi(0.02)^2}{4}(0.04) \times 1 = 0.00001256 \text{m}^3$$

排出管內水流速率與曲柄角的變化關係
式，如圖。

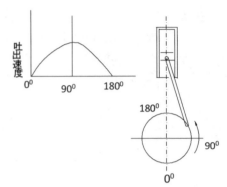

五、　左圖顯示軸流式風扇整體結構。右圖則顯示軸流式風扇葉片的排列（上視
　　圖），轉軸方向（z）是由上而下，轉軸與葉片尖端之半徑分別為 0.8m 與
　　1.1m，葉片的旋轉半徑（R_m）可以視為兩者半徑之平均值。葉片以 1200rpm
　　作等速旋轉，其切線方向如圖的 blade motion 方向所示。在入、出口處，
　　相對速度（V_{rb1} 與 V_{rb2}）均與葉片相切，與葉片速度之夾角分別為 $\beta_1 = 30°$
　　與 $\beta_2 = 60°$，入流絕對速度（V_1）與葉片速度方向呈 60° 且與轉軸方向（z）
　　夾角為 30°。若空氣為不可壓縮，密度為 1.23kg/m³，且軸向（z）速度分量
　　不變。(一)請繪出在入口處的速度多邊形圖。(二)求出在入口處相對速度
　　（V_{rb1}）之大小。【107 高考】

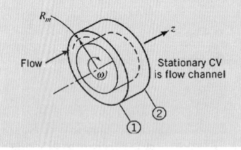

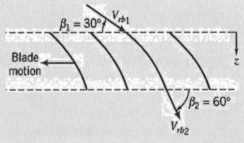

解：葉輪平均半徑速度

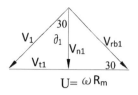

$$U=\omega R_m=[\frac{(1.1+0.8)/2}{2}](1200)(2\pi)(1/60)=59.7\text{m/sec}$$

依上面幾何圖形得 $V_{n1}=25.9\text{m/sec}$，$V_{t1}=15.0\text{m/sec}$

及在入口處相對速度 $V_{rb1}=51.8\text{m/sec}$

體積流率 $Q=(V_{n1})(A_1)=(25.9)(\pi/4)[(1.1)^2-(0.8)^2]=11.6\text{m}^3/\text{sec}$

軸型風扇 $V_{n1}=V_{n2}$(因為 $A_1=A_2$)

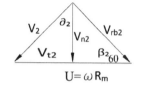

依上面幾何圖形，利用 $\tan\partial_2=V_{t2}/V_{n2}$，求得$\partial_2=60°$、

$V_2=51.8\text{m/sec}$，$V_{t2}=44.8\text{m/sec}$

扭矩 $T=\dot{m}R_m(V_{t2}-V_{t1})$

$=(1.23)(11.6)(0.95/2)(44.8-15)=202\text{N-m}$

$\dot{w}_{輸入}=\omega T=(1200)(2\pi)(1/60)(202)=25.4$ 千瓦

六、 泵浦系統構造及其對應之排水揚程 H－流量 Q 關係如圖，若將原先運作於 a 點之系統閥門（位於空氣室後方）開口度關閉一半，試詳述泵浦產生顫動（surging）現象之原因。【106 高考】

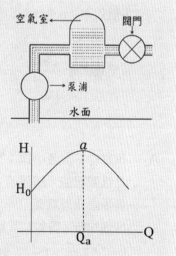

解：泵浦產生顫動（surging）是一離心式流機中特有現象，離心泵浦的性能曲線，揚程曲線有右升特性，當泵浦的流量下降時，此時若泵浦的揚程也跟著下降，則泵浦就會發生顫動。一旦當泵浦發生顫動，會造成泵浦的流量會忽大忽小，甚至有可能會造成逆流，還會引起很大的噪音與振動。一般會產生顫動（surging）現象歸類三原因，(1)揚程曲線有右升特性(2)配管中含有氣泡(3)排出閥位置在氣泡之後。

七、 單段壓縮機以多變壓縮（polytropic compression）方式將溫度 25℃，壓力 1.4 之空氣壓縮至 56，試求：(一)壓縮比=? (二)多變效率（polytropic efficiency）=? （多變指數 n=1.45，空氣比熱比 k=1.4，此題壓力均為絕對壓力）。【106 高考】

解：壓力比係排出氣體與進入氣體壓力比，依題意，壓力比=56/1.4=40

多變效率（polytropic efficiency）$=[(\dfrac{p_2}{p_1})^{k\text{-}1/k}-1][(\dfrac{p_2}{p_1})^{n\text{-}1/n}-1]$

多變效率 $\eta=\dfrac{[40^{\frac{(1.4-1)}{1.4}}-1]}{[40^{\frac{(1.45-1)}{1.45}}-1]}=87\%$

八、 請試答下列各小題：雷諾轉換定理（Reynolds transport theorem）為流體力學之重要理論，請說明它在流體力學分析中之功能，並寫出其數學公式，描述各項之物理意義。(一)氣體與液體之黏滯性與溫度有相當大的連動關係，當溫度增加時，請敘述其變化趨勢、並詳細說明其理由。(二)在流體機械中，常用 reaction 與 impulse 這二個名詞來說明流體機械之輸出特性，請解釋其定義。(三)請寫出離心式壓縮機之葉輪（impeller）與外殼（housing）之功能。(四)泵之性能曲線如何表達？泵之操作點（operation point）如何決定？【105 高考】

解：(一)氣體黏度來自分子間內聚力與氣體移動時的動量傳遞，當溫度增加時氣體分子間動量傳遞增加所以黏滯性增加。

(三)送風機外殼係為保護內部葉輪等轉動機件及確保氣密性。

(二)及(四)看本章說明。

九、 請回答下列有關離心式風扇之問題：(一)依葉輪旋轉方向和葉片出口角度之相關性，離心式風扇可分為那三種？(二)解釋這三種離心風扇如何劃分，並將每種型式的風量/靜壓性能特性作說明。(三)當轉速 1000rpm 時，其靜壓為 10mmAq、風量為 8CFM、所需功率 20W；請計算推估當轉速調高到 2000rpm 時，其輸出風量、靜壓、與所需功率約為多少？【105 高考】

解：(一)到(二)解詳本章說明。

(三)同一部風機當轉速調高，風量 Q=(8)(2000/1000)=16CFM

靜壓=(10)(2000/1000)^2=40mmAg

所需功率=(20)(2000/1000)^3=160W

十、 當圓管流中的流場為完全發展紊流（fully-developed turbulent flow）時，已知影響流場壓力降 $\triangle p$ 的變數有：管徑（D）、管長（1）、流體密度（ρ）、黏滯係數(μ)、平均速度(V)及管壁粗糙度(ε)。利用 Buckingham π Theorem 求出所需之π參數（請列出詳細計算過程）。【105 高考】

解：依題意 7 個物理量，重複變數 V、D、ρ，Π之個數為(7-3)有 4 個。

M、T、L 為參考因次系統。

$\triangle P$	ρ	V	D	1	μ	ε
ML^2/T^2	M/L^3	L/T	L	L	M/LT	L

$\triangle P=f(\rho,V,D,\mu)$ ， $\triangle P=(M/L^3)^a(L/T)^b(L)^C(M/LT)^d=M/LT^2$

M 因次：a+d=1，L 因次：$-3a+b+c-d=-1$，T 因次：$-b-d=-2$

得聯立方程式 a=1$-$d，b=2$-$d，c=$-$d

因此 $\Delta P = \rho V^2 (\frac{\mu}{\rho VD})^d \Rightarrow \frac{\Delta P}{\rho V^2} = (\frac{\mu}{\rho VD})^d$

$\Delta P = f(\rho, V, D, l)$

$\Delta P = (M/L^3)^a (L/T)^b (L)^C (L)^d = M/LT^2$

M 因次：a=1，L 因次：$-3a+b+c+d=-1$，T 因次：$-b=-2$

得聯立方程式 a=1，b=2，c=$-d$

因此 $\Delta P = V^2 D^{-d} \rho (l)^d \Rightarrow \frac{\Delta P}{\rho V^2} = (\frac{1}{D})^d$，$\Delta P = f(\rho, V, D, \varepsilon)$

$\Delta P = (M/L^3)^a (L/T)^b (L)^C (L)^d = M/LT^2$

得聯立方程式 a=1，b=2，c=$-d$，因此 $\Delta P = V^2 D^{-d} \rho(l)^d \Rightarrow \frac{\Delta P}{\rho V^2} = (\frac{\varepsilon}{D})^d$

無因次參數群 $\frac{\Delta P}{\rho V^2} = f(\frac{\mu}{\rho VD}, \frac{l}{D}, \frac{\varepsilon}{D})$

十一、 一模型水庫經開水門，於 4 分鐘內把水排完，模型比例為 1：225，試問將原型水庫洩空需時多久？【105 經濟部】

解： 弗洛數相似 $\Rightarrow [\frac{V}{\sqrt{gL}}]_m = [\frac{V}{\sqrt{gL}}]_p$，因此，$\frac{V_m}{V_p} = \sqrt{\frac{L_m}{L_p}} = \frac{1}{15}$

$\dfrac{\dot{Q}_m}{\dot{Q}_p} = \dfrac{V_m A_m}{V_p A_p} = \dfrac{1 \times 1^2}{15 \times 225^2}$

$\dfrac{t_m}{t_p} = \dfrac{V_m / \dot{Q}_m}{V_p / \dot{Q}_p} = \dfrac{L_m^3 / 1}{L_p^3 / 15 \times 225^2} = 1/15$

所以，原型水庫洩空需 60 分

十二、 泵以穩定流率 1136L/min 輸送水，如圖所示。在泵上游處截面(1)的管徑為 9cm、壓力為 124kPa，而在下游處截面(2)的管徑為 2.5cm、壓力為 414kPa。流經泵的水位高度變化為零。水流經泵的溫度上升的內能增量為 278N·m/kg。若泵吸過程為絕熱，試求泵所需的功率為多少 kW？【104 高考】

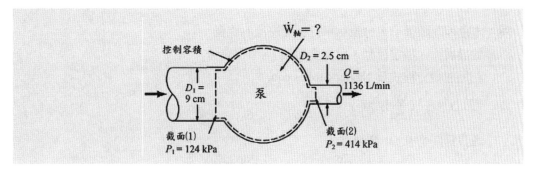

解：流率 Q=1136L/min=0.019m³/sec，

P_1=124000Pa、V_1=(0.019)/($\frac{\pi}{4}$(0.09)²)=2.98m/sec

P_2=414000Pa、V_2=[(9×9)/(2.5=2.5)](2.98)=38.62

$$\frac{P_1}{\rho}+\frac{V_1^2}{2}+\dot{W}_{功率}=278N\cdot m/kg+\frac{P_2}{\rho}+\frac{V_2^2}{2}$$

$$\Rightarrow\frac{124000}{1000}+\frac{2.98^2}{2}+\dot{W}_{功率}=278+\frac{414000}{1000}+\frac{38.62^2}{2}$$

$$\Rightarrow(124)+(4.44)+\dot{W}_{功率}=(278)+414+745.75$$

$$\Rightarrow\dot{W}_{功率}=1309.3$$

泵所需的功率為 1309.3×(0.019)×(1000)=24.87(kW)

十三、 在錶壓 20MPa 和 55℃下運作的一個液壓系統。液壓流體之比重=0.92，黏度 μ=0.018kg/(m·s)。控制閥包含有直徑 25mm 的活塞，活塞長度是 15mm。裝在平均間隙 0.005mm 的汽缸中如圖所示。如果活塞低壓側的錶壓為 1.0MPa，試求液壓油之漏失體積流率（mm³/s）。【104 高考】

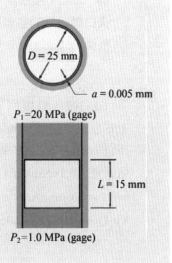

解：本題因間隙很小，可視為平行板間層流的流動

假設層流、穩定流動、已完全發展，$v=0$，$w=0$

利用連續方程式及 Navier-Stokes equ.

得 $u(y) = \dfrac{1}{2\mu}(\dfrac{dp}{dx})y^2 + c_1y + c_2$

邊界條件 $y=0$，$u=0 \Rightarrow c_2=0$

$y=a$，$u=0 \Rightarrow c_1 = -\dfrac{1}{2\mu}(\dfrac{dp}{dx}) \Rightarrow u(y) = \dfrac{-1}{2\mu}(\dfrac{dp}{dx})(y-y^2)$

每單位寬之流量 $Q = \displaystyle\int_0^a u\,dy = -\dfrac{a^3}{12\mu}(\dfrac{dp}{dx}) = \dfrac{a^3\Delta P}{12\mu L}$

依題意平板之寬度為 πd

得總流量 $Q = \dfrac{\pi}{12} \times 25 \times 0.005^3 \times (20-1) \times 10^6 \times \dfrac{1}{0.018} \times \dfrac{1}{15} = 57.6\text{mm}^3$

平均流速 $\overline{V} = \dfrac{Q}{A} = \dfrac{Q}{\pi Da} = \dfrac{57.6}{\pi \times 25 \times 0.005 \times 10^6} = 0.147$

驗證 $R_e = \dfrac{0.92 \times 1000 \times 0.147 \times 0.005}{0.018 \times 10^3} = 0.0375 \ll 1400$，符合假設

十四、 某小風扇使 0.1kg/min 的空氣移動，其入口與出口的管路直徑分別為 60mm 與 30mm，風扇則消耗 0.14W 動力，並使空氣的靜壓力提高 0.1kPa。假設入口與出口的空氣速度分布均為均勻，空氣的密度為 1.23kg/m³，試求功率損失。【102 高考】

解：$L_s = \dfrac{Q_1 p_s}{60 \times 102} = \dfrac{Q_1}{6120}[(p_{s2} - p_{s1}) - p_{d1}](\text{kW})$

上式公式單位為 $Q(\text{m}^3/\text{min})$，$p(\text{mmAq} = \text{kgf/m}^2)$

所以，需注意公式的換算，$1(\text{mmAq} = 9.8\text{N/m}^2)$

依題意，$0.1\text{kg/min} \Rightarrow Q = 0.1/1.23 = 0.08\text{m}^3/\text{min}$

$0.1\text{kPa} = 10.3\text{mmAq}$

$V_1 = Q/A = 0.08/[\pi/4(0.06)^2] = 28.3\text{m/min} = 0.013\text{m/sec} = p_{d1}$

帶入上公式 $L_s = \dfrac{0.08}{6120}(10.3-0.013)=0.13$

所以，功率損失$(0.14-0.13)=0.01W$

十五、 以壓縮機壓縮空氣時，有時會使用中間冷卻（Intercooling）。請以壓容圖（Pressure-volume diagram）說明使用中間冷卻的優缺點。【102 高考】

解： 由壓容圖顯示(參考課文圖)，等溫壓縮所需的功 $\int V\,dp$ 較絕熱壓縮所需的功為小，因此，介質下游如有應用則使用絕熱壓縮，如只是為升高壓力則採用等溫壓縮，實務上採用多級中間冷卻方式，其優點為節省功率消耗，採用多級壓縮，通過在級間設置中間冷卻器的方法，使被壓縮氣體進行等壓冷卻降低溫度，再進入下一級氣缸時溫度降低、密度增大，易於進一步壓縮，較一次壓縮大大節省耗功量。即在相同的壓力下，多級壓縮做功的面積就比單級壓縮要少，級數越多，省的功耗就越多越接近於等溫壓縮。另一優點採用多級壓縮，降低作用在活塞杆上的氣動力，當壓縮比較高而採用單級壓縮時，氣缸直徑較大，就有較高的氣體終壓作用在較大活塞面積上，活塞上的氣體裡就較大。如採用多級壓縮，能大大降低作用於活塞上的氣體力，機械效率提高。

設置中間冷卻器多級壓縮，因為級數越多，當空氣壓縮機結構趨於複雜，則尺寸、重量和造價都相對會增加；氣體通道增加，氣閥及管理的壓力損失增加等，有時級數越多反而使經濟性下降，另級數多了，運動機件增加，發生故障的機會也會增加。

十六、 SHB 公司擬發展淺薄流體流過物體表面技術，遂進行模型試驗，以探討不可壓縮薄層流體流過特殊規格物體表面之流體厚度（y）的變化情形，詳如圖二所示。本試驗使用之模型大小為原尺寸之 1/5。假設慣性（inertial）、重力（gravitational）、表面張力（surface tension）以及黏滯（viscous）效應均為主要考量因素，而本試驗使用之流體密度與未來成品之實際工作流體密度相同，請求出試驗用流體與未來成品實際工作流體之：

(一) 表面張力係數比值（實驗用流體表面張力係數/成品之實際工作流體表面張力係數）。

(二) 黏滯係數比值（實驗用流體黏滯係數/成品之實際工作流體黏滯係數）。
【101 高考】

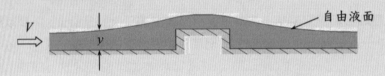

自由液面

解：(一) 假設 $\dfrac{V_m}{V_p} = \dfrac{1}{5}$ ⇒韋伯數相等 $\dfrac{\rho_m V^2 m\, L_m}{\sigma_m} = \dfrac{\rho_p V^2{}_p L_p}{\sigma_p}$

表面張力係數比值＝$\dfrac{\sigma_m}{\sigma_p} = (\dfrac{\rho_m}{\rho_p})(\dfrac{V^2 m}{V^2{}_p})(\dfrac{L_m}{L_p}) = (1)(\dfrac{1}{5})^2(\dfrac{1}{5}) = \dfrac{1}{125}$

(二) 雷諾數相等⇒ $\dfrac{\rho_m V_m L_m}{\mu_m} = \dfrac{\rho_p V_p L_p}{\mu_p}$

黏滯係數比值＝$\dfrac{\mu_m}{\mu_p} = (\dfrac{\rho_m}{\rho_p})(\dfrac{V_m}{V_p})(\dfrac{L_m}{L_p}) = 1(\dfrac{1}{5})(\dfrac{1}{5}) = \dfrac{1}{25}$

十七、 某村的村民抱怨位於上風處工廠的煙囪排放的煙會排入該村莊，你被指定來探討煙囪排放的煙流流場的研究。若你決定使用 1/5 的模型在風洞裡進行實驗來分析煙囪高度的煙流，請問風洞的風速應維持在哪個範圍，才能模擬工廠附近 5m/s 到 15m/s 到的風速？【100 鐵路高員級】

解：弗洛得數相等⇒ $\dfrac{V_m}{\sqrt{gL_m}} = \dfrac{V_p}{\sqrt{gL_p}}$ ⇒ $\dfrac{V_m}{V_p} = \dfrac{\sqrt{L_m}}{\sqrt{L_p}} = \dfrac{1}{\sqrt{5}} = 0.447$

因此，風洞的風速應維持在 5×0.447m/s=2.235m/s 與 15×0.447m/s=6.71m/s 間。

十八、 某流體機械的扭矩 T 為其特徵直徑 D、角速度 ω、流體密度 ρ 及體積流率 Q 的函數，試以因次分析求此無因次之函數。【100 高考】

解：$T=T(\rho,\omega,D,Q)$，取 ρ,ω,D 為重複變數

選定 ρ,ω,D 為重複變數，M、T、L 為參考因次系統

T	ρ	ω	D	Q
ML^2/T^2	M/L^3	$1/T$	L	L^3/T

Π 之各數為(5-3)有兩個

$\Pi_1=f(\Pi_2)$，$\Pi_1=\rho^a\omega^bD^CT=M^0L^0T^0$

$\Rightarrow \Pi_1=(M/L^3)^a(1/T)^b(L)^C(ML^2/T^2)=M^0L^0T^0 \Rightarrow M：a+1=0$

$L：c-3a+2=0$，$T：-b-2=0$

解得 $a=-1$，$b=-2$，$c=-5$

$\Pi_1=T/\rho\omega^2D^5$，$\Pi_2=\rho^a\omega^bD^CQ=M^0L^0T^0$

$\Rightarrow \Pi_2=(M/L^3)^a(1/T)^b(L)^C(L^3/T)=M^0L^0T^0$

$\Rightarrow M：a=0$

$L：c+3=0$，$T：-b-1=0$

解得 $a=0$，$b=-1$，$c=-3$

$\Pi_2=Q/\omega D^3$

解答形式為 $T/\rho\omega^2D^5=f(Q/\omega D^3)$

十九、 某離心式風扇的直徑為 1.00m。該風扇以 600rpm 驅動密度為 $1.00kg/m^3$ 的空氣時，所需要的功率為 12kW。假設效率不變，而該風扇改以 900rpm 驅動密度為 $1.20kg/m^3$ 的空氣，試求此時所需要的功率。【100 高考】

解：$\dfrac{bhp_B}{bhp_A}=(\dfrac{\rho_B}{\rho_A})(\dfrac{\omega_B}{\omega_A})^3(\dfrac{D_B}{D_A})^5$

依題意需要之功率為 $(12)(\dfrac{1.2}{1})(\dfrac{900}{600})^3=32.4(kW)$

第五章　質點與剛體運動學

5-1　質點運動學

一、質點運動坐標描述

描述質點運動座標系統有直角座標、切線與法線座標與極座標。

(一) 直角座標 $\vec{r} = x\vec{i} + y\vec{j} + z\vec{k}$ 為質點之位置向量

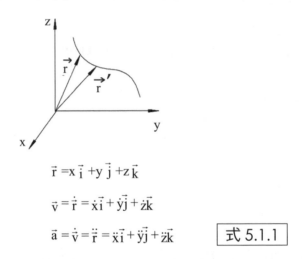

$$\vec{r} = x\vec{i} + y\vec{j} + z\vec{k}$$

$$\vec{v} = \dot{\vec{r}} = \dot{x}\vec{i} + \dot{y}\vec{j} + \dot{z}\vec{k}$$

$$\vec{a} = \dot{\vec{v}} = \ddot{\vec{r}} = \ddot{x}\vec{i} + \ddot{y}\vec{j} + \ddot{z}\vec{k} \qquad \boxed{\text{式 5.1.1}}$$

結合幾何運動方程式

$$dv=a(t)dt \Rightarrow \int_{v_0}^{v} dv = \int_{0}^{t} adt \ , \ dx=v(t)dt \Rightarrow \int_{x_0}^{x} dx = \int_{0}^{t} vdt$$

$$a = \frac{\partial v}{\partial x}\frac{\partial x}{\partial t} \Rightarrow adx=vdv，可得下列關係式$$

1. 當 a 是 x 的函數時 $\displaystyle\int_{v_0}^{v} vdv = \int_{x_0}^{x} a(x)dx$

2. 當 a 是 v 的函數時 $\displaystyle\int_{x_0}^{x} dx = \int_{v_0}^{v} \frac{v}{a(v)}dv$

(二)切線與法線座標 $\vec{v} = v\,\vec{e}_t$

$$\vec{v} = v\,\vec{e}_t$$

$$\vec{a} = \dot{v}\vec{e}_t + \frac{v^2}{\rho}\vec{e}_n$$

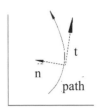

切線與法線座標，由幾何關係可得到曲率半徑的表示：

$$曲率半徑\;\frac{1}{\rho} = \left|\left|\frac{\dot{x}\ddot{y} - \dot{y}\ddot{x}}{(\dot{x}^2 + \dot{y}^2)^{3/2}}\right|\right| = \left|\frac{y''}{[1 + y'^2]^{3/2}}\right| = \left|\frac{\vec{v} \times \vec{a}}{v^3}\right|$$ 　式 5.1.2

(三)極坐標 $\vec{r} = r\vec{e}_r$

$$\vec{r} = r\vec{e}_r$$

$$\vec{v} = \dot{\vec{r}} = \dot{r}\vec{e}_r + r\dot{\theta}\vec{e}_\theta$$

$$\vec{a} = \dot{\vec{v}} = \left(\ddot{r} - r\dot{\theta}^2\right)\vec{e}_r + (r\ddot{\theta} + 2\dot{r}\dot{\theta})\,\vec{e}_\theta$$ 　式 5.1.3

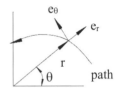

二、牛頓第一運動定律：慣性定律

物體不受外力或合力為零時，靜者恆靜，動者恆做等速運動。

三、牛頓第二運動定律

物體受外力作用，在合力方向產生加速度，加速度的大小與合力的大小成正比，與物體質量成反比。

例題 1

塊狀物重 W，右邊緊靠牆壁，摩擦係數為 μ，下邊以尖劈支承，劈重為 Q，各邊光滑，有水平 P 力作用，如圖所示，試在下列二條件下求 P 力之值。(1)平衡時，(2)推使 W 以加速度 a 上升時。【機械高考】

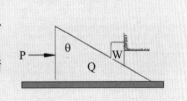

解：劃出力體圖：

(1) 解題重點為摩擦力與物體要移動的方向相反

W 將下滑時

y 方向 $N_2\sin\theta = W + N_1\mu$

x 方向 $N_2\cos\theta = N_1$

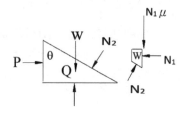

求得 $N_2 = W/(\sin\theta - \mu\cos\theta)$

Q 塊光滑無摩擦力，依力體圖

$P = N_2\cos\theta = W\cos\theta/(\sin\theta - \mu\cos\theta)$

W 將上滑時

y 方向：$N_2\sin\theta + N_1\mu = W$

x 方向：$N_2\cos\theta = N_1$

得 $N_2 = W/(\sin\theta + \mu\cos\theta)$

Q 塊無摩擦力，所以 $P = N_2\cos\theta = W\cos\theta/(\sin\theta + \mu\cos\theta)$

平衡時 P 力之值 $W\cos\theta/(\sin\theta + \mu\cos\theta) \leq P \leq W\cos\theta/(\sin\theta - \mu\cos\theta)$

(2) 推力使 W 以加速度 a 上升時

y 方向：$N_2\sin\theta - (W + N_1\mu) = \dfrac{W}{g}a$

x 方向：$N_2\cos\theta = N_1$

得 $N_2 = W(1 + \dfrac{a}{g})/(\sin\theta - \mu\cos\theta)$

因 Q 塊向右加速度為 $a\tan\theta$

$\Rightarrow P - N_2\cos\theta = \dfrac{Q}{g}(a\tan\theta)$

得 $P = [W\cos\theta(1 + \dfrac{a}{g})/(\sin\theta - \mu\cos\theta)] + \dfrac{Q}{g}(a\tan\theta)$

例題 2

華特在冰島上開車時,經過下列一片緩降丘陵 $y=25-x^2/200$,計算當汽車經過 A 點時,在持續與路面保持接觸的前提下,汽車所行使之最高速度為何?如果汽車繼續保持此速度,當汽車經過 B 點時,路面施加於汽車之正向力為何?(假設汽車之重量為 1.5Mg 且為一質點運動)。【台大機研】

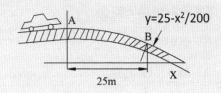

解:本題是 式 5.1.2 曲率半徑公式與座標幾何的用法

依題意 $y=25-x^2/200 \Rightarrow y'=-\dfrac{x}{100} \Rightarrow y''=\dfrac{-1}{100}$

得在 A 與 B 處曲率半徑各為 100m 及 109.52m

在 A 處與路面保持接觸的前提下

$\Sigma F_n=ma_n \Rightarrow mg=m \times \dfrac{v^2}{\rho}$,

得汽車所行使之最高速度為

$\sqrt{(9.81) \times (100)}=31.4(m/s)$

保持此速度,當汽車經過 B 點時

依題意 $y=25-x^2/200$

$\Rightarrow y'=-\dfrac{x}{100} \Rightarrow y'(25)=\dfrac{-1}{4}$,

所以夾角約 14°

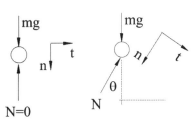

車子在A點　　　車子在B點

$\Sigma F_n=ma_n \Rightarrow mg\cos-N=m \times \dfrac{v^2}{\rho} \Rightarrow (1500)(981)\cos14°-N=1500 \times \dfrac{31.4^2}{109.52}$

得路面施加於汽車之正向力為 754(N)

例題 3

飛機起飛後福爾摩桑的陀螺儀測出飛機飛行速度為 $\vec{v}=3\,\vec{x}+2\,\vec{y}+6\,\vec{z}$ m/s，加速度為 $\vec{a}=-1\,\vec{x}+2\,\vec{y}+3\,\vec{z}$ m/s²，福爾摩桑無法忍受太小的迴轉半徑，請問此飛機的迴轉半徑是多少？

解： 本題是考速度、加速度的向量幾何觀念

依題意 $\vec{v}=3\,\vec{x}+2\,\vec{y}+6\,\vec{z}\Rightarrow\vec{e}_t=\dfrac{\vec{v}}{|\vec{v}|}=\dfrac{3\vec{x}+2\vec{y}+6\vec{z}}{7}$

$a_t=\vec{a}\cdot\vec{e}_t=\dfrac{-1\times3+2\times2+3\times6}{7}=\dfrac{19}{7}=2.7$

因此，$a_n=\sqrt{a^2-a_t{}^2}=\sqrt{14-2.7^2}=\sqrt{6.71}=2.59(m/s^2)$

迴轉半徑為 $\dfrac{v^2}{|a_n|}=18.92(m)$

例題 4

質量為 m 的單擺，以長度為 ℓ 之纜繩懸掛於向左等加速度為 a 之滑塊上，設單擺於 $\theta=0$ 時釋放，試求擺動過程中繩之張力。

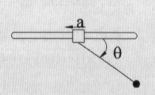

解： 本題考的是運動力學的幾何關係

$\Sigma F_t=ma_t\Rightarrow mg\cos\theta=m\ell\,\ddot{\theta}+ma\sin\theta$

因此，$\ddot{\theta}=\dfrac{1}{\ell}(g\cos\theta-a\sin\theta)$

利用微積分 $\ddot{\theta}\,d\theta=\dot{\theta}\,d\dot{\theta}$

則 $\dfrac{\dot{\theta}^2}{2}=\displaystyle\int_0^\theta\left[\dfrac{1}{\ell}\left(g\cos-a\sin\right)\right]d\theta$

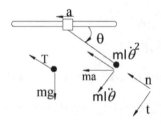

因此，$\dfrac{\dot{\theta}^2}{2}=\dfrac{1}{\ell}\,\{g\sin\theta+a\cos\theta-a\}$⋯⋯⋯⋯①

$\Sigma F_n=ma_n\Rightarrow T-mg\sin\theta=m\ell\,\dot{\theta}^2+ma\cos\theta$⋯⋯⋯⋯②

將①代入②得 $T=3m(g\sin\theta+a\cos\theta)-2ma$

例題 5

The curve AB on block Q is a quadratic curve whose vertex is at A and the curve can be described by $x^2=\dfrac{64}{3}$ y.The block Q is pushed to the left with a constant velocity of v m/s.The rod B slides on the parabola so that the plate P is forced upward Find

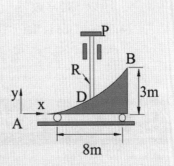

(1) the velocity of D interms of x.

(2) the acceleration of the plate P.

(3) If the surface is cubic,will the acceleration of the plate P be constant.

(4) If the surface is flat, will the acceleration of the plate P be constant.【台大機械】

解：(一)block 是向左等速運動(參考座標等速向左無旋轉)。

(二)求 D 點的速度與加速度，係指求 ROD 上 D 點的速度與加速度，受拘束運動，運動方向係直線向上

(三)$\vec{r}_{D/A}=x\,\vec{i}+y\,\vec{j}\Rightarrow\dot{\vec{r}}_{D/A}=\dot{x}\vec{i}+\dot{y}\vec{j}$，依題意 $x^2=\dfrac{64y}{3}$

$\Rightarrow\dot{\vec{r}}_{D/A}=\dot{x}\vec{i}+\dfrac{3}{32}\,x\,\dot{x}\vec{i}$

(四)$\vec{r}_D=\vec{r}_A+\vec{r}_{D/A}\Rightarrow\vec{v}_D=\vec{v}_A+\dot{\vec{r}}_{D/A}=-v\,\vec{i}+(\dot{x}\vec{i}+\dfrac{3}{32}\,x\,\dot{x}\vec{i})$

(1)因其運動方向係直線向上，所以 $\dot{x}=v$，the velocity of D 為 $\frac{3}{32}$ vx $\vec{i}$ (m/s)

(2)the acceleration of the plate P

plate P 與 Rod 係直線向上，其加速度為 $\frac{3}{32}(\dot{v}x+v\dot{x})=\frac{3}{32}v^2(m/s^2)$ $\vec{j}$

(3)the surface is cubic，令 y=kx³，加速度為 $\frac{d}{dt}(3kx^2v)=6kv^2x$ (m/s²) $\vec{j}$ ，

所以不是常數

(4)the surface is flat，令 y=kx，得加速度為 0，是為常數

5-2　剛體運動

剛體運動型式

(一) **平移**：剛體內任一直線，運動中該直線上各點保持相同的方向，如路徑為直線則為直線平移，路徑如為曲線則為曲線平移。

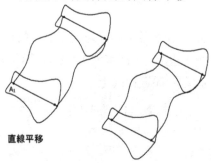

直線平移

(二) **繞固定軸轉動**：剛體內所有質點均以一固定軸作圓週運動，繞固定軸轉動的剛體在軸上的質點的速度與加速度為零。

剛體角速度其指向係沿旋轉軸的方向，大小等於剛體角度旋轉的變化率。

一剛體對一固定軸旋轉的角加速度係指向沿旋轉軸的向量，其大小等於角速度的變化率 $\dot{\omega}$

剛體上任一點速度 $v=\dfrac{dr}{dt}=\omega\times r$

剛體角加速度 $\alpha=\dot{\omega}$

剛體上任一點加速度

$a=\dfrac{dv}{dt}=\dfrac{d}{dt}(\omega\times r)=\alpha\times r+\omega\times(\omega\times r)$ 式 5.2.1

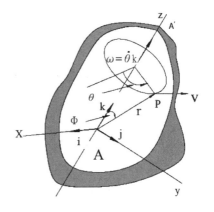

結合幾何運動可得下列方程式：

$\omega=\dfrac{d\theta}{dt}$, $\alpha=\dfrac{d\omega}{dt}$, 等角加速度運動時

1. $\Delta\theta=\omega_0 t+\dfrac{1}{2}\alpha t^2$

2. $\omega=\omega_0+\alpha t$

3. $\omega^2=\omega_0^2+2\alpha\Delta\theta$ 式 5.2.2

(三) 繞固定點轉動，如：陀螺。

注意：下列兩種運動，左側是曲線平移，右側是繞固定點轉動。

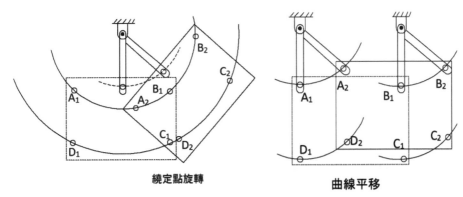

繞定點旋轉   曲線平移

(四) 平面運動：剛體所有點均在平行某平面內運動，是移動和旋轉的組合，有下列幾項特點：

1. 有移動和旋轉的平面運動有 3 自由度，其運動任一瞬時可看成繞一瞬時中心旋轉，此點瞬時速度為零，且不斷地變化。

2. 有移動和旋轉的平面運動，可簡化其運動方程式，參考 7-2 剛體平面運動。

3. 繞定軸轉動平面運動（$w_x = w_y = 0$，$w_z \neq 0$），因軸轉動是否為慣性主軸或是否通過形心，角動量方程式有異，參考 8-2 剛體角動量 H_G 的時間變化率 $\dot{H}_G$。

(五) 一般空間運動：運動不在前述(一)到(四)之運動。

5-3　向量對時間變化率

一、速度、加速度與動量向量對時間變化率

向量對一固定參考架的變化率與其對一平移參考架(其軸與固定參考架相對應平行)的變化率相同，$r_B = r_A + r_{B/A}$，得 $\dot{r}_B = \dot{r}_A + \dot{r}_{B/A}$，因此 $v_B = v_A + v_{B/A}$，$a_B = a_A + a_{B/A}$，如右圖。

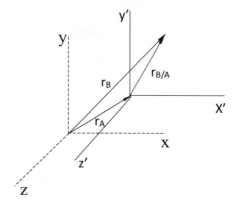

(一) 移動座標 $x' - y'$ $\dot{r}_{B/A}$ ($\ddot{r}_{B/A}$)為 A 見到 B 的速度（加速度），即 B 相對 A 的速度（加速度）。

(二) B 的絕對速度（加速度）等於 A 的絕對速度（加速度）加上 B 相對 A 的速度（加速度）。

(三) 移動座標是等速度，$a_A = 0$，則 $\Sigma F = ma_{rel}$，說明牛頓第二運動定律在等速坐標系內是成立的。

二、在旋轉座標上的向量對時間的變化率

向量 Q 對一固定參考架的變化率等於向量 Q 對旋轉參考架的變化率與旋轉參考架旋轉產生 $\Omega \times Q$ 的和。

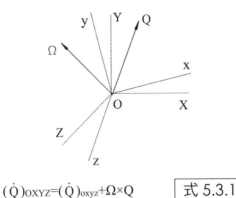

$$(\dot{Q})_{OXYZ}=(\dot{Q})_{oxyz}+\Omega\times Q \qquad \boxed{式 5.3.1}$$

(一) $(\dot{Q})_{OXYZ}$：向量 Q 對固定座標 O_{XYZ} 的變化率(固定座標 O_{XYZ} 上觀測向量 Q 對時間的導數)

(二) $(\dot{Q})_{oxyz}$：向量 Q 對旋轉座標 O_{xyz} 的變化率(向量 Q 在旋轉座標 O_{xyz} 上的變化率，或是在旋轉座標上$(O)_{oxyz}$觀看 Q 對時間的導數)

(三) $\Omega\times Q$：旋轉座標 O_{xyz} 的角速度 Ω 而產生

取旋轉座標的好處為，不用計算旋轉參考架的方位單位向量導數。

以剛體當旋轉座標為例，當剛體角速度向量為 Ω，剛體上的兩點(P 與 G)，旋轉參考座標基點位於 G，旋轉參考座標角速度向量為 Ω。

速度與加速度關係：質點 P 向量 $r_p=r_G+r_{p/G}$($r_{p/G}$：質點 P 對於基點 G 的相對位置)

點 P 速度 V_P[$V_P=(\dfrac{dr_P}{dt})_{space}$]

$V_P=V_G+V_{P/G}$[$V_G=(\dfrac{dr_G}{dt})_{space}$]

$V_{P/G}=(\dfrac{dr_{P/G}}{dt})_{body}+\Omega\times r_{P/G}=\Omega\times r_{P/G}$

剛體內部每一點的位置都固定不變，項目$(\dfrac{dr_{P/G}}{dt})_{body}$ 等於零，因此，剛體角速度向量為 Ω 時，剛體上點 P 與剛體上 G 的速度關係

得 $V_P=V_G+\Omega\times r_{P/G}$ $\qquad \boxed{式 5.3.2}$

同理，推導剛體上點 P 與點 Q 加速度關係

前式對時間微分得

$$\dot{V}_P = \dot{V}_G + \dot{\Omega} \times r_{P/G} + \Omega \times \frac{d}{dt}(r_{P/G})$$

$$a_P = a_G + \alpha \times r_{P/G} + \Omega \times (\Omega \times r_{P/G}) \qquad \boxed{\text{式 5.3.3}}$$

三、向量微分

也可以工程數學微分觀念來推導說明，如圖，旋轉架座標原點 B 有速度 $\overline{V_B}$ 與加速度 $\overline{a_B}$，旋轉座標上 A 和 P 兩點相對位置有變化。

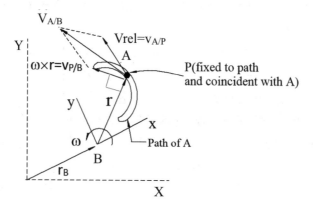

旋轉架座標原點於 B，點 P 於 A 處

得 $\vec{r}_A = \vec{r}_B + \vec{r} = \vec{r}_B + (x\,\vec{i} + y\,\vec{j})$

因 $d\,\vec{i} = (d\theta)(\vec{j})$; $d\,\vec{j} = -(d\theta)(\vec{i}) \Rightarrow \dot{\vec{i}} = \vec{\Omega} \times \vec{i}$, $\dot{\vec{j}} = \vec{\Omega} \times \vec{j}$

$\dot{\vec{r}}_A = \dot{\vec{r}}_B + (x\,\dot{\vec{i}} + y\,\dot{\vec{j}}) + (\dot{x}\vec{i} + \dot{y}\vec{j}) = \dot{\vec{r}}_B + \vec{\Omega} \times \vec{r} + \vec{v}_{rel}$

得 $\vec{v}_A = \vec{v}_B + \vec{\Omega} \times \vec{r} + \vec{v}_{rel}$ $\qquad \boxed{\text{式 5.3.4}}$

$\vec{a}_A = \vec{a}_B + \dot{\vec{\Omega}} \times \vec{r} + \vec{\Omega} \times \dot{\vec{r}} + \dot{\vec{v}}_{rel}$

$\vec{\Omega} \times \dot{\vec{r}} = \vec{w} \times \dfrac{d}{dt}(x\,\vec{i} + y\,\vec{j}) = \vec{\Omega} \times [(x\,\dot{\vec{i}} + y\,\dot{\vec{j}}) + (\dot{x}\vec{i} + \dot{y}\vec{j})] = \vec{\Omega} \times (\vec{\Omega} \times \vec{r}) + \vec{\Omega} \times \vec{v}_{rel}$

得 $\vec{a}_A = \vec{a}_B + \dot{\vec{\Omega}} \times \vec{r} + \vec{\Omega} \times (\vec{\Omega} \times \vec{r}) + 2 \times \vec{\Omega} \times \vec{v}_{rel} + \vec{a}_{rel}$ $\qquad \boxed{\text{式 5.3.5}}$

觀念理解

旋轉座標與質點 P 的相對位置解題過程有差異，但結果會是相同。

1. 在旋轉座標 A 處的質點 P 相對旋轉座標無速度與加速度時

$$\vec{v}_A = \vec{v}_B + \vec{\Omega} \times \vec{r}$$

$$\vec{a}_A = \vec{a}_B + \dot{\vec{\Omega}} \times \vec{r} + \vec{\Omega} \times (\vec{\Omega} \times \vec{r})$$

2. 旋轉架座標原點 B 不移動且與固定架座標原點同一點

$$\vec{v}_A = \vec{\Omega} \times \vec{r} + \vec{v}_{rel}$$

$$\vec{a}_A = \dot{\vec{\Omega}} \times \vec{r} + \vec{\Omega} \times (\vec{\Omega} \times \vec{r}) + 2 \times \vec{\Omega} \times \vec{v}_{rel} + \vec{a}_{rel} \qquad \boxed{\text{式 5.3.6}}$$

3. 將旋轉座標原點 B 設在 A 處，則 $\vec{r} = 0$，雖無 $\dot{\vec{\Omega}} \times \vec{r}$ 與 $\vec{\Omega} \times (\vec{\Omega} \times \vec{r})$ 這二項，但 $\vec{a}_B$ 的值，與旋轉座標原點 B 不設在 A 處的 $\vec{a}_B$ 值不同。

4. $2 \times \vec{\Omega} \times \vec{v}_{rel} + \vec{a}_{rel}$ 物理觀念：

   旋轉座標上 A 處質點 P 相對旋轉座標有速度時，則會產生科氏加速度 $2 \times \vec{\Omega} \times \vec{v}_{rel}$，另 $\vec{a}_{rel}$ 為在旋轉座標上的相對加速度。

   為方便理解以上說明，定義：$v_p = v'_p + v_{p/\aleph}$

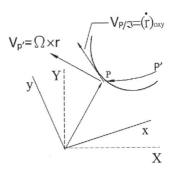

   v_p：質點 p 的速度

   v'_p：與 p 質點重合移動架上 p′的速度

   $v_{p/\aleph}$：p 相對移動架的速度

   $\boxed{\text{式 5.3.4}}$　$\vec{r}_B + \vec{\Omega} \times \vec{r}$ 即為 v'_p，$\vec{v}_{rel}$ 即為 $v_{p/\aleph}$

   定義：$a_p = a'_p + a_{p/\aleph} + a_c$

   a_p：質點 p 的加速度

   a'_p：與 p 質點重合移動架上 p′的加速度

   $a_{p/\aleph}$：p 相對移動架的加速度

   $\boxed{\text{式 5.3.4}}$　$\vec{a}_B + \dot{\vec{\Omega}} \times \vec{r} + \vec{\Omega} \times (\vec{\Omega} \times \vec{r}$ 即為 a'_p，$\vec{a}_{rel}$ 即為 $a_{p/\aleph}$

   $2 \times \vec{\Omega} \times \vec{v}_{rel}$ 即為 a_c)

例題 6

The disk with a circular slot of 200mm radius, rotates about O with a constant angular velocity ω=10rad/s . Determine the acceleration of the slider A at the instant θ=30°, $\dot\theta$ =4rad/s, and $\ddot\theta$ =2rad/s^2.【中央機研】

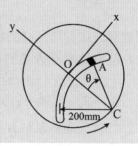

解：依題意旋轉座標 C 點之加速度 $\vec{a}_C$ 為 20 $\vec{j}$ (10×10×0.2)m/s^2

$\vec{v}_c$ =(10×0.2) $\vec{i}$ =2 $\vec{i}$

旋轉座標角速度 $\vec{\Omega}$ =10 $\vec{k}$ ，角加速度為 0

$\vec{v}_{rel}$ =(0.2×4)(cos30° $\vec{i}$ −sin30° $\vec{j}$)=0.692 $\vec{i}$ −0.4 $\vec{j}$

$\vec{a}_{rel}$ =(−2×0.2)(cos30° $\vec{i}$ −sin30° $\vec{j}$)+(4×4×0.2)(−sin30° $\vec{i}$ −cos30° $\vec{j}$)

=(−0.3464 $\vec{i}$ +0.1 $\vec{j}$)+(−1.6 $\vec{i}$ −2.7712 $\vec{j}$)=(−1.9464 $\vec{i}$ −2.6712 $\vec{j}$)

$\vec{a}_A$ =$\vec{a}_C$ +$\dot{\vec{\Omega}}$ × $\vec{r}$ +$\vec{\Omega}$ ×($\vec{\Omega}$ × $\vec{r}$)+2× $\vec{\Omega}$ × $\vec{v}_{rel}$ +$\vec{a}_{rel}$

$\vec{a}_A$ =20 $\vec{j}$ +0+(10×10×0.2)(−sin30° $\vec{i}$ −cos30° $\vec{j}$)+2×(10 $\vec{k}$)×(0.692 $\vec{i}$ −0.4 $\vec{j}$)+ $\vec{a}_{rel}$

=20 $\vec{j}$ +0+(−10 $\vec{i}$ −17.32 $\vec{j}$)+(13.84 $\vec{j}$ +8 $\vec{i}$)+ $\vec{a}_{rel}$ =−3.9464 $\vec{i}$ +13.848 $\vec{j}$

例題 7

有兩艘船 A 與 B，船 A 向北以 v_A=12m/s 作等速直線運動。船 B 以 ω=0.1745rad/s 之等角速度繞半徑 R=57.3m 之圓周運動。請問靜座船 B 上的人觀看船 A 運動之速度與加速度各為何？

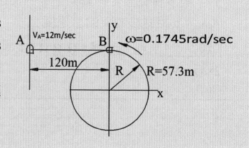

解： $\vec{v}_A = \vec{v}_B + \vec{\Omega} \times \vec{r} + \vec{v}_{rel}$

$\vec{a}_A = \vec{a}_B + \dot{\vec{\Omega}} \times \vec{r} + \vec{\Omega} \times (\vec{\Omega} \times \vec{r}) + 2 \times \vec{\Omega} \times \vec{v}_{rel} + \vec{a}_{rel}$

依題意船 A 以 v_A=12m/s 作等速直線運動 $\Rightarrow \vec{v}_A = 12\,\vec{j}$ ， $\vec{a}_A = 0$

$\vec{\Omega} = 0.1745\,\vec{k}$ ， $\alpha = 0$

$\vec{v}_B = 0.1745\,\vec{k} \times (57.3\,\vec{j}) = -10\,\vec{i}$

$\vec{a}_B = (0.1745) \times (0.1745) \times (57.3) = -1.745\,\vec{j}$

$\vec{v}_{rel}$ 與 $\vec{a}_{rel}$ 即靜座船 B 上的人，觀看船 A 運動的速度與加速度

$12\,\vec{j} = -10\,\vec{i} - 20.94(120 \times 0.1745)\,\vec{j} + \vec{v}_{rel}$

$\vec{v}_{rel} = 10\,\vec{i} + 32.94\,\vec{j}$ (m/s)

$0 = -1.745\,\vec{j} - 3.65403(0.1745 \times 0.1745 \times 120)\,\vec{i}$

$\quad + (2 \times 0.1745 \times 10\,\vec{j} - 2 \times 0.1745 \times 32.94\,\vec{i}) + \vec{a}_{rel}$

得 $\vec{a}_{rel} = 7.84\,\vec{i} - 1.745\,\vec{j}$ (m/s^2)

5-4 剛體慣性矩、慣性積及角動量

一、質量慣性矩(moment of inertia)

剛體元素 dm 對任一軸慣性矩為剛體元素至該軸的最短距離平方與元素質量的乘積，如 dm 對 x 軸質量慣性矩為 $dL_x = r^2 dm = (y^2 + z^2)dm$，因此整個剛體對 x 軸慣性矩 $I_{xx} = \int r^2 dm = \int (y^2 + z^2)dm$。同理

$I_{yy} = \int (x^2 + z^2)dm$

$I_{zz} = \int (x^2 + y^2)dm$

質量慣性矩(亦稱轉動慣量)係描述剛體繞軸轉動時的轉動慣性，而材料力學提到慣性矩(即面積二次矩 $y^2 dA$，單位為 m^4)，是描述材料抗彎性質。

二、質量慣性積

剛體元素 dm 對任一組相互正交平面慣性積為剛體元素到正交兩平面最短距離與元素質量乘積，如 dm 對 xy 平面慣性積為 $dI_x=xydm$，因此整個剛體對 xy 平面慣性積為 $I_{xy}=I_{yx}=\int_{xy}xydm$。同理

$I_{yz}=I_{zy}=\int_{yz}(yz)dm$

$I_{xz}=I_{zx}=\int_{xz}(xz)dm$

質量慣性積為剛體中 Δm_i 與座標兩軸的乘積總和，其值與選擇座標軸及方向有關。選擇的座標軸慣性積為零，此軸稱慣性主軸，相對的質量慣性矩稱主慣性矩。剛體如有對稱性其主軸是沿對稱軸，有一點要特別注意的是，即使沒有對稱性也可找到慣性主軸。

常見(考)質量慣性矩

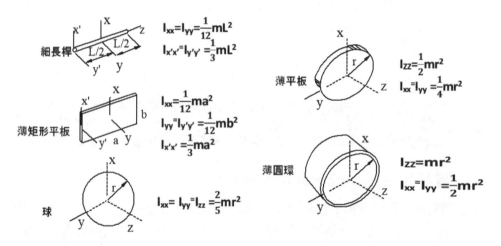

細長桿　$I_{xx}=I_{yy}=\frac{1}{12}mL^2$
　　　　$I_{x'x'}=I_{y'y'}=\frac{1}{3}mL^2$

薄平板　$I_{zz}=\frac{1}{2}mr^2$
　　　　$I_{xx}=I_{yy}=\frac{1}{4}mr^2$

薄矩形平板　$I_{xx}=\frac{1}{12}ma^2$
　　　　　　$I_{yy}=I_{y'y'}=\frac{1}{12}mb^2$
　　　　　　$I_{x'x'}=\frac{1}{3}ma^2$

薄圓環　$I_{zz}=mr^2$
　　　　$I_{xx}=I_{yy}=\frac{1}{2}mr^2$

球　$I_{xx}=I_{yy}=I_{zz}=\frac{2}{5}mr^2$

三、平行軸定理

有兩平行軸，其中一軸通過物體質心，物體質量為 m，二軸相距距離為 d，則 $I=\bar{I}+md^2$

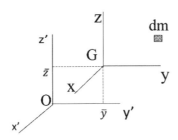

如上圖，質量 m 物體質心為 G，通過質心之座標系為 G_{xyz}，$O_{x'y'z'}$為另一座標系 dm 質量對二座標系關係式為

$x'=\bar{x}+x$，$y'=\bar{y}+y$，$z'=\bar{z}+z$

依定義對 x'軸慣性矩

$I_{x'}=\int\left(y'^2+z'^2\right)dm=\int\left[(\bar{y}+y)^2+(\bar{z}+z)^2\right]dm=$

$\int\left(y^2+z^2\right)dm+2\bar{y}\int ydm+2\bar{z}\int zdm+\left(\bar{y}^2+\bar{z}^2\right)\int dm=\bar{I}_x+m\left(\bar{y}^2+\bar{z}^2\right)$

同理可得 $I_{y'}=\bar{I}_y+m\left(\bar{x}^2+\bar{z}^2\right)$，$I_{z'}=\bar{I}_z+m\left(\bar{x}^2+\bar{y}^2\right)$

如為薄板，即為上式 $I=\bar{I}+md^2$

四、角動量

剛體對質心或固定點角動量 $H=\int_m\rho\times(\omega\times\rho)dm$

$H_xi+H_yj+H_zk=\int_m(xi+yj+zk)\times[(\omega_xi+\omega_yj+\omega_zk)\times(xi+yj+zk)]dm$

$=[\omega_x\int_m(y^2+z^2)dm-\omega_y\int_m(xy)dm-\omega_z\int_m(xz)dm]i+[-W_x\int_mxydm+\omega_y\int_m(x^2+z^2)dm$

$\quad-\omega_z\int_m(yz)dm]j+[-_x\int_mzxdm-\omega_y\int_m(yz)dm+\omega_z\int_m(x^2+y^2)dm]k$

得 $H_x=I_{xx}\omega_x-I_{xy}\omega_y-I_{xz}\omega_z$

$H_y=-I_{yx}\omega_x+I_{yy}\omega_y-I_{yz}\omega_z$

$H_z=-I_{zx}\omega_x-I_{zy}\omega_y+I_{zz}\omega_z$

五、慣性張量(inertia tensor)

剛體作定點轉動時的轉動慣性的一組慣性量，慣性性質可由此九個量描述其特性，其中六個是彼此獨立的，由一參考坐標來描述剛體質量分布。剛體相對此座

標的慣性張量用 3×3 來表示。三個相互正交的平面中當有兩個平面是物體的對稱面，剛體對此兩平面慣性積為零，若座標軸在此二平面上，則座標軸即為慣性主軸。

例題 8

如圖所示 OA 桿件對 O 點旋轉的關係式 $\theta = t^3 - 4t$，其中 θ 以 rad 表示，而 t 以 sec 表示，套環 B 和 O 點的距離關係以 $r = 25t^3 - 50t^2$ 沿桿件滑動，其中 r 以 mm 表示，而 t 以 sec 表示，當 t=1sec 時，求套環的速度和加速度，以及套環相對於桿件的速度與加速度。

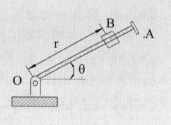

解：依題意 $r = 25t^3 - 50t^2$，因此 $\dot{r} = 75t^2 - 100t$，$\ddot{r} = 150t - 100$

依題意 $\theta = t^3 - 4t$，因此 $\dot{\theta} = 3t^2 - 4t$，$\ddot{\theta} = 6t$

$\vec{v} = \dot{\vec{r}} = \dot{r}\vec{e}_r + r\dot{\theta}\vec{e}_\theta$

$\vec{a} = \dot{\vec{v}} = (\ddot{r} - r\dot{\theta}^2)\vec{e}_r + (r\ddot{\theta} + 2\dot{r}\dot{\theta})\vec{e}_\theta$

t=1sec 時，$\vec{v} = (-25\vec{e}_r + 25\vec{e}_\theta)$mm/sec

$\vec{a} = (75\vec{e}_r - 100\vec{e}_\theta)$mm/sec²

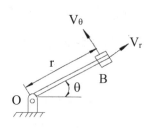

套環相對於桿件的速度為 $-25\vec{e}_r$ mm/sec，加速度為 $75\vec{e}_r$ mm/sec²

例題 9

華特利用滑板，沿下列軌跡($R^2 = b^2\sin 2\theta$，$0 \le \theta \le 90°$)以等速 v_0 前進，計算當滑板在 A 點時之加速度？【103 台大機械】

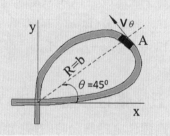

解：運動軌跡 $R^2 = b^2\sin2\theta \Rightarrow 2R\dot{R} = 2b^2\cos2\theta\times\dot{\theta}$ ....①

A 點在 $\theta = 45°$ 時，帶入上式 $\Rightarrow 2R\dot{R} = 0 \Rightarrow \dot{R} = 0$

$\vec{v} = \dot{R}\vec{e}_r + R\dot{\theta}\vec{e} = R\dot{\theta}\vec{e}$ ，即只有切線速度的方向與法線加速度

依題意以等速 v_0 前進，得 A 點在 $\theta = 45°$ 時，$\dot{\theta} = \dfrac{v_0}{b}$

①式再微分 $\Rightarrow 2(\dot{R}^2 + R\ddot{R}) = 2b^2(-2\sin2\theta\times\dot{\theta}^2 + \cos2\theta\times\ddot{\theta})$

A 點在 $\theta = 45°$ 時，$\dot{\theta} = \dfrac{v_0}{b}$ 帶入上式，得 $\ddot{R} = -2\dfrac{v_0^2}{b}$

$\vec{a} = (\ddot{R} - R\dot{\theta}^2)\vec{e}_r$

得 $\vec{a} = [-2\dfrac{v_0^2}{b} - b\times v_0^2/b^2]\vec{e}_r = -\dfrac{3v_0^2}{b}\vec{e}_r$

例題 10

The system shown in figure is used to transport people from a level by $\theta=0$ to the other levels for the range $(0\leq\theta\leq\pi)$. Assume that $\theta=0.5t^{3/2}$ where θ is in radians and t is in seconds. Develop expressions, in terms of L and t, for the velocity and acceleration of the passengers. If the acceleration of the passengers is to be 6 m/s^2 when $\theta=\pi/2$, what should be the dimension L? What is the velocity for this position? 【成大醫工】

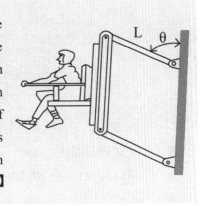

解：本題重點觀念，由絕對座標看坐在連桿架上的人是平移運動，因此人身上各點的速度與加速度皆相同，當然，把此人看成一質點是在作圓周運動。

依題意 $\theta=0.5t^{3/2}$ $\dot{\theta}=(3/2)(0.5)t^{1/2}\Rightarrow \ddot{\theta}=(1/2)(3/2)(0.5)t^{-1/2}$

以極座標觀念(或是半徑長不變繞圓心運動)

$\theta=\dfrac{\pi}{2}$ 時，$t=2.14$sec $\Rightarrow \dot{\theta}=1.098$，$\ddot{\theta}=0.256$，得 $a_t=L\ddot{\theta}=0.256L$，$a_n=L\theta^2=1.206L$

由 $a=\sqrt{a_t^2 + a_n^2}=6$，$L=4.86$m，得 $v=L\dot{\theta}=5.34$m/s

例題 11

Pin B is attached to the rotation arm AC and moves at a constant speed $v_0=2.875$m/s. Knowing that pin B slides freely in a slot cut in arm. Let the length $\overline{AB}$ be denoted by R.

(1) Show that,when arm AC rotates, at any instant angles θ can be expressed in terms of φ as $\tan\theta=R\sin\phi/(0.375+R\cos\phi)$.

(2) Show that at any instant the rates $\dot{r}$ and $\dot{\theta}$ in terms of r, θ, φ, and φ are

$\dot{r}=R\dot{\phi}(\cos\phi\sin\theta-\sin\phi\cos\theta)=R\dot{\phi}\sin(\theta-\phi)$；

$\dot{\theta}=R\dot{\phi}(\cos\phi\cos\theta+\sin\phi\sin\theta)/r=R\dot{\phi}\cos(\theta-\phi)/r$.

(3) Determine the rates $\dot{r}$ and $\dot{\theta}$ at the instant where φ =0°.

(4) Determine the rates $\dot{r}$ and $\dot{\theta}$ at the instant where φ =90°.【台大應力】

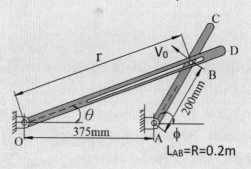

解：(1)先求幾何關係，$\tan\theta=\overline{BE}/(0.375+\overline{AE})$，而 $\overline{BE}=R\sin\phi$，$\overline{AE}=R\cos\phi$

得 $\tan\theta=(R\sin\phi)/(0.375+R\cos\phi)$

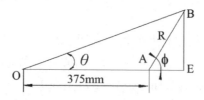

(2) B 點對桿件 AC 作單純圓周運動，速度 $v_0=R\dot{\phi}$，方向垂直桿 AC

　　B 點對桿件 OD 作圓周與滑動運動，以極座標表示速度

$$v = \dot{r}\vec{e_r} + r\dot{\theta}\vec{e}$$

得 $\dot{r} = -v_0\sin(\phi-\theta) = R\dot{\phi}\sin(\phi-\theta)$

$r\dot{\theta} = v_0\cos(\phi-\theta) = R\dot{\phi}\cos(\phi-\theta)$，因此 $\dot{\theta} = R\dot{\phi}\cos(\phi-\theta)/r$

(3) $\phi=0°$ 時，$\theta=0°$，由前面推導得 $\dot{r}=0$，$\dot{\theta}=2.875/(0.375+2)=5$rad/sec 逆時針

(4) $\phi=90°$ 時，$\theta=28.07°$，由前面推導得 $\dot{r}=-2.54(\dfrac{m}{s})$，$\dot{\theta}=3.18$rad/sec 逆時針

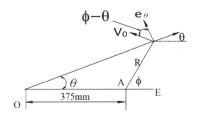

例題 12

如圖示圓錐高度為 h 底圓半徑為 r 在一平面
上作滾動而不滑動。已知底圓中心點以等速
v 繞 z 軸作圓周運動。試求：

(1) 圓錐之絕對角速度 $\vec{\omega}$。

(2) 圓錐中心線之角速度 $\vec{\omega}_{OB}$。

(3) 圓錐之絕對角加速度 $\vec{\alpha}$。【台大應力所】

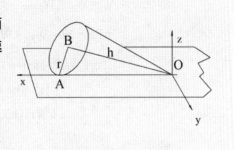

解：此題目是很好的例題，本書以各種角度說明，有助讀者釐清觀念。

(1)圓錐角速度有兩種解法：

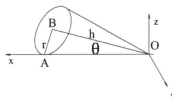

解法一：依題意得 $W_{1z} = \dfrac{V}{h\cos\theta}$

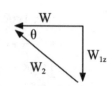

所以，$W = W_{1z}(\cot\theta) = \dfrac{V}{h\sin\theta}$

解法二：圓錐底部純滾動，底部直線上各點速度為 0，

即為圓錐的角速度方向。所以，$W = \dfrac{V}{h\sin\theta}$

(2)圓錐中心線之角速度 $\vec{\omega}_{OB}$ 有兩種解法：

解法一：z 軸轉 θ 角觀察圓錐中心線之角速度 $\vec{\omega}_{OB}$ 的大小為 $\dfrac{V}{h}$

所以 $\vec{\omega}_{OB} = \dfrac{V}{h}(\sin\theta\,\vec{i} - \cos\theta\,\vec{k})$

解法二：$W_{OB} = W\sin\theta$，而 $W = \dfrac{V}{h\sin\theta}$，所以 $\vec{\omega}_{OB} = \dfrac{V}{h}(\sin\theta\,\vec{i} - \cos\theta\,\vec{k})$

(3)圓錐角加速度有三種解法：

解法一：$\vec{W} = \vec{W}_{1z} + \vec{W}_2$

所以，$\dot{\vec{W}} = \vec{W}_{1z} \times \vec{W}_2 = \vec{W}_{1z} \times [W_2\cos\theta\,\vec{i} = -\dfrac{V}{h^2\cos\theta\sin\theta}\vec{j}$

由幾何關係 $\sin\theta = r/\sqrt{h^2 + r^2}$，$\cos\theta = h/\sqrt{h^2 + r^2}$

得 $\dot{\vec{W}} = -\dfrac{V(r^2 + h^2)}{h^2(r)(h)}\vec{j}$

解法二：$\vec{W} = \dfrac{V}{h\sin\theta}\vec{i} \Rightarrow \dot{\vec{W}} = \dfrac{V}{h\sin\theta}\dot{\vec{i}}$

因為 $\dot{\vec{i}} = W_{1z}[(-\vec{k}) \times \vec{i}] = -W_{1z}\vec{j}$，所以，得 $\dot{\vec{W}} = -\dfrac{V}{h^2\cos\theta\sin\theta}\vec{j}$

由幾何關係 $\sin\theta = r/\sqrt{h^2 + r^2}$，$\cos\theta = h/\sqrt{h^2 + r^2}$

得 $\dot{\vec{W}} = -\dfrac{V(r^2 + h^2)}{h^2(r)(h)}\vec{j}$

解法三：站在 x′y′z′旋轉座標

在 z 座標 W_{1z} 角速度到 x′y′z′座標為

$\dfrac{V}{h\cos\theta} \times \sin\theta(-\vec{i}) + \dfrac{V}{h\cos\theta} \times \cos\theta(-\vec{j})$

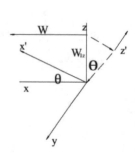

在 x′角速度大於前解法的角速度，惟，向量合角速度與前法應一樣且方向相同

角加速度值=$[\dfrac{V}{h\cos\theta}\times\sin\theta(-\vec{i})+\dfrac{V}{h\cos\theta}\times\cos\theta(-\vec{j})]\times\vec{w}_{x'}$

$=-\dfrac{V(r^2+h^2)}{h^2(r)(h)}\vec{j}$（在此座標計算較複雜）

例題 13

質點 A 從 O 點靜止釋放，沿斜槽滑向中心滑動，原盤以等角速率 ω 旋轉，忽略摩擦力，該質點到 0 點所需時間？ω 為多少時？質點不會向下滑。

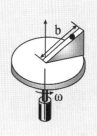

解：$\Sigma F=m(\vec{a}_B+\dot{\vec{\Omega}}\times\vec{r}+\vec{\Omega}\times(\vec{\Omega}\times\vec{r})+2\times\vec{\Omega}\times\vec{\Omega}\,\vec{v}_{rel}+\vec{a}_{rel})$

$\vec{\omega}=\omega(\sin\theta\,\vec{i}+\cos\theta\,\vec{j})$

$\vec{r}=x\,\vec{i}$ ， $\dot{\vec{\omega}}=0$ ， $\vec{v}_{rel}=\dot{x}\vec{i}$ ， $\vec{a}_{rel}=\ddot{x}\vec{i}$

$\vec{\omega}\times(\vec{\omega}\times\vec{r})=x\omega^2\cos\theta(-\cos\theta\,\vec{i}+\sin\theta\,\vec{j})$

$2\vec{\omega}\times\vec{v}_{rel}=-2\omega\dot{x}\cos\theta\vec{k}$ ，所以

$mg(-\sin\theta\,\vec{i}-\cos\theta\,\vec{j})+Ng\vec{j}+Nz\vec{k}$

$=mx\omega^2\cos\theta(-\cos\theta\,\vec{i}+\sin\theta\,\vec{j})-2m\omega\dot{x}\cos\theta\vec{k}+m\ddot{x}\vec{i}$

x 方向：$-mg\sin\theta=-mx\omega^2\cos^2\theta+m\ddot{x}$ ，得 x=Acoshkt+Bsinhkt+Csinθ

t=0 時，$\dot{x}=0$ ，x=b，因此 B=0，A=$b-\dfrac{g}{k^2}\sin\theta$ ，C=g/k²

求解 x=$(b-\dfrac{g}{k^2}\sin\theta)$coshkt+g/k²sinθ

當 x=0 時，求出 t=$\dfrac{1}{\omega\cos\theta}\cosh^{-1}\dfrac{1}{1-k}$ ，k=$\dfrac{b\omega^2\cos^2\theta}{g\sin\theta}$ （$\omega<\sec\theta\sqrt{\dfrac{g}{b}\sin\theta}$ ）

第六章　質點動力學

6-1 衝量與動量原理

一、質點總衝量與總動量原理

質點衝量與動量原理：質點線動量的變化為，在 F 力的時間作用下的線衝量。

$$Imp_{1 \to 2} = \int F dt$$

$$mv_1 + Imp_{1 \to 2} = mv_2$$

線性動量：$m\vec{v}$，單位 kg·m/sec

衝量(impulse)：$I_{mp1 \to 2} = \int_{t_1}^{t_2} F \, dt$

牛頓第二定律：$\vec{F} = m\vec{a} = m\dfrac{d\vec{v}}{dt}$，即牛頓第二定律 $F = \dfrac{d}{dt}(mv)$

則 $\displaystyle\int_{t_1}^{t_2} F \, dt = mv_2 - mv_1$

得 $mv_1 + \displaystyle\int_{t_1}^{t_2} F \, dt = mv_2$ 　　　式 6.1.1

例題 1

一質點沿半徑為 R 的圓形光滑曲面由靜止開始下滑，試求質點離開曲面時的角度θ為何？【台大機械】

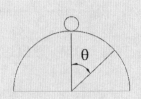

解：機械能量守恆 $T_1+V_1=T_2+V_2$

$\Rightarrow mgR=\dfrac{1}{2}mv^2+mgR\cos(\theta)v^2=2gR(1-\cos\theta)$ ………①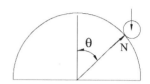

依自由力體圖，向心力$\sum F_n=mg\cos\theta-N=m\times\dfrac{v^2}{R}$ ····②

質點離開曲面時，則 $N=0$

上面①與②聯立得$\theta=\cos^{-1}(\dfrac{2}{3})$

二、質點線動量守恆

外來線衝量為零，則線動量守恆。

三、質點角衝量與角動量原理

質點角動量力矩定義：$H_o=\vec{r}\times m\vec{v}$

向量 $m\vec{v}$ 對 O 點的力矩稱質點在瞬間對 O 點的動量力矩(moment of momentum)或角動量(angular momentum)。

$H_o=\vec{r}\times m\vec{v}$

$\Rightarrow \dot{H}_O=\dot{\vec{r}}\times m\vec{v}+\vec{r}\times m\dot{\vec{v}}=\vec{r}\times m\vec{a}=\vec{r}\times\sum F=\sum\bar{M}_O$

$$(H_O)_1+\int_{t_1}^{t_2}\Sigma M\,dt=H_O)_2 \qquad \boxed{\text{式 6.1.2}}$$

$\int_{t_1}^{t_2}\Sigma M dt$ 定義為角衝量

四、角動量守恆

外來角衝量為零，則總角動量守恆。

觀念理解

1. 無外衝量作用，則線動量與角動量均守恆。
2. 有些情況，質點角動量守恆但線動量不一定守恆，如向心運動，所受外力均指向原點，或外力平行某軸，如遊樂場空中旋轉器具(座椅向心力指向原點而重力與軸平行)。
3. 質點運動期間，如所受的外力均指向某點 O 或外力均平行於某軸時，則該質點對某點 O 或某軸在運動期間角動量守恆。

五、達朗白定理(D'Alembert's principle)

依達朗白定理，在有加速度質量上的非慣性觀察者，所見該質量並無運動，此慣性力無法被非慣性觀察者發現，此慣性力也稱假想力。同樣非慣性觀察者坐在旋轉物體上時，可方便使用科氏力或離心力，此二力也是假想力。

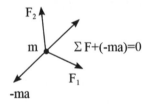

物體受外力，依牛頓第二定律 $\Sigma F=ma$，即 $\Sigma F+(-ma)=0$，此 $-ma$ 與加速度方向相反，此向量也稱為慣性向量(inertion vector)，一般常稱為慣性力(inertion force)，此慣性力並不是靜力學所說的接觸力或重力，外力的合力與慣性力平衡稱為動平衡，此觀念在 8-2 亦有說明。

六、質點功－能方程式

質點運動期間，所有力量對質點所作的功等於力 F 作用於質點由位置 1 到 2 的功是

$$u = \int_1^2 \vec{F} \cdot d\vec{r} = \int_1^2 m\vec{a} \cdot d\vec{r} = \int ma_t \cdot dS = \int_{U_1}^{U_2} mv = \frac{1}{2}m(v_2^2 - v_1^2)$$

例題 2

The ball has a mass of 2 kg and a negligible size. It is originally traveling around the horizontal circular path of radius r_0=0.5m such that the angular rate of rotation is $\dot{\theta}_0$ =1rad/s. By applying a force F the cord ABC is pulled downward through thr hole with a constant speed of 0.2m/s. Neglect the effects of friction between the ball and horizontal plane.

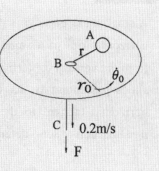

(1) Derive the equation of motion of the ball in the θ direction.

(2) Determine the radial distance r of the ball from the hole at the instant, its speed is 1.0 m/s.

(3) Determine the tension the cord exerts on the ball at the instant r=0.1m.

(4) Determine the amount of work done by F in shortening the radial distance from r=0.5m to r=0.1m.【成大機械】

解：(1) A 球切線方向力 F_θ=ma_θ⇒0=2($r\ddot{\theta}$ +2$\dot{r}\dot{\theta}$)

得θ方向運動方程式 $r\ddot{\theta}$ −04$\dot{\theta}$ =0

(2) 對 B 點角動量守恆

2×(0.5×1)(0.5)=2×($\sqrt{1^2 - 0.2^2}$ ×r)

得 r=0.255(m)

(3) 對 B 點角動量守恆

2×0.5×0.5=2×(0.1$\dot{\theta}$)×0.1⇒$\dot{\theta}$ =25

向心力量 F_r=m×a_r=m×(r×$\dot{\theta}^2$)=125N

(4) F 力作的功即增加的動能

r=0.5m 時初速度(0.5×1)

r=0.1m 時切線方向速度為(0.5×1)/0.1=5，而徑向速度為 0.2

F 力作的功，即增加的動能 $\frac{1}{2}$ ×2×[(2.5²+0.2²)−0.5²]=6.04N-m

例題 3

A small mass particle is given initial velocity v_0 tangent to the horizontal rim of a smooth hemispherical bowl at a radius r_0 from the vertical centerline, as shown at point A. As the particle slides past point B, its velocity makes an angle θ with the horizontal tangent to the bow through B. Given v_0=1m/s，r_0=10cm and r=8cm, determine v and θ at B.【清華動機】

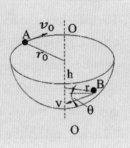

解：機械能守恆 $\Delta V=T \Rightarrow mg\sqrt{r_0^2-r^2}=\frac{1}{2}mv^2-\frac{1}{2}v_0^2 \Rightarrow g\sqrt{r_0^2-r^2}=\frac{1}{2}(v^2-v_0^2)$

得 v=1.475m/s

該質點受重力與碗表面作用力，重力與 z 軸平行，而碗表面作用力指向圓心 (O)，而重力與軸平行，因此對 z 軸角動量守恆。

$\Rightarrow mv_0 \times r_0 = m(v\cos\theta) \times r$，$\Rightarrow \cos\theta = \dfrac{1 \times 10}{1.475 \times 8}$，得 θ=32.12°

例題 4

設小球如圖示位置，速度沿經線和緯線分量分別為 v_θ 和 $v_\varnothing$，斜面為光滑求質點能沿光滑斜面滑動而不掉落的最小角度 θ？

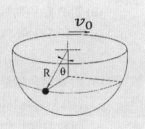

解：斜面支稱力過球心，球重力沿垂直方向，因此，外力對通過 O 點垂直軸的力矩為零，所以，角動量守恆。

$(R\sin\theta)mv_\varnothing = Rmv_0 \Rightarrow v_\varnothing = \dfrac{v_0}{\sin\theta}$ ⋯⋯⋯⋯⋯⋯⋯⋯⋯⋯⋯①

能量守恆 $\dfrac{1}{2}mv^2 = mgR\cos\theta + \dfrac{1}{2}mv_0^2 \Rightarrow v = \sqrt{v_0^2+2gR\cos\theta}$ ⋯⋯⋯②

而 $v^2=v_\theta{}^2+v_\varnothing{}^2=v_\theta{}^2+(\dfrac{v_0}{\sin\theta})^2$ $\cdots\cdots\cdots\cdots\cdots\cdots\cdots\cdots\cdots\cdots$ ③帶入上式

則 $(\dfrac{v_0}{\sin\theta})^2+v_\theta{}^2-2gR\cos\theta=v_0{}^2$ $\cdots\cdots\cdots\cdots\cdots\cdots\cdots\cdots$ ④

③式知 $v_\varnothing$ 速度逐漸變大，④式知 v_θ 逐漸變小

當下滑至 $v_\theta=0$ 時，則球掉落，因此，最小角度 θ 為

$(\dfrac{v_0}{\sin})^2-2gR\cos\theta=v_0{}^2$

求解得 $\cos\theta_{min}=\sqrt{1+\dfrac{v_0{}^4}{16g^2R^2}}-\dfrac{v_0{}^2}{4gR}$

觀念理解

1. 球往下掉不脫離的最大速度為當 $v_\theta=0$，此時 $v_{max}{}^2=(\dfrac{v_0}{\sin\theta_{min}})^2$

   $\Rightarrow v_{max}=\sqrt{\dfrac{1}{2}v_0{}^2+\sqrt{v_0{}^4+16g^2R^2}}$

2. 當 $v_0=0$ 時，v_{max} 接近 $\sqrt{2gR}$

3. 動力學探討質點球在碗內或碗外的脫離速度，決定於反作用力與所需的向心力是否平衡。

4. 流體力學探討分離現象，無黏滯性質點流流經圓柱，表面壓力由前端停滯點逐漸下滑(速度上升，壓力降低)到最低點又開始上升。

5. 邊界層理論結合壓力梯度與黏滯性及慣性，來說明分離現象。可參酌前面流力邊界層章節。

例題 **5**

質量 1.5Mg 的車子如圖示,沿圓形路徑行駛,車輪與路面牽引力 F 為 $150t^2N$,當 t=5sec 時,試求車子的速率。

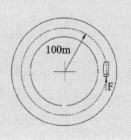

100m

F

解: $(H_O)_1 + \int_{t_1}^{t_2} \Sigma M\, dt = (H_O)_2 \Rightarrow (100)(150)(5) + \int_{t_1}^{t_2} \Sigma M\, dt$

$= 750000 + \int_0^5 (100)(150t^2)\, dt = (100)(1500)(v)$

求得 v=9.17m/s

6-2 質量流

一、穩定質點流(steady stream of particle)

假設:

(一) 質點系統以速度 v_i 運動

(二) Δm 以速度 v_A 進入系統,其相對速度為 $u_A = v_A - v_i$,以速度 v_B 離開系統,相對速度 $u_B = v_B - v_i$

(三) 系統中質點受 ΣM 或 ΣF 的作用

(四) Δt 間隔時間內,流進與流出質點數相等

(五) 系統中 $\Sigma m_i v_i$,在 Δt 間隔時間內沒變化

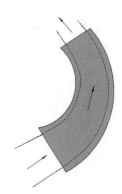

(六) 力平衡圖

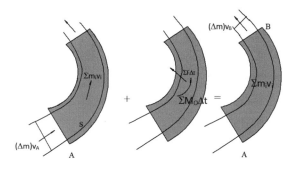

依線衝量動量原理 $P_1 + \int_{t_1}^{t_2} F \cdot dt = P_2$

所以 $((\Delta m)v_A + \Sigma m_i v_i) + \Sigma F \Delta t = (\Sigma m_i v_i + (\Delta m)v_B)$

化簡後 $\Sigma F \Delta t = (\Delta m)(v_B - v_A)$

得 $\Sigma F = \dot{m}(v_B - v_A)$ 　　　式 6.2.1

角衝量－角動量原理應用

$(H_O)_1 + \int_{t1}^{t2} M_O \, dt = (H_O)_2$

$(r_A \times (\Delta m)V_A + \Sigma r_i \times m_i \times v_i) + \Sigma M_O \Delta t = (\Sigma r_i \times m_i \times v_i) + r_B \times (\Delta m)V_B)$

$\Sigma M_O \Delta t = r_B \times (\Delta m)V_B - r_A \times (\Delta m)V_A$

$(\dfrac{dm}{dt}) = (\rho Q)$

得 $\Sigma M_O = \dot{m}(r_B \times V_B - r_A \times V_A)$ 　　　式 6.2.2

觀念理解

1. 經由輪葉而轉向的流體：
   (1)輪葉固定：流體作用在輪葉上的力量等於 F，但方向相反。
   (2)輪葉等速：速度轉換成流體相對輪葉的速度較易計算。
2. 管道的流體。

3. 噴射引擎：空氣 m_a 零速度進入燃燒後高速噴出，因為燃料質量 m_f 遠小於空氣量，排出燃料氣體 m_g 可以 m_a 替代，空氣可以相對速度 u 離開。

4. 質點進入系統速度為零，滑流流體速度 u 離開。

5. 螺旋槳飛機：質點進入系統速率等於飛機速率離開系統速度為相對速度 u，螺旋槳飛機定點不動。

例題 6

穀粒在漏斗上以 $240\dfrac{\text{lb}}{\text{s}}$ 的速率漏入斜槽，穀粒以 $20\dfrac{\text{ft}}{\text{s}}$ 的速度碰到斜槽。與水平成 10°角的速度在 B 處離開，斜槽支撐穀粒與斜槽重量在 G 的大小為 600lb 的力量，試求在滾子 B 的反作用力，及在角鏈處 C 點的反作用力。

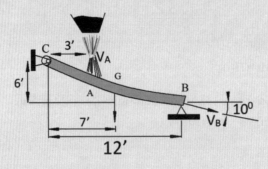

解：解法一：動量方程式

X 分量：$C_x\Delta t=(\Delta m)v_B\cos10°$

Y 分量：$-(\Delta m)v_A+C_y\Delta t-W\Delta t+B\Delta t=-((\Delta m)v_B\sin10°$

C 處力矩：$-3(\Delta m)v_A-7(W\Delta t)+12B\Delta t=6(\Delta m)v_B\cos10°-12(\Delta m)v_B\sin10°$

依題目 $\dfrac{\Delta m}{\Delta t}=-(240/32.2)=7.45\dfrac{\text{slug}}{\text{s}}$ 帶入

可得 $C_x=110.1\text{lb}$ 向右，$C_y=307\text{lb}$ 向上，$B=433\text{lb}$ 向上

解法二：流力算法

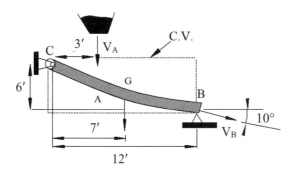

$$\frac{D\vec{P}_{sys}}{Dt}=\frac{D}{Dt}\int_{sys}\vec{v}\cdot\rho d\forall=\frac{\partial}{\partial t}\int_{cv}\vec{V}(\rho\cdot d\forall)+\int_{cs}\vec{V}(\rho\vec{V}\cdot d\vec{A})=\Sigma F$$

$$\int_{cs}\vec{V}(\rho\vec{V}\cdot d\vec{A})=\Sigma F$$

得 $C_x=(v_B\cos10°)(40/32.2)=110.1(\text{lb})$

$C_y+B_y-600=(-V_A)(-240/32.2)-v_B\sin10°(240/32.2)\cdots\cdots①$

$$\vec{M}=\frac{\partial}{\partial t}\int_{cv}(\vec{r}\times\overrightarrow{V})(\rho\cdot d\forall)+\int_{cs}\vec{r}\times\vec{V}(\rho\vec{V}\cdot d\vec{A})$$

$$\Rightarrow M_c=\int_{cs}\vec{r}\times\vec{V}(\rho\vec{V}\cdot d\vec{A})=-7(W)+12B\cdots\cdots②$$

因此 $6\dot{m}v_B\cos10°+3\dot{m}v_A=-7(W)+12B$

解①、②聯立方程式得 $C_y=307\text{lb}$ 向上，$B=433\text{lb}$ 向上

例題 **7**

如圖中有 4 種裝置，假設輪子與地面無摩擦力，
流體為不可壓縮由圖示方向進入，圖示方向流出，
當裝置釋放後，各裝置行進的方向為何？(假設只
在 x 方向移動)(動量方程式應用)【104鐵路】

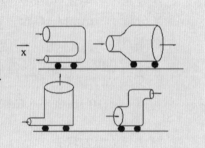

解：(1)$\Sigma F = \oint_{C.S.} (\overline{V}\rho\vec{V}\cdot d\vec{A})$

$(\rho\vec{V}\cdot d\vec{A})$流進為負、流出為正

連續方程式 $V_1A_1=V_2A_2$，因 $A_1>A_2$，

所以 V_1 值小於 A_2

$\Sigma F = \oint_{C.S.} (\overline{V}\rho\vec{V}\cdot d\vec{A}) = [V_1(-\dot{m})]+[(-V_2)(\dot{m})]$

$= -(V_1\dot{m}+V_2\dot{m})$

控制體積靜止時，控制體積內，流體受一向左力

$(V_1\dot{m}+V_{21}\dot{m})$，故當釋放後，控制體積向右移動

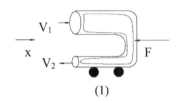

(1)

(2)$\Sigma F = \oint_{C.S.} (\overline{V}\rho\vec{V}\cdot d\vec{A})$

連續方程式 $V_1A_1=V_2A_2$，因 $A_1<A_2$，

所以 V_1 值大於 V_2

$\Sigma F = \oint_{C.S.} (\overline{V}\rho\vec{V}\cdot d\vec{A}) = [V_1(-\dot{m})]+[(V_2)(\dot{m})] = \dot{m}(V_2-V_1)$，

負值表示在 x 方向，向左

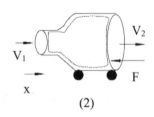

(2)

(3) 控制體積靜止時，控制體積內流體受一 x 方向向左力 $\dot{m}(V_1-V_2)$，
故當釋放後，控制體積向右移動

$$\Sigma F= \oint_{C.S.}(\vec{V}\rho\vec{V}\cdot d\vec{A})$$

$(\rho\vec{V}\cdot d\vec{A})$ 流進為負、流出為正

連續方程式 $V_1A_1=V_2A_2$，因流出往上，
本題重點是求 x 方向力

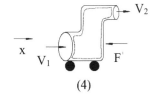

(3)

$$\Sigma F_x= \oint_{C.S.}u\rho\vec{V}\cdot d\vec{A})=[V_1(-\dot{m})]，負值表示 x 方向向左$$

控制體積靜止時，控制體積內流體受一 x 方向向左力，故當釋放後，
控制體積向右移動

(4) $$\Sigma F= \oint_{C.S.}(\vec{V}\rho\vec{V}\cdot d\vec{A})$$

連續方程式 $V_1A_1=V_2A_2$，因 $A_1>A_2$，
所以 V_1 值小於 V_2

$$\Sigma F= \oint_{C.S.}(\vec{V}\rho\vec{V}\cdot d\vec{A})=[V_1(-\dot{m})]+[(V_2)(\dot{m})]$$

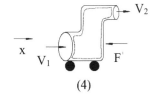

(4)

$=\dot{m}(V_2-V_1)$，
正值表示 x 方向向右
控制體積靜止時，控制體積內流體受一 x 方向，向右力 $\dot{m}(V_2-V_1)$，
故當釋放後，控制體積向左移動

例題 8

有一直升機重 W=5000lb，於空中盤旋時氣流直徑
為 38ft，空氣重 0.076lb/ft³，試求空氣流速？

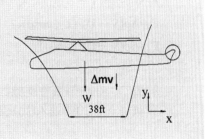

解：$P_1+\Sigma F\Delta t=P_2$，其中 $P_1=0$，$\Sigma F\Delta t=(-We_y)\Delta t$

$P_2=\Delta mv$，$(-We_y)\Delta t=\Delta mv$，$(-We_y)=(\dfrac{\Delta m}{\Delta t})(-ve_y)$，$W=(\dfrac{\Delta m}{\Delta t})v=(\rho Av)v$

所以，$5000=(\dfrac{0.076}{32.2})(\dfrac{\pi}{4})(38^2)(v^2)$

得 $v=-43.2\text{ft/sec}$

例題 9

射流以等速 V 前進，控制體以等速 U 前進，求射流
作用在導板上水平力(如圖)。

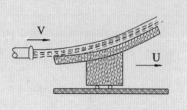

解：解法一：(動力學觀點)

隨葉片作等速移動座標系統，流體質點以相對速度 $u=V-U$ 進入葉片，因質
量守恆也以 u 的相對速度離開葉片。

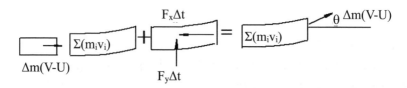

X 方向動量$(\Delta m)u-F_x\Delta t=(\Delta m)u\cos\theta$

Y 方向動量 $F_y\Delta=(\Delta m)u\sin\theta$

將 $\Delta m=A\rho(V-U)\Delta t$ 代入，即 $\Delta=mA\rho u\Delta t$，得

$F_x=A\rho(V-U)^2(1-\cos\theta)\leftarrow$

$F_y=A\rho(V-U)^2(\sin\theta)\uparrow$

解法二：在絕對慣性座標觀察，控制容積等速 $\vec{U}$
求 $\rho(\vec{V}\cdot d\vec{A})$ 即進入(出)控制體積之質量流率，先求相對速度

流入速度 $\vec{V_i} = \vec{V_j} - \vec{U}$ ，

流入控制體積的質量流率：

$$\iint_{A_i} \rho \vec{V_i} \cdot d\vec{A_i} = \rho(V_j - U)A_i ，$$

流出控制體積之質量流率：

$$\iint_{A_o} \rho \vec{V_o} \cdot d\vec{A_o} = \rho(V_j - U)A_o ，$$

連續方程式 $\rho(V_j - U)A_i = \rho(V_j - U)A_o$

流入絕對速度 $V_j \vec{i}$

流出絕對速度 $[(V_j - U)\cos\theta + U] \vec{i} + [(V_j - U)\sin\theta] \vec{j}$

動量方程式：

$R_x = [(V_j - U)\cos\theta + U][\rho(V_j - U)A_o] - V_j[\rho(V_j - U)A_i] = \rho(V_j - U)^2 A_i(\cos\theta - 1)$

解法三：在控制容積座標系統觀察

流入速度：$(V_j - U)\vec{i}$ ，流出速度：$(V_j - U)\cos\theta \vec{i} + (V_j - U)\sin\theta \vec{j}$

依動量方程式：

$R_x = [(V_j - U)\cos\theta][\rho(V_j - U)A_o] - (V_j - U)[\rho(V_j - U)A_i = \rho(V_j - U)^2 A_i(\cos\theta - 1)$

例題 10

輸送帶裝置如上鐵沙落下量為 225kg/s，落下之平均速度為 1.5m/s(V_{sand})，輸送帶以 0.9m/s 的速度向右穩定移動，求輸送帶張力。

解： 如圖示之控制容積，鐵砂在水平方下速度進入的為 0，初控制容積速度為 0.9m/s

$F = T_{belt} = \dot{m} \Delta V = 22.5 \times 0.9 = 202.5 (N)$

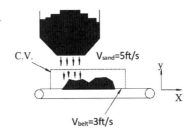

例題 11

A cart is propelled by a liquid jet issuing horizontally from a tank as shown. The track is horizontal; resistance to motion may be neglected. The tank is pressurized so that the jet speed may be considered constant. Obtain a general expression for the speed of the cart as it accelerated from rest.【成大航太】

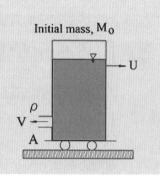

解：解法一：

$$\Sigma \vec{F} = \frac{\partial}{\partial t} \int_{c.v.} \vec{V} \cdot \rho d\forall + \oint_{c.s.} \rho \vec{V}(\vec{V} \cdot d\vec{A})$$

槽(control volume)等速移動，單位時間流出的流量為 ρAV

$$\Rightarrow \frac{\partial}{\partial t} \int_{c.v.} \vec{V} \cdot \rho d\forall = \frac{\partial U}{\partial t}(M_0 - \rho AV t) \cdots\cdots ①$$

$$\oint_{c.s.} \rho \vec{V}(\vec{V} \cdot d\vec{A}) \cdots\cdots ② (V 的方向為負)$$

合併①式與②式

因外力合為 0，所以

$$\Sigma \vec{F} = (M_0 - \rho AV t)\frac{\partial U}{\partial t} - \rho V^2 A = 0$$

$$\Rightarrow (M_0 - \rho AV t)\frac{dU}{dt} = \rho V^2 A$$

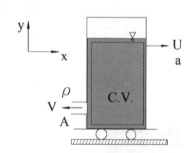

積分 $\int_0^U dU = \rho V^2 A \int_0^t (\frac{-1}{\rho AV})\frac{d(M_0 - \rho AV t)}{M_0 - \rho AV t}$

得車子之速度 U 為 $V \ell n\left[\frac{M_0}{M_0 - \rho AV t}\right]$

解法二：

在非慣性座標系統求解(參考例題 13)

將固定容積設定在車上，車子有加速度 a，所以，固定容積非慣性座標

利用 $\boxed{式\ 7.12}$ $\vec{F} - \int_{sys}[a_{ni}]\rho \cdot d\forall = \dfrac{\partial}{\partial t}\int_{cv}V_{ni}\rho \cdot d\forall + \int_{cs}V_{ni}\rho V_{ni} \cdot dA$

1 無外力 $\vec{F}$

2 $\dfrac{\partial}{\partial t}\int_{cv}V_{ni}\rho \cdot d\forall = 0$，因在加速座標系統上 $V_{ni} = 0$

3 $\displaystyle\int_{cs}V_{ni}\rho V_{ni} \cdot dA = \rho V^2 A$

4 $\displaystyle\int_{sys}[a_{ni}]\rho \cdot d\forall = M\dfrac{dU}{dt}$，依題意 $M = M_0 - \rho AVt$

所以，$(M_0 - \rho AVt)\dfrac{dU}{dt} = \rho V^2 A$

積分 $\displaystyle\int_0^U dU = \rho V^2 A\int_0^t (\dfrac{-1}{\rho AV})\dfrac{d(M_0 - \rho AVt)}{M_0 - \rho AVt}$

得車子之速度 U 為 $V\ln\left[\dfrac{M_0}{M_0 - \rho AVt}\right]$

二、可變質量質點系統

(一) 線動量－衝量原理

$\Delta mv_A \qquad mV \qquad (m + \Delta m)(V + \Delta V)$

依線動量－衝量原理

$P_1 + \displaystyle\int_{t1}^{t2}Fdt = P_2$

$(\Delta mv_A + mV) + \Sigma F\Delta t = (m + \Delta m)(V + \Delta V)$

$\Delta mv_A + \Sigma F\Delta t = m\Delta V + \Delta mV + \Delta m\Delta V (\Delta m\Delta V$ 可忽略$)$

$\Delta m(v_A - V) + \Sigma F\Delta t = m\Delta V$

得 $\dot{m}u_A + \Sigma F = m\dfrac{dV}{dt}$ $\qquad\boxed{式\ 6.3.1}$

各物理意義說明：

$\dot{m}$：系統質量對時間微分(吸收質量的值為正)

u_A：系統增加質量或排出質料，u_A 皆會為負值，但 $\dfrac{dV}{dt}$ 的值會有正、負。

另類推導：(連續吸收質點，或是連續的排出質點)

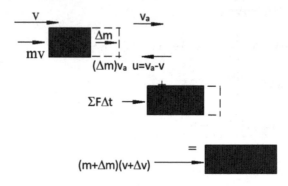

u 為被吸收質點相對系統的速度，$u = V_a - V$

$mV + (\Delta m)V_a + \Sigma F\Delta t = (m + \Delta m)(V + \Delta V)$

得 $\Sigma F\Delta t = m\Delta V + \Delta m(V - V_a) + \Delta m(\Delta V)$，忽略 (ΔV)

得 $\Sigma F\Delta t = m\Delta V - \Delta mu$ 　　$\boxed{式\ 6.3.2}$

$\Sigma F + \dfrac{dm}{dt}u = ma$ ………系統增加一推力 $p = \dfrac{dm}{dt}u$

與 $\boxed{式\ 6.3.1}$ 結論：

(1)吸收質量時 u 為負值，p 為負值。

(2)排出質量時 u 雖仍為負值，p 為正值($\dfrac{dm}{dt}$ 為負值)

(3)當吸收質量的絕對速度為零時特殊狀況，

　　因 $u = -V$，$\displaystyle\sum F = \dfrac{d}{dt}(mv)$，此時，可滿足牛頓第二定律

(二) 流體力學動量原理

$\vec{P}_{sys} = \int_{sys} \vec{v}\, dm = \int_{sys} \vec{v}\, \rho d\forall$

$\dfrac{D\vec{P}_{sys}}{Dt} = \dfrac{D}{Dt}\int_{sys} \vec{v}\, \rho d\forall = \dfrac{\partial}{\partial t}\int_{cv} \vec{V}(\rho \cdot d\forall) + \int_{cs} \vec{V}(\rho\vec{V} \cdot d\vec{A})$

例題 **12**

The end of a chain of length L and mass ρ per unit length which is piled on a platform is lifted vertically with a constant velocity v by a variable force P

(1) Find P as a function of the height x of the end above the platform.

(2) Find the energy lost during the lifting of the chain. (**系統質量有變化**)【104 台大應力、中央機械】

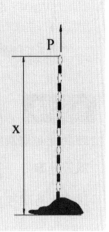

解：解法一：線動量與衝量原理

(1) 吸收質量的絕對速度為零時，則 $u = -V$，$\Sigma F = \dfrac{d}{dt}(mv)$，

滿足牛頓第二定律，依前述公式說明 $\Sigma F + \dfrac{dm}{dt} = uma$

$P - mg = ma - \dfrac{dm}{dt}u = ma - \dot{m}u$　　　$P - \rho gx = \rho\,\dot{x}\dot{x} - 0$　　　$P = \rho v^2 + \rho gx$

(2) 能量損失

$\Delta E = ($所有輸入功$) - ($位能增加$) - ($動能增加$)$

$= \displaystyle\int_0^L P\,dx - (\rho Lg \times \dfrac{L}{2}) - \dfrac{1}{2}(\rho L)v^2 = \dfrac{1}{2}\rho Lv^2$

解法二：

$\dfrac{D\vec{P}_{sys}}{Dt} = \dfrac{D}{Dt}\displaystyle\int_{sys}\vec{v}\,\rho d\forall$

$= \dfrac{\partial}{\partial t}\displaystyle\int_{cv}\vec{V}(\rho \cdot d\forall) + \int_{cs}\vec{V}(\rho\vec{V} \cdot d\vec{A}) = \Sigma F$

$\Sigma F = P - \rho gX$

$\dfrac{\partial}{\partial t}\displaystyle\int_{cv}\vec{V}(\rho \cdot d\forall) = 0$，因 $\vec{V}$ 為固定速度

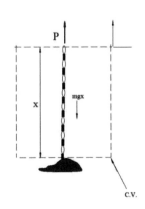

$$\int_{cs} \vec{V}(\rho\vec{V} \cdot d\vec{A}) = \dot{x} \rho \dot{x} \text{ 流率為流出，速度向上為正}$$

得 $P - \rho gx = \rho \dot{x}\dot{x}$，$P = \rho v^2 + \rho gx$

例題 13

時間 t=0 垂直發射，起始質量為 m_0(包含外殼及燃料)的火箭，燃料以等速率 $q = \dfrac{dm}{dt}$ 消耗，並以相對火箭速率 u 排出，忽略空氣阻力，試導出時間在 t 時火箭的速度。(火箭系統)

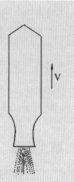

解：解法一：

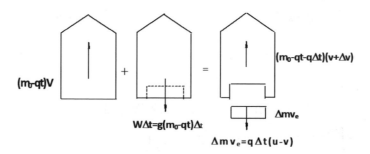

$(m_0-qt)V$

$W\Delta t = g(m_0-qt)\Delta t$

$(m_0-qt-q\Delta t)(v+\Delta v)$

$\Delta m v_e$

$\Delta m v_e = q\Delta t(u-v)$

(V_e 為燃料排出相對地球速度，依題意 $u = V_e - (-V) \Rightarrow V_e = u - V$，力平衡圖如上

$(m_0-qt)V - [(m_0-qt)g]\Delta t = [(m_0-qt)-q\Delta t](V+\Delta V) - (q\Delta t)(u-V)$

上式均除以 Δt，$\Delta t \to 0$，經整理 $-(m_0-qt)g = (m_0-qt)\dfrac{dV}{dt} - qu$……①

即 $\dfrac{dV}{dt} = \dfrac{qu}{m_0-qt} - g \Rightarrow dV = (\dfrac{qu}{m_0-qt} - g)dt$，

積分 $\displaystyle\int_0^V dV = \int_0^t \dfrac{qu}{m_0-qt}dt - \int_0^t gdt$ ……②

為求 $\int_0^t \dfrac{qu}{m_0 - qt}\,dt$ dt 令 $m_0 - qt = x$，所以 $dt = \dfrac{-1}{q}\,dx$

經整理 $\int_0^t \dfrac{qu}{m_0 - qt}\,dt = \int_{m_0}^{m_0 - qt} \dfrac{-u}{x}\,dx = u\ell n\dfrac{m_0}{\left(m_0 - qt\right)}$ 帶入②式

得 $V = u\ell n\dfrac{m_0}{\left(m_0 - qt\right)} gt$

解法二：流力算法

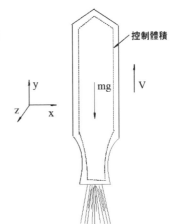

控制體積

$\Sigma \vec{F}_{sys} = \dfrac{D}{Dt}\int_{sys}\vec{V}\rho\cdot d\forall = \dfrac{\partial}{\partial t}\int_{cv}\vec{V}\rho\cdot d\forall + \int_{cs}\vec{V}\rho\vec{V}\cdot d\vec{A}\ \cdots\cdots ①$

在慣性座標系統下觀察，控制容積速度為 V

$F_y = -(m_0 - qt)g \cdots\cdots ②$

$\dfrac{\partial}{\partial t}\int_{cv}\vec{V}\left(\rho\cdot d\forall\right) = \dfrac{\partial}{\partial t}\int_{cv}V\left(\rho\cdot d\forall\right)$

$= \dfrac{\partial}{\partial t}\left(Vm\right) = V(-q) + (m_0 - qt)\dfrac{\partial V}{\partial t}\ \cdots\cdots ③$

$\int_{cs}\vec{V}\rho\vec{V}\cdot d\vec{A} = -(u - V)q \cdots\cdots ④$

[註：燃料排出方向與控制體積法線向量相同，$\rho\vec{V}\cdot d\vec{A}$ 為正，即為 q，而燃料

排出相對地球速度向下，其值為 $(u - V)$]

整理①②③④式得 $-(m_0 - qt)g = -(u - V)q + (m_0 - qt)\dfrac{\partial V}{\partial t} - Vq$(與解法一①式相同)

解法三：(D′Alembert's principle)解法

$\vec{a}_{abs} = \vec{a}_{nt} + \dot{\vec{w}}\times\vec{r} + \vec{w}\times(\vec{w}\times\vec{r}) + 2\times\vec{w}\times\vec{v}_{rel} + \vec{a}_{rel}$

$\vec{F} = \iiint_{sys} a_{abs}\rho\cdot d\forall = \iiint_{sys}[a_{ni} + \partial\times r + 2\times\omega\times V_{rel} + \omega\times(\omega\times r) + a_{rel}]\rho\cdot d\forall$

$\vec{F} - \iiint_{sys}[a_{ni} + \partial\times r + 2\times\omega\times V_{rel} + \omega\times(\omega\times r) + a_{rel}]\rho\cdot d\forall = \iiint_{sys}[a_{rel}]\rho\cdot d\forall\ \cdots\cdots ①$

上式各項的物理意義說明：

$-\iiint\limits_{sys}[2\times\omega\times V_{rel}]\,\rho\cdot d\forall$ 與 $-\iiint\limits_{sys}[\omega\times(\omega\times r)]\,\rho\cdot d\forall$：為科氏力與離心力

$\iiint\limits_{sys}[a_{ni}]\,\rho\cdot d\forall = m\dfrac{\partial V}{\partial t} = (m_0-qt)\dfrac{\partial V}{\partial t}$

$\iiint\limits_{sys}[a_{rel}]\rho\cdot d\forall = \dfrac{D}{Dt}\iiint\limits_{sys}[V_{rel}]\,\rho\cdot d\forall$：在相對加速度座標系統的加速度與系統質量

的積，運用雷諾轉換定理分析如下

$$\dfrac{D}{Dt}\iiint\limits_{sys}[V_{rel}]\,\rho\cdot d\forall = \dfrac{\partial}{\partial t}\int_{cv}V_{rel}\,\rho\cdot d\forall + \int_{cs}V_{rel}\rho V_{rel}\cdot dA\cdots\cdots②$$

②式分析如下

$\dfrac{\partial}{\partial t}\int_{cv}V_{rel}\,\rho\cdot d\forall=0$：在火箭加速度座標系統上觀測動量變化為零，同理，在火箭

加速度座標系統上觀測火箭的速度為零。

$\int_{cs}V_{rel}\rho V_{rel}\cdot dA = -(u-V)q$

①式整理後為：$\bar{F}-\iiint\limits_{sys}[a_{ni}]\,\rho\cdot d\forall = \dfrac{\partial}{\partial t}\int_{cv}V_{ni}\rho\cdot d\forall + \int_{cs}V_{ni}\rho V_{ni}\cdot dA$

得 $-(m_0-qt)g-(m_0-qt)\dfrac{dV}{\partial t}=-(u-V)q$(與解法一①式相同)

(三) 質點流動量矩

質點流的角衝量動量原理應用

$(H_O)_1+\displaystyle\int_{t1}^{t2}\sum M_O\,dt=(H_O)_2$

$(r_A\times\Delta mv_A)+\displaystyle\sum r\times mv+\sum M_O\Delta t=(\sum r\times mv+r_B\times\Delta mv_B)$

$\displaystyle\sum M_o\,\Delta t=r_B\times\Delta mv_B-r_A\times\Delta mv_A$

$\displaystyle\sum M_O=\dot{m}(r_B\times v_B-r_A\times v_A)$

(四) 流體力學動量矩守恆

在時間 t 系統的動量矩以 H 表示

$$H = \iiint_{系統} (\vec{r} \times \vec{v})(\rho \cdot d\forall) \qquad M = \vec{r} \times \vec{F} = \frac{DH}{Dt} = \frac{D}{Dt} \iiint_{系統} (\vec{r} \times \vec{v})(\rho \cdot d\forall)$$

利用變換定理

$$\frac{DH}{Dt} = \frac{D}{Dt} \iiint_{系統} (\vec{r} \times \vec{v})(\rho \cdot d\forall) = \oint_{cs} (\vec{r} \times \vec{v})(\rho \vec{v} \cdot d\vec{A}) + \frac{\partial}{\partial t} \iiint_{cv} (\vec{r} \times \vec{v})(\rho \cdot d\forall)$$

右式第 1 項為時間 t 經控制面動量矩淨流出率，第 2 項為時間 t 控制體積動量矩變化率。

例題 14

噴水器以 Q(ft³/sec)噴水如圖，噴嘴面積(A)，旋轉角速度(Ωk)，旋轉臂 L，求水流對旋轉臂產生扭矩 M_t。

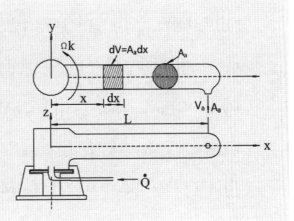

解：解法一：

(1) 扭矩 M_t 表示旋轉臂控制體積表面力對旋轉軸產生的扭矩，與旋轉軸扭矩正好與相反。

(2) 物體力不產生轉矩。

(3) 水對噴嘴的噴速 $V_0 = -(\frac{Q}{A})j$，噴嘴對原點速度為(QL)j，因此噴水對座標速度為 $[-(\frac{Q}{A}) + (QL)]j$

(4) 轉臂內水質點對慣性座標速度為$[(\dfrac{Q}{A})+(Q\cdot x)]i$

(5) $M=\displaystyle\oint_{cs}(\vec{r}\times\vec{v})(\rho\,\vec{v}\,d\vec{A})+\dfrac{\partial}{\partial t}\iiint_{cv}(\vec{r}\times\vec{v})(\rho dV)$，Steady state 下第二項為零。

所以，$M=Li\times[(-\dfrac{Q}{A}+QL)j\rho Q]=[-\dfrac{L}{\rho}\dfrac{Q^2}{A}+\Omega L^2\rho]Q\,\vec{k}$

解法二：(D'Alembert's principle)

$\vec{a}_{abs}=\vec{a}_{nt}+\dot{\vec{w}}\times\vec{r}+\vec{w}\times(\vec{w}\times\vec{r})+2\times\vec{w}\times\vec{v}_{rel}+\vec{a}_{rel}$

$\vec{F}=\displaystyle\iiint_{sys}a_{abs}\rho dV=\iiint_{sys}[a_{ni}+\partial\times r+2\times\omega\times V_{rel}+\omega\times(\omega\times r)+a_{rel}]\rho d\forall$

$\vec{F}-\displaystyle\iiint_{sys}[\alpha\times r+2\times\omega\times V_{rel}+\omega\times(\omega\times r)+a_{rel}]\rho d\forall$

$=\displaystyle\iiint_{sys}[a_{ni}]\rho dV=\dfrac{D}{Dt}\iiint V_{ni}\rho d\forall\,\rho dV=\dfrac{DP_{ni}}{Dt}$

$\overrightarrow{r_{mi}}\times\vec{F}-\displaystyle\iiint_{sys}r_{ni}\times[\alpha\times r+2\times\omega\times V_{rel}+\omega\times(\omega\times r)+a_{rel}]\rho d\forall$

$=\displaystyle\oint(r_{ni}\times V_{ni})(\rho V_{ni}\cdot dA_{ni})+\dfrac{\partial}{\partial t}\iiint_{CV}\oint(r_{ni}\times V_{ni})\rho d\forall$

非慣性座標 $a_{ni}=0$，$\alpha=0$，且 steady state $\dfrac{\partial}{\partial t}=0$

$\displaystyle\iiint_{sys}[\alpha\times r+2\times\omega\times V_{rel}+\omega\times(\omega\times r)+a_{rel}]\rho d\forall$

$=\displaystyle\int_0^L x_i\times[2\Omega k\times\dfrac{Q}{A}i+\Omega k\times(\Omega k\times xi)]\rho Adx$

$=\displaystyle\int_0^L[2\Omega\times\dfrac{Q}{A}xk)]\rho Adx=\Omega L^2\rho Q\,\vec{k}$

右邊 $\displaystyle\oint(r_{ni}\times V_{ni})(\rho V_{ni}\cdot dA_{ni})=Li\times(-\dfrac{Q}{A}j)Pq=-L\rho\dfrac{Q^2}{A}\,\vec{k}$

得 $M=[-\dfrac{L}{\rho}\dfrac{Q^2}{A}+\Omega L^2PQ]\,\vec{k}$

例題 15

圖中鍊子由其靜止釋放後足夠運動，鍊子和水平方向摩擦係數為 f，忽略角落摩擦，求最後一個環離開邊緣時鍊子的速度。

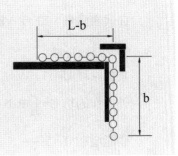

解：鍊子靜止釋放後足夠運動，設鍊子單位長度重量為 μ ⇒ f(μ)(L−b)=(μ)b，得 b=

$$\frac{fL}{1+f}$$

$\Sigma F=ma$，鍊子水平部分 ⇒ $T-f\mu(L-x)=\dfrac{\mu(L-x)}{g}$ (a)

鍊子垂直部分 ⇒ $(\mu)x-T=\dfrac{\mu x}{g}$ (a)

上面二式聯立得加速度 $a=\dfrac{g}{L}[x(1+f)-FL]$

$\int_0^v v\,dv=\int_b^L a\,dx$，得 $v^2=\dfrac{2g}{L}(\dfrac{L^2(1+f)}{2}-fL^2-\dfrac{b^2(1+f)}{2}+fLb)$

將 b 代入，得 $v=\sqrt{\dfrac{gL}{1+f}}$

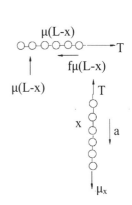

例題 16

長度 L 單位質量為 ρ 的鍊子，以定力 P 以等速垂直向上拉起，求端點在平台處之 P 力及將整條鍊子拉起所損失的能量。

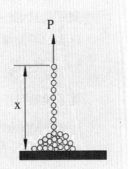

解：重要觀念：鍊子底部對上升鏈鍊子並無作用力，另底部鍊子速度為 0

G 代表動量，$\Sigma F = P - mgx = \dfrac{dG}{dt} = \dfrac{d}{dt}(\rho xv) = \rho v^2$（鍊子等速上升）

得 $P = \rho gx + \rho v^2$

功能原理 $U = \Delta T + \Delta V + \Delta E$

外力作的功 $U = \displaystyle\int_0^L P\,dx = \dfrac{\rho gL^2}{2} + \rho v^2 L$

動能增加$\Delta T = \dfrac{\rho Lv^2}{2}$

位能增加$\Delta V = \rho g(L)(L/2)$

得鍊子拉起所損失的能量$\Delta E = \dfrac{1}{2}(\rho Lv^2)$

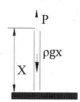

例題 **17**

長度 L 單位質量 ρ 的繩子，繩子柔軟且不可伸長，求繩端等速 v 上升所需的 P 力，及平台對繩之作用力。

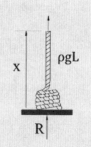

解：此繩上升過程，繩間有作用力且離開平台時，繩是有速度，如以離開平台繩的系統求動量衝量方程式，因繩間作用力未知，無法得到關係式，因此，以包含平台整個系統的觀察，來求動量衝量方程式。

G 表示線動量

$\Sigma F = P + R - \rho gL = \dfrac{dG}{dt} = \dfrac{d}{dt}(\rho xv) \Rightarrow P + R = \rho gL + \rho v^2$

繩子柔軟且不可伸長，無摩擦

$U = \Delta T + \Delta V + \Delta E \Rightarrow P(dx) = d(\dfrac{\rho xv^2}{2}) + d(\rho gx\dfrac{x}{2})$

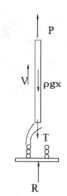

$$\Rightarrow P(dx) = (\frac{\rho v^2}{2})(dx) + \rho gx(dx)$$

$$P = \left(\frac{\rho v^2}{2}\right) + \rho gx$$

將上式 P 與 R 的關係代入，求得 $R = \rho g(L-x) + \frac{1}{2}\rho v^2$

觀念理解

1. 鍊子等速上升所需的力 P 非固定力量，而與 x 距離有關，離開平台底端鍊子無內力，取離開平台鍊子為系統的動量方程式 $\Sigma F = P - \rho gx$ (離開平台鍊子重)。

2. 繩子等速上升所需的力。P 非定力，而與 x 距離有關，但未離開平台底端的繩子有內力，與鍊子不同的是，此系統無碰撞摩擦影響，取含地面繩子整個系統動量方程式：$\Sigma F = P - \rho gL$ (繩子總重)$- R$ (平台反作用力)。

3. 鍊子離開平台等速上升，鍊子底端無外力，外力 P 所作的功 $dU = \int_0^L P\, dx$，即為外力 P 對離開平台所作的功。

4. 繩子等速上升且無碰撞摩擦影響，外力 P 所作的功 dU＝動能增加與位能增加，$dU = P dx$，動能增加 $= \frac{\rho dx}{2}(v^2)$ 或 $d(\frac{\rho v^2}{2}x)$，位能增加 $= \rho g(dx)(x)$ 或 $d(\rho gx\frac{x}{2})$

5. 鍊子離開平台上升段 $\Sigma F = \frac{d}{dt}(G)$，$G = \rho xv$，因在靜止平台鍊子相對速度 v 上升；繩子上升段 $\Sigma F = \frac{d}{dt}(G)$，$G = \rho xv$ 系代表全部繩子的動量。

第七章　質點系統與剛體平面運動

7-1 質點系統動力學

一、質點系統的質心運動

(一) 質點系統是由很多質點所構成的,哪一點才能代表整個質點系統的運動狀況,找出質點系統質心。

定義質點系統質心位置向量

$$\bar{r} = \sum_{i=1}^{n} m_i r_i / \sum_{i=1}^{n} m_i$$

$$\Rightarrow \dot{\bar{r}} = \sum_{i=1}^{n} m_i \dot{r}_i / \sum_{i=1}^{n} m_i$$

得 $\bar{v} = \sum_{i=1}^{n} m_i \dot{r}_i / m$ 　　式 7.1.1

$\bar{v}$ 代表系統質心 G 的速度

即質點系統的質心就是該系統整個質量處,所有外力均作用於該點移動。

(二) 質點系統的線動量 $L = \sum_{i=1}^{n} m_i v_i$ 　　式 7.1.2

(三) 質點系統的線動量和對 t 的微分

$\dot{L} = \sum_{i=1}^{n} m_i \dot{v}_i = \sum_{i=1}^{n} m_i a_i = \sum F$,表示質點系統線動量變化率等於外力和。

質點系統的運動方程式可由質心描述,即

$$L = m\bar{v}, \quad \dot{L} = m\bar{a} \quad \text{式 7.1.3}$$

式 7.1.3 並未包含外力的力矩和。

二、質點系統角動量

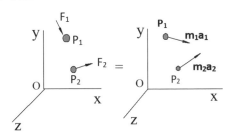

定義：質點系統對固定點的角動量 $H_o = \sum_{i=1}^{n} r_i m_i v_i$

系統中每個質點對固定點 O 點的角動量之和對時間微分。

$$\dot{H}_o = \sum_{i=1}^{n} r_i m_i \dot{v}_i = \sum_{i=1}^{n} r_i m_i a_i = \sum_{i=1}^{n} r_i F_i$$

得 $\dot{H}_o = \sum M_o$　　　　　式 7.1.4

物理定義：各外力對固定點的力矩和等於質點系統對固定點的角動量變化率

上式積分 $(H_o)_1 + \sum \int_{1}^{2} M_O \, dt = (H_o)_2$，即外力在單位時間內角動量之和為系統對 O 點

角動量的變化。

定義：質點系統對質心的角動量 $H'_G = \sum_{i=1}^{n} (r'_i \times m_i v'_i)$

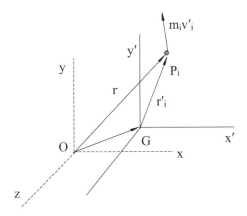

$H_G' = \sum_{i=1}^{n}(r_i' \times m_i v_i')$，$r_i'$和 v_i'為分別代表質點 P_i 相對參考質心移動架 $G_{x'y'z'}$的位置向量和速度(注意：此移動架是可以有加速度)。

$\dot{H}_G' = \sum_{i=1}^{n}(r_i' \times m_i a_i')$(經微分，其中 $\dot{r}_i'$ 會與 v_i'消去)，因 $a_i = \bar{a_i} + a_i'$

所以，$\dot{H}_G' = \sum_{i=1}^{n}(r_i' \times m_i a_i) - \sum_{i=1}^{n}(m_i\, r_i') \times \bar{a}$

第二項 $\sum_{i=1}^{n}(m_i r_i') = 0$(此即為何要取質心座標的原點緣由)

得 $\dot{H}_G' = \sum_{i=1}^{n}(r_i' \times m_i a_i)$

即 $\dot{H}_G' = \sum_{i=1}^{n}M_G$ $\boxed{式\ 7.1.5}$

$\boxed{式\ 7.1.5}$ 物理意義：外力對 G 的力矩和等於質點系統對質心 G 的角動量變化率
牛頓參考座標 O_{xyz} 上觀察 $m_i v_i$ 對 G 點所產生的力矩和(角動量)$H_G = H'_G$

定義：在牛頓型參考架動量 $m_i v_i$ 對 G 點角動量 $H_G = \sum_{i=1}^{n}(r_i' \times m_i v_i)$

因為 $v_i = \bar{v} + v_i'$

$H_G = (\sum_{i=1}^{n}m_i r_i') \times \bar{v} + \sum_{i=1}^{n}(r_i' \times m_i v_i')$，第 1 項為零，

得 $H_G = \sum_{i=1}^{n}(r_i' \times m_i v_i') = H_G'$

在牛頓型參考架 O_{xyz} 觀察動量 $m_i v_i$ 對 G 點力矩和(角動量)對時間變化率較為容易：

$$\sum M_G = \dot{H}_G \qquad \boxed{式\ 7.1.6}$$

三、等效力系(equivalent)

兩系統力系，對受力物體效果相同，則此兩系統力系稱為等效力系(equivalent)，以兩剛體鏈接在 A 點且受外力為例，鏈接在 A 點之力為系統內力，不包含在系統內，所有系統和外力等於兩向量 m_1a_1 與 m_2a_2 的和，且所有外力對於任一點 O 力矩和等於 $\vec{I}_1\partial_1 + \vec{I}_2\partial_2 + m_1a_1d_1 + m_2a_2d_2$，

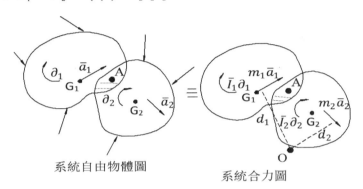

系統自由物體圖 ≡ 系統合力圖

得　$\Sigma F = m\vec{a}$

$\Sigma M_O = \vec{I}\partial + mad$ 　　式 7.1.7

解動力學問題，　式 7.1.7　可簡化未知數方便求解。

四、質點系統的衝量與動量定理

系統的質點在 t_1 到 t_2 的時間內受外力的線衝量和與外力對系統 O 的角衝量，力可以下列圖示說明。

$$(m_Bv_B)_1 + \Sigma\int_{t_1}^{t_2} Fdt = (m_Bv_B)_2$$

前面 $\sum F = \dot{L}$, $\sum M_O = \dot{H}_O$

也可寫成 $L_1 + \sum\limits_{t_1}^{t_2} F\, dt = L_2$

$$(H_O)_1 + \sum\limits_{t_1}^{t_2} M_o\, dt = (H_O)_2 \qquad \boxed{式\ 7.1.8}$$

若沒有外力作用,系統中質點的線動量與對 O 點的角動量則為不滅。

另外力不為零,若對固定點的力矩為零,則對固定點角動量仍為零。

五、質點系統的動能

P_i 為系統一質點,v_i 為其相對牛頓參考架 O_{xyz} 的速度,$G_{x'y'z'}$ 為連接在 G 的移動參考架,v_i' 為 P_i 相對移動參考架 $G_{x'y'z'}$ 的速度,所以 $v_i = \bar{v} + v_i'$

質點系統動能和為系統中各質點的動能和 $T = \dfrac{1}{2}\sum\limits_{i=1}^{n} m_i v_i^2$

將 $v = \bar{v} + v_i'$ 代入上式,得

$$T = \frac{1}{2}m\bar{v}^2 + \frac{1}{2}\sum\limits_{i=1}^{n} m_i v_i'^2 \qquad \boxed{式\ 7.1.9}$$

觀念理解

質點系統的動能為系統總質心 G 的動能與該系統各點相對質心參考架 G_{x'y'z'}的動能和，即質點系統總動能等於所有質點集中在質心的動能，與所有質點相對質心運動的動能，這觀念即剛體動能的基礎。

例題 1

Shown in the figure, a tennis player strikes the tennis ball with her racket while the ball is still rising. The ball speed before impact with the racket is $v_i=30$m/s and after impact its speed is 44m/sec with direction as shown in the figure. If the 60g ball is in contact with the racket for 0.1sec,

(1) If not considering the ball weight, determine the magnitude of the average force R exerted by the racket on the ball.

(2) Find the angle made by R with the horizontal. 【102 台大機械】

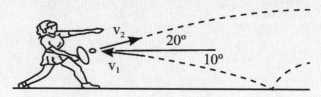

解：$-mv_1\cos 10°+R_x×0.1=mv_2\cos 20°$

$mv_1\sin 10°+R_y×0.1=mv_2\sin 20°$

得 $R_x=42.53$(N)

$R_y=5.9$(N)

$R=\sqrt{R_x^2+R_y^2}=42.94$

所以，$\theta=\tan^{-1}(\dfrac{R_y}{R_x})=7.9°$

mv_1

$R_x\Delta t$

$R_y\Delta t$

mv_2

動量衝量原理

例題 2

A triangular pris ABC of mass m is placed on a frictionless horizontal plane. A solid homogeneous circular cylinder of equal mass m and of radius r rolls down the face BC without sipping.Determine the acceleration of prism.【清大動機】

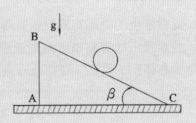

解：系統水平方向外力為 0

三角板水平加速度為 a(向左)⇒圓柱水平加速度為 a－(rαcosβ)

X 方向：$\Sigma F_X = \Sigma ma_{Gx} = 0$

$\Rightarrow -ma - m[a-(r\alpha\cos\beta)]=0$

得 $2a=r\cos\beta$……①

$\Sigma M_A = (\Sigma M_A)_{eff}$

$mgr\sin\beta=(I_G\alpha)+mr^2\alpha-marcos\beta$

$mgr\sin\beta=(\frac{3}{2}mr^2\alpha)-marcos\beta$……②

①與②得$\alpha=\dfrac{g\sin\beta\cos\beta}{3-\cos^2\beta}$ 向左

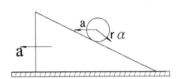

例題 3

A 240mm radius cylinder of mass 8kg rests on a 3kg carriage.The system is at rest when a force P of magnitude 10N is applied as shown for 1.2 sec.Knowing that the cylinder rolls without slinging

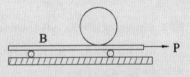

on the carriage and neglecting the mass of the wheels of the carriage,determine the resulting velocity of (1)the carriage,(2)the center of the cylinder.【台科大機械】

解：

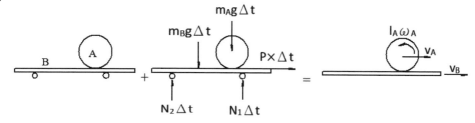

x 方向線衝量與總動量原理

$10 \times 1.2 = 3v_B + 8v_A = 3v_B + 8(v_B - 0.24\omega) \cdots$ ①

圓柱圓心速度為 V_A 與 ω_A 的關係

圓柱圓心速度 v_A 與 ω_A 的關係

$v_A = (v_B - 0.24\omega_A) \cdots$ ②

圓柱在 C 點角動量守恆

$\Rightarrow 8(v_B - 0.24\omega_A) \times 0.24$

$= (1/2)8(0.24)^2\omega_A \cdots$ ③

由①與②聯立解

$v_B = 2.12m/s$，$\omega_A = 5.88rad/s$

得圓柱質心的速度為 $v_A = v_B - 0.24\omega_A = 0.71m/s$

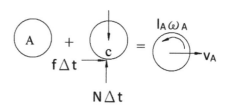

六、功能原理

單一質點的功能原理：

$$U = \int \vec{F} \cdot d\vec{r} = \int md \cdot dr = \int ma_t \cdot ds = \int_{v_1}^{v_2} mv \, dv = \frac{1}{2} m(v_2{}^2 - v_1{}^2)$$ 式 7.1.10

$\vec{F}$ 為作用在質點上，由位置 $\vec{r_1}$ 到 $\vec{r_2}$ 所做的功為 U

質點系的功能原理：質點系 $U = \int_{1}^{2} (F_i + f_i) \cdot dr_i$

F_i 和 f_i 分別代表作於質點系 m_i 的外力和內力，$r_i = \bar{r} + \rho_i$，r_i 和 $\bar{r}$ 分別代表 m_i 和質心的位置向量，而 ρ_i 是 m_i 相對質心的位置向量

因為內力 $\sum\limits_{i=1}^{n} f_i = 0$

上式 $U= \int\limits_1^2 F \cdot d\bar{r} + \int\limits_1^2 \sum \left[(F_i + f_i) \cdot d\rho_i \right] = \frac{1}{2} m \dot{\bar{r}}^2]_1^2 + \sum \frac{1}{2} m_i \dot{\rho_i}^2]_1^2$ 　　　 式 7.1.11

式 7.1.11 第一項得 $\int\limits_1^2 F \cdot d\bar{r} = \frac{1}{2} m \dot{\bar{r}}^2]_1^2$，即所有外力作用質心上所增加動能

式 7.1.11 第二項 $\int\limits_1^2 \sum \left[(F_i + f_i) \cdot d\rho_i \right] = \sum \frac{1}{2} m_i \dot{\rho_i}^2]_1^2 = \Delta(\sum \frac{1}{2} m_i \dot{\rho_i}^2)$，即質點對質

心的運動為外力和內力作功的函數對於具有彈性非剛體，外力的功可轉為成彈性位能 V_e，如為剛體則無彈性位能，功能方程式表示式：

$U = \Delta T + \Delta V_e + \Delta V_g$，式中 ΔV_g 為重力位能 　　　 式 7.1.12

例題 4

質量 m 的小質點以很高的初速在水平面上，將纜繩纏繞在半徑為 a 的固定垂直軸。假設運動為同一水平面，質點距切點 r_o 時繩之角速度為 ω_o，求轉過 θ 角時繩的張力及角速度 ω。

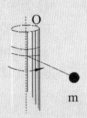

解：(1) 張力 T 對 A 點力矩為 0，但對圓心 O 力矩不為 0，對固定點角動量不守恆。

(2) 質量 m 受張力 T 與重力的方向無位移，所以，能量守恆

(3) 依題意質點距切點 r_o 時繩之角速度為 ω_o，張力 T 對 A 點力矩為 0，

　　　$H_A = \text{Constant}$

　　　$(r_o \times \omega_o) = (r)(\omega) = (r_o - a\theta)\omega$

　　　$\omega = (r_o \times \omega_o)/(r_o - a\theta)$

　　　另一種算法，

　　　質量 m 受張力 T 與重力的方向無位移，

所以能量守恆$\Rightarrow \dfrac{1}{2} m(r_o \times \omega_o)^2 = \dfrac{1}{2} m(r\omega)^2 \Rightarrow (r_o \times \omega_o)=(r)(\omega)$

結果與上式相同，$\omega = (r_o \times \omega_o)/(r_o - a\theta)$

(4)作用於質點 m 張力 T 對 O 點力矩 $M_O = \dot{H}_O$

$-Ta = \dfrac{d}{dt}(mvr) = m\dot{v}r + mv\dot{r}$

前面的說明 v 值是定值(改變的是方向)

$-Ta = mv\dot{r}$，因 $r = (r_o - a\theta)$

$\Rightarrow -Ta = mv(-a\omega)$

得 $T = mv\omega$

例題 5

The simple penduium A of mass m_A and length l is suspended from the trolley B of mass m_B. If the system is realesed from rest at $\theta = 0°$, determine the velocity v_B of the trolley when $\theta = 90°$. Friction is neligible.

【台大醫工】

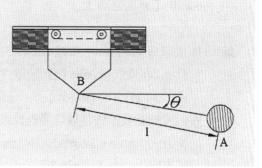

解： 整個系統水平方向無外力所以水平
方向線動量守恆

$0 = m_B v_B + m_A(v_B - v_{A/B})$ ⋯⋯⋯⋯⋯①

能量守恆原理，減少的位能轉成增加的動能

$-\Delta V = \Delta T$，因此

$m_A gl = \dfrac{1}{2} m_B v_B^2 + \dfrac{1}{2} m_A (v_B - v_{A/B})^2$ ⋯⋯②

上二式聯立得 $v_B = \sqrt{\dfrac{2m_A^2 gt}{m_B^2 + m_A m_B}}$ 向右

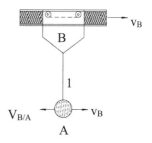

例題 **6**

A 5-kg particle is sliding along a flat, horizontal, frictionless surface at v_i=4m/s as shown in Fig. When the particle is 10m from the wall, it explodes and splits into two pieces m_A=3kg amd m_B=2kg. If the 3-kg piece hits the wall 3s after the explosion at y_A=7.5m, determine

(1)The impulse extended on particle A by the explosion.

(2)The velocity $v_{A/B}$ of particle A relative to particle B immediately after explosion.

(3)The position of v_B at which particle B hits the wall.

(4)The time difference between when particle A hits the wall and when particle B hits the wall.【台大應力】

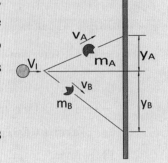

解：(1) 依題意 y_A=7.5m，所以 $\tan^{-1}(7.5/100)$=36.87°

且 m_A 在爆炸後 3sec 撞到牆壁，

得 v_A=10/[$v_A(\cos36.86°)$]

假設無能量損失且爆炸過程線動量守恆

X 方向：$mv_i=m_Av_A\cos36.86°+m_Bv_B\cos\theta$

Y 方向：$0=m_Av_A\sin36.86°-m_Bv_B\sin\theta$

得 v_B=6.25m/s，θ=36.87°

$m_Av_i+I_x=m_Av_A\cos36.87°$，

得 x 方向衝量為 $-2\vec{i}$ (N-s)

$0+I_y=m_Av_A\sin36.87°$，

得 y 方向衝量為 $7.5\vec{j}$ (N-s)

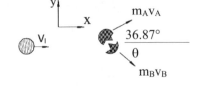

(2) $v_{A/B}=\vec{v}_A-\vec{v}_B=v_A(\cos36.87°\vec{i}+\sin36.87°\vec{j})-v_B(\cos36.87°\vec{i}-\sin36.87°\vec{j})$

　　$=-1.67\vec{i}+6.25\vec{j}$ (m/s)

(3)與(4)因 B 擊中牆面所需時間 t_B=10/($v_B\cos36.87°$)=2(sec)，所以

A 與 B 擊中牆面時間差 $3-2$=1(sec)

$y_B=(v_B\sin36.87°)\times t_B$=7.5(m)

7-2 剛體平面運動

一、剛體平面運動的條件

(一) 剛體中，每一質點均與一固定參考平面維持等距。

(二) 剛體僅由平面扁塊和對稱於參考平面物體的物體所組成。

質點系統有下列二通用方程式

$\sum F = m\bar{a}$ 物體質心對牛頓參考系統 O_{XYZ} 的應用

$\sum M_G = \dot{H}_G$ ，$\dot{H}_G$ 代表組成質點系統對質心 G 的角動量 H_G 的變化率

$$H_G = \sum_{i=1}^{n} (r_i' \times m_i \times v_i) = \sum_{i=1}^{n} (r_i' \times m_i \times v_i')$$

$$= \sum_{i=1}^{n} (r_i' \times v_i' \times m_i) = \sum_{i=1}^{n} [r_i' \times (w \times r_i') \times m_i] = \bar{I} w$$

$\bar{I}$ 為扁塊中心軸所取的慣性力矩

取扁塊可以簡化分析，因為 $v_i' = w \times r'$ 與 $\bar{I} = \sum r_i'^2 \Delta m_i$，將上式再微分，得 $\dot{H}_G = \bar{I}\dot{w} = \bar{I}\alpha$，扁塊角動量變化率與 α 同向

觀念理解

$\sum M_G = \dot{H}_G$ 適用於所有剛體運動，而平面扁塊或剛體對稱於參考平面運動符合 $\dot{H}_G = \bar{I}\alpha$。由於剛體對稱參考平面的平面運動角動量和角速度均沿主慣性軸的方向具有相同的方向，所以可得 $\dot{H}_G = \bar{I}\alpha$，否則，必須利用慣性張量的關係式，利用ω旋轉座標求 H_G。

二、一般平面運動平衡方程式

$\sum F_x = m\bar{a}_x$

$\sum F_y = m\bar{a}_y$ 　左式係針對剛體平面扁塊或是剛體對稱於參考平面的平面運動。

$$\sum F_y = m\,\overline{a}_y \qquad \boxed{式\ 7.2.1}$$

$$\sum M_G = \overline{I}\,\alpha \qquad \boxed{式\ 7.2.2}$$

剛體平面運動，作用其上的外力，並不一定通過其質心，因此，其外力對\系統除有一 $m\overline{a}$ 影響外，還有一繞質心的 $\overline{I}\,\alpha$ 向量。

三、固定點轉動平面運動平衡方程式

$\sum F_n = ma_{GN} = m\omega^2 r_G$

$\sum F_t = ma_{GT} = m\alpha r_G$

$\sum M_G = I_G\alpha$

若對轉動中心 O 取力矩方程式

$\sum M_O = I_G\alpha + ma_{GT}r_G = (I_G + mr_G^2)\alpha = I_O\alpha$

解題技巧

1. 繪出自由力體圖，向量表示出剛體上的受力、線加速度與角加速度。

2. 將運動分解成平移和對質心的旋轉，力體圖中指示出外力和物體線動量和角動量變化率的關係，再劃出等效力體圖，各力與力矩的作用了解合力(力矩)的效果。質心的速度與加速度及剛體角加速度可由運動學中先找出其相關性(如受限制的平面運動曲柄軸運動、不發生滑動的滾動等等)，再求出各外力的大小。

3. 動量衝量法與功能法的解題原則：

   (1)與時間有關的問題時，用衝量與動量原理。

   (2)有速度與時間關係時，用衝量與動量原理。

   (3)無外力作用時，用線動量守恆原理。

   (4)無轉矩作用時，用角動量守恆原理。

   (5)有兩種不同位置時，用功能原理。

四、剛體打擊中心(center of percussion)

剛體繞 O 點旋轉，質心 G 距 O 點為 r，外力 P 作用於 OG 直線上 Q 點，支撐 O 點不會產生反作用力，稱為剛體的打擊中心。

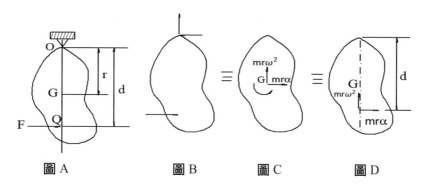

圖 A   圖 B   圖 C   圖 D

(一) 圖 C 將力移到 Q 距 O 點 d 距離，其對 O 點等效力矩

$m r^2 \alpha + \overline{I} \alpha = mr\alpha d$

$\overline{I} = mk^2$ 代入上式，$\Rightarrow (r^2 + k^2) = rd$

或 OQ 距離 $d = (r^2 + k^2)/r = k_o^2 / r$，$k_o$ 稱為剛體的迴轉半徑

以細長桿長 L 為例，$r = L/2$，$k = L/\sqrt{12}$

得 $d = (\dfrac{L^2}{4} + \dfrac{L^2}{12})/(\dfrac{L}{2}) = \dfrac{2L}{3}$

(二) 力的平移原理，作用於 G 點的一個 F 力可以換成一個作用於 Q 點的力 F 及一力偶，這個力偶的力偶矩等於原力 F 對 Q 點的力矩。即作用於 G 點的力可以平移到 Q 點，必須增加一個附加力偶，才能做到與原力對物體的作用外在效果等效。

圖 C 將力移到 Q 距 G 點為 m，以細長桿 L 為例

$\overline{I} \alpha = mr\alpha \times h$(增加一個附加力偶等於 $\overline{I} \alpha$)

得 $h = L/6$，$h + L/2 = \dfrac{2L}{3}$，結果一樣。

例題 7

滑件 D 的鉤子 C 與 A 點小插銷接合時，質量為 m
的均勻桿件 AB 正靜置於無摩擦的水平表面。已知
滑件 D 以定速度 V_0 被向上拉，且假設滑件速度不
變而碰撞為完全彈性碰撞，求 A 點與 B 點的衝量。

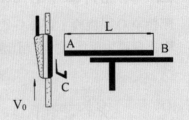

解：(一) 衝擊碰撞過程是在很短時內，物體重力效應不考慮

(二) 依題意滑件為完全彈性碰撞，所以，碰撞後滑件 A 端速度為 V_0(向上)

A 點衝量為 $\int F dt$ ，B 點衝量為 $\int P dt$

$V_A = V_0$ ，滑件無 y 方向衝量

$\vec{V}_A = \vec{V}_B + \vec{\omega} \times \vec{r}_{AB} \Rightarrow V_B = 0$ ， $\omega = V/L$

$\vec{V}_G = \vec{V}_A + \vec{\omega} \times \vec{r}_{AG} \Rightarrow V_G = V_o - \frac{L}{2}\omega$

動量原理： $\int F dt + \int P dt = m(V_o - \frac{L}{2}\omega)$

角動量原理： $\frac{L}{2}(\int F dt + \int P dt) = \frac{1}{12} mL^2\omega$

所以 A 點衝量為 $\int F dt = \frac{1}{3} mV_0$

B 點衝量為 $\int P dt = \frac{1}{6} mV_0$

例題 8

Two slender rods AB and BC have lengthy
of L and 2L, mass of m and 2m, respectively.
Both rods are pin-connected together at B,
and lie on a horizontal surface(the x-y
plane). Assume that all contact surfaces are

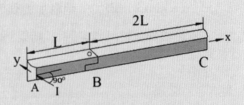

frictionless. Consider that an impulse I, is applied in the x-y plane and perpendicular to the rod AB at its end A.Determine the angular velocity of each rod and the velocity of it mass center immediately after the application of the impulse.【101 交大機械】

解:

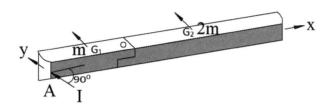

整個系統線動量與衝量原理

$I = mv_{G1} + 2mv_{G2}$ ·· ①

AB 桿件等效力體分析

AB 桿件對 B 點角衝量

$I \times L = mv_{G1} \times (L/2) + (\frac{1}{12}mL^2)\omega_1$ ································ ②

BC 桿件對 B 點角衝量

$0 = 2mv_{G2} \times (L) - (\frac{1}{12}2m)(2\ L^2)\omega_2$ ······························ ③

依運動學關係 $v_{G1} - \frac{L}{2}\omega_1 = v_{G2} + L\omega_2$ ··················· ④

由上面 4 方程式得 $\omega_1 = \frac{4I}{mL}$ (順時鐘), $v_{G1} = \frac{4I}{3m}$

$\omega_2 = -\frac{I}{2mL}$ (逆時鐘), $v_{G2} = -\frac{I}{6m}$

例題 9

圖示卡車以 30ft/sec 的速率向前，突然開始煞車造成車子停止旋轉而滑行，滑行 20ft 後卡車停止，試求卡車滑行到停止時每一輪子反作用力與摩擦力大小。

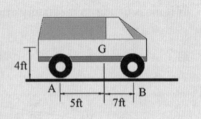

解：車輛質心速度為 x 方向 v，加速度為 a

$v^2=v_0^2+2as$，s=12，得 $a=-22.5ft/s^2$(表示向右)

力體圖

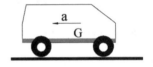

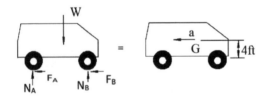

$\Sigma F_y=\Sigma (F_y)_{eff}$：$N_A+N_B-W=0$，得 $N_A+N_B=W$

$\Sigma F_x=\Sigma (F_x)_{eff}$：$F_A+F_B=ma$，得 $F_A+F_B=ma$

因 $F_A+F_B=\mu(N_A+N_B)$，$F_A+F_B=\mu W$，得$\mu=ma/W$

動摩擦係數$\mu=(22.5)/32.2=0.699$

$\Sigma M_A=\Sigma (M_A)_{eff}$：$-W(5)+N_B(12)=ma(4)$

$\Rightarrow N_B=0.65W$，得 $N_A=0.35W$

摩擦力$\mu N_A=0.245W$，$\mu N_B=0.454W$

每 1 前輪反作用力為 $1/2N_B=0.325W$

每 1 前輪摩擦力為 $1/2\mu N_B=0.227W$

每 1 後輪反作用力為 $1/2N_A=0.175W$

每 1 後輪摩擦力為 $1/2\mu N_A=0.122W$

例題 10

單位長度質量 1.6kg/m 的鐵鍊落在 A 與 C 兩端。當於 t=0 時由靜止釋放，鐵鍊跨過一質量為 2.5kg，迴轉半徑為 160mm，外半徑為 200mm 的滑輪 B。已知 h=300mm，又連接兩堆間的長度 K=4m。不計摩擦，求於 t=2 秒時，(1)鐵鍊的速率(2)鐵鍊由 A 轉移到 C 的長度多少？

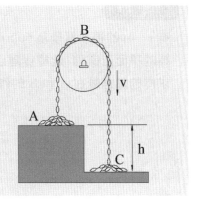

解：(1) $\int M\, dt = I\omega + (mv)r$

$1.6 \times 0.3 \times 9.8 \times 0.2 = (2.5 \times 0.16^2)\omega + 4 \times 1.6 \times v \times 0.2$

所以鐵鍊的速率 v=1.176m/s

(2) $I\alpha + m(r\alpha)r = M$

$4 \times 1.6 \times a \times 0.2 + 2.5 \times 0.16^2 \times a/0.2 = 0.3 \times 7.6 \times 9.8 \times 0.2$

所以 a=0.588m/s²

$S = \dfrac{1}{2} at^2 = 1.176m$

特定題型：受限制的平面運動因運動存在幾何的關係，所以除利用 $\sum F_x = ma_x$，$\sum F_y = ma_y$，$\Sigma M_G = I_G \alpha$ 外，常需利用 a_G 與 α 的關係。

觀念理解

本題是加計滑輪，鐵鍊固定長 h＝4m 滑動，以角動量原理解題，如不計滑輪重，則省略滑輪的慣性質量。要注意的是，並不計入 A 與 C 兩處的鐵鍊(參考 6-2 質量流)。

例題 11

有一 4ft 的桿子重量為 50lb，在兩無摩擦的平面上運動，此桿從靜止釋放，試求桿的加速度在 A 和 B 的作用力。

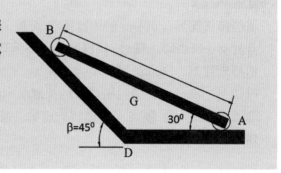

解：

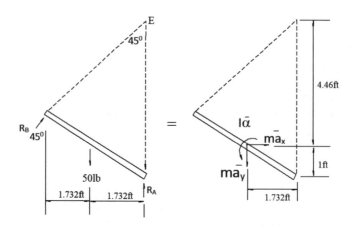

$$\sum F_x = ma_x \text{，} R_B\sin 45^\circ = ma_x \text{，} \sum F_y = ma_y \text{，} R_A + R_B\cos 45^\circ - 50 = -ma_y$$

$$M_E = I_E\alpha \text{，} W(1.732) = I_G\alpha + ma_x(4.46) + ma_y(1.732)$$

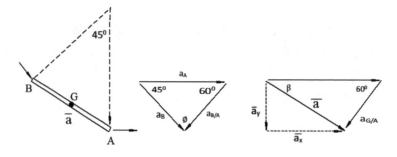

限制性平面運動需找出加速度與 α 的關係

因 $a_{B/A}=4\alpha$，同時 $\dfrac{a_{B/A}}{\sin 45°}=\dfrac{a_A}{\sin 75°}=\dfrac{a_B}{\sin 60°}$

得 $a_{B/A}=4\alpha$，$a_A=5.46\alpha$，$a_B=4.90\alpha$

利用運動相對關係式

$a_G=a_A+a_{G/A}=a_Ae_x-a_{G/A}\cos 60°e_x-a_{G/A}\sin 60°e_y=(5.46-2\cos 60°)\alpha e_x-2\alpha\sin 60°e_y$

因 $\sum M_E=I_E\alpha$，得 α 為 $2.3\,rad/s^2$

利用上式關係，得 R_A 為 27.9lb，R_B 為 22.5lb

觀念理解

以下兩題為無旋轉的平面運動，此無旋轉平面運動可看成是一質點作曲線運動，與流體力學流體質點無旋轉同義。兩桿件使剛體作曲線移動，一桿件為主動桿件，另一桿件為被動桿件，被動桿件只有向心力量。

例題 12

The vertical bar AB has a mass of 150kg with center of mass G midway between the ends. The bar is elevated from rest at θ=0 by means of the parallel links of negligible mass, with a constant couple M=5kN.m applied to the lower link at C. Determine the force B in the link DB at the instant when θ =30°.【台科大機械】

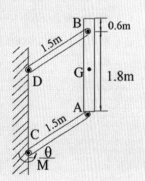

解：由力體圖得 $A_t = M/1.5 = 3333.3(N)$

　　　動量方程式 $\Sigma F_t = ma_{G/t}$，$A_t - mg\cos\theta = m(1.5\ddot\theta)$

　　　得 $\ddot\theta = 14.8 - 6.53\cos\theta$，因 $\int_0^\theta \ddot\theta\, d\theta = \int_0^\theta (\dot\theta\, d\dot\theta)$

　　　所以 $\dot\theta^2 = 29.6\theta - 13.06\sin\theta$

　　　$\theta = 30°$，角加速度 $= 14.8 - 6.53\cos\theta$，

　　　得 $\ddot\theta = 3\,rad/s$

　　　說明：此平面曲線移動的切線加速度來自主動桿切線

　　　方向分力，切線方向分力的隨轉動方向角度而改變，

　　　同樣沿曲線向心加速度，隨角度而改變。

　　　$\Sigma M_A = (\Sigma M_A)_{eff} \Rightarrow B_n\cos30° \times 1.8 = [m(1.5\ddot\theta)\sin30° + m(1.5\dot\theta)\cos30°] \times 1.2$

　　　得 B_n 為 $2141.5(N)$

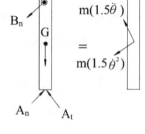

例題 13

A uniform thin plate ABCD has a mass og 8kg
and is held in the position as shown by wire BH
and DF. Neglect the mass of link, determine

(1) the acceleration of the plate and

(2) the force in each link, immediately after the
　　wire BH has been cut.【104 成大機械類
　　似題】

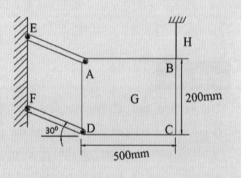

解：

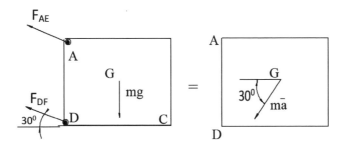

動量方程式 $\Sigma F_t = ma_{Gt} = mg\cos30°$

得 $a_{Gt} = 8.5(m/s^2) = a_G$，瞬間開始只有切線加速度

$\Sigma M_A = (\Sigma M_A)_{eff} \Rightarrow F_{DF}\cos30° \times 0.2 + mg \times 0.25 = ma_G\sin30° \times 0.1 + ma_G\cos30° \times 0.25$

得 $F_{DF} = -8.7(N)$

$\Sigma F_n = ma_{Gn} = 0 \Rightarrow F_{AE} + F_{DF} - mg\sin30° = 0$

得 $F_{AE} = 47.9(N)$

例題 14

The small car which has a mass of 20 kg rolls freely on the horizontal track and carries the 5kg sphere mounted on the light rotating rod with r=0.4m. A geared motor drive maintains a constant angular speed $\dot{\theta}$ =4rad/s of the rod.If the car has a velocity v=0.6m/s when θ =0,calculated v when θ =60°. Neglect the mass of the wheels and friction.【102 清大動機】

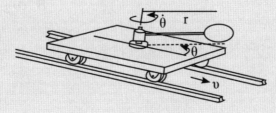

解：本題整個題目沒看到外力(除重力外)，換句話說，
　　在 x 方向線動量守恆。
　　在 x 方向線動量
　　$L)_{\theta=0°}=L)_{\theta=60°}$
　　$\Rightarrow (20+5)\times 0.6$
　　$=(20+5)\times v-5\times(4\times 0.4)\times \sin 60°$
　　得 $v=0.88(m/s)$

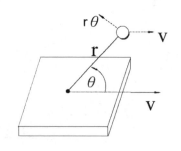

例題 15

AB 長 4m 重 5kg，從靜止中水平釋放至垂直位置時，剛好與一質量 2kg 速度每秒 15m 之球 C 在離 A 點 3m 相撞，若 $e=0.4$，請計算剛撞擊後桿 AB 之角速度及球 C 之速度。【高考】

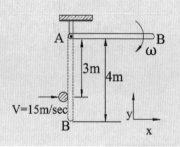

解：T_1+V_1

$$(1)\,0+mg(\frac{\ell}{2})=\frac{1}{2}mV_2{}^2+\frac{1}{2}I_G\omega_2{}^2+0$$

$$\Rightarrow mg(\frac{\ell}{2})=\frac{1}{2}m(\frac{\ell}{2}\omega_2{}^2)+\frac{1}{2}(\frac{\ell}{12}ml^2)\omega_2{}^2$$

$$\Rightarrow 5\times 9.81\times 2=\frac{1}{6}\times 5\times 4^2\times\omega_2{}^2$$

$$\Rightarrow \omega_2=2.71rad/sec$$

因此 $V_{G2}=(\frac{4}{2})(2.71)=5.42m/sec$

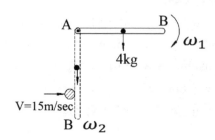

(2)桿 AB 和球 C 碰撞前後之角動量守恆

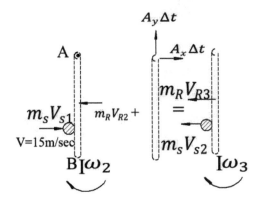

$-m_SV_{S1}\times3+m_RV_{R1}\times2+I\omega_2=m_SV_{S2}\times3+m_RV_{R2}\times2+I\omega_3$

$\Rightarrow-2\times15\times3+5\times5.42\times2+(\dfrac{1}{12}\times5\times4^2)\times2.71$

$=2\times V_{S2}\times3+5\times(\dfrac{2}{4}\times\omega_3)\times2+(\dfrac{1}{12}\times5\times4^2\times\omega_3)$

得 $V_{S2}+4.45\times(\omega_3)=-2.96$

(3)回復係數 $0.4=\dfrac{V_{S2}-V_{AB}'}{V_{AB}-V_S}=\dfrac{V_{S2}-2\omega_3}{5.42+15}\Rightarrow V_{S2}-2\omega_S=8.17$

與上式聯立，得 AB 桿角速度$\omega_S=-1.72$rad/sec(逆時針)

球 C 之 V_{S2} 速度 4.72m/sec

經典試題

一、　一動力絞車 A 沿 30° 斜面以等速度 4ft/sec 提起 800lb 原木。假設此絞車的輸出功率為 6 馬力，請計算：原木與傾斜面之間的動摩擦力係數 μ_k。假設輸出功率增加至 8 馬力時，原本的加速度為何？（1 馬力=550ft-lb/s）【100 高考】

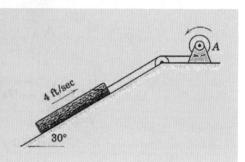

解：公制 1 馬力=745.7W，英制 1 馬力=550lb ft./sec

(一) 依題意等速度 4ft/sec 輸出功率為 6 馬力

$$\Rightarrow p=\frac{550\times6}{4}=825lb$$

斜面方向力平衡

$825=800(1/2)+800\times(1.732/2)\times\mu\Rightarrow\mu=0.613$

(二) 設質量 m=800/32.2=24.8，牛頓第二定律 $p-825=m\times a$

依題意功率增加至 8 馬力$\Rightarrow 8\times550=p\times v$，增加功率時之速度為 4ft/sec，

因此，p=1100，帶入上式，$(1100-825)=(800/32.2)\times a$，

得開始加速度為 11.06ft/sec²

(本小題題目似少了一些條件)

二、　一個 L 型的剛體由兩個長度 ℓ、質量 m 的桿件銲接而成，此剛體鉸接於 A 點，且以細繩拉住，試求細繩切斷瞬間剛體的角加速度？並計算 A 點的反作用力為何？【101 高考】

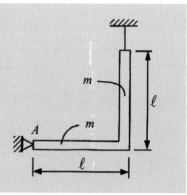

解：$I_A = \frac{1}{3}m\ell^2 + \left[\frac{1}{12}m\ell^2 + m\left(\ell^2 + \frac{1}{4}\ell^2\right)\right] = \frac{5m}{3}\ell^2$

$\Sigma M_A = I_A \partial$

$(mg)(\frac{\ell}{2}) + (mg)(\ell) = (\frac{5m}{3}\ell^2)\partial$

得細繩切斷順時角加速度 $a = \frac{9g}{10\ell}$

A 點至質心長度為 $\frac{\sqrt{10}\ell}{4}$

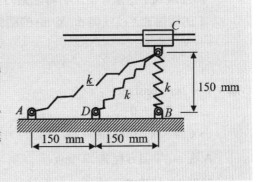

$R_{AX} = (2m)\,a_x = (2m)(\frac{\sqrt{10}\ell}{4})(\frac{9g}{10\ell})(\sin\theta) = (2m)(\frac{9g}{10\ell})(\frac{\ell}{4}) = \frac{9mg}{20}$ (向右)

$2mg - R_{AY} = (2m)\,a_y = (2m)(\frac{\sqrt{10}\ell}{4})(\frac{9g}{10\ell})(\cos\theta) = (2m)(\frac{9g}{10\ell})(\frac{3\ell}{4}) = \frac{27mg}{20}$

得 $R_{AY} = \frac{13mg}{20}$ (向上)

補充：本題 $\Sigma M_A = I_A\partial$，直接取 I_A 的慣性矩；也可以 $\Sigma M_A = [\bar{I}_{m1}\bar{\partial} + (m\bar{a}_1 d_1)]$ $+ [\bar{I}_{m2}\bar{\partial} + (m\bar{a}_2 d_2)]$ 方式求解。

三、 如圖之套筒滑塊 C 質量為 1.2kg，可在無摩擦之水平滑軌上自由移動，其下方分別以彈簧常數為 k＝400N/m 之彈簧連接到三個固定點 A、D、B，彈簧之自由長度為 150mm，試求滑塊 C 從圖示位置靜止釋放後，可達到之最高速度。【102 高考】

解：利用功能原理

初始靜止

$FA=\dfrac{1}{2}\times400\times(0.335-0.15)^2=6.845N$

$FD=\dfrac{1}{2}\times400\times(0.212-0.15)^2=0.76N$

最末速度

$FA=\dfrac{1}{2}\times400\times(0.212-0.15)^2=0.76$

$FB=\dfrac{1}{2}\times400\times(0.212-0.15)^2=0.76$

$V=\dfrac{1}{2}\times1.2\times V^2=0.6V^2$

$6.845+0.76=0.6V^2+0.76+0.76$，得 $V=3.18m/s$

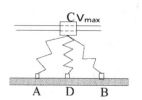

四、　如圖所示，A 為動滑輪，B 為定滑輪，繩之一端固定於天花板上。假設質量 m_1 以等加速度 a 下降，重力加速度為 g，且繩及滑輪之重量不計。若繩之張力為 T，試求：(1)a 與 m_1 及 T 的關係式。(2)a 與 m_1 及 m_2 的關係。【103 高考】

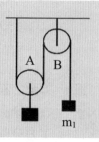

解：$x_1+2x_2=$constant

$\Rightarrow \dot{x}_1+2\dot{x}_2=0$

$\Rightarrow \ddot{x}_1=-2\ddot{x}_2$，即 $a_1=-2a_2$

A 塊 m_1 牛頓方程式 $\Sigma F=ma_A$

$\Rightarrow m_1g-T=m_1a$……………………①

B 塊 m_2 牛頓方程式 $\Sigma F=ma_B$

$\Rightarrow 2T-m_2g=m_2(a/2)$……………②

聯立①與②式$(2m_1g-m_2g)=(2m_1+m_2/2)a$

得 $a=(4m_1-2m_2)g/(4m_1+m_2)$

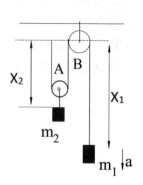

五、 如圖所示，輪子質量 m=25kg，半徑 r=400mm，且對輪子質心 G 之迴轉半徑為 r_k=300mm。已知輪子與水平地面之靜摩擦係數 μ_s=0.25，動摩擦係數 μ_k=0.2。今於輪子上施加一力偶矩 M=50N·m，試求：

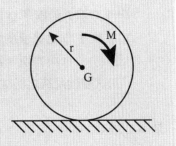

(一) 輪子之運動狀態（純滾動？或滾動且滑動？）。

(二) 輪子之角加速度。

(三) 輪子之水平加速度。【104 高考】

解：假設純滾動

$\sum M_o = \bar{I}\alpha + m(r\alpha) \cdot r$

$\Rightarrow 50 = 25 \times 0.3^2\alpha + 25 \times 0.4\alpha \times 0.4 = 2.25\alpha + 4\alpha$

$\alpha = 8 \sum F_x = ma_x$

$245.25 \times \mu = 25 \times 0.4 \times 8$，$\mu = 0.326$

$\mu > \mu_s$，表示有滑動，與假設不合

輪子滑動

$\sum M_G = I_G\alpha$

$\Rightarrow 50 - (245.25)(0.4)(0.2) = (25)(0.3)^2(\alpha)\cdots\cdots①$

$\sum F_X = ma_X \Rightarrow 245.25 \times 0.2 = 25a\cdots\cdots②$

解①與②聯立

得 $a = 1.962\text{m/s}^2$，$\alpha = 13.5\text{rad/s}^2$

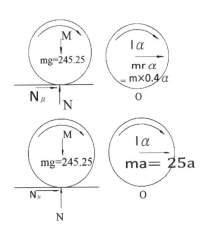

六、 x-y 座標相對於地面為固定，其原點 O 為楔子 Q 與方塊 P 系統自靜止狀態釋放前的重心，P 及 Q 的質量同為 5kg，所有接觸均為光滑無摩擦。系統釋放後，P 沿楔子 Q 斜面下滑 2m 時，試求：

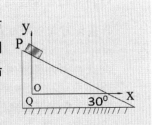

(一) 方塊 P 沿楔子 Q 斜面方向之速度及加速度各為多少？

(二) 楔子 Q 之速度及加速度各為多少？

(三) 楔子 Q 與方塊 P 系統的重心座標為何？

(四)試驗證系統之機械能是否守恆。【105 高考】

解： $\Sigma F_x = 0$

則 $-Ma_{mx} - ma_{Mx} + ma_{m/M}(\frac{\sqrt{3}}{2}) = 0$

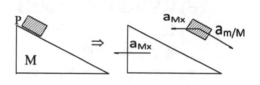

$\Rightarrow (M+m)a_{Mx} = ma_{m/M}(\frac{\sqrt{3}}{2})$ ，

依題意 M(為 Q 重量)與 m(為 P 重量)同為 5kg

得 $a_{m/M} = \frac{4}{\sqrt{3}} a_{Mx}$ ……………… ①

對方塊 P：$N \times \frac{1}{2} = m \times (a_{m/N} \times \frac{\sqrt{3}}{2} - a_{Mx})$

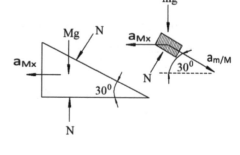

$mg - N(\frac{\sqrt{3}}{2}) = m \times a_{m/N} \times \frac{1}{2}$ ………… ③

將①帶入② $N \times \frac{1}{2} = m \times (2a_{Mx} - a_{Mx})$ ，

得 $N = 2ma_{Mx}$ ………………… ④

將④及①帶入③ $mg - (2ma_{Mx})\frac{\sqrt{3}}{2} = m \times \frac{4}{\sqrt{3}} \times a_{Mx} \times \frac{1}{2}$ ，得 $a_{Mx} = g/2.89$

由①得 $a_{m/M} = 0.8g$

P 沿楔子 Q 斜面下滑 2m 所需時間，$2 = \frac{1}{2}(0.8g)t^2$ ，所以 t=0.71(sec)

Q 斜面的加速為 $3.39m/s^2$ ，速度 $V_M = (g/2.89)(0.71) = 2.42m/s$(向左)

P 在 x 方向加速度為 $(a_{m/N} \times \frac{\sqrt{3}}{2} - a_{Mx} = a_{Mx})3.39m/s^2$ ，速度為 2.42m/s(向右)

而在 y 方向加速度為 $(a_{m/N} \times \frac{1}{2} = \frac{2}{\sqrt{3}} a_{Mx})3.92m/s^2$ ，速度為 2.42m/s(向下)

所以，P 向下掉落 $[\frac{1}{2}(2.92)(0.71^2)]0.98m$

X 方向不受力，水平方向動量守恆

$$0=MV_M-mV_M+mV_{m/M}(\frac{\sqrt{3}}{2})\Rightarrow(M+m)V_M=mV_{m/M}(\frac{\sqrt{3}}{2})\cdots\cdots⑤$$

依題意 M=m，所以，$V_M=\frac{\sqrt{3}}{4}V_{m/M}$

楔子 Q 與方塊 P 系統的重心座標在 x 方向不變，而在 y 方向向下掉 0.25m

無非保守力，機械能守恆

$$mg(2)(\frac{1}{2})=\frac{1}{2}M(V_M)^2+\frac{1}{2}m[(\frac{1}{2}V_{m/M})^2+(V_{m/M}\frac{\sqrt{3}}{2})-V_M]^2\cdots\cdots⑥$$

將⑤帶入①$\Rightarrow mg=\frac{5}{3}MV_M^2$，依題意 M=m，所以 $V_M=2.426(m/s)$

與前面計算相符，所以機械能守恆

七、　如圖所示，已知齒輪 C 由軸 DE 驅動，當
　　　齒輪 B 繞著它的中心軸 GF 自由旋轉時，
　　　中心軸 GF 繞著軸 DE 自由旋轉。設若齒
　　　輪 A 保持靜止(ω_A=0)，以及軸 DE 以固
　　　定之角速度(ω_{DE}=10rad/s)轉動，試求齒
　　　輪 B 的角速度。【106 高考】

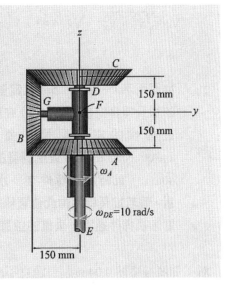

解：本題是直斜齒輪，齒輪 A 保持靜止，齒輪 C 以軸 DE 固定之角速度(ω_{DE}=10rad/s)
　　轉動，設齒輪角速度ω_B，中心軸 GF 繞著軸 DE 自由旋轉角速度為ω_{GF}，齒輪 B
　　與齒輪 C 相接速度相等，$r(\omega_B+\omega_{GF})=r\omega_{DE}$，齒輪 A 保持靜止($\omega_A$=0)，齒輪 B 與
　　齒輪 A 相接觸的速度為 0，所以 $r(\omega_B-\omega_{GF})=0$，得$\omega_B=\omega_{GF}$，所以齒輪 B 的角速
　　度為 5rad/s

八、 如圖所示，質量 5g 的彈珠在 A 處
　　以靜止狀態通過玻璃管後落下於
　　裝罐車之 C 處。假設裝罐車的尺
　　寸及摩擦阻力皆可忽略，試求：
　　(一) 裝罐車到玻璃管端 B 的水平
　　　　距離 R。
　　(二) 彈珠落在 C 處時的速度。
　　　　【106 高考】

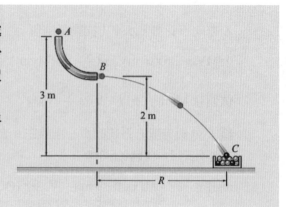

解：功能原理：$3 \times 9.8 \times 0.005 = 2 \times 9.8 \times 0.005 + \dfrac{1}{2} \times 0.005 \times V_B^2$

$V_B = 4.43$，$\dfrac{1}{2} \times 9.8 \times t^2 = 2$，$t = 0.64$，$R = 0.64 \times 4.43 = 2.83$

$V_C = \sqrt{V_Y^2 + V_X^2}$，$V_X = 4.43$，$V_Y = 0.64 \times 9.8 = 6.272$

九、 如圖所示，一長為 2.5m 且質量為 15kg
　　的細長桿件樞接（pivoted）在點 O。細
　　長桿件的左端壓著一彈簧常數
　　k=300kN/m 的彈簧直至彈簧的高度為
　　40mm，此時細長桿件在一水平的位
　　置，假若細長桿件由此位置釋放，計算
　　當細長桿件通過一垂直的位置時的角速度及在 O 點的反作用力。【107 高考】

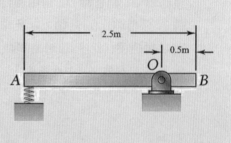

解：彈簧被壓縮 0.04m(題目題意不清楚，
　　但應是指被壓縮 0.04m)

$U = \Delta T + \Delta V_g + \Delta V_e$

$\Delta V_e = -\dfrac{1}{2}kx^2$

$= -\dfrac{1}{2}(300000)0.04^2 = -240$

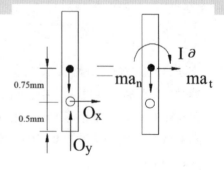

$$\Delta V_g = (15)(9.81)(0.75) = 110.36$$

$$\Delta T = \frac{1}{2}I_O\omega^2 = \frac{1}{2}[\frac{1}{12}(15)2.5^2 + (15)(0.75)^2]\omega^2 = 8.125\omega^2$$

得 $\omega = 4 \text{rad/sec}$

$\Sigma M_O = I_O\partial \Rightarrow 0 = I_O\partial \Rightarrow \partial = 0$，即 $a_t = 0$

得 $O_x = 0$

$\Sigma F_n = ma_n \Rightarrow \Sigma F_n = mg - O_y = m \times \omega^2(0.75) = (15) \times 4^2(0.75) = 180$

得 $O_y = -32.85(N)(向下)$

十、 一煞車桿用來停止一受到扭矩
（couple moment）M_0=360N.m 而
轉動之飛輪。若煞車桿與飛輪之
間的靜摩擦係數（coefficient of
static friction）μ_s=0.6，試求所需
施加之最小力量 P。【108 高考】

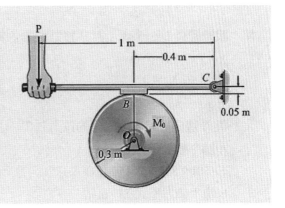

解：M_0=360，μ_s=0.6

　　ΣM_O=0，$M_0=\mu NR$，

　　360=0.6×N×0.3，N=2000，F=1200

　　ΣM_C=0，P×1+F×0.05=N×0.4，

　　得 P=740(N)

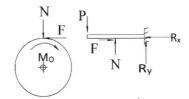

十一、 一 50kg 之重塊 A 由靜止釋放，試求 15kg 之重塊 B 於 2sec 後之速度。【108 高考】

解： 設纜繩長 L，滑輪 A 與 B 移動距離各為 X_1 與 X_2

$X_1+3X_2=$Constant

$\Rightarrow \dot{X}_1 + 3\dot{X}_2 = 0$

$\Rightarrow a_A = -a_B$……①

設 A 塊向下移動，繩索的拉力為 T

A 塊牛頓方程式 $\Sigma F=ma_A$

$\Rightarrow (50)(9.81) - T=(50)(a_A)$……②

B 塊牛頓方程式 $\Sigma F=ma_B$

$\Rightarrow 3T-(15)(9.81)=(15)a_B$……③

①、②與③式聯立得 $a_A=8.535(m/s^2)$、$a_B=2.845(m/s^2)$、$T=63.3(N)$

2 秒後，B 塊的速度 $V_B=(2.845)(2)=5.6(m/sec)$向上

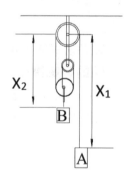

十二、 一 2Mg 重之後輪驅動卡車由靜止以一等加速度開始加速。試問此車要達到 16m/s 之速度時，所需之最短時間為何？已知輪胎與地面間之靜摩擦係數（coefficient of static friction）$\mu_s=0.8$。另忽略輪胎質量，且前輪自由轉動。【108 高考】

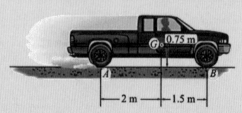

解：$\Sigma M_B m \vec{a} d$

$\Rightarrow (N_1 \times 3.5) - (2000 \times 9.81) \times (1.5)$

$= (ma)(0.75) \cdots\cdots \textcircled{1}$

$F = (0.8)N_1 \cdots\cdots \textcircled{2}$

$\Sigma F_x = ma_x$

$\Rightarrow (0.8)N_1 = ma \cdots\cdots \textcircled{3}$

$\textcircled{1}$、$\textcircled{2}$與$\textcircled{3}$式聯立得 $a = 4(m/s^2)$

此車達到 16m/s 所需的時間為 $16/4 = 4(sec)$

補充：

(一) 車輛後輪驅動的題目取力矩需在前輪，配合後輪的摩擦力產生的加速度，聯立方程式求解加速度值。

(二) 車輛前輪驅動的題目取力矩需在後輪，配合前輪的摩擦力產生的加速度，聯立方程式求解加速度值。

(三) 四輪驅動時，摩擦係數皆相同時，車重乘上摩擦係數即為車子慣性力。

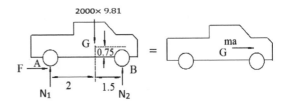

觀念理解

參考前十四、十五題型

1. 圓盤或圓球與地面的摩擦係數夠大(或外力未達某條件)，則剛體以滾動型式運動。

2. 滑動時：$\Sigma F = M\vec{a}$，剛體的運動方向摩擦力$=N\mu$(N 為垂直運動方向的反作用力)

3. 滑動時：$\Sigma M_G = \overline{I}_G \vec{\alpha}$，求得$\alpha$。

4. 滾動時：$\Sigma M_c = I_c \vec{\alpha}$ (C 點為接觸點)，方程式省去摩擦力未知數，可求得α。

5. $\omega = \omega_0 + \alpha t$，可得$\omega$。

6. 若僅知所受的衝量及初動量，則利用(角)衝量與動量原理，可得最終速度與角速度，至於其間的加速度及角速度，則仍然不知。

十三、 如圖所示，一質量 m=1.8kg 的軸環 A 連接到彈簧上，並且可以在水平桿上滑動而不產生摩擦。已知彈簧常數 k=1051N/m，且當軸環受到壓縮而在靜止狀態自由釋放時，是以初始速度 v=1.4m/s 向右移動。請回答下列問題：

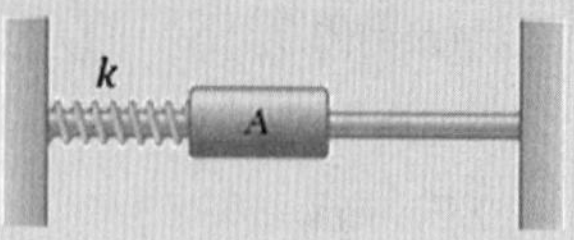

(一) 若以水平向右代表 x-軸，試繪製軸環 A 的自由體圖，並推導其運動方程式。

(二) 直接利用小題(一)的結果，試表明或驗證軸環 A 的運動方程式可以表為 x=Csinωt+Dcosωt，其中 C 和 D 為常係數，ω 為自然頻率，及 t 為時間。

(三) 試決定軸環 A 在運動過程中的自然頻率ω、振幅和最大加速度各為多少？【109 高考】

解：(一) $F_S=-kx$，且 $F_S=ma_x$，得

$$-kx=m\frac{d^2x}{dt^2}\quad\frac{d^2x}{dt^2}+\frac{k}{m}x=0\quad\frac{d^2x}{dt^2}+\omega^2x=0 ,$$

令 $\omega^2=k/m$

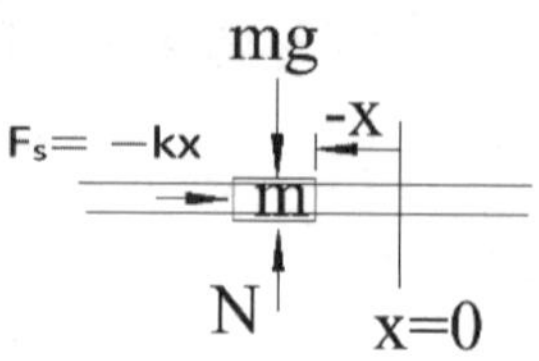

(二) 由①式推導出

$$\frac{d^2x}{dt^2}+\omega^2x=0 , \quad \omega^2=k/m=1051/1.8=583.38 , \quad \omega=24.15$$

$x(t)=C\sin\omega t D\cos\omega t$ ……………………… ①

$v(t)=C\omega\cos\omega t D\omega\sin\omega t$ ………………… ②

依題意 $x(0)=D$

$v(0)=C\omega=1.4$，得 $C=0.058$

(三) 自然頻率 $\omega=24.15$

振幅為 $x(t)=C\sin\omega t+D\cos\omega t(m)$

得 $C=0.058$，$\omega=24.15$，$D=x(0)$，題目未給初始位置量

$a(t)=-C\omega^2\sin\omega t-D\omega^2\cos\omega t$，最大加速度為當 $a(0)=-D\omega^2(m/t^2)$

十四、　將質量 m=5kg 的球以 ω_0=10rad/s 的後旋方式放在一巷道上，其質心 O 的速度為 v_0=5m/s。試決定球停止旋轉的時間，以及此時的質心速度。假設球與巷道之間的動摩擦係數為 μ_k=0.08。
　　　　【109 高考】

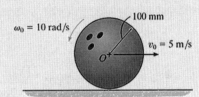

解：$\Sigma F_y=ma_{Gy}\Rightarrow N=mg$

$\Sigma F_x=ma_{Gx}\Rightarrow F=ma_{Gx}$，得 $a_{Gx}=\mu g(\leftarrow)$

$\Sigma M_G=I_G\alpha\Rightarrow mg\mu r=\dfrac{2}{5}mr^2\alpha$，得 $\alpha=5\mu g/2r$

球停止旋轉時間$\Rightarrow\omega=\omega_0-\alpha t=\omega_0-\dfrac{5\mu gt}{2r}=0$ 得 $t=2r\omega_0/5\mu g=0.5$sec

球停止旋轉的質心速度 $v=v_0-a_Gt=v_0-\mu gt=5-(0.08)(981)(0.5)=4.6$m/s

十五、一實心圓球質量為 m 半徑為 r 具有水平速度 v_0 及角速度ω_0，假設圓球與地面間的摩擦係數為μ，試求：
　　　(一)圓球開始純滾動所需之時間。
　　　(二)開始滾動前所走的距離。【105 成大航太】

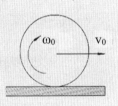

解：依 v_0 與 $r\omega_0$ 大小而有下列運動模式

當 $v_0>r\omega_0\Rightarrow$圓球底部向右滑動，摩擦力向左

$\Sigma F_y=ma_{Gy}\Rightarrow N=mg$

$\Sigma F_x=ma_{Gx}\Rightarrow F=ma_{Gx}$，得 $a_{Gx}=\mu g(\leftarrow)$

$\Sigma M_G=I_G\alpha\Rightarrow mg\mu r=\dfrac{2}{5}mr^2\alpha$，得 $\alpha=5\mu g/2r$

當圓球開始純滾動時：

$v=r\omega$ $\cdots\cdots\cdots\cdots\cdots\cdots\cdots\cdots\cdots$ ①

$v=v_0-a_Gt=v_0-\mu gt$ $\cdots\cdots\cdots\cdots\cdots\cdots$ ②

$\omega=\omega_0+\alpha t=\omega_0+\dfrac{5\mu gt}{2r}$ $\cdots\cdots\cdots\cdots\cdots$ ③

①、②及③聯立得 t 為 $\dfrac{2\left(v_0-r\omega_0\right)}{7\mu g}$

開始滾動前所走的距離 $S=v_0t-\dfrac{1}{2}a_Gt^2=\dfrac{2v_0\left(v_0-r\omega_0\right)}{7\mu g}-\dfrac{1}{2}\mu g[\dfrac{2(r\omega_{0-v_0})}{7\mu g}]^2$

當 $v_0<r\omega_0\Rightarrow$圓球底部向左滑動，摩擦力向右

$\Sigma F_y=ma_{Gy}\Rightarrow N=mg$

$\Sigma F_x=ma_{Gx}\Rightarrow F=ma_{Gx}$，得 $a_{Gx}=\mu g(\rightarrow)$

$\Sigma M_G=I_G\alpha\Rightarrow mg\mu r=\dfrac{2}{5}mr^2\alpha$，得$\alpha=5\mu g/2r$

當圓球開始純滾動時：

$v=r\omega$ $\cdots\cdots\cdots\cdots\cdots\cdots\cdots\cdots\cdots$ ④

$v=v_0+a_Gt=v_0+\mu gt$ $\cdots\cdots\cdots\cdots\cdots\cdots$ ⑤

$\omega=\omega_0-\alpha t=\omega_0-\dfrac{5\mu gt}{2r}$ $\cdots\cdots\cdots\cdots\cdots$ ⑥

④、⑤及⑥聯立得 t 為 $\dfrac{2\left(r\omega_0-v_0\right)}{7\mu g}$

開始滾動前所走的距離 $S=v_0t+\dfrac{1}{2}a_Gt^2=\dfrac{2v_0\left(r\omega_{0-v_0}\right)}{7\mu g}+\dfrac{1}{2}\mu g[\dfrac{2(r\omega_{0-v_0})}{7\mu g}]^2$

注意：由運動中心點速度可求得與地面接觸點的速度，當與地面接觸點點速度為 0 時，即為純滾動。

純滾動時的特性為①摩擦力<(或=)μ_sN②$a_G=r\alpha$③$v_G=r\omega$

十六、 質量 30kg 的不平衡輪子，質心距中心 75mm，且
其對 G 的迴轉半徑是 200mm。此輪在 15°的斜面
上無滑動地滾下，且具有角速度ω =2rad/sec 時，
試計算接觸點 C 的正向力。

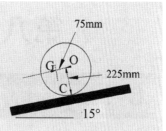

解：注意，此題的質心不在形心位置上，

不可取力矩 $\Sigma M_C = I_C\alpha$

$\Sigma M_C = \bar{I}\alpha + M\vec{a}_G\vec{d}$ ……①

$I = m\bar{k}^2 = (30)(0.2)^2 = 1.2$

$\vec{a}_G = \vec{a}_O + \vec{a}_{G/O}$

$= (a_O - 0.075\omega^2)\vec{i} + (0.075\alpha)\vec{j}$ ……②

$\vec{a}_O = r\vec{\alpha} \Rightarrow \alpha = a_O/0.225$ ……③

將②與③代入①

$\Rightarrow 249(0.225\sin15° + 0.075\cos15°)$

$= (1.2)(a_O/0.225) + 30[(a_O - 0.075)(2^2)](0.225) + 30(0.075)^2(a_O/0.225)$

得 $a_O = 3.15 \text{m/s}^2$

$\Sigma F_y = Ma_y$

$\Rightarrow 294\cos15° - N = 30(0.075)(\dfrac{3.15}{0.225})$

得 N=253(N)

第八章　剛體三維運動

8-1　剛體的角動量

一、三維剛體角動量 H_G

$H_G = \bar{I} w$ 的推導適用於一般剛性扁塊的平面運動與對稱於參考面的物體，卻無法適用所有用物體的三維運動，我們從 H_G 的定義開始推導。

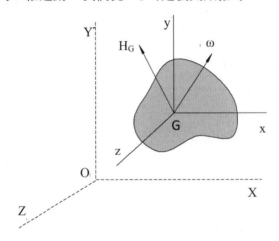

$H_G = \sum\limits_{i=1}^{i=n}(r_i' \times v_i' \Delta m_i)$，$r_i'$ 和 v_i' 分別代表 Δm_i 相對於中心架 G_{xyz} 的位置和速度向量。

得 $H_G = \begin{bmatrix} \bar{I}_{xx} & -I_{xy} & -I_{xz} \\ -I_{xy} & \bar{I}_{yy} & -I_{yz} \\ -I_{xz} & -I_{yz} & \bar{I}_{zz} \end{bmatrix} \begin{bmatrix} w_x \\ w_y \\ w_z \end{bmatrix}$　　　式 8.1.1

右側第一項慣性力矩及慣性積構成質心 G 的慣性張量，因特徵值不變，相對應一已知角速度 w 的角動量 H_G 與座標軸的選擇無關。

若 x－軸、y－軸、z－軸分別為一剛體的慣性主軸，剛體主轉動慣量分別為 I_x、I_y、I_z，角速度分別為 ω_x、ω_y、ω_z，則角動量為：

$$H=(I_x\omega_x、I_y\omega_y、I_z\omega_z) \qquad \boxed{\text{式 8.1.2}}$$

若三主中心慣性力矩 $\overline{I}_{x'}$，$\overline{I}_{y'}$，$\overline{I}_{z'}$ 均相等，則角動量對 G 的分量 $H_{x'}$，$H_{y'}$，$H_{z'}$ 就與角速度 $\omega_{x'}$，$\omega_{y'}$，$\omega_{z'}$ 成比例，向量 H_G 與 ω 共線。

剛體的角動量 H_G 和角速度 ω 僅在 ω 沿依主慣性軸的方向時才會具有相同的方向，剛體平面運動對稱於一參考平面的運動(注意須是有一對稱參考平面)可滿足此條件，所以，$\overline{I}\omega$ 可來表示剛體的角動量。當 ω 不是沿慣性軸時，則角動量求法須利用 $\boxed{\text{式 8.1.1}}$ 。

剛體線動量為 $m\overline{v}$，而角動量 H_G，其對任意點 O 的角動量可由向量 $m\overline{v}$ 對 O 點的力矩和力偶 H_G 相加求得

$$\overline{H}_O=\overline{r}\times m\overline{v}+\overline{H}_G \qquad \boxed{\text{式 8.1.3}}$$

二、剛體對一固定點的角動量

剛體對一固定點的角動量的求法可利用 $\boxed{\text{式 8.1.3}}$ ，但有時候，直接利用定義 $H_O=\sum\limits_{i=1}^{n}(r_i\times v_i\Delta m_i)$ 反而方便，即將 $v_i=(\omega\times\Delta m_i)$ 直接帶入得

$$H_x=I_x\omega_x-I_{xy}\omega_y-I_{xz}\omega_z$$

$$H_y=-I_{xy}\omega_x+I_y\omega_y-I_{yz}\omega_z$$

$$H_z=-I_{xz}\omega_x-I_{yx}\omega_y+I_z\omega_z \qquad \boxed{\text{式 8.1.4}}$$

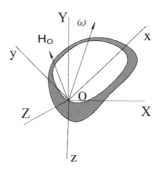

式中慣性力矩 I_x，I_y，I_z 和慣性積 I_{xy}，I_{yz}，I_{xz} 的計算係對固定點 O_{xyz} 架。

8-2 剛體角動量 H_G 的時間變化率 $\dot{H}_G$

一、剛體角動量 H_G 的時間變化率 $\dot{H}_G$

前面導出 $\sum F = m\bar{a}$，$\sum M_G = \dot{H}_G$ 適用於剛體運動。

物體對其質心 G 的角動量分量：

$H_x = \bar{I}_x w_x - \bar{I}_{xy} w_y - \bar{I}_{xz} w_z$，$H_y = -\bar{I}_{xy} w_x + \bar{I}_x w_y - \bar{I}_{yz} w_z$，

$H_z = -\bar{I}_{xz} w_x - \bar{I}_{yz} w_y + \bar{I}_{zz} w_z$

尋找一旋轉架，利用向量對旋轉架的變化率關係

$\dot{H}_G = (\dot{H}_G)_{G_{xyz}} + \Omega \times H_G$

$(\dot{H}_G)_{G_{xyz}} = \dot{H}_x \bar{i} + \dot{H}_y \bar{j} + \dot{H}_z \bar{k}$

此旋轉架連接於物體上其角速度 Ω 應用上常選擇一個對於該物體的慣性力矩與慣性積不隨時間改變，比物體本身旋轉度 ω 較少的參考架。

因此，力矩與角動是 $\dot{H}_G$ 的關係：

$$\sum M_G = (\dot{H}_G)_{G_{xyz}} + \Omega \times H_G \qquad \boxed{\text{式 8.2.1}}$$

H_G：剛體對固定方位 G_{XYZ} 的角動量

$(\dot{H}_G)_{G_{xyz}}$：H_G 對旋轉架 G_{XYZ} 的變化量

Ω：旋轉架的角速度

二、歐拉方程式

$\Omega = \omega$ 在 x-y-z 軸座標，慣性積和慣性矩不隨時間改變，且 x-y-z 軸原點與慣性主軸重合，即慣性積為零，得

$$\sum M_x = I_x \dot{\omega}_x - (I_y - I_z)\omega_y \omega_z$$
$$\sum M_y = I_y \dot{\omega}_y - (I_z - I_x)\omega_x \omega_z \qquad \boxed{\text{式 8.2.1}}$$
$$\sum M_z = I_z \dot{\omega}_z - (I_x - I_y)\omega_y \omega_x$$

此方程組即為歐拉運動方程式(Euler equations of motion)。

觀念理解

歐拉運動方程式使用條件：
1. 參考架旋轉座標軸 x-y-z 須為主軸。
2. 參考架旋轉座標原點於質心或固定點。
3. 參考架旋轉座標角速度 $\Omega = \omega$。

三、剛體對固定點旋轉運動角動量的解析

剛體對一固定點旋轉運動的角動量 H_O，依前公式
$\Sigma M_O = \dot{H}_O$，$\dot{H}_O$ 代表 H_O 對固定架 O_{XYZ} 的變化率
為方便計算：$\Sigma M_O = (\dot{H}_O)_{oxyz} + \Omega \times H_O$

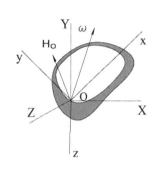

$\Sigma M_O =$ 作用在剛體上的力量對 O 點的力矩合
$H_O =$ 剛體對固定座標 O_{XYZ} 的角動量
$(\dot{H}_O)_{oxyz} = H_O$ 對旋轉架 O_{xyz} 的變化率
$\Omega =$ 旋轉架 O_{xyz} 的角動量

四、剛體對一固定軸旋轉運動角動量的解析

如圖，剛體沿 AB 軸旋轉，$\Omega = \omega$　平行某
平面的運動，所有質點平行某固定平面運
動，x-y-z 軸座標原點附著剛體質心，
$\omega_x = \omega_y = 0$，$\omega_z \neq 0$，慣性積和慣性矩不隨
時間改變，慣性積不為零，得

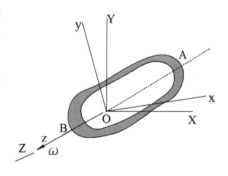

$\Sigma M_x = -I_{xz}\dot{\omega}_z + I_{yz}\omega_z^2$

$\Sigma M_y = -I_{yz}\dot{\omega}_z - I_{xz}\omega_z^2$ 　　式 8.2.3

$\Sigma M_z = I_z\dot{\omega}_z$

當 $\Omega = \omega$ 平行某平面的運動，所有質點平行某固定平面運動，x-y-z 軸座標原點附著剛體質心，$\omega_x = \omega_y = 0$，$\omega_z \neq 0$，剛體對稱於 x-y 平面(慣性積=0)，慣性矩不隨時間改變，得

$$\Sigma M_x = \Sigma M_y = 0$$
$$\Sigma M_z = I_{zz} \dot{\omega}_z$$

式 8.2.4

如旋轉剛體等速旋轉，雖無角加速度，但不對稱而有慣性積時

$$\Sigma M_x = I_{yz} \omega_z^2$$
$$\Sigma M_y = -I_{xz} \omega_z^2$$
$$\Sigma M_z = 0$$

式 8.2.5

式 8.2.5 知 M_x 與 M_y 值與 ω^2 成正比，其是由軸承反作用力所產生的力偶，在高速運轉時軸承愈易撕裂。

五、剛體三維運動的動能

v_i 為每一質點 P_i 的絕對速度，$\bar{v}$ 為質心 G 的速度，v_i 為 $\bar{v}$ 與相對固定方位 G_{xyz} 的速度 v_i' 相加

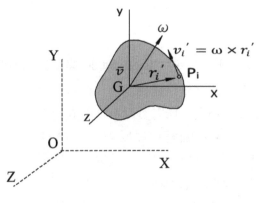

所以，$T = \dfrac{1}{2} m \bar{v}^2 + \dfrac{1}{2} \sum_{i=1}^{n} \Delta m_i v_i'^2$

將 $v_i' = |\omega \times r_i'|$ 代入積分，可得

$T = \dfrac{1}{2} m \bar{v}^2 + \dfrac{1}{2} (\bar{I}_x \omega_x^2 + \bar{I}_y \omega_y^2 + \bar{I}_z \omega_z^2$
$- 2 \bar{I}_{xy} \omega_x \omega_y - 2 \bar{I}_{yz} \omega_y \omega_z - 2 \bar{I}_{zx} \omega_z \omega_x)$

若 G_{xyz} 與剛體主軸 x'－y'－z'重合，則上式可簡化為

$$T = \dfrac{1}{2} m \bar{v}^2 + \dfrac{1}{2} (\bar{I}_{x'} \omega_{x'}^2 + \bar{I}_{y'} \omega_{y'}^2 + \bar{L}_{z'} \omega_{z'}^2)$$

式 8.2.5

(一) 剛體對一固定點旋轉得動能

剛體對一固定點旋轉為一特殊狀況，

將 $v'_i=|\omega \times r'_i|$ 代入 $T=\dfrac{1}{2}\sum_{i=1}^{n}\Delta m_i\, v'^{2}_i$，

得 $T=\dfrac{1}{2}(I_x\omega_x^2+I_y\omega_y^2+I_z\omega_z^2-2I_{xy}\omega_x\omega_y$

$-2I_{yz}\omega_y\omega_z-2I_{zx}\omega_z\omega_x)$

若 O 點選主軸 $x'-y'-z'$，得

$$T=\frac{1}{2}(I_{x'}\omega_{x'}^2)+(I_{y'}\omega_{y'}^2)+(I_{z'}\omega_{z'}^2)$$
　　　式 8.2.6

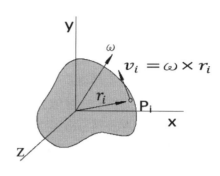

(二) 剛體平面運動動能

v_i 為每一質點 P_i 的絕對速度，$\bar{v}$ 為質心 G 的速度，v_i 為 $\bar{v}$ 與相對固定方位 G_{xyz} 的速度 v'_i 相加，得剛體動能：

$$T=\frac{1}{2}m\,\bar{v}^2+\frac{1}{2}\sum_{i=1}^{n}m_i v'^{2}_i$$

$$=\frac{1}{2}m\,\bar{v}^2+\frac{1}{2}(\sum_{i=1}^{n}r'^{2}_i\,\Delta m_i)\omega^2$$

$$=\frac{1}{2}m\,\bar{v}^2+\frac{1}{2}\bar{I}\,\omega^2$$
　　　式 8.2.7

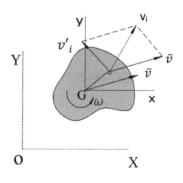

剛體對固定點 O 旋轉，其對 O 點的慣性力矩為 I_O，則動能為：

$$T=\frac{1}{2}I_O\omega^2$$
　　　式 8.2.8

例題 1

Explain briefly the difference between "static balance" and "dynamic balance" of a rigid body. State the condition to be satisfied for static and dynamic balances.【清大動機】

解： 以上圖說明，剛體質心雖在轉軸上，但仍有
慣性積，剛體不旋轉時，軸承僅負擔剛體重
量(靜平衡)，但當剛體旋轉時，軸承兩端會有
一力偶使剛體旋轉維持平衡(動平衡)，換句
話說，除非當質心在轉軸上，且轉軸為慣性
主軸，則剛體旋轉不會因產生角動量變化而
產生軸承側向反力 $A_y = (I_{yz}\omega^2)/l$。如重新安排
質量分布使 I_{yz} 為零，就可避免此反作用力。

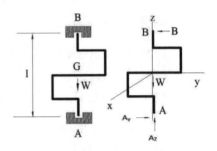

例題 2

如圖所示，有一質量為 m，半徑為 r 的圓盤於一水平面上沒
有滑動的狀態下滾動，該圓盤與垂直恆傾斜一 θ 角。若該圓
盤中心在半徑為 b 的圓上以速度 V 運動，求以 V 及 θ 為函
數，該圓盤的動能為何？

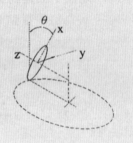

解： 解此題有幾項物理意義，讀者可透過此題加強理解。

(1) 該圓盤在中心半徑為 b 的圓上以速度 V 運動，與前
面例題圓錐滾動幾何關係略不同。

(2) 若此圓盤沒傾斜單純滾動即為平面運動。

(3) 此圓錐傾斜又圓心在半徑為 b 的圓上滾動，及形成
剛體運動。

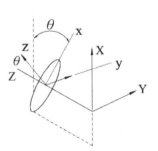

(4) 求動能與角動量需在慣性軸座標才方便。

$\vec{\omega}_X = -(V/b)\,\vec{i}$

將 $\vec{\omega}_X$ 轉為 O_{xyz} 座標為 $-(V/b)\cos\theta\,\vec{i} - (V/b)\sin\theta\,\vec{k}$

該圓盤斜滾動無滑動，所以 $\vec{\omega}_k = (V/r)\,\vec{k}$

因此，圓盤角速度在 O_{xyz} 座標為 $-(V/b)\cos\theta\,\vec{i} + [V/r - (V/b)\sin\theta]\,\vec{k}$

$$H_G = \begin{bmatrix} \overline{I}_{xx} & -I_{xy} & -I_{xz} \\ -I_{xy} & \overline{I}_{yy} & -I_{yz} \\ -I_{xz} & -I_{yz} & \overline{I}_{zz} \end{bmatrix} \begin{bmatrix} w_x \\ w_y \\ w_z \end{bmatrix}$$

$I_{xx}=(1/4)mr^2$，$I_{yy}=(1/4)mr^2$，$I_{zz}=(1/2)mr^2$

得 $\vec{H} = \dfrac{1}{4} mr^2(-\dfrac{v}{b}\cos\theta)\vec{i} + \dfrac{1}{2}mr^2(\dfrac{v}{r} - \dfrac{v}{b}\sin\theta)\vec{k}$

利用動能 $T = \dfrac{1}{2}m\overline{v}^2 + \dfrac{1}{2}(\overline{\overline{I}}_{x'}\omega_{x'}{}^2 + \overline{\overline{I}}_{y'}\omega_{y'}{}^2 + \overline{\overline{I}}_{z'}\omega_{z'}{}^2)$

得 $T = \dfrac{1}{4}mv^2[3 - \dfrac{2r}{b}\sin\theta + \dfrac{1}{2}\dfrac{r^2}{b^2}(1+\sin^2\theta)]$

例題 3

一學生手持一急轉輪站立於可自由轉動平台上，學生扭
矩 M_1 求最初及稍後狀態？

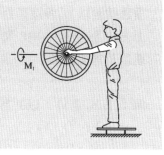

解：t=0

$\omega_x = \omega_y = 0$，$\omega_z = \omega_1$

$M = M_1\vec{i}$

$M_1 = I_x\dot{\omega}_x - (I_y - I_z)\omega_y\omega_z \Rightarrow M_1 = I_x\dot{\omega}_x \cdots\cdots ①$

$0 = I_y\dot{\omega}_y - (I_z - I_x)\omega_z\omega_x \Rightarrow 0 = I_y\dot{\omega}_y \cdots\cdots ②$

$0 = I_z\dot{\omega}_z - (I_x - I_y)\omega_x\omega_y \Rightarrow 0 = I_z\dot{\omega}_z \cdots\cdots ③$

T>0 初

①式得 $\omega_x>0$，②式得 $\omega_y=0$，③式得 $\omega_z=\omega_1$

t>0 時

$M_1 = I_x\dot{\omega}_x \cdots\cdots ④$

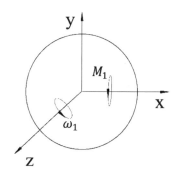

$0=I_y\dot{\omega}_y-(I_z-I_x)\omega_z\omega_x\cdots\cdots⑤$

$0=I_z\dot{\omega}_z\cdots\cdots⑥$

④式得$\omega_x>0$

因$(I_z-I_x)=(\dfrac{1}{2}mr^2-\dfrac{1}{4}mr^2)=\dfrac{1}{4}mr^2$，所以

⑤式得$\omega_y>0$，⑥式得$\omega_z>0$

因為$\omega_z>0$，學生底部無摩擦，所以轉輪以逆時針方向旋轉

例題 4

半徑 R 圓盤 D 藉插銷連接在長 L 位於 A 臂之 A 端，OA 臂以 ω_1 經由 O 點以等速率運轉，垂直圓盤以 ω_2 等速率對 A 點旋轉，求(1)A 點上方 P 點速度、(2)P 點加速度及(3)圓盤的角速度及角加速度。

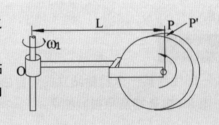

解：(1) 速度 V_P：以 P' 為 A_{xyz} 架中與點重合的點

$V_P=V_{P'}+V_{P/ℵ}$

$V_{P'}=\Omega\times r=\omega_1\vec{j}\times(L\vec{i}+R\vec{j})=-\omega_1L\vec{k}$

$V_{P/ℵ}=\omega_{D/ℵ}\times r_{P/ℵ}=\omega_2\vec{k}\times R\vec{j}=-\omega_2R\vec{i}$

因此，$V_P=-\omega_2R\vec{i}-\omega_1L\vec{k}$

另種解法

$V_A=\omega_1\vec{j}\times(L\vec{i})=-\omega_1L\vec{k}$

$V_P=V_A+\Omega\vec{j}\times(R\vec{j})+\omega_2\vec{k}\times R\vec{j}$

$=-\omega_2R\vec{i}-\omega_1L\vec{k}$

(2) 加速度 a_P：$a_P=a_{P'}+a_{P/ℵ}+a_c$

$a_{P'}=\Omega\times(\Omega\times r)=(-\omega_1\vec{j})\times(-\omega_1L\vec{k})=-\omega_1^2L\vec{i}$

$a_{P/ℵ}=\omega_{D/ℵ}\times(\omega_{D/ℵ}\times r_{P/ℵ})=\omega_2\vec{k}\times(-\omega_2R\vec{i})=-\omega_2^2R\vec{j}$

$a_c=2\Omega\times V_{P/ℵ}=2\omega_1\vec{j}\times(-\omega_2R\vec{i})=2\omega_1\omega_2R\vec{k}$

所以，$a_P = -\omega_1^2 L\,\vec{i} - \omega_2^2 R\,\vec{j} + 2\omega_1\omega_2 R\,\vec{k}$

另種解法：

$a_P = a_A + \dot{\Omega} \times r_{P/A} + \Omega \times (\Omega \times r_{P/A}) + 2\Omega \times (\dot{r}_{P/A})_{A_{xyz}} + (\ddot{r}_{P/A})_{A_{xyz}}$

$a_A = -\omega_1^2 L\,\vec{i}$ ，$\dot{\Omega} = 0$

$\Omega \times (\Omega \times r_{P/A}) = (\omega_1\,\vec{j}) \times (\omega_1\,\vec{j} \times R\,\vec{j}) = 0$

$2\Omega \times (\dot{r}_{P/A})_{A_{xyz}} = 2 \times (\omega_1\,\vec{j}) \times (-\omega_2 R\,\vec{i}) = 2\omega_1\omega_2 R\,\vec{k}$

$(\ddot{r}_{P/A})_{A_{xyz}} = -\omega_2^2 R$

所以，$a_P = -\omega_1^2 L - \omega_2^2 R\,\vec{j} + 2\omega_1\omega_2 R\,\vec{k}$

(3) 圓盤的角速度與角加速度

$\omega = \Omega + \omega_{D/\aleph}$ 所以 $\omega = \omega_1\,\vec{j} + \omega_2\,\vec{k}$

角加速度 $\alpha = (\dot{\omega})_{O_{XYZ}} = (\dot{\omega})_{A_{xyz}} + \Omega \times \omega$

$= 0 + \omega_1\,\vec{j} \times (\omega_1\,\vec{j} + \omega_2\,\vec{k}) = \omega_1\omega_2\,\vec{i}$

$(\dot{\omega})_{A_{xyz}}$ ：$(\Omega + \omega_2)$ 相對於移動參考架 $A_{xyz}(\Omega)$ 的變化率，

因 ω_2 為圓盤 D 相對於 A_{xyz} 的角速度，ω_2 為固定，所以 $(\dot{\omega})_{A_{xyz}} = 0$

前面 a_P 的加速度另一種算法：

$a_P = a_A + \alpha \times r + \omega \times (\omega \times r)$

$-\omega_1^2 L\,\vec{i} + (\omega_1\omega_2\,\vec{i} \times R\,\vec{j}) + (\omega_1\,\vec{j} + \omega_2\,\vec{k}) \times [(\omega_1\,\vec{j} + \omega_2\,\vec{k}) \times (R\,\vec{j})]$

$= -\omega_1^2 L\,\vec{i} - \omega_2^2 R\,\vec{j} + 2\omega_1\omega_2 R\,\vec{k}$

例題 5

半徑 r 質量 m 的均質圓盤，若於一不計質量長 L 的 OG 軸上，圓盤水平滾動，該圓盤以 ω_1 比率對 OG 軸逆時鐘旋轉，求(1)圓盤角速度、(2)對 O 點角動量、(3)動能、(4)G 點對等於圓盤的力矩向量和力偶、(5)地板作用在圓盤力量、(6)樞軸 O 的反作用力。【清大動機類似題】

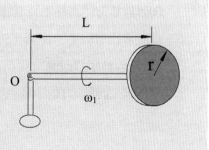

解：(1) 圓盤角速度 $\omega=\omega_1\vec{i}-\omega_2\vec{j}$

　　　C 點速度為零所以 $\omega\times r_c=0$

　　　$(\omega_1\vec{i}-\omega_2\vec{j})\times(L\vec{i}-r\vec{j})=0$，

　　　因此 $\omega_2=(r\omega_1)/L$

　　　得 $\omega=\omega_1\vec{i}-(r\omega_1/L)\vec{j}$

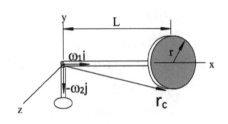

(2) 對 O 點角動量

　　由於 x、y、z 軸為圓盤主慣性軸並假設軸為圓盤的一部分(可忽略不計)

　　$H_x=I_x\omega_x=(\frac{1}{2}mr^2)\omega_1$，$H_y=I_y\omega_y=(mL^2+\frac{1}{4}mr^2)(-\frac{r\omega_1}{L})$

　　$H_z=I_z\omega_z=(mL^2+\frac{1}{4}mr^2)(0)=0$，$H_o=(\frac{1}{2}mr^2)\omega_1\vec{i}-(mL^2+\frac{1}{4}mr^2)(\frac{r\omega_1}{L})\vec{j}$

(3) 動能：$T=\frac{1}{2}(I_x\omega_x^2+I_y\omega_y^2+I_z\omega_z^2)=\frac{1}{2}[(\frac{1}{2}mr^2)\omega_1^2+(mL^2+\frac{1}{4}mr^2)(-\frac{r\omega_1}{L})^2]$

　　　$=\frac{1}{8}mr^2(6+\frac{r^2}{L^2})\omega_1^2$

(4) 線動量向量：$m\vec{v}=mr\omega_1\vec{k}$

　　　力偶 $H_G=\bar{I}_x\vec{\omega}_x+\bar{I}_y\vec{\omega}_y+\bar{I}_z\vec{\omega}_z=(\frac{1}{2}mr^2)\omega_1\vec{i}+(\frac{1}{4}mr^2)(-\frac{r\omega_1}{L})\vec{j}$

　　　$=(\frac{1}{2}mr^2)\omega_1(\vec{i}-\frac{r}{2L}\vec{j})$

(5)與(6)有效化簡力體圖，化簡於質心 G 的加速度 $m\vec{a}$ 及力偶 $\dot{H}_G$

$m\vec{a}=-mL\omega_2^2\vec{i}=-(mr^2\omega_1^2/L)\vec{i}$

$\dot{H}_G$ 求法，重點是尋找一旋轉架(角速度 Ω)對於該物體慣性矩與慣性積為定值。

前面求出 $H_G=(\frac{1}{2}mr^2)\omega_1(\vec{i}-\frac{r}{2L}\vec{j})$，

H_G 對旋轉架(角速度 $\Omega=-\omega_2\vec{i}$)的變化

率為零，因此，$\dot{H}_G=(\dot{H}_G)_{Gx'y'z'}+\Omega\times H_G$

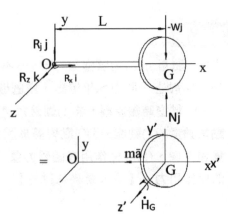

$$=0-(\frac{(r\omega_1)}{L}\vec{j})\times(\frac{1}{2}mr^2)\omega_1(\vec{i}-\frac{r}{2L}\vec{j})$$

$$=(\frac{1}{2}mr^2)(\frac{r}{L})\omega_1{}^2\vec{k}$$

$\Sigma M_O=\Sigma(M_O)_{eff}$，$L\vec{i}\times(N-W)\vec{j}=\dot{H}_G$，$(N-W)L\vec{k}=(\frac{1}{2}mr^2)(\frac{r}{L})(\omega_1{}^2\vec{k})$

得 $N=[W+(\frac{1}{2}mr^2)(\frac{r}{L})\omega_1{}^2]\vec{j}$，$\Sigma F=\Sigma F_{eff}$，$R+N\vec{i}-W\vec{j}=m\overline{a}$

$R=-(mr^2\omega_1{}^2/L)\vec{i}-(\frac{1}{2}mr\frac{r}{L})^2\omega_1{}^2\vec{j}=-(mr^2\omega_1{}^2/L)(\vec{i}+\frac{r}{2L}\vec{j})$

例題 6

利用插銷將長 L=8ft 重 W=40lb 的細長桿 AB 接於以 15rad/sec 等角速度旋轉的一垂直軸 DE 的 A 端。藉著接於軸與桿 B 端的水平線 BC 將該桿維持於定位，試求線內張力及在 A 的反作用。

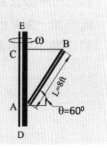

解：(1) x-y-z 坐標在質心 G，坐標角速度等於棒角速度，故慣性積為零。

(2) 有效力在 G 向量 $m\overline{a}$

$$\overline{a}=-\overline{r}\,\omega^2=-(\frac{1}{2}L\cos\theta)\omega^2=-450ft/s^2$$，

因此

$$m\overline{a}=-559lb$$

(3) 求力偶 $\dot{H}_G$，先求 H_G 利用主慣性軸得

$$\overline{I}_x=\frac{1}{12}mL^2，\overline{I}_y=0，\overline{I}_z=\frac{1}{12}mL^2$$

而 $\omega_x=-\omega\cos\theta$，$\omega_y=-\omega\sin\theta$，$\omega_z=0$

$$H_G=\overline{I}_x\omega_x\vec{i}+\overline{I}_y\omega_y\vec{j}+\overline{I}_z\omega_z\vec{k}=-\frac{1}{12}mL^2\omega\cos\beta\vec{i}$$

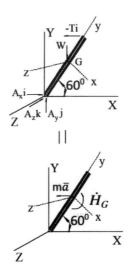

對於旋轉架 G_{xyz} 的變化率$(\dot{H}_G)_{G_{xyz}}$ 為零，該基準架的角速率 Ω 等於桿的角速度 ω，得 $\dot{H}_G=(\dot{H}_G)_{G_{xyz}}+\omega\times H_G$

$\dot{H}_G=0+(-\omega\cos\beta\,\vec{i}+\omega\sin\beta\,\vec{j})\times(-\dfrac{1}{12}\,mL^2\omega\cos\beta\,\vec{i})$，$\dot{H}_G=(645\text{ft}\cdot\text{lb})\vec{k}$

運動方程式$\Sigma M_A=\Sigma(M_A)_{\text{eff}}$

$6.93\,\vec{j}\times(-T\,\vec{i})+2\,\vec{i}\times(-40\,\vec{j})=3.46\,\vec{j}\times(-559\,\vec{i})+645\vec{k}$，得 $T=384\text{lb}$

$F=\Sigma(F_A)_{\text{eff}}\Rightarrow A_x\,\vec{i}+A_y\,\vec{j}+A_z\,\vec{k}-384\,\vec{i}-40\,\vec{j}=-559\,\vec{i}$，得 $A=(-175\text{lb})\,\vec{i}+(40\text{lb})\,\vec{j}$

例題 7

四方形平板質量為 m，在 A 和 B 點處由繩懸掛，在 D 點處施加一垂直板的作用力。試求碰撞的同時(1)質量中心 G 的速度(2)板的角速度。

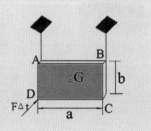

解：(1) 線衝量動量原理 $P_1+\Sigma F\Delta t=P_2$

$P_1=0$，$\Sigma F\Delta t=(-F\Delta t)k$，因此

$P_2=(-F\Delta t)k=m\,\overline{v}_G$，得 $\overline{v}_G=(-F\Delta t)/m\,\vec{k}$

(2)角衝量－動量原理

$(H_G)_1+(\Sigma M_G)\Delta t=(H_G)_2$

$(H_G)_1=0$

$(\Sigma M_G)\Delta t=[(b/2)F\,\vec{i}+(-a/2)F\,\vec{j}]\Delta t$

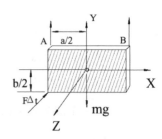

$H_{G2}=\begin{bmatrix}H_x\\H_y\\H_z\end{bmatrix}=\begin{bmatrix}\overline{I}_{xx}&0&0\\0&\overline{I}_{yy}&0\\0&0&\overline{I}_{zz}\end{bmatrix}\begin{bmatrix}\omega_x\\\omega_y\\\omega_z\end{bmatrix}$

$=(mb^2/12)(\omega_x)\,\vec{i}+(ma^2/12)(\omega_y)\,\vec{j}$

得 $\omega_x=6F\Delta t/mb$，$\omega_y=-6F\Delta t/ma$

$\omega=\omega_x\,\vec{i}+\omega_y\,\vec{j}=6F\Delta t/mab[a\,\vec{i}-b\,\vec{j}]$

例題 8

電風扇葉片及其馬達總質量為 200g，聯合迴旋半徑為 75mm。由兩處 A 和 B 距離 120mm 處軸承支撐著，如圖角速度 ω_1=2400rpm。試求馬達角速度 ω_2=0.5rad/s 轉動時，A 和 B 處反作用力各為何？

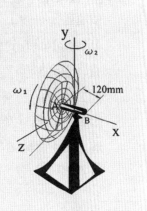

解：參考座標設於質心 A 處

$$\vec{\omega} = \omega_1\vec{i} + \omega_2\vec{j}$$

$$\vec{H}_A = I_x\omega_1\vec{i} + I_y\omega_2\vec{j}$$

依題意 I_x=(0.2)(0.075)^2=1.125×10^{-3}

$$\Rightarrow \dot{\vec{H}}_A = 0 + \omega_2\vec{j}\times[I_x\omega_1\vec{i} + I_y\omega_2\vec{j}] = -I_x\omega_1\omega_2\vec{k} = -0.141\vec{k}$$

$$\Sigma M_A = \dot{\vec{H}}_A \Rightarrow F_B\times(0.12) = -0.141$$

得 F_B=$-1.178\vec{k}$ (向下)

所以，F_A=(1.178)+(0.2)×(9.81)=2.14N(向上)

重點提示：F_A 克服重力外的力與 F_B 形成的力偶即為 $\dot{\vec{H}}_A$

例題 9

The disk having a mass of 3kg, is mounted eccentrically on shaft AB. If the shaft is rotating at a constant speed of 9 rad/s, determine the reactions at the journal bearing supports when the disk is in the position shown.【成大機械】

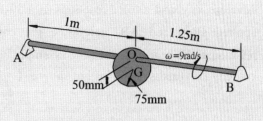

解：座標系 O_{xyz}，取 x-y-z 座標原點於 O

依題意 $\vec{\omega} = -9\,\vec{j}$

$\vec{H}_O = [I_O]\,\vec{\omega} = I_y\,\vec{j}$ ，

$\dot{\vec{H}}_O = [I_O]\,\dot{\vec{\omega}} + \vec{\omega} \times \vec{H}_O = 0$

因 $\Sigma\,\vec{M}_O = \dot{\vec{H}}_O$ ，所以 i 方向 $1.25B_z - A_z = 0$，k 方向 $-1.25B_x + A_x = 0$

因 $\Sigma\,\vec{F} = m\,\vec{a}_G$ ，所以 i 方向 $A_x + B_x = 0$，k 方向 $B_z + A_z - 3 \times 9.81 = 3 \times (0.05) \times 9^2$

解上面 4 個聯立方程式

得 $A_x = 0$，$B_x = 0$，$A_z = 23.1N$，$B_z = 18.5N$

觀念理解

此題目圓盤等角速度平面運動，角速度方向與角動量方向一樣，$\dot{\vec{H}}_O = [I_O]\,\dot{\vec{\omega}} + \vec{\omega} \times \vec{H}_O = 0$。

但，圓盤與 Y 軸有一角度時，雖仍在 Z 方向等角速度運轉時，但因慣性矩的關係，角動量與 $\vec{\omega}$ 並非同一方向，$\dot{\vec{H}}_O \neq 0$，即 $\Sigma\,\vec{M}_O \neq 0$。

例題 10

The rod assembly has a weight of 10lb/ft. It is supported at B by a smooth journal bearing, which develops x and y force reactions, and at A by a smooth thrust bearing, which develops x, y, and z force reactions. If a 50-lb ft torque is applied along rod AB, determine the components of reaction at the bearings when the assembly has an angular velocity ω=10rad/s at the instant shown. 【中山機電】

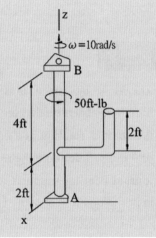

解： 參考架 A_{xyz} 連接於物體上，座標軸非物體主慣性軸

$\omega_x=0$，$\omega_y=0$，$\omega_z=\omega$

由於繞 z 軸旋轉，求得 $H_x=-I_{xz}\omega_z$，$H_y=-I_{yz}\omega_z$，$H_z=I_z\omega_z$

即 $H_A=(-I_{xz}\omega_z i-I_{yz}\omega_z j+I_z\omega_z k)$，又因 $I_{xy}=I_{xz}=0$，所以

$H_A=(-I_{yz}\omega_z i+I_z\omega_z k)$

計算質量慣性矩與慣性積

$I_Z=\dfrac{1}{3}[\dfrac{2\times10}{32.2}]\times2^2+(\dfrac{2\times10}{32.2})\times2^2=3.3136$

$I_{yz}=\Sigma m\,\overline{y}\,\overline{z}$，

則 $I_{yz}=(\dfrac{2\times10}{32.2})\times(1\times2)+(\dfrac{2\times10}{32.2})\times(2\times3)=4.969$

$\dot{H}_A=\dot{H}_A)_{xyz}+\omega\times H_A[(-I_{yz}\omega^2\,\overline{z})+(I_{yz}\dot{\omega}\overline{j})+(-I_{zz}\dot{\omega}\overline{k})]$

取力體圖 $\Sigma M_A=\dot{H}_A$

$50=3.312\dot{\omega}\Rightarrow\dot{\omega}=15.094(\text{rad/s}^2)$

$B_x\times6=-4.969\times\dot{\omega}\Rightarrow B_x=-12.5(\ell b)$

$-B_y\times6-(2\times10)\times1-(2\times10)\times2=4.969\times10^2$

$\Rightarrow B_y=-92.82(\ell b)$

取力體圖，$\Sigma F=ma_G$

$A_x+B_x=-[\dfrac{2\times10}{32.2}]\times1\times\dot{\omega}-[\dfrac{2\times10}{32.2}]\times2\times\dot{\omega}$

$A_y+B_y=-[\dfrac{2\times10}{32.2}]\times1\times\omega^2-[\dfrac{2\times10}{32.2}]\times2\times\omega^2$

$A_z-2\times10-2\times10-6\times10=0$

解上面 3 聯立方程式

得 $A_x=-15.6\ell b$，$A_y=-93.5\ell b$，$A_z=100\ell b$

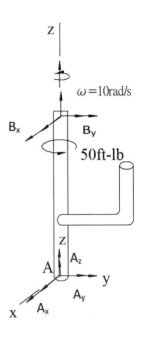

第九章　材料力學

9-1　負載

材料力學的負載依負荷型式的不同及產生的應力效應可分成軸向負載(構件受平行軸向的外力,內應力為拉應力或壓應力)、扭矩負荷(軸受扭矩,內應力為剪應力)及側向負載(樑受側向負載,斷面產生彎矩及剪力)。工程上機件安全設計分析的需要,依負載的作用時間分為靜態(static)、常態(sustained)及動態(dynamic)。

(一) 靜態(static):受力的時間為短暫,負荷是逐漸地增加(亦即變形隨負荷力慢慢增加)。依此定義,負載所做的功為 $\frac{1}{2}(P \cdot \delta)$ 。

(二) 常態(sustained):持續性作用的負載。

(三) 動態(dynamic):快速衝擊或重覆來回的負荷。

樑支撐種類及支撐力分析如下:

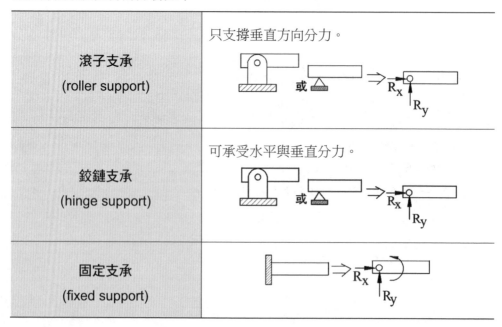

滾子支承 (roller support)	只支撐垂直方向分力。
鉸鏈支承 (hinge support)	可承受水平與垂直分力。
固定支承 (fixed support)	

9-2 應力、應變與莫耳圓

一、應力與應變

(一) **應力**：形心處受負荷 F 的構件，在內部產生大小相等方向相反之力，此內力 $\sigma=\dfrac{F}{A}$，即為應力。依外力 F 作用的形式，分為拉應力(tension stress)、壓應力(compression stress)與剪力(shear stress)。

(二) **熱應力**：桿件因溫度變化產生膨脹或收縮時，因限制而無法膨脹或收縮產生的內應力，此內應力稱為熱應力。

(三) **應力單位**：S.I.單位為 N/m^2，稱為 pascal(簡稱為 Pa)。
$1KPa=10^3Pa$，$1MPa=10^6Pa=1N/mm^2$

(四) **正應變**：長度 L 桿件，在 L 方向伸長 ΔL，定義 L 方向正應變為 $\dfrac{\Delta L}{L}$

(五) **剪應變**：由剪應力產生形狀的改變，如圖示，
定義 $\gamma=\tan\gamma=\angle DAD'=\angle CBC'=\dfrac{\delta}{L}$
剪應變 γ 即為剪力所產生的角度，注意，因該角度很小，才有上面的幾何關係。

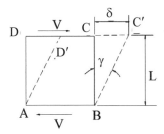

觀念理解

另種應變的定義：

1. 工程應變定義：$\varepsilon=\dfrac{\delta}{L_0}$

2. 真實應變(true strain)定義：$\varepsilon_t=\displaystyle\int_{L_0}^{L}\dfrac{dL}{L}=\ln(\dfrac{L}{L_0})$

例題 1

如圖，平板受力發生變形，試計算變形後(點線所示)：

(1) AB 線的平均正向應變(average normal strain)。

(2) A 點相對於 x,y 軸的平均剪應變(average shear strain)。【中央土木】

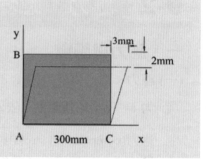

解：AB 線的平均正向應變為 $\dfrac{\sqrt{248^2+3^2}-250}{250}=-0.008$

$\gamma_{xy}=\tan^{-1}(\dfrac{3}{250})=0.012(\text{rad})$

例題 2

矩形薄板 ABCD 產生如圖所示均勻變形，求 A 點之 sgear strain γ_{xy} 值。【海洋機械】

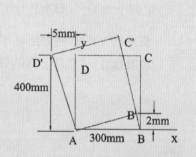

解：$\angle DAD'\tan^{-1}(\dfrac{5}{400})=0.0125(\text{rad})$，$\angle BAB'=\tan^{-1}(\dfrac{2}{300})=0.0067(\text{rad})$

所以，shear γ_{xy} 為$(0.0067-0.0125)=-0.0058(\text{rad})$

(本題重點要了解符號的定義)

二、剪應力的型式及值

鉚釘單剪應力		$\tau = \dfrac{P}{A}$
雙剪應力		$\tau = \dfrac{P}{2A}$
支承應力		支承應力 $\sigma = \dfrac{P}{td}$
薄壁圓筒容器	環向應力 $= \dfrac{pr}{t}$	軸向應力 $= \dfrac{pr}{2t}$

註：薄壁圓球壓力容器各方向的應力均為 $\dfrac{pr}{2t}$

三、面積慣性矩

(一) 面積慣性矩定義

1. **面積 A 對 X 軸之慣性矩**：$I_x = \int y^2 \, dA$

2. **面積 A 對 Y 軸之慣性矩**：$I_y = \int x^2 \, dA$

3. **面積 A 對 Z 軸之慣性矩**：$I_z = \int r^2 \, dA = I_x + I_y$

平行軸定理：x′軸慣性矩 $I_x = I_{\bar{x}} + A\,\bar{y}^2$，$\bar{y}$ 為中性軸到底邊 x 軸距離。Y′、Z′軸同理。

常用(考)面積慣性矩

矩形	(矩形圖)	$I = \dfrac{1}{12}bh^3$
圓	(圓形圖)	$I = \dfrac{1}{64}\pi d^4$
三角形	(三角形圖)	$I = \dfrac{1}{36}bh^3$

面積慣性積：$I_{xy} = \int xy\, dA$

平行軸定理：$I_{x'y'} = I_{\overline{xy}} + A\,\overline{xy}$

任一面積對其對稱軸之慣性積為零。

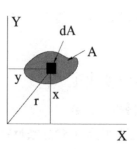

(二) 面積慣性張量轉換公式

$$I_u = \frac{I_x + I_y}{2} + \frac{I_x - I_y}{2}\cos 2\theta - I_{xy}\sin 2\theta$$

$$I_v = \frac{I_x + I_y}{2} - \frac{I_x - I_y}{2}\cos 2\theta + I_{xy}\sin 2\theta$$

$$I_{uv} = \frac{I_x - I_y}{2}\sin 2\theta + I_{xy}\cos 2\theta$$

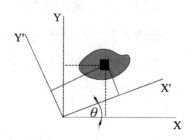

慣性主軸角度：$\theta_p = \dfrac{1}{2}\tan^{-1}(\dfrac{-2I_{xy}}{I_x - I_y})$

當以莫耳圓表示，x 方向向右為正，慣性積 y 方向向下為正，θ_p 旋轉角度逆時針為正，順時針為負。

注意：慣性積 y 方向向下為正，這與後面應力莫耳圓方向取法相同。

例題 3

如圖所示，求(1)斷面形心座標、(2)斷面對 x 軸之慣性矩。【104 高考】

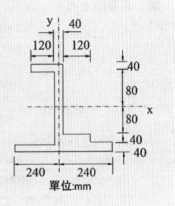

單位:mm

解：一長方形(寬 b 高 h)面積慣性矩常用公式，在形心慣性矩為 $\dfrac{bh^3}{12}$，而在底部則

為 $\dfrac{bh^3}{3}$

(1) 形心座標：$\overline{x} = \dfrac{(160\times40)\times(-60)+(160\times40)\times60}{(160\times40)\times3+(480\times40)} = 0$

$\overline{y} = \dfrac{(160\times40)\times100+(160\times40)\times(-100)+(480\times40)\times(-140)}{(160\times40)\times3+(480\times40)} = -70\text{mm}$

(2) 對 x 軸之慣性矩

$I_x = \dfrac{1}{3}(480\times160^3 - 120\times80^3 - 100\times120^3 - 220\times120^3 + 160\times120^3 - 120\times80^3)$

$= 522240000\text{mm}^4$

例題 **4**

某桿件受軸向力，E=200GPa，如圖所示，
(1)若 P=12KN，試求各段應力及 D 處的
位移、(2)若 C 處位移為零，則 P 力為若
干？【104 北科大】

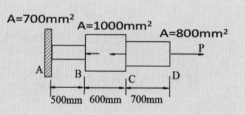

解：求各段應力

$$P_{CD}=12KN \Rightarrow \sigma_{CD}=\frac{12000}{800}=15MPa$$

$$P_{BC}=-3KN \Rightarrow \sigma_{BC}=\frac{-300}{1000}=-3MPa$$

$$P_{AB}=-18KN \Rightarrow \sigma_{AB}=\frac{-18000}{700}=-25.7MPa$$

D 處的位移即為各段位移總和

$$\frac{12000\times700}{200000\times800}-\frac{300\times600}{200000\times1000}-\frac{18000\times500}{200000\times700}=-0.021mm \text{ 表示向左}$$

若欲使 C 位移為零，CD 段應力不用考慮，則

$$\frac{(P-15000)\times600}{200000\times1000}-\frac{P-30000\times500}{200000\times700}=0$$

得 P=23.15KN

四、材料機械性質

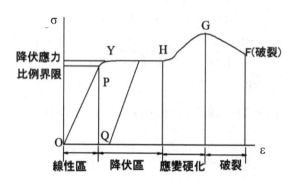

(一) OP 線為直線，斜率即彈性模數 $E=\dfrac{\sigma}{\varepsilon}$ (modulus of elasticity)，單位與應力單位相同。P 點之應力稱為比例限度(proportional limit)，超過 P 點，雖仍維持彈性，但應力增加率很快。

(二) Y 點稱為降伏點，應力無增加但應變卻大增，此應力稱為降伏應力(yielding stress)。

(三) YH 區呈塑性變形，應力去除後材料發生永久變形，即 OQ。

(四) 過 H 點會產生應變硬化(strain harden)，故需再增加外力。

(五) U 點稱為極限強度(ultimate strength)，為材料可承受的最大應力。

(六) 過 U 點後，材料會頸縮(necking)而破壞。

(七) 泊松比(Poisson's Ratioυ)：桿受軸向負載時，側向應變與軸向應變比值之絕對值 $\upsilon=\left|\dfrac{\epsilon_t}{\epsilon_a}\right|$。$0\le\upsilon<1/2$，$\upsilon=0$ 表示材料受軸向力側向不收縮。$\upsilon=1/2$ 表示材料不可壓縮。

(八) 體積應變：受靜水(hydrostatic)壓力 P 之立方體，體積應變為 $\epsilon_v=\dfrac{\Delta V}{V}=(1+\epsilon_x)(1+\epsilon_y)(1+\epsilon_z)-1$，當考慮小變形時，$\epsilon_v=\epsilon_x+\epsilon_y+\epsilon_z$

(九) 體積彈性係數定義 $K=\dfrac{P}{\epsilon_v}$，與楊式係數 E 與泊松比(Poisson's Ratioυ)關係為

$$K=\dfrac{E}{3(1-2\upsilon)}$$

考慮小變形 $\epsilon_v=\epsilon_x+\epsilon_y+\epsilon_z=3\cdot\dfrac{1}{E}\left[P-\upsilon(P+P)\right]$

$$=3\cdot\dfrac{(1-2\upsilon)P}{E}$$

$$\Rightarrow \dfrac{P}{\epsilon_v}=K=\dfrac{E}{3(1-2\upsilon)}$$

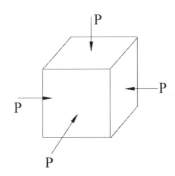

五、應力與應變關係

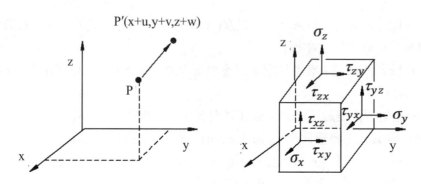

一彈性體在一外力作用下，其位移與應力變化如上圖，點 P 在 x、y、z 軸方向
應變分別為 ε_x、ε_y 與 ε_z，x-y、y-z、z-x 面剪應變分別為 γ_{xy}、γ_{yz} 與 γ_{zx}

則 $\gamma_{xy}=\dfrac{\partial u}{\partial y}+\dfrac{\partial v}{\partial x}$、$\gamma_{yz}=\dfrac{\partial v}{\partial z}+\dfrac{\partial w}{\partial y}$、$\gamma_{zx}=\dfrac{\partial w}{\partial x}+\dfrac{\partial u}{\partial z}$

熱應力：$\sigma=-\alpha E\Delta T$，E 為彈性模數，α 為熱膨脹係數(cm/cm/°C)

熱應力伸長量 $\delta_T=\alpha(\Delta T)(L)$

廣義虎克定律：

$$\epsilon_x=\frac{1}{E}\left[\sigma_x-\upsilon(\sigma_y+\sigma_z)+\alpha(\Delta T)\right]，\tau_{xy}=G\gamma_{xy}$$

$$\epsilon_y=\frac{1}{E}\left[\sigma_y-\upsilon(\sigma_x+\sigma_z)+\alpha(\Delta T)\right]，\tau_{xz}=G\gamma_{yz}$$

$$\epsilon_z=\frac{1}{E}\left[\sigma_z-\upsilon(\sigma_y+\sigma_x)+\alpha(\Delta T)\right]，\tau_{xz}=G\gamma_{xz}$$

E 稱楊式係數，G 稱剛性係數或剪力彈性係數。

當探討平面應力(上、下表面不發生應力)時，則

$\sigma_z=\tau_{zx}=\tau_{zy}=\tau_{xz}=\tau_{yz}=0$

得 $\varepsilon_x=\dfrac{\partial u}{\partial x}$、$\varepsilon_y=\dfrac{\partial v}{\partial y}$、$\gamma_{xy}=\dfrac{\partial u}{\partial y}+\dfrac{\partial v}{\partial x}$、$\gamma_{yz}=\gamma_{xz}=0$

觀念理解

1. 平面應力相對應的應力面需弄清楚，在樑剪應力及剪力流分析才不會混淆。

2. 依元素應力與應變的定義 $\varepsilon=\dfrac{d\delta}{dx}$ ，$\sigma=\dfrac{P(x)}{A(x)}$

   不超過比例限應力 $\Rightarrow E=\sigma\epsilon$，即 $\dfrac{P(x)}{A(x)}=E\varepsilon=E[\dfrac{d\delta}{dx}]$

   得 $\dfrac{d\delta}{dx}=\dfrac{1}{E}\dfrac{P(x)}{A(x)}\Rightarrow d\delta=\dfrac{1}{E}(\dfrac{P(x)}{A(x)})dx$

例題 5

有一根以 Young's modulus 為 E 的材料製成斷面 A(x)的桿件，其軸向承受分佈力 q(x)作用，同時有一集中力 P 施加在右端點如附圖所示。令作用力 q(x)、P 與軸向位移 u(x)均以向 x 軸的方向為正，請求出其統御方程式(Governing equation)。【台大機械】

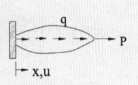

解：依上面力體圖 $\Sigma F=0$

所以 $(F+dF)+qdx=F\dfrac{dF}{dx}+q(x)=0$

利用應力與應變觀念 $\sigma=E\varepsilon=E(\dfrac{du}{dx})$，

而 $F=\sigma A$ 帶入上式

得 $\dfrac{d}{dx}[E(\dfrac{du}{dx})A]+q(x)=0$

$\Rightarrow EA\dfrac{d^2u}{dx^2}+E(\dfrac{dA}{dx})(\dfrac{du}{dx})+q(x)=0$

例題 6

一均質細長桿件截面積為單位體積之重量為 γ，於水平面上做等角速度 ω 旋轉運動，如圖，試求桿內產生之最大應力及伸長量。

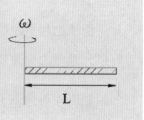

解：依力體圖－$dF = \gamma A\omega^2 x\,dx$

$$\Rightarrow -\int_0^F dF = \int_L^x [(\gamma/g)A\omega^2 x]dx$$

$$\Rightarrow F = [\gamma A\omega^2/2g](L^2 - x^2)$$

桿內產生之最大應力於 x=0 處，應力為 $\dfrac{\gamma\omega^2 L^2}{2g}$

伸長量 $\delta = \displaystyle\int_0^L \frac{Pdx}{AE} = \int_0^L \frac{\gamma A\omega^{2(L^2-x^2)}dx}{2gAE} = \frac{\gamma\omega^2 L^2}{3gE}$

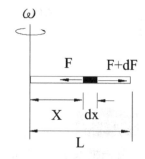

六、桁架位移

桁架位移右基本型的維式圖(Williot Diagram)分析，其繪圖假設分析步驟如下：

(一)位移為小變形量。

(二)桿件受力為二力構件。

(三)分析桿件的受力情形(壓力或拉力)。

(四)沿桿件方向劃出變形量。

(五)桿件變形量終點劃出垂直線。

(六)桿件變形量與接點位移有幾何關係。

(七)找出接點桿件垂直線交點與桿件垂直線的幾何關係。

例題 7

具有相同軸向材料性質 EA 三桿件如圖，求 P 力作用下三桿上的力及 D 點垂直位移。

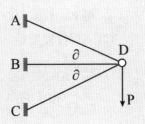

解：(1) AD、BD 及 CD 三桿均為二力桿件，因外力向下，所以，
F_{BD} 為 0，自由力體圖如下：$P_{AD}\cos\partial=P_{CD}\cos\partial\Rightarrow P_{AD}=P_{CD}$

$P_{AD}\sin\partial+P_{CD}\sin\partial=P\Rightarrow P_{AD}=P_{CD}=P/(2\sin\partial)$

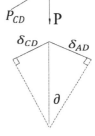

(2) 各桿件變形量

$\delta_{AD}=\dfrac{PH}{2AE\sin^2\partial}$（伸長），$\delta_{CD}=\dfrac{PH}{2AE\sin^2\partial}$（縮短）

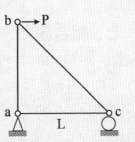

(3) $\Delta_V=\dfrac{PH}{2AE\sin^3\partial}$（↓）

例題 8

As shown in the figure, each member of truss has a uniform cross-sectional area A and constant Young's modulus E. The original length of ab and ac are L, while the original length of bc is $\sqrt{2}$. Assume each member is pin connected. The simple supported truss is subjected to a horizontal force P at point b.

(1)Determine the force in each member of the truss.

(2)Determine the deformation in each member of the truss.

(3)Determine the displacements at point b and c.【中央機研】

解：(1) 二力桿件自由力體圖如下：

得 $P_{ab}=P$(拉力)，$P_{bc}=\sqrt{2}\,P$(壓力)，$P_{ac}=P$(拉力)

(2) 各桿件變形量

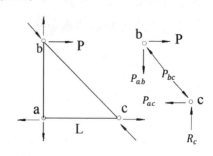

$\delta_{ab}=\dfrac{PL}{AE}$ (伸長)

$\delta_{bc}\dfrac{(\sqrt{2}P)(\sqrt{2}L)}{AE}=\dfrac{2PL}{AE}$ (縮短)

$\delta_{ac}=\dfrac{PL}{AE}$ (伸長)

(3) 維式圖(Williot Diagram)分析

b 點垂直位移 $\Delta_{bv}=\delta_{ab}=\dfrac{PL}{AE}$ (↑)

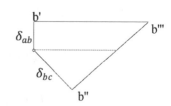

$\Delta_{bh}=\delta_{ab}+\delta_{bc}\sqrt{2}=\dfrac{PL}{AE}+\dfrac{2\sqrt{2}PL}{AE}$

C 點向右移動 $\dfrac{PL}{AE}$ (AC 桿件的伸長量)，

所以，b 點向右位移

$\dfrac{PL}{AE}+(\dfrac{PL}{AE}+\dfrac{2\sqrt{2}PL}{AE})=\dfrac{2PL}{AE}+\dfrac{2\sqrt{2}PL}{AE}$

七、組合應力

對於彈性體構件可利用等效靜力分析，其對遠處作用區應力場影響不大(僅會對負載作用區影響較大，如應力集中)，當構件受多負載作用，利用重疊原理(principle of superposition)，將各別負載對結構件的效果相加。

八、靜不定問題分析

無法直接利用靜力平衡方程式找出內(外)力者，稱靜不定結構(statically interminate structure)。解此問題，可先去除(外)力，求得結構之位移變化量，再將去除之內(外)力加上去，求得原結構之總位移但需滿足原結構之位移量。

例題 9

一銅桿長 2m，於溫度 20°C時，一端固定另一端相距 0.6mm，如圖，試求溫度升高到 120°C時，桿內所產生之應力。銅之彈性係數 E_b=105GPa，熱膨脹係數為 α_b=190×10⁻⁷cm/cm/°C

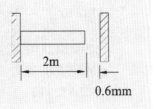

解：去除右端牆壁，溫度上升 120°C，

銅棒總伸長量為($\alpha\Delta T$)L

=(190×10⁻⁷)(100)(200)=0.38cm

設右端牆壁作用力 P

$\Rightarrow \dfrac{PL}{AE}$ =(0.38−0.06)=0.32cm

桿內所產生之應力

$\sigma = \dfrac{P}{A} = \dfrac{E(0.32)}{L}$ =168Mpa

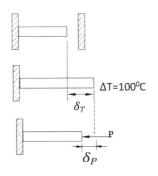

例題 10

一直徑 10mm 得黃銅螺栓(E_b=105GPa)套在一外徑 18mm，壁後 3mm 的鋁管內(E_a=70GPa)，與螺帽適貼配合，如圖，此時旋轉 1/4 圈，螺栓為單螺紋，螺距為 2mm，試求：(1)螺栓的正應力。(2)鋁管的正應力。

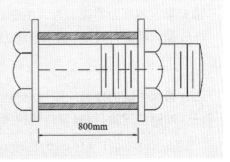

解： 螺帽旋緊，螺栓受拉力 P_b，鋁管受壓力 P_a，兩力大小相等方向相反，$P_b=P_a=P$。

螺帽旋轉 1/4 圈，螺栓為單螺紋，螺距為 2mm⇒螺帽移動距離為(1/4)×2

$\dfrac{P_a L}{A_a E_a} + \dfrac{P_b L}{A_b E_b}$ =(1/4)×2

$$\frac{P \times 800}{\left(70 \times 10^3\right)\left(\frac{\pi}{4}\right)\left(18^2 - 12^2\right)} + \frac{P \times 800}{\left(105 \times 10^3\right)\left(\frac{\pi}{4}\right)\left(10^2\right)} = (1/4) \times 2$$

$\Rightarrow P = 2.812 \times 10^3 N$

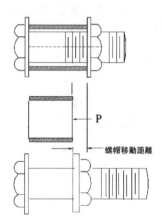

(1)螺栓的正應力

$$\frac{2.812 \times 10^3}{\left(\frac{\pi}{4}\right)\left(10^2\right)} = 35.82 MPa$$

螺帽移動距離

(2)鋁管的正應力

$$\frac{-2.812 \times 10^3}{\left(\frac{\pi}{4}\right)\left(18^2 - 12^2\right)} = -19.90 MPa$$

九、破壞理論

彈性體材料在組合應力作用下，是否已達到破壞標準的預測準則，常使用的理論有最大剪應力理論、最大主應力理論及畸變能理論。

(一) 最大剪應力理論：最大剪應力等於單軸向拉伸試驗降伏時的最大剪應力，即

$$\tau_{max} = \frac{\sigma_Y}{2}$$

(二) 最大主應力理論：脆性材料的最大剪應力等於材料極限應力 σ_Y

(三) 畸變能理論：材料單位體積所儲存應變能達到拉伸試驗破壞變形的應變能，

即 $\sqrt{\dfrac{(\sigma_1 - \sigma_2)^2 + (\sigma_2 - \sigma_3)^2 + (\sigma_3 - \sigma_1)^2}{2}} = \sigma_Y$

例題 11

For a plane stress state $\sigma_z=0$，if the strain ϵ_x and ϵ_y have been determined experimentally, determine the expressions of σ_x、σ_y and ϵ_z in terms of E, υ, ϵ_x and ϵ_y.【中山機械】

解：虎克定律 $\epsilon_x=\dfrac{1}{E}\,[\sigma_x-\upsilon(\sigma_y+\sigma_z)]$ ·············· ①

$\epsilon_y=\dfrac{1}{E}\,[\sigma_y-\upsilon(\sigma_x+\sigma_z)]$ ·············· ②

$\epsilon_z=\dfrac{1}{E}\,[\sigma_z-\upsilon(\sigma_y+\sigma_x)]$ ·············· ③

由①式得 $\epsilon_x=\dfrac{1}{E}\,[\sigma_x-\upsilon(\sigma_y)]$

由②式得 $\epsilon_y=\dfrac{1}{E}\,[\sigma_y-\upsilon(\sigma_x)]$

上二聯立方程式求解 $\sigma_x=\dfrac{E}{1-\upsilon^2}\,(\epsilon_x+\upsilon\epsilon_y)$，$\sigma_y=\dfrac{E}{1-\upsilon^2}\,(\epsilon_y+\upsilon\epsilon_x)$

上二式帶入③式，得 $\epsilon_z=\dfrac{\upsilon}{1-\upsilon}\,(\epsilon_x+\epsilon_y)$

材料的 E、G 和 υ 雖是 3 變數，其實是只有兩個變數，因有 $G=\dfrac{E}{2(1+\upsilon)}$ 的關係。

例題 12

Show the relation among modulus of elasticity E, modulus of rigidity G, and Poissons ratio is $G=\dfrac{E}{2(1+\upsilon)}$ 【成大工科】

解：如圖 A 所示，因受純剪 $\varepsilon_x = \varepsilon_y = 0$，$\gamma_{xy} = \tau/G$

轉換到主平面 $\sigma_1 = -\sigma_2 = \tau$

$$\varepsilon_x = \frac{1}{E}(\sigma_1 - \upsilon\sigma_2) = \frac{(1+\upsilon)}{E}\tau$$

將原 x−y 平面應變轉換到 x′y′平面應變(圖 B)，得

$$\varepsilon_x = \frac{\epsilon_x + \varepsilon_y}{2} + \frac{\epsilon_x - \varepsilon_y}{2}\cos 90° + \frac{\gamma_{xy}}{2}\sin 90°$$

得 $\dfrac{\tau}{2G} = \dfrac{(1+\upsilon)}{E}\tau$

所以，$G = \dfrac{E}{2(1+\upsilon)}$

剪應變 $\gamma = \dfrac{\tau}{G}$，觀念就是一角度的變化量，流體力學上一樣應用很多，就上面

試題從另一觀念切入，增加讀者概念。

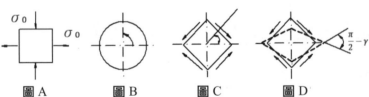

圖 A 元件受一拉力與壓應力，藉莫耳圓轉換到 45 度平面為純剪(圖 B)，純剪

不受拉壓應力，所以邊長不變，僅對角線拉長(圖 C)。而剪應變 $\gamma = \dfrac{\tau}{G}$

圖 D 對角線為 d，則增加量為 $\Delta d = \epsilon_x d$，而從幾何可得 $\Delta d = (\gamma)(d/2)$

因此，得其相關式 $\epsilon_x = (\gamma/2)$······························①

利用應力與應變關係式 $\epsilon_x = \dfrac{1}{E}(\sigma_x - \upsilon\sigma_y) \Rightarrow \epsilon_x = \dfrac{1}{E}(\sigma_0 + \upsilon\sigma_0)$ ·········②

①與②得 $G = \dfrac{E}{2(1+\upsilon)}$

例題 **13**

一銅桿長 2m，於溫度 20°C時，一端固定，另一端
距牆約 0.6mm，如圖示，試求當溫度升到 120°時，
桿內所產生之熱應力。銅之彈性係數 E=105GPa，
熱膨脹係數為 α=190×10⁻⁷cm/cm/°C

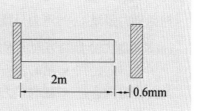

2m　0.6mm

解： 溫度上升 100 度，總伸長量為(190×10⁻⁷)(2000)(100)=3.8mm

因僅能伸長 0.6mm，所以有內壓力 P 使桿件縮短 3.2mm(3.8－0.6)

$$\frac{PL}{AE}=\delta \Rightarrow P=\frac{AE\delta}{L} \Rightarrow \sigma=\frac{AE\delta}{AL}=\frac{E\delta}{L}=\frac{1.05\times10^{7}\times0.32}{2000}=168MPa$$

例題 **14**

一橡皮圓筒直徑 d = 2.5in，置於一鋼筒內受一壓力 p = 1,000lb 壓縮，
橡皮普松比ν = 0.45，求橡皮與鋼筒間之壓力 p。

解： $\varepsilon_y=\dfrac{\sigma_y}{E}-\dfrac{\nu}{E}(\sigma_x+\sigma_z)=0 \Rightarrow \sigma_y=0.45(\sigma_x+\sigma_z)$ ……… ①

$\varepsilon_z=\dfrac{\sigma_z}{E}-\dfrac{\nu}{E}(\sigma_x+\sigma_y)=0 \Rightarrow \sigma_z=0.45(\sigma_x+\sigma_y)$ ……… ②

①與②聯立 $\sigma_y=\sigma_z$，$0.55\sigma_y=0.45\sigma_x$

$\sigma_y=\dfrac{0.45}{0.55}\dfrac{(1000)}{\left(\dfrac{3.14\times2.5^{2}}{4}\right)}=167(psi)$

十、莫耳圓

柯西應力張量 τ_{xy} 的應力分量第一個下標(x)表示應力分量的作用面,第二個下標(y)表示應力分量的方向。因此,τ_{xy} 是表示作用在以 x 軸正向為其法向量的平面上,而方向是往 y 軸的正方向。即正剪應力在法向量為正的材料元素平面上,其作用方向會往 x 軸的正方向,同樣的,正剪力在法向量為負的材料元素平面上,其作用方向會往 y 軸的負方向。

莫耳圓(Mohr's circle)是用二維方式表示柯西應力張量轉換關係的圖,即在同一點上,作用在不同方向平面上的應力分量,可以莫耳圓來表示在所有方向平面上的應力狀態。但,莫耳圓使用的符號體系,與實體空間下應力分量的符號體系,略有差異。莫耳圓空間符號體系應力的符號體系和實體空間符號體系中的相同,但,莫耳圓空間符號體系中,正的剪應力為使材料往逆時針方向旋轉,而負的剪應力為使材料往順時針方向旋轉。即,在莫耳圓空間中,定義剪應力分量 τ_{xy} 為正,而 τ_{yx} 為負,和實體空間符號體系符號定義情形不同。

在繪製莫耳圓時,有二種作法可以繪製,參考大部分書籍,本書採用下列方式的莫耳圓繪製。

(一) 將正的剪應力畫在 y 軸下方。

(二) 莫耳圓上的 2θ 角為正值時,旋轉方向是逆時針旋轉。

　　繪製步驟如下:

1. τ_{xy} 作用於與 x 軸垂直的平面指向 y 軸方向為正,τ_{yx} 作用於與 y 軸垂直的平面指向 x 軸方向為正,τ_θ 之正負號以逆時針為正,順時針為負。

2. 莫耳圓取向 σ_θ 右為正,τ_θ 向下為正,2θ 逆時針為正

3. C 點為圓心($\frac{\sigma_x + \sigma_y}{2}$,0),半徑 R 為 $\sqrt{(\frac{\sigma_x - \sigma_y}{2})^2 + \tau_{xy}^2}$

4. 主平面為剪應力為零的平面,最大剪應力作用面與主平面相差 45 度

5. $\sigma_1, \sigma_2 = \frac{\sigma_x + \sigma_y}{2} \mp \sqrt{(\frac{\sigma_x - \sigma_y}{2})^2 + \tau_{xy}^2}$

6. 主應力面角度 $\tan 2\vartheta_p = \frac{2\tau_{xy}}{\sigma_x - \sigma_y}$

7. $\tau_{max}=\sqrt{(\dfrac{\sigma_x-\sigma_y}{2})^2+\tau_{xy}^{\,2}}=\dfrac{\sigma_1-\sigma_2}{2}$

8. 最大剪應力作用面上正應力為 $\sigma_\theta=\dfrac{\sigma_x+\sigma_y}{2}$

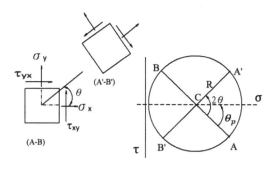

例題 15

依平面應力如圖，試求(1)主平面之傾斜角、(2)主應力、(3)最大剪應力作用面之傾斜角、(4)最大剪應力、(5)x 軸逆時針 40 度的應力狀態。

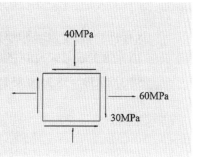

解：半徑為 $\sqrt{50^2+30^2}=58.3$

主應力為 10+58.3=68.3(MPa)及

$10-58.3=-48.3$(MPa)

$\tan(2\theta_p)=\dfrac{-(2)(30)}{[60-(-40)]}\Rightarrow\theta_p=-15.5°$

θ_p 為負值，

主平面法線方向為 x 軸順時針轉 15.3°

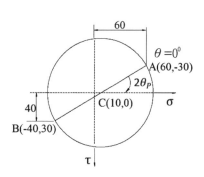

得 $\tau_{max}=58.3\text{MPa}$

最大剪應力作用面之傾斜角與主平面差 45°，

得

$\theta_{s1}=-15.5°+45°=29.5°$

$\theta_{s1}=-15.5°-45°=-60.5°$

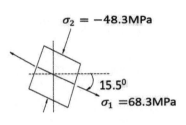

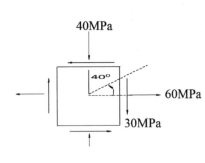

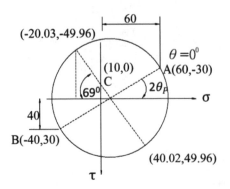

x 軸逆時針 40 度 $\Rightarrow$ 80+31=111

$10-58.3\times\cos59°=10-58.3(0.515)=-20.02\text{MPa}$

$58.3\times\sin59°=58.3\times(0.857)=49.961\text{MPa}$

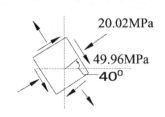

例題 16

如圖示，假設作用在 AB 面上之正應力為 15MPa 張力，試求：

(1) 作用在垂直面上之正應力 σ_x。

(2) 作用在 AB 面上之剪應力。

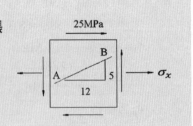

解：$\theta = \tan^{-1}(\dfrac{5}{12}) = 22.62°$

x 軸須轉(90°+22.62°)112.62°，

在莫耳圓上須逆時針轉(112.62×2)225°

因

得與 X 軸夾角為(225°−180°−2θ$_P$)

莫耳圓圖，半徑 $R = \sqrt{(\dfrac{\sigma_x}{2})^2 + (25)^2}$

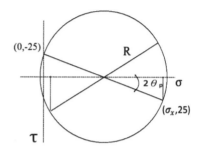

$\cos(2\theta_P) = \dfrac{\sigma_x}{2R}$ ， $\sin(2\theta_P) = \dfrac{25}{R} \Rightarrow \cos(45°-2\theta_P) = \dfrac{\sqrt{2}}{2} \times [\dfrac{(a+50)}{2R}]$

依題意 $15 = \dfrac{\sigma_x}{2} - R\cos(45°-2\theta_P)$，得 σ_x=216MPa

得 AB 面的剪力為 61MPa

例題 17

A cylindrical thin-walled pressure vessel with inner radius 30 mm and outer radius 33 mm is subjected simultaneously to an internal pressure 15MPa and a torque 2kN-m.Use(1)maximum distortion energy and (2)maximum shear stress theory to check if the pressure vessel will yield or not ? The yield strength for the vessel is σ$_Y$=250MPa.

【成大機研】

解：本題目為薄壁容器與組合應力及破壞理論的綜合運用，

所謂薄壁容器為半徑 r 對壁厚比值大於 10，

圓柱薄壁容器內徑 r，壁厚 t，周向應力($\dfrac{pr}{t}$)=縱向應力($\dfrac{pr}{2t}$)

的兩倍

球形薄壁容器內徑 r，壁厚 t，周向應力=($\dfrac{pr}{2t}$)

薄殼圓柱容器 $\sigma_x = \dfrac{pr}{t} = \dfrac{(15 \times 30)}{3} = 150$(MPa)

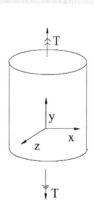

薄殼圓柱容器 $\sigma_y = \dfrac{pr}{2t} = \dfrac{(15 \times 30)}{(2 \times 3)} = 75(MPa)$

$\sigma_z = -15$，$\tau_{xy} = \dfrac{T}{2A_m t} = \dfrac{2}{2(3.14 \times 31.5^2) \times 3} = 106.9(MPa)$

$x - y$ 平面主應力由莫耳圓或公式

$\sigma_{1,2} = \dfrac{\sigma_x + \sigma_y}{2} \pm \sqrt{(\dfrac{\sigma_x - \sigma_y}{2})^2 + \tau_{xy}{}^2} = 112.5 \pm \sqrt{(\dfrac{75}{2})^2 + 109.6^2} \pm 115.83$

$= 228.3$，$-3.33(MPa)$

(1) 最大變形理論

$$\sqrt{\dfrac{(\sigma_1 - \sigma_2)^2 + (\sigma_2 - \sigma_3)^2 + (\sigma_3 - \sigma_1)^2}{2}} = \sqrt{\dfrac{231.63^2 + 243.3^2 + 11.67^2}{2}}$$

$= 237.68 < 250$，所以未降伏。

(2) 最大剪應力理論：$\tau_{max} = \dfrac{\sigma_1 - \sigma_2}{2} = 115.81 < \dfrac{250}{2}$，所以，未降伏

9-3　負載與變形

一、扭矩負載

承受扭轉之圓軸，扭轉剪應力 $\tau = \dfrac{Tr}{J}$，其中 T 為扭矩，r 為到圓心的距離，J 為面積極慣性矩。

(一) **基本假設**：1.橫斷面扭力後仍保持平面狀態、2.扭矩作用面與圓軸中心線垂直、3.扭轉矩很小、4.單位長度變化扭轉角($\dfrac{d\varnothing}{dx}$)定值。

扭轉角：$\phi = \displaystyle\int_0^L \dfrac{Tdx}{GJ} = \sum_{i=1}^{i=n} \dfrac{T_i L_i}{G_i J_i}$

H(功率)=T(扭矩)ω(角速度)，H 馬力(hp)= $\dfrac{2\pi nT}{33,000}$ ，T 為 ft−lb，n 為每分

鐘轉速。

推導扭轉剪應力最重要基本假設條件，由下列幾何圖關係

得 $\gamma = \dfrac{\rho d\varnothing}{dx}$ 【式 9.3.2】

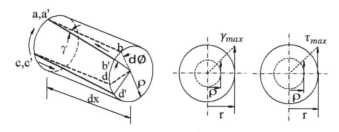

$\dfrac{d\varnothing}{dx}$ 為圓軸單位長度的扭轉角，當桿承受純扭轉時，其為常數以θ表示之，

即θ= $\dfrac{d\varnothing}{dx} = \dfrac{\varnothing}{x} = \dfrac{\varnothing_{max}}{L}$ ， 【式 9.3.2】 可寫成為 γ=ρθ

觀念理解

推導扭轉剪應力，讀者應注意到是，等值剪應力恆存在於互相垂直平面上，即
圓軸縱斷面上必存在等值剪應力，大小與方向，如下圖。

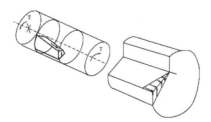

矩形斷面承受扭矩時，其最大剪應力 $\tau_{max} = c\dfrac{T}{ab^2}$ (a 為長邊值而 b 為短邊值)，當

$\dfrac{a}{b}$ 趨近∞時，c=3。當計算開口薄斷面時，則可利用此公式。

例題 18

Equal torque are applied to thin-walled tubes of the same thickness t and the same radius c. One of the tubes has been slit lengthwise as shown in the figure. Determine the ratio of the maximum shearing stresses in the tubes.【成大工科】

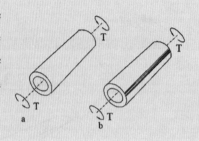

解：薄壁管 $\tau_a = \dfrac{T}{2A_m t} = \dfrac{T}{2\left(\pi r^2_m\right)t} = \dfrac{T}{2\left(\pi C^2\right)t}$ ，有裂縫薄管，$\tau_b = c_1 \dfrac{T}{ab^2} = 3\dfrac{T}{\left(2\pi c\right)t^2}$

所以，$\dfrac{\tau_a}{\tau_b} = \dfrac{t}{3c} \ll 1$ ，所以，$\tau_a \ll \tau_c$

例題 19

Please derive

(1) the torsion formulation $\tau = \dfrac{T\rho}{J}$

(2) the relation between the angle of twist ϕ and the torgue T as $\phi = \dfrac{TL}{GJ}$.【成大機械】

解：如上面的說明，由幾何圖形得 $\theta = \dfrac{d\phi}{dx} = \dfrac{\phi}{x} = \dfrac{\phi_{max}}{L}$

$\tau = G\gamma = G\rho\theta$

$T = \int \tau(\rho dA) = G\theta \int \rho^2 dA = G\theta J$ ，$\Rightarrow \theta = \dfrac{T}{GJ}$

所以，求得 $\tau = G\gamma = G\rho\theta = \dfrac{T\rho}{j}$ ，因 $\theta = \dfrac{d\phi}{dx} = \dfrac{\phi}{x} = \dfrac{\phi_{max}}{L}$

所以，$\phi = \dfrac{TL}{GJ}$

如圖，一直徑 4cm 實心軸，馬達以 600rpm 轉數傳遞 38kw 動力，動力由左側皮帶 A 輸入，皮帶 B 輸出 23kw，皮帶 C 輸出 15kw，設 G = 84GPa，試求(1)圓軸內最大剪應力、(2)皮帶 A 對皮帶 C 總扭轉角。

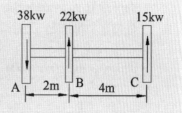

解：$T_{AB} = \dfrac{38000 \times 60}{2\pi \times 600} = 605.1$，$T_{AB} = \dfrac{15000 \times 60}{2\pi \times 600} = 238.9$

最大應力$\tau = \dfrac{16T}{\pi d^3} = \dfrac{16 \times 605.1}{\pi 0.04^3} = 48.18\text{MPa}$

皮帶 A 對皮帶 C 總扭轉角

$\Sigma \dfrac{TL}{GJ} = (605.1 \times 2 + 238.9 \times 4)\left(\dfrac{1}{\left(84 \times 10^9 \times \dfrac{\pi \times 0.04^4}{32}\right)} \right) = 0.1(\text{rad}) = 5.88°$

二、薄壁管扭轉剪應力

剪應力$\tau = \dfrac{T}{2A_m t}$，其中 T 為扭矩，A_m 為管壁中心線所圍的面積，t 為厚度。

扭轉角 $\phi = \dfrac{TL}{GJ_t}$，其中 L 為管長，G 為剪力模數，J_t 為扭轉常數$= \dfrac{4A_m^2}{\displaystyle\oint \dfrac{ds}{t}}$。

一圓形薄管和方形薄管皆由相同材料製成，且兩管等長、等管厚及等斷面積，再加上受相同扭力矩作用，假設可忽視方型薄管轉角處應力集中，試求兩者之剪應力比以及兩者之扭轉角比，採用何薄管較有利？

解：題目須注意，等斷面積不是指等所圍面積

圓形薄管 $A_{mc}=\pi r^2$，$L_{mc}=2\pi r$，$J_C=2\pi r^3 t$，方形薄管 $A_{ms}=b^2$，$L_{ms}=4b$

依題意等斷面積，$2\pi r t=4bt$，所以 $b=\pi r/2$

則 $J_s=\dfrac{4A_m^2}{\oint\dfrac{ds}{t}}=(\pi^3 r^3/8)(t)$

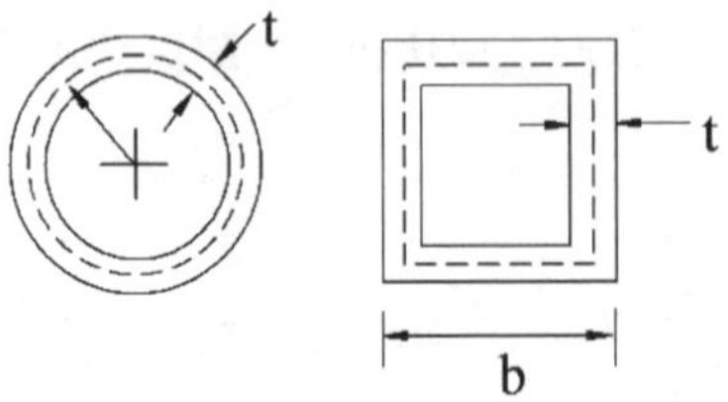

得 $\dfrac{c}{s}=\dfrac{\dfrac{T}{2A_{mc}t}}{\dfrac{T}{2A_{ms}t}}=\dfrac{\pi}{4}$

$\dfrac{\Phi_c}{\Phi_s}=\dfrac{\dfrac{TL}{GJ_c}}{\dfrac{TL}{GJ_s}}=\dfrac{\pi^2}{16}$

承受相同扭距，採用圓形薄管較有利。

例題 22

用相同材料、同樣厚度的板製成封閉薄壁空心軸，考慮如圖所示三種不同形狀的節面圓形正方形正三角形。如果三種形狀空心軸薄壁中心線所包圍的面積相同，能容許的最大剪應力相同，請問哪一種截面可以承受最大的扭角。【台大機械】

解：$\phi=\dfrac{TL}{GJ_i}$，針對薄壁 $J_i=\dfrac{4A_m^2}{\oint\dfrac{ds}{t}}$，$\tau=\dfrac{T}{2A_m t}$

依題意，能容許的最大剪應力相同，所以，承受的最大扭矩相同。

而 $J_i=\dfrac{4A_m^2}{L_{m/t}}$，依題意薄壁中心線所包圍的面積相同 $\Rightarrow \pi r^2=b^2=\dfrac{\sqrt{3}l^2}{4}$

$L_{mc}=2\pi r$，$L_{ms}=4b$，$L_{mt}=3l$

本題 L 並沒給定，所以，ϕ 無法確認，惟若長度 L 均相同，則 L_m 愈大，ϕ 值將愈大，所以，要承受最大的扭角，即表示在相同扭矩作用下，ϕ 值要愈小，因此，如相同長度圓形截面可以承受最大的扭角。

例題 23

A hollow, circular shaft with outside diameter d and inside diameter d/2 is fixed at the left end and is subjected to a distributed torque of uniform intensity q as shown in the figure.

(1) Find the maximum shear stress and the maximum tensile stress in the shaft.

(2) Find the angle of twist at the free end B. The shear modulus of elasticity of the shaft is G.【台大機械】

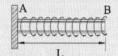

解： 中空軸面積慣性矩 $J = \dfrac{\pi}{32}[d^4 - (\dfrac{d}{2})^4] = \dfrac{15\pi d^4}{512}$

扭矩最大值為固定端處 $T_{max} = qL$

$\tau_{max} = \dfrac{qL\left(\dfrac{d}{2}\right)}{J} = \dfrac{256qL}{15\pi d^3}$

因為純剪莫耳圓知，最大拉應力為 $\dfrac{256qL}{15\pi d^3}$

扭轉角 $\phi = \displaystyle\int_0^L \dfrac{Tdx}{GJ} = \dfrac{1}{GJ}\int_0^L qxdx = \dfrac{256qL^2}{125Gd^4}$

三、彎曲負載

(一) 負載和剪力與彎矩的關係

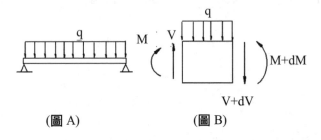

（圖 A）　　　　　　　　（圖 B）

如上圖 B，分佈負載和剪力與彎矩的方程式如下：

$$\frac{dV}{dx} = -q \ , \ \frac{dM}{dx} = V \qquad \boxed{\text{式 } 9.3.3}$$

(注意：公式的推導，q 方向為向下)

靜力平衡

$\sum F = 0 \Rightarrow q(dx) + (V+dV) = V$

得 $\dfrac{dV}{dx} = -g$

$\sum M = 0 \Rightarrow M + q(dx)(\dfrac{dx}{2}) + (V+dV)dx = M + dM$

得 $\dfrac{dM}{dx} = V$

(二) 公式釐清

1. 負載剖面剪力和彎矩正負方向定義如上圖。

2. 無負載或連續負載之任二點由左而右，剪力關係 $\int_{A}^{B} dV = -\int_{A}^{B} q dx$

3. 當樑有集中負載，則該點剪力圖會有 jump 現象，彎矩不變。

4. 當樑有彎矩負載，則該點剪力圖不變，彎矩會有 jump 現象。

(三) 樑之彎曲應力

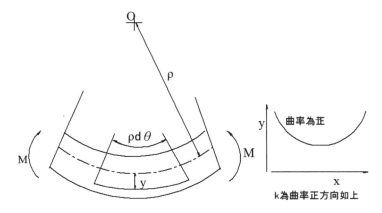

ρ為曲率半徑，定義 $\dfrac{1}{\rho}$=k(k 方向正負判定，如上圖示)

當樑受側向負載或彎矩作用時，則其內部應力為：

$$\sigma=\dfrac{-M_y}{I}$$ 　　　式 9.3.2

M 為彎矩，y 為至中性軸的距離，I 為中性軸的面積慣性矩。

注意：公式的推導方向向上為正。

基本假設：1.材料均質性、2.承受彎矩前後，仍保持平面、3.滿足虎克定律。

觀念理解

1. 中性面：既不伸長也不縮短的平面。

2. 中性軸：中性面和任一橫向面之交線。

3. 曲率中心為樑相鄰剖面交點，而曲率中心與中性面距離稱為曲率半徑 ρ。

4. 剖面上無正向力 $\Rightarrow \int \sigma_x\, dA=0 \Rightarrow$ 得 $\int y\, dA=0$ 所以，中性軸通過剖面形心。

5. 合力矩 $M=\int \sigma y\, dA \Rightarrow$ 得 $\sigma=\dfrac{-My}{I}$ ，$I=\int y^2\, dA$。

例題 24

一長方柱受純彎矩，試證：

(1) x 方向應變 $\varepsilon_x = \dfrac{-y}{\rho}$ 。

(2) 中性軸經過剖面形心。

(3) x 方向剪力 $\sigma_x = \dfrac{-My}{I}$ ，M 為彎矩，I 為相對中性軸面積慣性矩。

解：假設 1.材料均質性 2.承受彎矩前後，仍保持平面 3.滿足
虎克定律

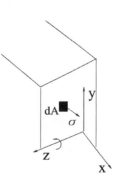

$$\varepsilon_x = \frac{(\rho - y)\,d\theta - \rho d\theta}{\rho d\theta} = \frac{-y}{\rho} \text{ (變形量與距中性面距離成正比)}$$

$$\Sigma F_x = 0 \Rightarrow \int \sigma\,dA = 0 \Rightarrow \frac{-E}{\rho} \int y\,dA = 0 \text{，所以中性軸通過形心}$$

$$M = \int y\sigma\,dA = \int yE\frac{y}{\rho}\,dA = \frac{E}{\rho}\int y^2\,dA = \frac{EI}{\rho}$$

因 $\sigma_x = E\varepsilon_x$，所以 $\dfrac{1}{\rho} = \dfrac{-M}{EI}$ $\boxed{\text{式 9.3.3}}$

得，$\sigma_x = \dfrac{-My}{I}$

觀念理解

對於對稱直樑細長元件(樑長遠大於斷面幾何尺寸)，雖受剪力作用，因其影響很小，所以，假設平面仍保持平面，撓曲公式可適用，但，$\gamma \neq 0$，所以 $\gamma = \dfrac{\tau}{G}$ 不適用。

試試看

Classical beam theory is not consistent in its assumption about shear stress or shear strain. Please state this inconsistency in detail. How can we get rid of this inconsistency?【成大機研】

例題 25

A simple beam of T-section is supported and loaded as shown in Fig.

(1) Draw the shear-forced and bending-moment diagram.

(2) Compute the maximum tensile and compressive bending stress at a section where the bending moment M = 4000lb-ft.【中興機械】

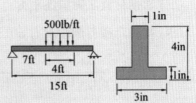

解：(1) 力平衡圖得 R_A=8000(lb)↑，R_D=1200(lb)↑

(2) 形心 $\bar{y} = \dfrac{3 \times 0.5 + 3 \times 2.5}{6} = 1.5$

$I = \dfrac{1}{12} \times 3 \times 1^3 + 3 \times 1^2 + \dfrac{1}{12} \times 1 \times 3^3 + 3 \times 1^2 = 8.5$

因此，

bending moment M=4000lb-ft=48000lb-in

$\sigma_t = \dfrac{48000 \times 1.5}{I} = 8470.6$psi，

$\sigma_c = \dfrac{48000 \times 2.5}{I} = 14117.6$psi

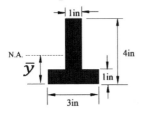

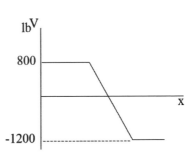

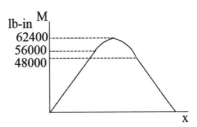

四、轉換斷面法

為分析不同材質所組成之複合材料斷面結構,將含有一種以上材料構成之斷面尺寸轉換成對等而僅由一種材料構成之斷面,即以某一材質為基質,其他材質為此基質材質比值定義為模數比 n,將其他材質寬度對稱改為原來的 n 倍,此種方法常用於鋼筋混凝土樑或不同材質複合材料斷面之應力分析。

(一) 其他材質寬度對稱改為原來的 n 倍。

(二) 決定形心位置得 h_1、h_2(另以 $E_1 \int_1 y\, dA + E_2 \int_2 y\, dA = 0$ 觀點,則求中性軸位置)。

(三) 求兩材質之總慣性矩 I_t。

(四) 得複合樑各彎曲應力 $\sigma_1(\dfrac{Mh_1}{I_t})$ 與 $\sigma_2(\dfrac{Mh_2 n}{I_t})$

[或 $\sigma_1 = \dfrac{-MyE_1}{E_1 I_1 + E_2 I_2}$, $\sigma_2 = \dfrac{-MyE_2}{E_1 I_1 + E_2 I_2}$] 。

例題 26

一混合橫樑為一木質橫樑(6in 寬,8in 深)與底邊之鋼板(6in 寬,1/2in 深)加強,$E_w = 1.5 \times 10^6 \text{psi}$,$E_s = 30 \times 10^6 \text{psi}$,容許應力 $\sigma_w = 1200$,$\sigma_s = 16,000$,求此橫樑之容許彎曲力矩。

解: 解法一:底邊之鋼板寬度為 $\dfrac{30 \times 10^6}{1.5 \times 10^6} = 20$ 倍

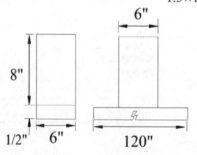

求形心位置:$(48+60) \times h = (48 \times 4) + [60 \times (8 + 1/4)]$,得 h=6.36

$$I_t = \frac{1}{3}[6 \times 6.36^3 + 6 \times 1.64^3] + \frac{1}{12} 120 \times \frac{1}{2}^3 + 120 \times \frac{1}{2} \times [1.64 + 0.25]^2 = 738.92$$

$$\frac{M_w \times 6.36}{739.92} = 1200，得 M_w = 139,607$$

$$\frac{M_s \times (0.5 + 1.64) \times 20}{739.92} = 16000，得 M_s = 276,605$$

所以，M=139,607in-lb

解法二：求中性軸

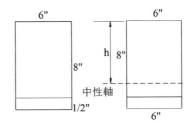

$$E_w \int_w y \, dA + E_s \int_s y \, dA = 0，得 h = 6.36$$

$$\sigma_w = \frac{MyE_w}{E_w I_w + E_s I_s}，得 M = 139,607$$

$$\sigma_s = \frac{MyE_s}{E_w I_w + E_s I_s}，得 M = 276,065$$

所以，M=139,607in-lb

五、非對稱彎曲

撓曲應變的假設為：1.對稱直樑(截面至少一對稱軸)、2.純彎曲(彎曲指向垂直於對稱軸)。即中性軸與對稱軸垂直。

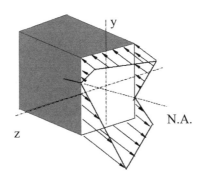

當非對稱彎曲時如上圖，假設合力彎矩為 Z 軸(主軸)，平衡方程式

(一) $\Sigma F_x = 0 \Rightarrow \int \sigma \, dA = 0$　Z 軸通過形心

(二) $\Sigma M_y = 0 \Rightarrow \int z\sigma \, dA = 0 \Rightarrow \int yz \, dA = 0 \Rightarrow YZ$ 為慣性主軸

(三) $\Sigma M_z = M \Rightarrow \int y\sigma \, dA = M$

當 $\sigma = -\dfrac{M_Z y}{I_Z} + \dfrac{M_Y z}{I_Y} = 0$，即為中性軸，其角度為

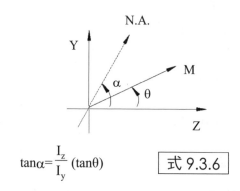

$$\tan\alpha = \frac{I_z}{I_y}(\tan\theta)$$　　式 9.3.6

廣義的任意斷面的樑受外力而產生不對稱彎曲(Asymmetric bending)型式可分兩種：

(一) 斷面未有任何對稱性的負荷：首先將通過形心的 xy 軸旋轉成具有形心主慣性矩的 x′y′軸，再將彎矩分成新主軸方向的分量，利用旋轉後的新座標計算各點的正應力。

　　$M_{y'}$、$M_{z'}$ 分別為彎矩對 x′y′軸的分力矩，產生的合成正應力為：

$$\sigma_x = \frac{M_{z'} y'}{I_{z'}} + \frac{M_{y'} z'}{I_{y'}}$$

(二) 雙對稱樑的彎曲：雙對稱軸斷面的懸臂樑，在自由端的形心上有一垂直於長軸的外力，在固定端所產生的反力矩，可分解成兩個指向垂直的力矩。兩垂直彎矩各對斷面產生垂直的正應力，並合成為合成應力。

例題 27

一樑截面如圖，其受一力矩 M=20KN-m，
求截面之中性軸。

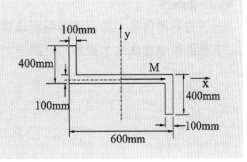

解：本題解答要分成 3 階段，(1)求慣性矩與慣性積⇒(2)求慣性主軸⇒(3)求中性軸

(1) 求慣性矩與慣性積 $I_x=2.9\times10^{-9}mm^4$

   $I_y=5.6\times10^{-9}mm^4$，$I_{xy}=-3\times10^{-9}mm^4$

(2) 求慣性主軸 $\tan(2\theta_p)=\left[\dfrac{-I_{xy}}{(I_x-I_y)/2}\right]=2.22\Rightarrow\theta_p=57.1°$(正號表示逆時針方向)

   $I_{x'}=7.54\times10^{-9}mm^4$，$I_{y'}=0.96\times10^{-9}mm^4$

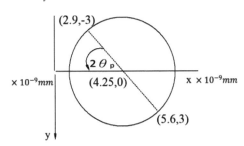

(3) 求中性軸 $\tan(\alpha)=\dfrac{I_{x'}}{I_{y'}}\tan(-57.1°)=-85.3°$

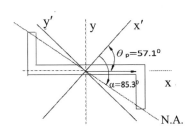

例題 28

一正方形棒負荷 P 斷面積再截面處被減為一半，如圖，求斷面最小處之最大拉應力、壓應力。

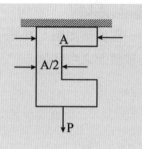

解：斷面積截面一半處之力矩 $M = P \times (\frac{1}{2} \times \frac{a}{2})$

$$\sigma_t = \frac{N}{A} + \frac{My}{I} = \frac{P}{a \times \frac{a}{2}} + \frac{\frac{Pa}{4} \times \frac{a}{4}}{\frac{a \times (\frac{a}{2})^3}{12}} = \frac{8P}{a^2}$$

$$\sigma_c = \frac{N}{A} - \frac{My}{I} = \frac{P}{a \times \frac{a}{2}} + \frac{\frac{Pa}{4} \times \frac{a}{4}}{\frac{a \times (\frac{a}{2})^3}{12}} = \frac{-4P}{a^2}$$

例題 29

As shown in figure a T-beam is subjected to a bending moment of 15 kN-m. Please determine the maximum normal stress in the beam and the orientation of the neutral axis.【成大奈米】

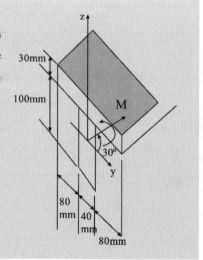

解：(1) 彎矩分成主軸方向分量 $M_y = 15 \times \cos 30° = 13$，$M_z = 15 \times \sin 30° = 7.5$

(2) 求形心位置 $(30 \times 200 \times 15) + (100 \times 40 \times 80) = [(30 \times 200) + (100 \times 40)] \times h$

得 $h = 41$

(3) 求面積慣性矩

$$I_y = [\frac{200 \times 30^3}{12} + (30 \times 200)(41-15)^2] + [\frac{40 \times 100^3}{12} + (100 \times 40)(41-80)^2] = 13923336$$

$$I_z = [\frac{30 \times 200^3}{12} + \frac{100 \times 40^3}{12}] = 20533333$$

(4) 中性軸 $\sigma = \frac{M_y \times z}{I_y} - \frac{M_z \times y}{I_z} = 0$，得 $0.934z - 0.365y = 0$

中性軸與 y 軸夾角 $21.4°$

(5) 最大正應力

$$\sigma_{tmax} = \frac{M_y \times 41}{I_y} + \frac{M_z \times 100}{I_z} = 74.8 \text{(MPa)}$$

$$\sigma_{cmax} = \frac{-M_y \times 89}{I_y} + \frac{-M_z \times 20}{I_z} = -90.4 \text{(MPa)}$$

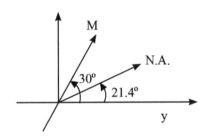

觀念理解

形心、面積矩與慣性矩(面積慣性矩)及主慣性矩彎矩應力、不對稱彎矩應力及剪力間的關係：

1. 慣性矩：$I_z = \int y^2 \, dA$，$I_y = \int z^2 \, dA$，慣性矩為描述截面抵抗彎矩的性質。

2. 慣性積：$I_{yz} = \int yz \, dA$，可為正、負或為零

3. 形心座標$(y_c , z_c) = (\frac{S_y}{A} , \frac{S_z}{A})$，係利用力矩原理得到。物體截面上有一軸對稱，則形心必在該軸上，若有兩對稱軸，則形心在此二軸交點，所以，對稱中心必為形心，但要注意，形心不一定為對稱中心(因不一定有對稱中心)。

4. 當 Y 軸、Z 軸通過形心，則面積矩為零，反之，某軸的面積矩為零，則此軸必通過形心。有對稱軸的截面，其軸必通過形心軸。

5. 主慣性軸：慣性積為零的一對正交座標軸稱為主慣性軸。主慣性軸的交點和截面形心重合，此軸稱為形心主慣性軸，形心主慣性軸的慣性矩稱為形心主慣性矩。

6. 物體截面有一軸為對稱軸時，則截面對此軸的慣性積必為零，有對稱軸的截面，其軸必通過形心軸。要注意，截面對某一座標軸慣性積為零，此截面不一定為對稱軸。

7. 主慣性矩(principle moments of inertia)：任意斷面上兩垂直座標軸經旋轉可得到一對主慣性矩(慣性積為零)。此對慣性矩之一為最大慣性矩，另一為最小慣性矩。

8. 純彎矩 M 推導應力的步驟：

   (1)$\Sigma F_x=0 \Rightarrow \int \sigma \, dA=0 \Rightarrow$ Z 軸通過形心

   (2)$\Sigma M_y=0 \Rightarrow \int z\sigma \, dA=0 \Rightarrow \int yz \, dA=0 \Rightarrow$ 慣性積為零，y-z 為慣性主軸

   (3)$\Sigma M_z=M \Rightarrow \int y\sigma \, dA=M$，求得應力 a 的分布

9. 彎曲應力 $\sigma_{max}=\dfrac{M}{Z}$ ($Z=\dfrac{I}{y}$，為斷面係數)，相同的面積，在中性軸設計較小面積，而在兩端設計較大面積，則可承受較大應力的負荷。

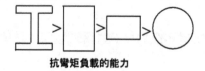
抗彎矩負載的能力

六、樑受橫向負載的剪應力

樑受橫向負載產生彎矩及剪力，彎矩產生彎應力，而剪力使橫樑產生剪應力。剪力的分析係由彎矩應力的力平衡方程式求出，截面上有水平剪力 V_H 與垂直剪力 V_F，須注意 V_H 與 V_F 是同時發生，且大小相等(圖 A)。

取樑截面 mn 與 m'n'相距Δx 之截面(圖 B)，V_H 為樑左右兩側彎矩差(ΔM)造成(圖 C)，取左右力平衡 $\Sigma F_x=0$，$V_H+\sum \dfrac{y}{c}\left(\dfrac{Mc}{I}\right)\Delta A=\sum \dfrac{y}{c}\left[\dfrac{(M+\Delta M)c}{I}\right]\Delta A$，

則 $V_H=\dfrac{(\Delta M)(y\Delta A)}{I}$ (水平面上剪應力 $\tau_H=\dfrac{V_H}{A}=\dfrac{(\Delta M)Q}{I(b\Delta x)}=\dfrac{(\Delta M)Q}{\Delta xIb}$)

因為 $V=\dfrac{\Delta M}{\Delta x}$，

則 $\tau_H=\dfrac{VQ}{Ib}$ (Q 面積對中性軸的面積一次矩，即 $Q=A\times \bar{y}$) 　式 9.3.7

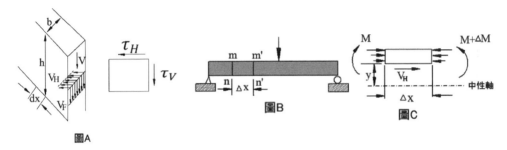

V 為垂直剪力負載，b 為樑寬，Q 為隊 z 軸面積一次矩。

上面公式的假設為垂直剪應力均勻分布在垂直面上(如下圖)，依互補剪應力概念(complementary shear stress)樑頂及樑底均無剪應力。

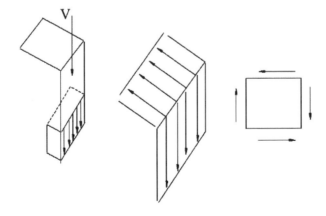

$\tau = \dfrac{VQ}{Ib}$ 公式，針對剖面矩形之剪應力 $\tau = \dfrac{V}{2I}(\dfrac{h^2}{4} - y^2)$，得剖面上下緣$(y = \mp\dfrac{h}{2}$時$)$ 剪應力為 0，在中性軸處，$\tau = \dfrac{3V}{2A}$，剪應力最大(此剪應力比平均剪應力$\dfrac{V}{A}$大於 50%)

例題 30

The following is the shear formula for calculating the transverse shear stress τ at any point in each cross section of a beam subjected to shear force V

$$\tau = \frac{VQ}{It}$$

Where Q=first moment of a portion of the cross-section area

I=moment of intertia of the cross-section, and

b=width of the beam

Answer the following questions:

(1) Derive this formula width the assumptions involved at each stage of your derivation clearly stated. Figures that help illustrate your derivation should be properly drawn.

(2) According to the assumptions used in the derivation, can this formula satisfy Hooke's law in shear(i.e., $\tau = G\gamma$, where γ=shear strain)? State the reason. 【台大土木】

解：假設：

　　(1) 均質材料且滿足虎克定律。

　　(2) 直樑且對稱彎曲。

　　(3) 樑橫斷面彎曲前後保持平面(即 $\gamma=0$) 。

　　(4) 垂直剪應力在全寬內平均分布。

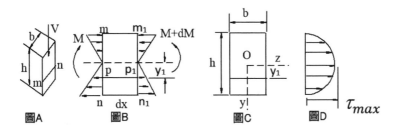

圖A　　圖B　　圖C　　圖D

樑上相隔 dx，剖面 mn 及 m_1n_1

彎矩 M 與剪力 V 的關係式為 $V = \dfrac{dM}{dx}$

PP_1 面上的剪應力 $\tau \Rightarrow \tau bdx$=右邊上總力-左邊上總力，因此

$$\tau bdx = \int_{y_1}^{\frac{h}{2}} \frac{(M+dM)y}{I} dA - \int_{y_1}^{\frac{h}{2}} \frac{(M)y}{I} dA \text{，則} \tau = \frac{dM}{dx} \left(\frac{1}{Ib}\right) \int_{y_1}^{h/2} y\, dA$$

得，$\tau = \dfrac{VQ}{Ib}$。上面公式是利用靜力為零觀念求得，假設 γ=0，因此 $\tau \neq G\gamma$(不滿足

虎克定理)

例題 31

試求如圖簡支樑上，C 點之彎應力及剪應力，
樑跨度為 1 米，剖面為 4cm × 10cm 矩形樑，
樑上總均佈負載為 35kg/m。

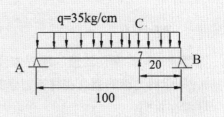

解：

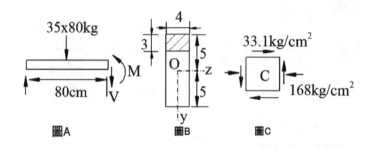

圖A求C點彎矩及剪力

$\Sigma M_A=0$，$35\times100\times50-100B_y=0\Rightarrow B_y=1250kg$，$\Sigma F_y=0$，$A_y+B_y=3500\Rightarrow B_y=1750kg$

C點剪力為 $1750-35\times80=V\Rightarrow V=-1050Kg$

C點彎矩為 $1750\times80-35\times80\times40=28000kg\text{-}cm$

圖B 慣性矩為 $\dfrac{bh^3}{12}=\dfrac{4\times10^3}{12}=333.3cm^4$，對 z 軸一次矩為 $Q=3\times4\times(5-3/2)=42cm^3$

所以在 c 處，彎曲應力為 $\dfrac{My}{I}=\dfrac{28000\times(-2)}{333.3}=-168kg/cm^2$

剪應力為 $\dfrac{VQ}{Ib}=\dfrac{-1050\times42}{333.3\times4}=-33.1kg/cm^2$

七、剪力流

流體力學無黏滯性流體的邊界條件為，流體在任何固定邊界其垂直方向速度為0。同樣剪力流的觀念在材料力學的角色亦很重要，本節特對材料力學剪力流學理濃縮說明。

(一) **圓形斷面剪應力**：前面推導剖面長方形的剪應力 $\dfrac{VQ}{Ib}$，應用到圓形斷面上的

剪應力時，需做下列幾項假設：

　1. 剪應力與斷面表面相切。

　2. 在同一水平面上剪應力的垂直分量相同。

$$Q=\int_y^R 2y\sqrt{R^2-y^2}\,dy=\frac{2}{3}(R^2-y^2)^{3/2}$$

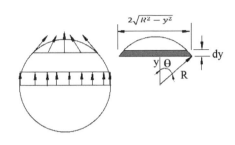

$$I=\frac{\pi R^4}{4}\ ,\ \ t=2\sqrt{R^2-y^2}\ ,\ \ \tau_y=\frac{V\theta}{It}\ ,$$

而 $\tau=\tau_y/\cos\theta$

所以，$y=\pm R$ 時，$\tau=0$，

$y=0$ 時，$\tau_{max}=\dfrac{4V}{3A}$

(二) 工字樑剪應力：

1. **凸緣剪力流**：工字樑凸緣部分，在 X 方向寬度寬，剪應力 τ_{zy} 小[$\tau_{zy}=\dfrac{VQ}{It}$

$=\dfrac{V}{8I}(h_o^2-4y^2)$](如下圖 a)

Y 方向寬度窄。剪應力 τ_{zx} 大，剪應力以 X 方向為主，在 x=0 處，$q=\dfrac{V}{16I}$

$b(h_o^2-h_i^2)$ (如下圖 b)

2. **腹部剪力流**。(如下圖 c)

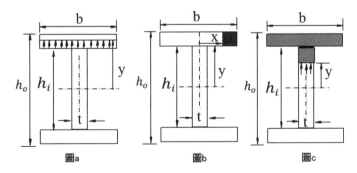

圖a   圖b   圖c

(三) 接合面剪應力

接合面圖 A 所示，斷面慣性矩

為 $I=\dfrac{1}{12}[bh^3-(b-2t)(h-2t)^3]$

上部橫元件的剪力流(如圖 B)

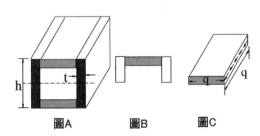

圖A   圖B   圖C

$$Q = (b - 2t)t[\frac{1}{2}(\frac{h}{2} + (\frac{h}{2} - t))]$$

$$= \frac{1}{2}t(b - 2t)(b - t)$$

要注意的是，接合面有兩邊(如圖 C)，所以，每一邊單位長度的剪力流為

$$q = \frac{1}{2}\frac{VQ}{I}$$

因此，若為使用膠漆接合，接合面的長度為 L，則接合面的剪力為 qL
若使用釘子兩邊釘合，兩根釘子距離為 d，則每根釘子受力則為 qd。

(四) 薄壁元件剪力流

特性：

1. 剪力流起於源流(source)，匯集於流匯
   (sink)。
2. 總向量和的方向為斷面剪力的方向。
3. 任何處的剪力流 q=τt 恆保持常數 3 斷
   面上剪應力與外緣平行成流線

常見幾種剪力流方向。

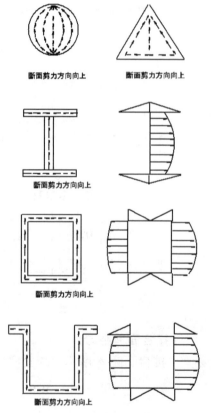

斷面剪力方向向上　　斷面剪力方向向上

斷面剪力方向向上

斷面剪力方向向上

斷面剪力方向向上

例題 **32**

厚度相同的木板結合成一方槽，受斷面剪力，試問何種結合較佳？

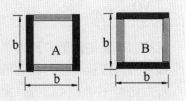

解：$q_A=[V(b-2t)t][\frac{1}{2}(h-t)]/(2I)$，而 $q_B=(Vht)[\frac{1}{2}(h-t)]/(2I)$

因為 $q_A < q_B$，所以，A 的接合較佳

例題 **33**

利用板材焊接成截面為矩形的樑，有下列甲、乙、丙 3 種焊接的方式，粗黑實線所示為焊接部分。用這三種樑作為剪支樑，在樑的中點承受向下的外力，假設樑的強度由焊料的強度決定，三種焊接方式造成的樑能承受外力大小的順序為何？

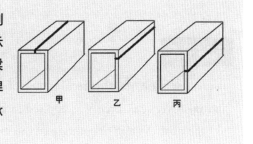

解：$\tau = \dfrac{VQ}{It}$，因為面積一次矩 Q 甲<乙<丙

所以，三種焊接方式造成的樑能承受外力甲>乙>丙

八、剪力中心(shear center)

不對稱樑斷面承受橫向載重，剪力流合力作用點稱為剪力中心，該斷面不會扭曲變形，但會承受扭矩。不對稱樑斷面，載重作用點不在剪力中心上，則會產生扭轉變形。

載重作用於剪力中心等效圖如圖所示，剪力流分布 $\tau=\dfrac{VQ}{It}$，T=P·e=F·d

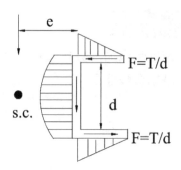

此扭力即為平衡剪力流力偶產生之扭矩。

載重通過腹板中心，載重可分成於剪力中心 P 及一反向扭矩 T=P·e，如下圖，此扭剪力會使翼板偏向開口方向順時針扭轉變形。

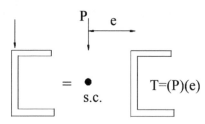

例題 34

A cross section of a slit circular tube of constant thickness t is shown in Fig. A vertical force V is applied through the shear center S. Find (1) the position and magnitude of the maximum shear stress and (2) the position of the shear center.【交大機械】

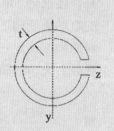

解：薄圓殼之面積一次矩 $Q=\displaystyle\int y\,dA=\int_0^\theta (r\sin\theta)t(rd\theta)=r^2t(1-\cos\theta)$

$$I=\int y^2\,dA=\int_0^{2\pi}(r\sin\theta)^2\,t(rd\theta)=\pi r^3 t$$

$$\tau=\frac{VQ}{It}=\frac{V(1-\cos\theta)}{\pi rt}$$

$\theta=180°$時，$\tau_{max}=\dfrac{2V}{\pi rt}$

剪力流對圓心的力矩為 $dF\cdot r=(\tau dA)\cdot r=\tau rtd\theta$

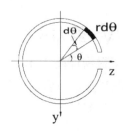

剪力中心位置 $V \cdot e = \int\limits_{0}^{2\pi} \tau r^2 t \, d\theta = \int\limits_{0}^{2\pi} \frac{V(1-\cos\theta)}{\pi r t} r^2 t \, d\theta = 2Vr$

得 $e = 2r$

觀念理解

1. 薄殼圓形斷面受扭矩的剪力為 $\dfrac{T}{2A_m t}$。薄殼圓形斷 I 值為 $(\pi r^3 t)$，受剪力產生

   之剪應力為 $\dfrac{VQ}{Ib}$，因無縫之薄圓殼半圓形心距中線距離為 $\dfrac{2r}{\pi}$，Q 值為 $(\pi r t \times$

   $\dfrac{2r}{\pi} = 2r^2 t)$，所以，最大剪應力在中線為 $\dfrac{VQ}{I(2t)} = \dfrac{V}{\pi r t}$

2. 有縫之薄圓殼其最大剪應力在中心線，最大剪應力為 $\dfrac{2V}{\pi r t}$，且其剪力中心離

   圓心於 $2r$ 處。

例題 35

如圖，證明作用在薄壁半圓截面樑上剪應力等於

V_y $(\tau = \dfrac{2V_y \sin\theta}{\pi r t})$

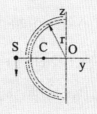

解：解本題重點先求得面積矩的函數 $Q(\theta)$，再利用剪力公式

總剪力 $= \int\limits_{0}^{\pi} (\tau dA) \sin\theta = \int\limits_{0}^{\pi} \dfrac{2V_y \sin\theta}{\pi r t} (t r d\theta) \sin\theta$

$= \dfrac{2V_y}{\pi} \int\limits_{0}^{\pi} \sin^2\theta \, d\theta = \dfrac{2V_y}{\pi} \left(\dfrac{\pi}{2}\right) = V$

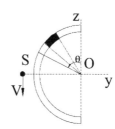

例題 36

如圖 I 樑，求此截面剪力中心 S，假設厚度甚小且為
常數。

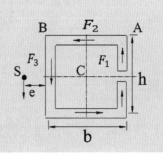

解：(解題要注意的技巧是，因 F_1 積分有二次方，所以無法如 F_2 剪應力平均與面積
相乘)

$$F_1 = \int_0^{h/2} \tau \, dA = \int_0^{h/2} \frac{(st)\left(\frac{s}{2}\right)V}{It} t \, ds = \frac{tV}{2I} \int_0^{h/2} s^2 \, ds = \frac{th^3 V}{48I}$$

$$\tau_A = \frac{\left(\frac{th}{2}\right)\left(\frac{h}{4}\right)(V)}{It} = \frac{h^2 V}{8I} \quad , \quad \tau_B = \frac{\left[\left(\frac{th}{2}\right)\left(\frac{h}{4}\right) + (bt)\left(\frac{h}{2}\right)\right](V)}{It} = \frac{(h+4b)hV}{8I}$$

$$F_2 = \frac{1}{2}(\tau_A + \tau_B)bt = \frac{(h+2b)hbtV}{8I}$$

所以，$V(e) = (F_2)(h) + 2(F_1)(h)$，得 $e = \dfrac{h^2 bt(2h + 3b)}{12I}$

而 $I = 2\left(\dfrac{1}{12}h^3 t\right) + 2(bt)\left(\dfrac{h}{2}\right)^2$

得 $\tau_{max} = \dfrac{\left[\dfrac{(b_1 + b_2)th}{2} + \dfrac{h}{2}t\dfrac{h}{4}\right]V_y}{I_z t} = \dfrac{hV_y\left[(b_1 + b_2) + \dfrac{h}{4}\right]}{2I_z}$

截面剪力中心位置 $e = \dfrac{6(2h + 3b)}{2h + 6b}$

$\dfrac{dV}{dx} = -q(x)$ 採用第 1 象限，均勻負載 $q(x)$ 分布向下為正值

配合撓曲變形公式，採用第 1 象限，$EIy'' = M(x)$

九、樑之變形

(一) 撓度曲線方程式

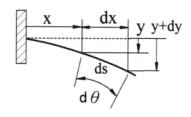

假設：1.撓度甚小、2.純彎曲，變形後仍保持平面 3.彈性符合虎克定律，變形量與離中性軸距離成正比。

定義 $k=\dfrac{1}{\rho}$

圖示幾何 $dx=ds\cos\theta \approx ds \Rightarrow dx=ds$

$\Rightarrow \dfrac{1}{\rho}=\dfrac{d\theta}{ds} \Rightarrow \dfrac{1}{\rho}=\dfrac{d\theta}{dx}$

因 θ 值很小，$\theta \approx \tan\theta \Rightarrow \theta=\dfrac{dy}{dx}$

得 $\dfrac{1}{\rho}=\dfrac{d\theta}{dx}=\dfrac{d^2y}{dx^2}$ 　　$\boxed{\text{式 9.3.8}}$

觀念理解

1. 微積分公式 $\dfrac{1}{\rho}=\dfrac{y''}{[1+(y')^2]^{3/2}}$ $\Rightarrow \dfrac{1}{\rho}=y''$，因 y′相對 1 很小，結果與 $\boxed{\text{式 9.3.6}}$ 一樣。

2. 假設：

    (1)細長樑，曲率半徑大，所以 $\varepsilon_x \gg \varepsilon_y$。

    (2)ε_y、γ_{xy}、γ_{yz}、γ_{xz} 皆趨近 0，u、v 分別為 x 及 y 方向的位移。

    $\gamma_{xy}=\dfrac{\partial u}{\partial y}+\dfrac{\partial v}{\partial x}=0$，因為 $\varepsilon_y=\dfrac{\partial v}{\partial y}$ 趨近 0 $\Rightarrow v=f(x)$

    因此 $u=-y\dfrac{\partial v}{\partial x}+u_0 \Rightarrow \dfrac{u-u_0}{dx}=\dfrac{\partial}{\partial x}[-y\dfrac{\partial v}{\partial x}] \Rightarrow \varepsilon_x=-y[\dfrac{\partial^2 v}{\partial x^2}]$，結果也與 $\boxed{\text{式 9.3.6}}$ 一樣。

前 式 9.3.5 $\dfrac{1}{\rho} = \dfrac{-M}{EI}$ ，則 $y'' = \dfrac{M}{EI}$

得撓度曲線方程式：

$$EI\dfrac{d^4y}{dx^4} = q(x)$$

$$EI\dfrac{d^3y}{dx^3} = V(x)$$

$$EI\dfrac{d^2y}{dx^2} = M(x) \qquad \boxed{式\ 9.3.6}$$

式 9.3.5 到 式 9.3.7 的推導整理濃縮下列幾項觀念：

1. 推導採用第一象限，$\rho = \dfrac{1}{k}$ 為曲率中心到中性軸的距離。

2. 工程數學演算得 $\varepsilon_x = -y\,(\dfrac{\partial^2 v}{\partial x^2})$

3. 另工程數學演算得 $k = \dfrac{1}{\rho} = (\dfrac{\partial^2 v}{\partial x^2})/[1-(\dfrac{\partial v}{\partial x})^2]$，因 $(\dfrac{\partial v}{\partial x})^2$ 趨近零，則 $k = \dfrac{1}{\rho} = (\dfrac{\partial^2 v}{\partial x^2})$

4. 變形量到中性軸距離幾何關係為 $\varepsilon_x = -\dfrac{y}{\rho}$

5. 虎克定律得到 $\sigma = E\varepsilon_x = -\dfrac{Ey}{\rho}$

6. $\Sigma F = \int \sigma dA = 0$，得中性軸經過形心

7. $M = \int -y\sigma dA$ (前負號係拉應力為正並配合已定義力偶的正方向)，得 $\dfrac{1}{\rho} = \dfrac{M}{EI}$

8. 結合 8.與 6.，得 $\sigma_x = \dfrac{-My}{I}$

9. 樑繞曲曲線方程式 $\dfrac{1}{\rho} = y'' = \dfrac{M}{EI}$

10. 力平衡方程式 $\dfrac{dM}{dx}=V(x)$，$\dfrac{dV}{dx}=-q(x)$

11. 結合 9. 與 10.，得 $EIy^{(4)}=-q(x)$，$EIy^{(3)}=V(x)$，$EIy^{(2)}=M(x)$

12.

| q+ | q- | V- | V+ | (M+) | (M-) |

試試看

Make the reasonable assumptions；derive the differential equation of deflection of Bernoulli-Euler beams.

$$\frac{d^2}{dx^2}[EI\frac{d^2v}{dx^2}]=q(x)$$

Where E=material's modulus of elasticity, I=the moment of interia, v=the defection of beam，q(x)=the distributed load.【成大土木】

例題 37

Find the deflection equation of the uniformly loaded cantilever beam as shown in the figure.【台大應力】

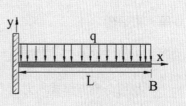

解：力平衡距 A 端處 x 的扭矩 $M(x)=\dfrac{-1}{2}q(L-x)^2$

$EI\dfrac{d^2y}{dx^2}=M(x)=\dfrac{-1}{2}q(L-x)^2 \Rightarrow \dfrac{dy}{dx}=\dfrac{-1}{6EI}q(L-x)^3+C_1$

$y=\dfrac{-1}{24EI}q(L-x)^4+C_1x+C_2$

B.C. $x=0$，$y=0 \Rightarrow C_2 = \dfrac{qL^4}{24EI}$

$x=0$，$\dfrac{dy}{dx}=0 \Rightarrow C_1 = \dfrac{-qL^3}{6EI}$

變形曲線方程式為 $y(x) = \dfrac{-1}{24EI} q(L-x)^4 - \dfrac{qL^3}{6EI}x + \dfrac{qL^4}{24EI}$

九、奇異方程式

當樑上有多處負載致需有多項函數表示彎矩，則須利用到奇異方程式來簡化問題。

奇異函數 P 定義：$P<x-a>^n=0$　　　　$x<a=<x-a>^n$　　$x \geq a$

$$\int \langle x-a \rangle^n \, dx = \frac{1}{n+1} \langle x-a \rangle^{n+1} \qquad \boxed{\text{式 9.3.8}}$$

例題 38

如圖所示，試求 AB 段內最大撓度(deflection)發生位置及撓度大小。【高考】

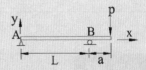

解：力平衡

$\Sigma M_B = \Rightarrow R_A L - P = 0 \Rightarrow R_A = \dfrac{aP}{L} \downarrow$，$\Sigma F_Y = 0 \Rightarrow R_B - \dfrac{a}{L}P = P \Rightarrow R_B = \dfrac{(a+L)P}{L} \uparrow$

利用奇異方程式，力矩方程式為 $EIy'' = \dfrac{-a}{L} P<x> + (\dfrac{L+a}{L})P<x-L>$，

積分後，得

$EIy' = \dfrac{-a}{2L} P<x>^2 + (\dfrac{L+a}{2L})P<x-L>^2 + C_1$

$EIy = \dfrac{-a}{6L} P<x>^3 + (\dfrac{L+a}{6L})P<x-L>^3 + C_1 x + C_2$

B.C. $x=0$，$y=0 \Rightarrow C_2=0$，$x=L$，$y=0 \Rightarrow C_1=\dfrac{aPL}{6}$

最大撓度$(0<x<L)$發生在轉角為 0 處

$y'=\dfrac{-a}{2L} Px^2 + \dfrac{a}{6} PL=0 \Rightarrow x=L/\sqrt{3}$

所以，最大撓度 $y(L/\sqrt{3})=\dfrac{\sqrt{3}PaL^2}{27EI} \uparrow$

例題 39

如圖示剪支樑，試求剪力圖、力矩圖、撓度方程式及斜率。【台大、成大考題】

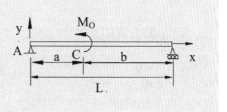

解： (1) $\Sigma M_B=0$，$R_A=\dfrac{M_0}{L} \uparrow$

$\Sigma F_y=0$，$R_B=\dfrac{M_0}{L} \downarrow$

(2) $EIy''=M=\dfrac{M_0}{L} <x> - M_0<x-a>^0$

$EIy'=\dfrac{M_0}{2L} <x>^2 - M_0<x-a>^1 + C_1$

$EIy=\dfrac{M_0}{6L} <x>^3 - \dfrac{1}{2} M_0<x-a>^2 + C_1x + C_2$

B.C. $y(0)=0 \Rightarrow C_2$

$y(L)=0 \Rightarrow C_1=\dfrac{-M_0}{6L} (6aL-3a^2-2L^2)$

所以 A 點轉角為

$\dfrac{-M_0}{6EIL} (6aL-3a^2-2L^2)$(順時針)

彎矩正負：由左向右隔離右半部以斷面力圖分析，可求(判斷)出彎矩的正負方向，與由右向左隔離左半部，隔離區剖面在左側外力(含力矩)等效彎矩符號意義一樣。本題力矩 M_O 為負號，在彎矩圖上有一跳躍。

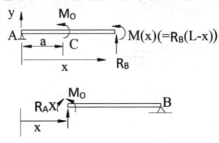

剪力圖如下

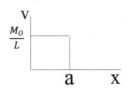

彎矩圖如下

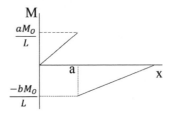

十、力矩面積法

求樑上某點的轉角或撓度，力矩面積法相對方便

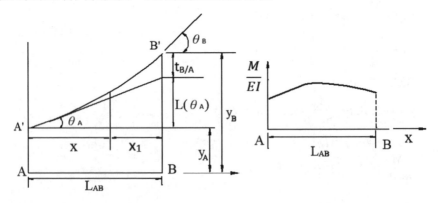

$$\theta_B - \theta_A = \int_A^B \frac{M}{EI}\,dx \qquad \boxed{\text{式 9.3.9}}$$

$$y_B - y_A = [\theta_A L_{A/B}] + t_{B/A} \,,\; t_{B/A} = \int_A^B [x_1]\frac{M}{EI}\,dx \qquad \boxed{\text{式 9.3.10}}$$

例題 40

如圖示剪支樑，在 C 處受一集中力 P 作用，試求：

(1) A、B 兩點之轉角。

(2) 點支撓度。

(3) 之最大撓度發生處及撓度大小。【中央機械】

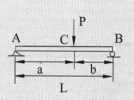

解：力平衡得 $R_A = \dfrac{Pb}{L}\uparrow$，$R_B = \dfrac{Pa}{L}\uparrow$

$$t_{B/A} = \int_A^B [x_1]\frac{M}{EI}\,dx = \frac{1}{2}\left[(\frac{Pab}{LEI})(a)(\frac{a}{3}+b) + \frac{1}{2}[(\frac{Pab}{LEI})(b)(\frac{2b}{3})]\right] = (\frac{Pab}{6EI})(L+b)\uparrow$$

利用 $\theta_A = (t_{B/A})/L$，

得 $\theta_A = (\dfrac{Pab}{6LEI})(L+b)$(順時針)

$$\theta_B = \theta_A + \int_A^B \frac{M}{EI}\,dx\,,$$

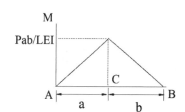

得 $\theta_B = (\dfrac{Pab}{6LEI})(L+a)$(逆時針)

C 點撓度 $\delta_C = a \times \theta_A - \dfrac{t_C}{A} = (\dfrac{Pa^2 b}{6LEI})(L+b) - (\dfrac{Pa^2 b}{2LEI})(a/3) = \dfrac{Pa^2 b^2}{3LEI}\downarrow$

最大撓度發生處 D 的轉角為 0，則 $\theta_A + \int_A^B \dfrac{M}{EI}\,dx = 0$

得 $x = \sqrt{\dfrac{a}{3}(L+b)}$，$\delta_D = t_{B/D} = (\dfrac{Px^2 b}{2LEI})(2x/3) = \dfrac{Pb}{3LEI}(\sqrt{\dfrac{a}{3}(L+b)^3})\downarrow$

十、常見(用)基本變形公式

$\theta_B = \dfrac{PL^2}{2EI}$ ， $\delta_B = \dfrac{PL^3}{3EI}$	
$\theta_B = \dfrac{qL^3}{6EI}$ ， $\delta_B = \dfrac{qL^4}{8EI}$	
$\theta_B = \dfrac{ML}{EI}$ ， $\delta_B = \dfrac{ML^2}{2EI}$	
$\theta_A = \theta_B = \dfrac{PL^2}{16EI}$ ， $\delta_C = \dfrac{PL^3}{48EI}$	
$\theta_A = \theta_B = \dfrac{qL^3}{24EI}$ ， $\delta_C = \dfrac{5qL^4}{384EI}$	
$\theta_A = \dfrac{ML}{3EI}$ ， $\theta_B = \dfrac{ML}{6EI}$	

例題 41

(1) 何謂靜不定樑(statically indeterminate beam)?其物理意義為何?

(2) 有一靜不定樑如圖示:

　A. 本問題之靜不定樑度(degree of indeterminacy)?何故?

　B. 試說明如何利用重疊法(method of superposition)解樑兩端之反作用力。

【成大機械類似題】

解：(1) 力平衡計 3 度，包含力 x 方向、y 方向及力矩 z 軸向，當其支撐反作用力超過 3 個數，即構成靜不定樑。物理上意義為支撐反作用力產生多餘拘束件，結構較安定。

　　(2) A.本問題靜不定度$(4-3=1)$

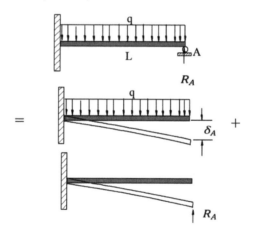

　　　B. 去掉 A 支撐時得位移為 $\delta_A = \dfrac{qL^4}{8EI}$

　　　　反作用力 R_A 上升的位移為 $\dfrac{R_A L^3}{3EI}$

　　　　$\dfrac{R_A L^3}{3EI} = \dfrac{qL^4}{8EI}$

　　　　求得 $R_A = \dfrac{3qL}{8EI}\uparrow$

9-4　應變能

一、應變能

外力作用構件發生伸長、撓度等位移，則此外力作用的功會儲存於構件彈性體內，稱為應變能。

應變能密度：單位體積儲存的應變能。

$$u=\frac{1}{2}(\sigma_x\varepsilon_x+\sigma_y\varepsilon_y+\sigma_z\varepsilon_z+\tau_{xy}\gamma_{xy}+\tau_{yz}\gamma_{yz}+\tau_{zx}\gamma_{zx})$$ 　式 9.4.1

應變能 $U=\int u\,dV$，應力如為均勻分布，則 $U=u\times V$

例題 42

An element of aluminum(Assume E=10400Ksi and υ=0.33) in the form of a rectangular parallelepiped (see the figure) of dimensions a=5in, b=4in,and c=3 in is subjected to triaxial stress σ_x=11000psi，σ_y=－5000psi，and σ_z=－1500psi acting on the x,y,and z faces, respectively , Determine the following quantities

(1) the maximum shear stress τ_{max} in the material.

(2) the change Δa, Δb, and Δc in the dimensions of the element

(3) the change ΔV in the volume

(4) the strain energy U stored in the element.【成大航太】

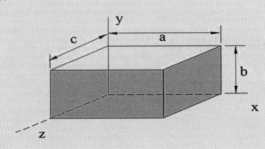

解：(1) 無剪力 $\Rightarrow \tau_{max} = \dfrac{\sigma_{max} - \sigma_{min}}{2} = 8000\text{psi}$

(2) 虎克定律 $\varepsilon_x = \dfrac{1}{E}[\sigma_x - \upsilon(\sigma_y + \sigma_z)] = 1263.9 \times 10^{-6}$

$\varepsilon_y = \dfrac{1}{E}[\sigma_y - \upsilon(\sigma_x + \sigma_z)] = -782.2 \times 10^{-6}$，$\varepsilon_z = \dfrac{1}{E}[\sigma_z - \upsilon(\sigma_y + \sigma_x)] = -334.6 \times 10^{-6}$

各邊長之變化量

$\Delta a = \varepsilon_x \times a = 0.00632\text{in}$，$\Delta b = \varepsilon_y \times b = -0.00313\text{in}$，$\Delta c = \varepsilon_z \times c = -0.001\text{in}$

(3) 體積變化 $\varepsilon_v = \dfrac{1-2\upsilon}{E}[\sigma_x + \sigma_y + \sigma_z] = 147.1 \times 10^{-6}$，$\Delta V = \varepsilon_v \times V = 0.008827\text{in}^3$

(4) 應變能 $u = \dfrac{1}{2}(\sigma_x \varepsilon_x + \sigma_y \varepsilon_y + \sigma_z \varepsilon_z) = 9.158$，$U = u \times V = 549.48(\text{in-lb})$

觀念理解

1. 平面應力與平面應變均須符合虎克定律。

2. 探討平面應力係指 $\sigma_z = 0$，其對應之 $\epsilon_z = \dfrac{-\upsilon(\sigma_x + \sigma_y)}{E}$

3. 探討平面應變係指 $\varepsilon_z = 0$，其對應之 $\sigma_z = -\upsilon(\varepsilon_x + \varepsilon_y)$。

4. 就平面應力而言，當 $(\sigma_x + \sigma_y) = 0$ 時，則平面應力與平面應變相同。

例題 43

Measured strain at a point on the free surface of a machine element yield the following strain data：$\epsilon_x = 100\mu$, $\epsilon_y = 180\mu$, and $\gamma_{xy} = 60\mu$. The material is magnesium alloy with a modulus elasticity of 45 GN/m² and Poisson's ratio of 0.35. Determine (1)the principal strains,(2)maximum shearing strain,(3)principal stress,(4)maximum shearing strain, (5)principal stress,(6)maximum shearing stress, and (7)the dilation energy density.

【清大動機類似題】

解：(1) 主應變：$\epsilon_{1,2} = \dfrac{\varepsilon_x + \varepsilon_y}{2} \pm \sqrt{(\dfrac{\epsilon_x - \epsilon_y}{2})^2 + (\dfrac{\gamma_{xy}}{2})^2} = 190 \times 10^{-6}$，$90 \times 10^{-6}$

(2) 最大剪應變 $\gamma_{max} = \epsilon_1 - \epsilon_2 = 100 \times 10^{-6}$(注意：$\gamma_{max} = \epsilon_1 - \epsilon_2$，而 $\gamma_{max} = \dfrac{1}{2}(\sigma_1 - \sigma_2)$)

(3) 主應力 $\sigma_1 = \dfrac{E}{1 - \upsilon^2}[\varepsilon_1 + \upsilon\varepsilon_2] = 11.36$MPa

$\sigma_2 = \dfrac{E}{1 - \upsilon^2}[\varepsilon_2 + \upsilon\varepsilon_1] = 8.03$MPa

(4) 最大剪應力 $\gamma_{max} = \dfrac{\sigma_1 - \sigma_2}{2}(=G\gamma_{max})1.665$MPa

(5) 應變能密度 $u = \dfrac{1}{2}(\sigma_1\epsilon_1 + \sigma_2\epsilon_2) = 2881.1$

二、功能原理

無能量損失，單一外力緩慢施加負載在結構件上，該單一載重所作的功轉換成結構件的能量。

例題 **44**

斷面積 A 長度 L 的棒受 P 重時，試求存於棒內的應變能。

解：$U = \displaystyle\int \dfrac{1}{2E}(\dfrac{P}{A})^2 dV = \dfrac{P^2 L}{2AE} = \dfrac{P}{2} \cdot \dfrac{PL}{AE} = \dfrac{P}{2} \cdot (\delta)$

例題 **45**

An elastic bar subjected to a concentrated end force P, the displacement at end point is δ, what is the work done by P? Why?

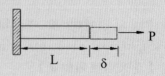

解：P 力緩慢增加，位移線性增長，所以，非一直是固定的 P 值，P 力所做的功為
$\frac{1}{2}P\cdot\delta$，如圖。

$$U=\int_0^L dU = \int_0^L \frac{P}{2}\frac{Pdx}{AE} = \frac{P^2L}{2AE}$$

三、各種負載的應變能型式

受彎曲負載的樑，設彎矩為 M。軸線方向單位長度的應變能為

$$\frac{dU}{dx} = \frac{M^2}{2EI}$$

承受扭矩 T，軸單位長度的應變能為 $\frac{dU}{dx} = \frac{T^2}{2GJ}$

當截面積與外力(矩)均固定時，軸向力、剪力、扭矩與彎矩對構件所施的功即為構件所獲得之應變能，分別為：

$$\frac{P^2L}{2EA} \text{、} \frac{V^2L}{2GA} \text{、} \frac{T^2L}{2GJ} \text{、} \frac{M^2L}{2EI} \qquad \boxed{\text{式 9.4.2}}$$

推導的過程係假設 $W(功)=\frac{1}{2}P\delta$(外力係逐漸地增加)。

觀念理解

1. 桿件應變能的定義由 $\boxed{\text{式 9.4.1}}$ 推導而來。
2. 桿件受力為雖為固定負載，力學理論的推導是將外在負載視逐漸微小的增加作功，所得的功即與應變能相等。
3. 當截面積與負載均固定，應變能即 $\boxed{\text{式 9.4.2}}$ ，當負載與面積非固定值時，則應變能為 $\int \frac{P^2}{2EA(x)}dx$。
4. 機械設計上也應用到衝擊負載，衝擊所增加的能量，儲存於構件上的應變能。

例題 46

A tapered bar AB of circular cross section and length L is acted upon by a force P.The diameter of the bar varies uniformly from d_2 at end A to d_1 at end B.(Modulus of elasticity $=E$)

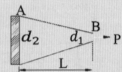

(1) Determine the strain energy U of the bar.

(2) Determine the elongation δ of the bar by equating of the strain energy to the work done by the force P.【中央機械】

解：(1) 能量無方向性，方便列式子，以為原點向左距離列出直徑公式

$$u = d_1 + \frac{d_2 - d_1}{L} x \Rightarrow du = (\frac{d_2 - d_1}{L}) dx$$

$$U = \int_0^L (\frac{P^2}{2EA}) dx = (\frac{P^2}{2E}) \int_{d_1}^{d_2} [\frac{1}{\frac{\pi u^2}{4}}] du = \frac{2P^2 L}{\pi E d_1 d_2}$$

(2) 功能原理

$$\frac{1}{2} P\delta = \frac{2P^2 L}{\pi E d_1 d_2} \text{ , 得 } \delta = \frac{4PL}{\pi E d_1 d_2}$$

例題 47

一長 L 的簡支樑承受負荷使其撓曲線方程式為 $v = \delta \sin \pi x / L$，$\delta$ 為中央撓曲，求樑中能量。

解：$U = \int_0^L \frac{EI}{2} (\frac{d^2 v}{dx^2})^2 dx$

依題意將 $v = \delta \sin \pi x / L$ 帶入

得 $U = \int_0^L \frac{EI}{2} (-\pi^2 \delta \sin \pi x / L)^2 dx = (\pi^4 EI \delta^2)/4L^3$

四、卡式第二定理

結構件受 n 個外力作用(P_1、P_2...、P_n)，則系統應變能 U 對外力系統任一負荷 P_i 的第一次偏微分 $\dfrac{\partial U}{\partial P_i}$，等於此力作用點下的位移 δ_i，即

$$\delta_i = \frac{\partial U}{\partial P_i} \qquad \boxed{\text{式 9.4.3}}$$

限制條件：只應用在線彈性變形結構系統。

構件受垂直荷重 W_i、剪斷荷重 V_i、彎矩 M_i、與扭矩 T_i 作用，全部應變能為 $U(W_i, Q_i, M_i, T_i)$，則：

(一) $\dfrac{\partial U}{\partial W_i} = \delta_i$，作用點 W_i 方向的位移。

(二) $\dfrac{\partial U}{\partial Q_i} = \Delta_i$，作用點 Q_i，方向的位移。

(三) $\dfrac{\partial U}{\partial M_i} = \theta_i$，作用點 M_i 方向的撓曲角。

(四) $\dfrac{\partial U}{\partial T_i} = \theta$，作用點 T_i 方向的扭曲角。

五、卡式第一定理

結構件受 n 個外力作用(P_1、P_2...、P_n)，其系統應變能 U 對相應位移 δ_i 的第一次偏微分 $\dfrac{\partial U}{\partial \delta_i}$，對應於外力 p_i，即

$$P_i = \frac{\partial U}{\partial \delta_i} \qquad \boxed{\text{式 9.4.4}}$$

六、假想功原理

平衡狀態構件受外力 W 一定，假想荷重點在荷重方向有一微小位移 δu 時，外力施予的假想功為 $W\delta u$，構件增加應變量為 $\delta\varepsilon$，應變能增加量 δU，因應力 σ 一定，所以

$$\delta U = \int_V \sigma\delta\varepsilon \, dV \quad , \quad L = W\delta u$$　　　式 9.4.5

注意： 式 9.4.5 前面的係數無 1/2，而 式 9.4.1 與 式 9.4.2 前面的係數有 1/2，因假設構件的外力 W 一定。

例題 48

Three members of the same material and same cross-sectional area are used to support the load P. Determine the force in each member.【成大機械類似題】

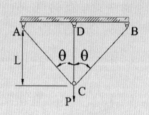

解：這題目很經典，以 3 種解法解答
解法一

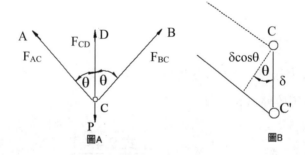

C 點由 C 位移到 C'為 δ，因 δ 相對 L 與 AC 及 BC 長度很小，AC 與 C'平行，AC 桿件伸長量為 δcosθ，BC 桿件亦同
靜力平衡
X 方向 $F_{AC}\sin\theta = F_{BC}\sin\theta$ $F_{AC}\sin\theta = F_{BC}\sin\theta$ ···················①
Y 方向 $F_{AC}\cos\theta + F_{BC}\cos\theta + F_{CD} = P$ ···················②

位移方向幾何

$(\dfrac{F_{CD}L}{AE})\cos\theta = \dfrac{F_{AC}\dfrac{L}{\cos\theta}}{AE} \Rightarrow F_{CD}=F_{AC}(\dfrac{1}{\cos^2\theta})$ ………………③

上 3 聯立方程式得 $F_{AC}=F_{BC}=\dfrac{\cos^2\theta}{1+2\cos^3\theta}\,P$，求得 $F_{CD}=\dfrac{1}{1+2\cos^3\theta}\,P$

解法二：功能法

以桿件 CD 位移 δ 表示能量 U

$U_{CD}=\dfrac{AE}{2L}\delta_{CD}^2=\dfrac{2L}{AE}\delta^2$

$U_{AC}=U_{BC}=\dfrac{AE}{2L/\cos\theta}\delta_{CD}\cos^2\theta\dfrac{AE}{2L}(\delta^2\cos^3\theta)$

$U=U_{AC}+U_{BC}+U_{CD}=\dfrac{AE}{2L}\delta^2[1+2\cos^3\theta]$

功能法：$\dfrac{1}{2}P\delta=\dfrac{AE}{2L}\delta^2[1+2\cos^3\theta]$，得 $\delta=\dfrac{PL}{AE[1+2\cos^3\theta]}$

$\delta=\dfrac{F_{CD}L}{AE}$ ，所以 $F_{CD}=\dfrac{AE}{L}\delta=\dfrac{P}{[1+2\cos^3\theta]}$

$\delta_{AC}=\delta_{BC}=\delta\cos\theta$，得 $F_{AC}=F_{BC}=\dfrac{P\cos^2\theta}{[1+2\cos^3\theta]}$

解法三：卡式第一定理

以 P 方向位移 δ 表示內能

總內能 $U=U_{AC}+U_{BC}+U_{CD}=\dfrac{AE}{2L}\delta^2[1+2\cos^3\theta]$

$P=\dfrac{\partial U}{\partial\delta}=\dfrac{AE}{L}[1+2\cos^3\theta]\delta$，得 $\delta=\dfrac{PL}{AE[1+2\cos^3\theta]}$ ，因此，$F_{CD}=\dfrac{AE}{L}\delta=\dfrac{P}{[1+2\cos^3\theta]}$

$\delta_{AC}=\delta_{BC}=\delta\cos\theta$，得 $F_{AC}=F_{BC}=\dfrac{P\cos^2\theta}{[1+2\cos^3\theta]}$

解法四：假想功原理

C 點位移 δv 到 C′點平衡時，AC 與 BC 構件個伸長 δvcosθ

CD 桿件應力為 $\sigma_{CD}=E\dfrac{\delta_V}{L}$

AC 與 BC 桿件應力為 $\sigma_{AC}=\sigma_{BC}=E\dfrac{\delta_V\cos\theta}{L/\cos\theta}=E\dfrac{\delta_V\cos^3\theta}{L}$

在 C'點假想位移 δu，P 力作功為 $P\delta u$

CD 桿件應變量增加 $\delta\epsilon_{CD}=\dfrac{\delta u}{L}$

AC 與 BC 桿件應變量增加

$\delta\epsilon_{AC}=\delta\epsilon_{BC}=\dfrac{\delta u\cos\theta}{L/\cos\theta}=\dfrac{\delta u\cos^2\theta}{L}$

$\delta U=(\sigma_{CD})(\delta\epsilon_{CD})(AL)+2(\sigma_{AC})(\delta\epsilon_{AC})(AL/\cos\theta)$

依假想功原理 $P(\delta u)=\delta U=\dfrac{AE\delta_V\delta u}{L}+\dfrac{2AE\delta_V\delta u\cos^3\theta}{L}$

得 $\delta_V=\dfrac{PL}{AE\left[1+2\cos^3\theta\right]}$

餘相關解法如同上

例題 49

As shown in the figure each member of truss has a uniform cross-sectional area A and a constant Young's modulus E. The original length of ab and ac are L, while the original length of bc is $\sqrt{2}$ L. Assume each member is pin connected. This simple supported truss is subjected to a horizontal force P at point b.(1)Determine the force in each member of the truss;(2)Determine the deformation in each member of the truss;(3)Determine the displacement at point b and c. 【中央機械】

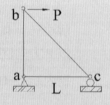

解：解法一：

如上圖 a，點 b，

$F_{bc} = \sqrt{2}\ P$(壓力)，

$F_{bc} = P$(拉力)

圖a

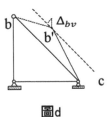
圖b

如上圖 b，點 c，

$F_{bc} = \sqrt{2}\ P$(壓力)，

$F_{bc} = P$(拉力)

各桿件的變形量

$\delta_{ab} = \dfrac{PL}{AE}$ (伸長)

$\delta_{bc} = \dfrac{\sqrt{2}PL}{AE}$ (縮短)

$\delta_{ac} = \dfrac{PL}{AE}$ (伸長)

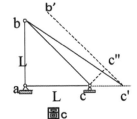
圖c　　　　圖d

由上圖 c 與圖 d，$\Delta_c = \delta_{ac} = \dfrac{PL}{AE}$ (→)

$\Delta_{bv} = \delta_{ab} = \dfrac{PL}{AE}$ (↑)，$\dfrac{\Delta_{bh}}{\sqrt{2}} - \dfrac{\Delta_{bv}}{\sqrt{2}} - \dfrac{\Delta_c}{\sqrt{2}} = \delta_{bc}$，$\dfrac{\Delta_{bh}}{\sqrt{2}} - \sqrt{2}\dfrac{PL}{AE} = \sqrt{2}\dfrac{PL}{AE}$

所以，$\Delta_{bh} = \dfrac{4PL}{AE}$ (→)

觀念理解

1. 分析點位置受壓力(拉力)則對應的桿件即為壓力(拉力)。

2. 桿件為二力桿件，受拉力或壓力。

解法二：利用功能法

$U = \dfrac{P^2 L}{2AE} + \dfrac{P^2 L}{2AE} + \dfrac{2P^2 L}{2AE} = \dfrac{4P^2 L}{2AE} = \dfrac{1}{2}P\delta$

所以，$\delta = \dfrac{4PL}{AE}$ (→)

例題 50

A load P is supported at B by two rods of the same material and of the same uniform cross section of area A as shown in thw figure.
(1) Determine the strain energy of the system.
(2) Determine the horizontal and vertical deflections of point B by using Castigliano′s theorem.(energy method)【中正機械】

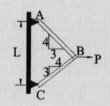

解：(1) 由力平衡得：$F_{AB}=\dfrac{3}{5}P+\dfrac{4}{5}Q$，$F_{BC}=\dfrac{4}{5}P-\dfrac{3}{5}Q$

the strain energy of the system

$$U=\dfrac{F^2_{AB}\left(\dfrac{4L}{5}\right)}{2EA}+\dfrac{F^2_{BC}\left(\dfrac{3L}{5}\right)}{2EA}$$

(2) $(\delta_B)_h=\dfrac{\partial U}{\partial P}\bigg|_{Q=0}=\dfrac{2\times\dfrac{3}{5}\times\dfrac{3P}{5}\times\dfrac{4L}{5}}{2EA}+\dfrac{2\times\dfrac{4}{5}\times\dfrac{4P}{5}\times\dfrac{3L}{5}}{2EA}=\dfrac{84PL}{125EA}\ (\rightarrow)$

$(\delta_B)_v=\dfrac{\partial U}{\partial Q}\bigg|_{Q=0}=\dfrac{2\times\dfrac{4}{5}\times\dfrac{3P}{5}\times\dfrac{4L}{5}}{2EA}+\dfrac{2\times\dfrac{-3}{5}\times\dfrac{4P}{5}\times\dfrac{3L}{5}}{2EA}=\dfrac{12PL}{125EA}\ (\downarrow)$

例題 51

An overhang beam ABC supports a concentrated load P at the end of the overhang. Determine the deflection δ_c and angle of rotation θ_c at the end of the overhang.(Obtain the solution by using the modified form of Castigliano′s theorem)【中興機械】

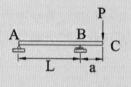

解：力體圖如下：

以 B 為支點，得 $R_A=\dfrac{Pa+M}{L}$

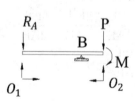

取座標系統 O_1，0 到 x 處的 $M_1(x)=(\dfrac{Pa+M}{L})x$

取座標系統 O_2，0 到 a 處的 $M_2(x)=Px+M$

$$U=\int_0^L \frac{M_1^2}{2EI}\,dx+\int_0^a \frac{M_2^2}{2EI}\,dx$$

$$\delta_c=\frac{\partial U}{\partial P}\Big|_{M=0}=\frac{\partial}{\partial p}\Big[\frac{1}{2EI}\int_0^L (\frac{Pax}{L})^2\,dx\Big]+\frac{\partial}{\partial p}\Big[\frac{1}{2EI}\int_0^a (Px)^2\,dx\Big]$$

$$=\frac{\partial}{\partial p}\Big[\frac{1}{2EI}\frac{P^2a^2}{L^2}\frac{L^3}{3}\Big]+\frac{\partial}{\partial p}\Big[\frac{1}{2EI}\frac{P^2a^3}{3}\Big]=\frac{Pa^2L}{3EI}+\frac{Pa^3}{3EI}$$

$$\theta_c=\frac{\partial U}{\partial M}\Big|_{M=0}=\frac{\partial}{\partial M}\Big[\frac{1}{2EI}\int_0^a (\frac{Pa+M}{L})x^2\,dx\Big]\Big|_{M=0}+\frac{\partial}{\partial M}\Big[\frac{1}{2EI}\int_0^a (Px+M)^2\,dx\Big]\Big|_{M=0}$$

$$=\frac{Pa}{6EI}(2L+3a)(順時針)$$

例題 52

假設一迴轉軸上帶一飛輪(見圖)，已知飛輪之質量慣性矩為 I，且軸之迴轉速度為每分鐘 n 轉。試求緊急剎車時，軸表面之剪應力(設軸之剪力模數為 G)。【清華動機】

解：軸之迴轉速度為每分鐘 n 轉，則角速度 ω 為 $\dfrac{2\pi n}{60}$

軸之動能為 $\dfrac{1}{2}I\omega^2$，緊急剎車時之扭矩為 $T\Rightarrow \dfrac{T^2L}{2GJ}=\dfrac{1}{2}I\omega^2$，得 $T=\sqrt{\dfrac{GIJ}{L}}\,\omega$

而，此時之最大剪應力為 $\tau_{max}=\dfrac{T(\dfrac{d}{2})}{J}$，得 $\tau_{max}=\dfrac{n}{15d}\sqrt{\dfrac{2\pi GI}{L}}$

例題 **53**

A bar in the shape of a circular cone having length L and diameter d at the support hangs vertically under its own weight. Let γ=weight density ane E=modulus of elasticity of its material. Find its strain energy and displacement.【台大應力所類似題】

解：利用本題目，用不同觀念解答分析

(1) 以底端處當座標原點 $\Rightarrow D=\dfrac{d}{L}x$，圓錐面積 $A=\dfrac{\pi}{4}(\dfrac{D}{L}x)^2$

  負重 $P=\dfrac{1}{3}Ax\gamma$

  位移量 $\delta=\displaystyle\int_0^L \dfrac{Px}{EA}=\int_0^L \dfrac{\dfrac{1}{3}Ax\gamma}{EA}dx=\int_0^L \dfrac{x\gamma}{3E}dx=\dfrac{\gamma L^2}{6E}$

(2) 應變能

  $U=\displaystyle\int_0^L \dfrac{P^2}{2EA}dx=\int_0^L \dfrac{\dfrac{1}{9}A^2x^2\gamma^2}{2EA}dx=\int_0^L \dfrac{Ax^2\gamma^2}{18E}dx=\dfrac{\gamma^2}{18E}\int_0^L Ax^2dx$

  $=\dfrac{\gamma^2}{18E}\displaystyle\int_0^L \dfrac{\pi}{4}(\dfrac{D}{L}x)^2 x^2 dx=\dfrac{\pi\gamma^2 d^2 L^3}{360E}$

  $u=\dfrac{\sigma^2}{2E}$，而 $\sigma=\dfrac{P}{A}=\dfrac{1}{3}(x\gamma)$

  $U=\displaystyle\int u\,dV=\int_0^L \dfrac{\gamma^2 x^3}{18EA}\left(\dfrac{\pi D^2}{4}\right)dx=\dfrac{\pi\gamma^2 d^2 L^3}{360E}$

經典試題

一、 如圖所示，已知剛性桿 AB 和 BC 在 B 處銷釘連接
（pin connected）。假設 D 處之彈簧的剛度（stiffness）
為 k，試決定系統的臨界載荷 P_{cr}。【109 高考】

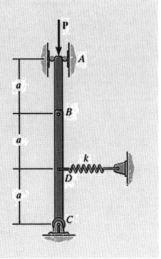

解：$\Sigma M_B=0$

$\Rightarrow (P_{cr})(\Delta)=(R_A)(a)$

$\Rightarrow (P_{cr})(a\theta)=(R_A)(a)$

得 $R_A=(P_{cr})(\theta)$

$\Sigma M_C=0$

$\Rightarrow K(a\theta)(a)=R_A(3a)$

$\Rightarrow ka^2\theta=(P_{cr})(3a\theta)$

臨界載荷 P_{cr} 為 ka/3

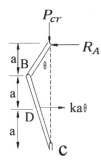
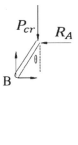

二、 如圖所示，其中點 A 為原點。已知簡支樑之截面為 b×h 之矩形，其中 b 為樑
之寬度、h 為樑之高度，請回答下列問題：(一)試繪製簡支樑（simply supported
beam）的自由體圖，並求點 A 和 B 處的反力。(二)試繪製簡支樑的剪力圖，
並且求外力作用處的剪力。(3)試繪製簡支樑的彎矩圖，並且求外力作用處的

彎矩。(四)試求沿簡支樑中立軸（neutral axis）的最大剪應力 τ_{max}（maximum shear stress）及其位置。(五)試求沿簡支樑上表面（y=0.5h）的最大剪應力及其位置。(六)試求簡支樑之最大剪應力及其位置。（提示參考公式：

$$\sqrt{(\frac{\sigma_x - \sigma_y}{2})^2 + \tau_{xy}^2} \;,\; \sigma = \frac{-My}{I} \;,\; \tau = \frac{QV}{Ib} \;。)\; 【109 高考】$$

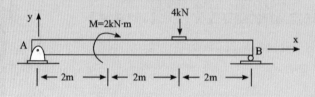

解：(一)

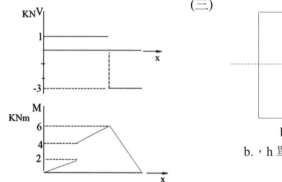

$R_A = 1KN$ ⊢2m⊣2m⊣2m⊣ $R_B = 3KN$

(二)
 (三)

b.，h 單位為 mm

(四) 沿簡支樑中立軸（neutral axis）的最大剪應力

$$\tau = \frac{3}{2}\frac{V}{A} = \frac{3}{2}(\frac{3}{(bh)}) = \frac{9}{2bh} \text{GPa}$$

(五) 沿簡支樑上表面（y=0.5h）的最大剪應力及其位置

$$\sigma = \frac{M(\frac{h}{2})}{I} = M\frac{h/2}{bh^3/12} = \frac{6M}{bh^2} = \frac{36}{bh^2}10^{12}\text{Pa}$$

所以，最大剪應力 $\frac{1}{2}$ ($\frac{36}{bh^2}$ 10^{12})Pa= $\frac{18}{bh^2}$ 10^{12}Pa，為轉 45 度的方向

(六) 簡支樑之最大剪應力及其位置，應是在支樑上表面（y=0.5h）轉 45 度的方向，即(五)的答案。

三、 簡支樑（simply supported beam）長 1.95m，矩形截面尺寸寬 150mm，高 300mm。試求此樑受到 22.5kN/m 均勻分佈力（uniform distributed load）時，樑內之最大剪切應力（maximum shear stress, τ_{max}）及最大彎曲應力（maximum bending stress, σ_{max}）。【108 高考】

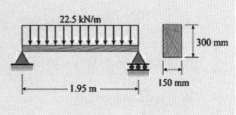

解：面積 A 為 150×300=45000mm²

$$I=\frac{150 \times 300^3}{12}=3375 \times 10^5 mm^4$$

$$\tau_{max}=\frac{3}{2} \frac{V}{A}=\frac{3}{2} \frac{21937.5}{45000}=0.73125MPa$$

$$\sigma_{max}=\frac{10.69 \times 10^6 \times 150}{337500000}=4.75Mpa$$

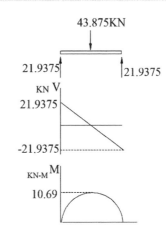

四、 一圓柱壓力容器受到扭力（torque） T=90kN 及彎矩（bending moment） M=100kN·m。已知圓柱外徑 300mm，厚度 25mm，內部壓力 p=6.25MPa。試求圓柱殼上之最大拉應力（tensile stress,

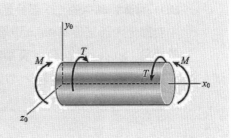

σt）、壓應力（compressive stress, σ_c）及剪切應力（shear stress, τ_{max}）。【108 高考】

解：(本題 T=90kN 應少了 m 單位，本書自行給條件提供讀者練習機會)

扭力（torque）T=90kN・m，外部剪力為 $\dfrac{T}{2A_m t}$ ，或由 $\dfrac{Tr}{J}$，$J=\dfrac{\pi}{2}[r_2^4-r_1^4]$ 求得。

$A_m t=\pi[\dfrac{300-25}{2}]^2(25)=7562500\Rightarrow\dfrac{T}{2A_m t}=11.9MPa$

內部壓力 p=6.25MPa $\Rightarrow$ 軸向應力為 $\dfrac{Pr}{2t}=(6.25MPa)(\dfrac{275}{2\times25})=34.375MPa$，徑向應力為 $\dfrac{Pr}{t}=68.75MPa$

M=100kN・M 產生的壓應力= $\dfrac{M\times r_o}{\dfrac{\pi}{64}\left(r_o^4-r_{in}^4\right)}$ 為 72.9MPa

中心軸上方受力主應力為

$\sigma_{max}=\dfrac{\sigma_x+\sigma_y}{2}+\sqrt{(\dfrac{\sigma_x-\sigma_y}{2})^2+\tau_{xy}^2}=110.8MPa$

$\tau_{max}=\sqrt{(\dfrac{\sigma_x-\sigma_y}{2})^2+\tau_{xy}^2}=22.79MPa$

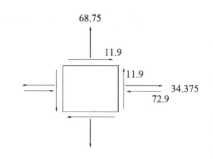

五、 如圖所示，鋁軸 AB 緊密地結合至黃銅軸 BD，而黃銅軸中的 CD 部分是中空的，且中空部分內部直徑為 40mm，計算在 A 端的扭角（angle of twist）。黃銅的剛性模數（modulus of rigidity）G=39GPa，鋁的 G=27GPa。【107 高考】

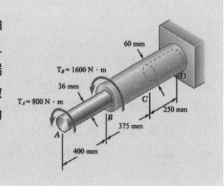

解：T_{AB}=800N-m、T_{BC}=1800N-m、T_{CD}=1800N-m

$$\phi=\phi_{AB}+\phi_{BC}+\phi_{CD}=\frac{(800)\times(0.4)}{27\times10^9\left(\dfrac{\pi\times36^4\times10^{-12}}{32}\right)}+\frac{(1800)\times(0.375)}{(39\times10^9)\left(\dfrac{\pi\times60^4\times10^{-12}}{32}\right)}+$$

$$\frac{(1800\times(0.25)}{(39\times10^9)\left(\dfrac{\pi\times10^{-12}}{32}\right)(60^4-40^4)}=0.0719+0.0136+0.0113=0.0968(rad)=5.49°$$

六、 (一)使用面積力矩法（area moment method）求取在圖中支持端 A 及 B 的反作用力。EI 是常數，E 為楊氏模數（Young's modulus），I 為面積慣性矩（area moment of inertia）。(二)畫出樑之剪力圖及彎矩圖。【107 高考】

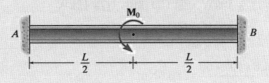

解：取第一力矩定理 θ_A=0

$$\frac{L}{2}(\frac{R_AL}{EI})-\frac{M_A}{EI}(L)-\frac{M_O}{EI}(L/2)=0$$

$$\Rightarrow R_AL^2-2M_AL-M_OL=0$$

取第二力矩定理 $\delta_A=0$

$$\frac{L}{2}(\frac{R_AL}{EI})(\frac{L}{3})-L(\frac{M_A}{EI})(\frac{L}{2})-(\frac{L}{2})(\frac{M_O}{EI})(\frac{L}{4})$$

$$\Rightarrow 4R_AL^3-12M_AL^2-3M_OL^2=0$$

上 2 聯立方程式求得 $R_A=\dfrac{3}{2}\dfrac{M_O}{L}$ ，$M_A=\dfrac{M_O}{L}$

由平衡方程式可得 B 處作用力

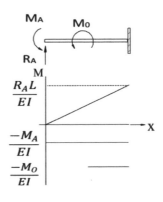

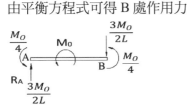

七、 以 20Hz 頻率旋轉的不銹鋼軸，在 A 和 B 處由
平滑軸承支持，並可自由旋轉。已知不銹鋼的容
許剪應力 τ_{allow}=56MPa，剪模數 G=76GPa，而 C
相對於 D 容許的扭轉角為 0.2°，試求不銹鋼軸
直徑應為多少？設若馬達輸出功率為 30kW，齒
輪 C 和 D 分別使用 18kW 和 12kW，且摩擦損
失可以忽略。【106 高考】

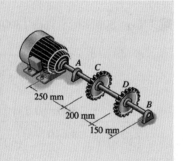

解：(本題應少了條件，本書自行給條件提供讀者練習機會)

rpm=Hz×120/極數，題目少了極數

假設題目是 4 極數，所以為 600rpm

馬達與 C 間馬力為 30kW，而 CD 間馬力為 12kW

馬達與 C 間扭矩為 $\dfrac{3\times10^4\times60}{2\pi\times600}$=477.7Nm

CD 間扭矩為 $\dfrac{1.8\times10^4\times60}{2\pi\times600}$=286.6Nm

依題意 C 相對 D 間扭轉角為 0.2°

$\Rightarrow \dfrac{0.2\times2\pi}{360}=\dfrac{286.6\times0.2}{76\times10^9\times\dfrac{\pi D^4}{32}} \Rightarrow$D=38.5mm

容許剪應力 τ_{allow}=56MPa=$\dfrac{16\times477.7}{\pi D^3} \Rightarrow$D=35.13mm

所以，不銹鋼軸直徑應為 35.13mm

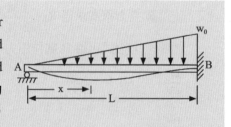

八、 如圖所示，樑在 A 端為滾柱支持（roller
support），在 B 端為固定支持（fixed
support），受到線性分布負載（distributed
loading），試求 B 端的反作用力
（reactions）。假設軸向應力可忽略不計，
且軸之撓曲剛度 EI 為常數。【106 高考】

解： A 點反力為 R_A 距 A 端 x 處之彎矩 M(x)

$$M(x)=R_A x-\frac{1}{2}x(\frac{\omega_0}{L}x)(\frac{1}{3}x)=R_A x-\frac{\omega_0}{6L}x^3$$

彎矩撓度方程式 $EIy''=M(x)$，積分後

$$EIy'=\frac{R_A}{2}x^2-\frac{\omega_0}{24L}x^4+C_1\Rightarrow EIy=\frac{R_A}{6}x^3-\frac{\omega_0}{120L}x^5+C_1x+C_2$$

B.C. $y(0)=0\Rightarrow C_2=0$

$$y(L)=0\Rightarrow\frac{R_A}{6}L^3-\frac{\omega_0}{120}L^4+C_1L=0$$

$$y'(L)=0\Rightarrow\frac{R_A}{2}L^2-\frac{\omega_0}{24}L^3+C_1=0$$

解上二式聯立方程得 $R_A=\frac{\omega_0 L}{10}$ ，$C_1=\frac{\omega_0 L^3}{120}$

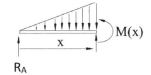

B 端的反作用力

因 $M(x)=R_A x-\frac{1}{2}x(\frac{\omega_0}{L}x)(\frac{1}{3}x)=R_A x-\frac{\omega_0}{6L}x^3\Rightarrow M(L)=R_A L-\frac{\omega_0}{6L}L^3$

$$=(\frac{\omega_0 L}{10})(L)-\frac{\omega_0}{6}L^2=\frac{-1}{15}\omega_0 L^2(表順時針方向)$$

另 $R_B=\frac{L\omega_0}{2}-\frac{L\omega_0}{10}=\frac{2L\omega_0}{5}$ (向上)

九、 無重量懸臂樑 AB 受分佈力作用如圖。試繪懸臂樑 AB 之自由體圖（Free Body Diagram），剪力分佈圖（Shear force diagram）及彎矩分佈圖（Bending moment diagram）。並試求最大彎矩之大小及其發生位置。【105 高考】

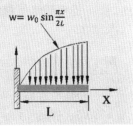

解： 利用積分法

$$V=\int-q\,dx\Rightarrow\int-w\,dx=\int-w_0\sin(\frac{\pi x}{2L})\,dx=\frac{2Lw_0}{\pi}\cos(\frac{\pi x}{2L})+C_1$$

$$M=\int V\,dx\Rightarrow\int[\frac{2Lw_0}{\pi}\cos(\frac{\pi x}{2L})+C_1]\,dx=\frac{4L^2w_0}{\pi^2}\sin(\frac{\pi x}{2L})+C_1x+C_2$$

X=L，V=0$\Rightarrow$C$_1$=0

X=L，M=0$\Rightarrow$C$_2$=$-\dfrac{L^2 w_0}{\pi^2}$

因此，V(x)=$\dfrac{2Lw_0}{\pi}\cos(\dfrac{\pi x}{2L})$，

M(x)=$\dfrac{4L^2 w_0}{\pi^2}[\sin(\dfrac{\pi x}{2L})-1]$

x=0，V$_{max}$=$\dfrac{2Lw_0}{\pi}$，M$_{max}$=$\dfrac{-4L^2 w_0}{\pi^2}$

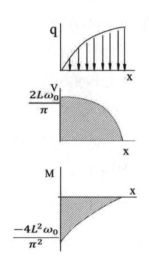

十、 如圖鋼螺栓之螺帽在 20°C時剛好輕輕旋緊在鋁套筒不受力。套筒的內外半徑分別為 4mm 及 5mm，套筒長度為 20cm。螺栓半徑為 3.5mm。鋼與鋁的熱膨脹係數分別為 14×10^{-6}/°C及 23×10^{-6}/°C，楊氏係數則分別為 2×10^5MPa 及 7×10^4MPa。試求當溫度上升至 120°C時：(1)套筒及螺栓各自所受的負載。(2)套筒及螺栓各自的伸長量。【105 高考】

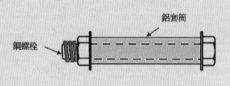

鋁套筒

鋼螺栓

解：鋁套筒面積 A$_{ai}$=$\dfrac{\pi}{4}$(5^2-4^2)=7.068mm^2

熱膨脹係數：α_{Al}=23×10^{-6}

楊式係數：E$_{Al}$=7×10^4

鋼螺栓面積 A$_{sti}$=$\dfrac{\pi}{4}$(3.5^2)=9.625mm^2

熱膨脹係數：α_{stl}=14×10^{-6}

楊式係數：E$_{Al}$=2×10^5

ΔT=100°C$\Rightarrow$$\delta$=$\dfrac{PL}{AE}$+$\alpha\Delta$T(L)L=200mm

假設鋁套筒是拉力而鋼螺栓是壓力，則

$$\frac{-P_{st} \times 200}{9.621 \times 2 \times 10^5} + 14 \times 10^{-6} \times 200 \times 100 = \frac{P_{Al} \times 200}{7.068 \times 7 \times 10^4} + 23 \times 10^{-6} \times 200 \times 100$$

$P_{st} = P_{Al}$

得 $P_{st} = -354.3N$(表受拉力)⇒鋁套筒 P_{Al} 受壓力 354.3N

鋼螺栓伸長量$= \dfrac{354.3 \times 200}{9.621 \times 2 \times 10^5} + 14 \times 10^{-6} \times 200 \times 100 = 0.31mm$

同理，得鋁套筒伸長量也是 $0.31mm(\dfrac{-354.3 \times 200}{7.068 \times 7 \times 10^4} + 23 \times 10^{-6} \times 200 \times 100)$

十一、 直徑 5mm 之圓桿 ST 受軸向力 P 作用如圖(a)。圓桿材料的楊氏係數為 $2 \times 10^5 MPa$，其應力(σ)－應變(ε)曲線如圖(b)。(一)圖(b)的 $\sigma-\varepsilon$ 曲線可透過何種試驗獲得？曲線上相應於 A 點的應力在力學上的名稱為何？(二)ST 可反抗的最

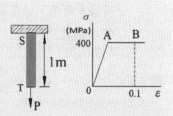

大施力 P_{max} 為多少？如控制 P 使其自零慢慢增加至 P_{max}，試述 ST 變形的過程及其最終的狀態。(三)如施加適當負載將圓桿材料的應力－應變狀態帶到 B 點，則圓桿中此時的應變能密度為多少？(四)如到 B 點後，將負載完全撤去，則圓桿最後的伸長量為多少？【105 高考】

解：(一) 圖(b)的 $\sigma-\varepsilon$ 曲線可透過拉身試驗機試驗獲得，A 點的應力在力學上的名稱為降伏點

(二) ST 可反抗的最大施力 P_{max} 為$(400 \times \dfrac{\pi}{4} \times 5^2 \times 400 = 7854N)7854N$

OA 是彈性區，σ 和 ε 成正比，A 點後進入降伏，但 ε 持續增加而斷裂

(三)$\sigma = E\varepsilon$

⇒$400 = (2 \times 10^5 \times \varepsilon)$

⇒$\varepsilon = 0.002$

$(0.1 - 0.002 + 0.1) \times 400 \times 0.5 = 39.6MJ/m^2$

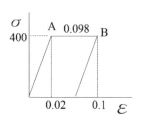

(四) OA 的斜率=BC 的斜率

$$\frac{\Delta L}{L} = \varepsilon \Rightarrow 0.098 \times L = 0.098 \times 1000 = 98mm$$

十二、 如圖所示，均勻簡支梁 ABC，梁的撓曲剛度為 EI。其中 L=2m，q=12kNm，P=36kN，M₀=48kN·m。(1)試求 A 及 C 端之反作用力。(2)試繪製梁 ABC 之剪力與彎矩分布圖，並標示最大剪力及最大彎矩，以及剪力及彎矩不連續處之值為何。(3)若 2EI=135kN·m，試求 C 端處之轉角。【104 高考】

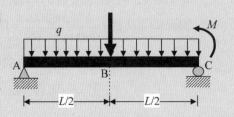

解：$\Sigma M_A=0 \Rightarrow 36+24=48+R_C \times 2$，得 R_C=6KN

$\Sigma F_Y=0 \Rightarrow 36+24=6+R_A$，得 R_A=54KN

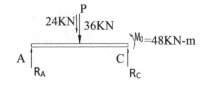

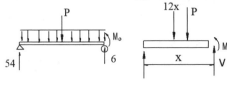

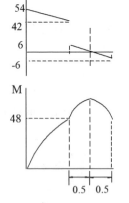

由上圖得 V_{MAX} 在 R_A 處 54KN，M_{MAX} 在離 R_A1.5m 處 49.5KN-m

十三、 如圖所示，實心複合扭力構件 ABC，其 A 端為固定端，B 點承受扭矩 T，C 點承受拉力 P 及扭矩 T；其中 P=125kN，T=1.2kN·m，L=0.6m，r=25mm。已知 AB 段材料之楊氏模數及剪力模數分別為 200GPaE1=及 80GPaG1=，而 BC 段材料之楊氏模數及剪力模數則分別為 150GPaE2=及 60GPaG2=。假設材料間緊密結合。試求：(一)A 點處之反力。(二)C 點的扭轉角。(三)AB 段中之最大主應力（principal stress）及最大剪應力。【104 高考】

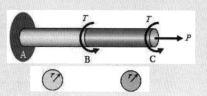

解：(一) A 點反作用力為 2T=2.46KN-m 及 125KN

(二) $J=\dfrac{\pi d^4}{32}=613592.3$

$\varnothing=\dfrac{TL}{GJ}$ $\varnothing$，$\varnothing=\varnothing_{AB}\varnothing_{BC}=\dfrac{1.2\times10^6\times2\times0.6\times10^3}{80\times10^3\times613592.3}+\dfrac{1.2\times10^6\times0.6\times10^3}{60\times10^3\times613592.3}$

　=0.0273+0.0195=0.0488

(三) $\sigma=\dfrac{P}{A}=\dfrac{125\times10^3}{\dfrac{\pi}{4}50^2}=63.66MPa$

$\tau=\dfrac{16T}{\pi d^3}=\dfrac{16\times2\times1.2\times10^6}{\pi\times50^3}=97.78MPa$

$\sigma_1=\dfrac{63.66+0}{2}\pm\sqrt{(\dfrac{63.66-0}{2})^2+97.78^2}=31.83\pm102.8$

最大主應力 σ 最大值為 134.66MPa，最大剪應力 τ 最大值為 102.83MPa

十四、 如圖四所示，A、B、C、D 均為鉸接（hinge），各桿件之截面積及楊式模數（Young's modulus）均相同。在組裝完 AD 及 CD 後發現 BD 之原始長度較 L 短Δ，故將其從室溫加熱伸長至 L，再將桿件置入。若 BD 冷卻至室溫時，其受力為 P，D 點的垂直位移為 δ_D。試求：(一)δ_D 與 P 的關係式。(二)P 與Δ的關係式。【103 高考】

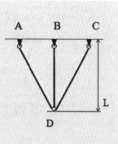

解：$\Sigma F_X=0 \Rightarrow T_{AD}\sin\theta = T_{CD}\sin\theta$，所以 $T_{AD}=T_{CD}$

　　$\Sigma F_Y=0 \Rightarrow P+2T_{AD}\cos\theta=0$，

　　所以 $T_{AD}=T_{CD}=-\dfrac{P}{2\cos\theta}$

　　$\delta_D=\dfrac{PL}{AE}$，幾何關係 $\delta_{AD}=\delta_D\cos\theta$

　　$\Rightarrow \dfrac{\dfrac{-P}{2\cos\theta} \times \dfrac{L}{\cos\theta}}{AE}=\dfrac{-PL}{2AE\cos^2\theta}=\delta_D\cos\theta$

　　得 δ_D 與 P 的關係式 $\delta_D=\dfrac{-PL}{2AECOS^3\theta}$

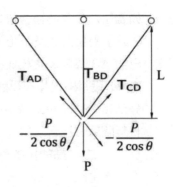

十五、 如圖所示，A 是固定支承，B 是 P 的施力點，C 是鉸接，D 是簡支承，AC 及 CD 具相同的慣性矩 I 及楊氏模數 E。試求：(一)AB 間的撓度（deflection）曲線。(二)C 點的撓度及 D 點的轉角（rotation）。【103 高考】

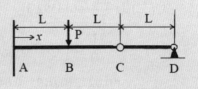

解：$q(x)=P<x-L>^{-1} \Rightarrow EIy''''=P<x-L>^{-1}$

　　$\Rightarrow EIy'''=P<x-L>^0+C_1 \Rightarrow EIy''=P<x-L>^1+C_1x+C_2$

　　$\Rightarrow EIy'=\dfrac{P}{2}<x-L>^2+\dfrac{C_1}{2}x^2+C_2x+C_3$

　　$\Rightarrow EIy=\dfrac{P}{6}<x-L>^3++\dfrac{C_1}{6}x^3+(C_2/2)x^2+C_3x+C_4$

　　B.C. $x=0$，$\delta=0 \Rightarrow C_4=0$

　　$x=0$，$\theta=0 \Rightarrow C_3=0$，$x=0$，$V=-P \Rightarrow C_1=-P$

　　$x=0$，$M=PL \Rightarrow C_2=PL$

　　得 $EIy=\dfrac{P}{6}<x-L>^3-\dfrac{P}{6}x^3+\dfrac{PL}{2}x^2$

　　針對 AB 段 $EIy=-\dfrac{P}{6}x^3+\dfrac{PL}{2}x^2$

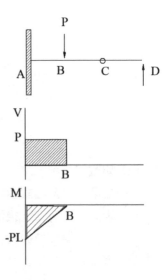

利用矩面積法

$\delta_C=\delta_A+L_{AC}\theta_A+\Delta_{C/A}\Rightarrow\delta_C=\Delta_{C/A}$

$\Delta_{C/A}=-\dfrac{1}{EI}\,[-PL^2\times\dfrac{1}{2}\times(2L/3+L)]=\dfrac{5PL^3}{6EI}\downarrow$

$\delta_C=\delta_D+L_{CD}\theta_D+\Delta_{C/D}\Rightarrow\delta_C=L_{CD}\theta_D$，得 $\theta_D=\dfrac{5PL^2}{6EI}$

十六、 有一樑的截面如圖所示，(一)試求此截面之面
　　　積二次矩 I_x、I_y、I_{xy} 及極慣性矩 J_O；(二)試求
　　　此截面之主軸（principal axes）方向之角度 α；
　　　(三)試求此截面在不同座標 x′、y′之最大及最
　　　小面積二次矩 I_{max}、I_{min}；(四)若此截面承受 Mx
　　　彎矩，試以不對稱彎曲（unsymmetrical
　　　bending）之觀念判斷說明此樑之撓曲變形特
　　　徵。【102 高考】

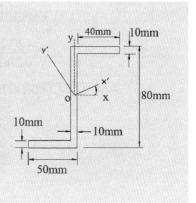

解：(一) $I_x=[\dfrac{1}{3}\times50\times40^3-\dfrac{1}{3}\times40\times30^3]\times2=1.413\times10^6\,mm^4$

　　　$I_y=[\dfrac{1}{12}\times10\times50^2+500\times20^2]\times2+\dfrac{1}{12}\times80\times10^3=0.613\times10^6\,mm^4$

　　　$I_{xy}=400\times25\times35+80\times10\times0\times0+400\times(-25)(-35)=700000\,mm^4=0.7\times10^6\,mm^4$

　　　$J_0=I_x+I_y=2.026\times10^6\,mm^4$

　　(二) 圓心 $(1.0065\times10^6,0)$，

　　　$R=\sqrt{(1.413\times10^6-1.013\times10^6)^2+(0.7\times10^6)^2}=0.806\times10^6$

　　　$\tan(2\theta_p)=\left[\dfrac{-I_{xy}}{\left(I_x-I_y\right)/2}\right]=2.22\Rightarrow2\theta_p=-89.42°(順時針)$

　　　$\Rightarrow\theta_p=-44.7°(順時針)$

(三) $I_1=(1.0065+0.806)10^6=1.8125\times10^6mm^4$

　　$I_2=(1.0065-0.806)10^6=0.2005\times10^6mm^4$

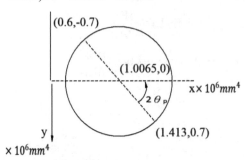

(四) $\tan\alpha=\dfrac{I_1}{I_2}\tan\theta=\dfrac{1.8125}{0.2005}(\tan(-44.7°))=(9.03)(-0.987)=-8.92$

　　$\Rightarrow\alpha=83.63°(順時針)$

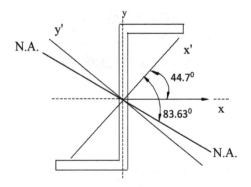

十七、　如圖之馬達動力源由 A 端傳動之轉速為 192rpm、功率為 300kW，而由 B 齒輪及 C 齒輪分別傳出之功率為 120kW 及 180kW。假設軸為實心且均一直徑 d，剪力模數 G＝75GPa，容許剪應力為 50MPa，A、C 兩端間之容許扭轉角為 0.02rad，試求設計應選用之軸直徑 d。

【102 高考】

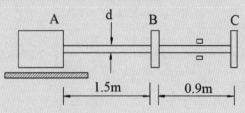

解：依題意 $300=(T_A)(2\pi N)/(60)(1000)\Rightarrow T_A=14920.77$

$120=(T_B)(2\pi N)/(60)(1000)\Rightarrow T_B=5968.31$

$180=(T_C)(2\pi N)/(60)(1000)\Rightarrow T_C=8752.46$

AB 桿 $\tau=TR/J=16T/(\pi d^3)\Rightarrow(16\times14920.77)(1000)/(\pi d^3)\Rightarrow d=114.9mm$

$\theta_{AC}=\theta_{AB}+\theta_{BC}=0.02$

$=[(14920.77\times1.5\times10^6)/(75\times10^3\times(\dfrac{\pi d^4}{32})]+[(8953.46\times0.9\times10^6)/(75\times10^3\times(\dfrac{\pi d^4}{32})]$

$\Rightarrow d=119.9mm$

所以，設計應選用之軸直徑 d 為 119.9mm

十八、 如圖所示之簡支樑具有階梯之截面，其中 $I_1=I$、$I_2=3I$，中心點 C 承受一集中負載 P，材料楊氏係數為 E，試求因 P 所產生端點之撓曲斜角及中心點 C 之撓曲位移。【102 高考】

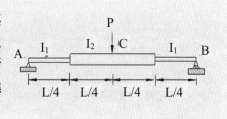

解：A 點之繞曲斜角

$\theta_A=t_{B/A}/L=[\dfrac{1}{2}\times\dfrac{1}{8}\times\dfrac{1}{4}(1-\dfrac{1}{4}\times\dfrac{1}{3})+(\dfrac{1}{24}\times\dfrac{1}{4}\times(\dfrac{1}{8}+\dfrac{1}{2})+$

$\dfrac{1}{2}\times\dfrac{1}{4}\times\dfrac{1}{24}\times(\dfrac{1}{3}\times\dfrac{1}{4}+\dfrac{1}{2})+\dfrac{1}{2}\times\dfrac{1}{4}\times\dfrac{1}{24}(\dfrac{1}{4}\times\dfrac{2}{3}+$

$\dfrac{1}{4})+\dfrac{1}{24}\times\dfrac{1}{4}\times(\dfrac{1}{8}+\dfrac{1}{4})+\dfrac{1}{2}\times\dfrac{1}{4}\times\dfrac{1}{8}\times\dfrac{2}{3}\times\dfrac{1}{4})]\dfrac{PL^2}{EI}=$

$\dfrac{25}{576}\dfrac{PL^2}{EI}$ (C.W.)

B 點之繞曲斜角大小 $=t_{A/B}/L=\dfrac{25}{768}\dfrac{PL^2}{EI}$ (C.C.W)

點 C 之撓曲位移

$\delta_C=\theta_A(\dfrac{L}{2})-t_{C/A}=(\dfrac{25}{768}\dfrac{PL^2}{EI})(\dfrac{L}{2})-t_{C/A}$

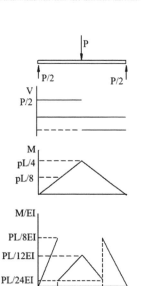

十九、 請畫出下圖所示組合樑 ABCDE 之剪力圖與彎矩圖。【101 高考】

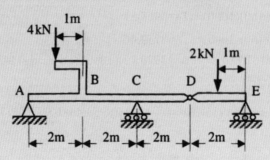

解：$\Sigma M_D=0$，$R_E=1KN$(向上)

　　$\Sigma M_C=0$

　　$\Rightarrow R_A\times 4+6=12+4\times R_E$，

　　得 $R_A=2.5KN$

　　$\Sigma F_y=0$

　　$\Rightarrow R_A+R_C+R_E=4+2$，

　　得 $R_C=2.5KN$

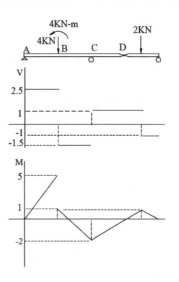

二十、 一個元素之面內應力分別為 $\sigma_x=16{,}000$psi ， $\tau_{xy}=\tau_{yx}=4{,}000$psi ， $\sigma_y=6{,}000$psi，請計算在角度 $\theta=45°$面上的正向應力和剪切應力。【100 高考】

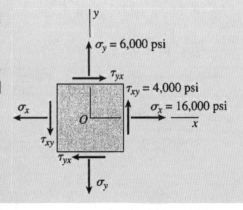

解：以 A(16000,−4000)，B(6000,4000)兩點為直徑做莫耳圓

得中心座標為(110000,0)

半徑 R 為 $\sqrt{5000^2+4000^2}$=6400

由幾何關係求 $2\theta_p$=38.7°，逆時針 51.3°，求

得在 θ=45°

正向應力 11000+6400[sin(51.3°)]=14968psi

剪切應力 6400[sin(51.3°)]=4992psi

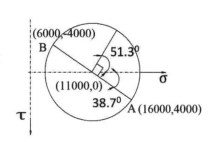

二一、 一簡支樑與其斷面如圖所示，樑長

L=3ft，樑斷面寬 b=1in，高 h=4in 之矩形，

承受一均佈外力 q=160lb/in。假設圖中 C 點

距離頂部 1in，距離 B 點 8in，請計算 C 點

之正向應力 σ_c 與剪切應力 τ_c，並繪出其元

素圖來表示。【100 高考】

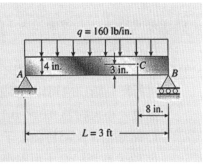

解：ΣM_A=0⇒160×(3×12)×(18)=B_Y×(36)，得 B_Y=2880LB

ΣF_Y=0⇒A_Y+B_Y=5760，得 A_Y=2880LB

如上靜力平衡圖得彎矩 M 與剪力 V

2880−4480−V=0，得 V=−1600Lb

M+(4480×14)−(2880×28)=0⇒M=17920(Lbin)

剖面慣性矩 I 為 $\dfrac{bh^3}{12}=\dfrac{1}{12}$ (1×4³)=5.33

對 z 軸一次慣性矩 Q=(1×1×1.5)=1.5

所以彎曲應力正向應力

σ_c=$\dfrac{My}{I}=\dfrac{17920\times(-1)}{5.33}$ =−3362.2(psi)

剪應力力

τ_c=$\dfrac{VQ}{Ib}=\dfrac{1.5\times(-1600)}{5.33\times1}$ =−450.28(psi)

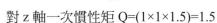

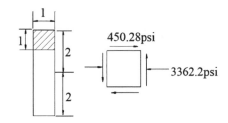

第十章　機械材料概論

10-1　材料分類

材料可分為四大類，金屬、陶瓷、聚合物及複合材料，各特性說明如下。

一、金屬

(一) 共同特性：(1)金屬光澤；(2)展性和延性；(3)電和熱的良導體；(4)固體狀態通常為結晶體。

(二) 組成：金屬材料的組織由原子構成，原子的構造支配金屬的性質，金屬材料折斷時斷口處可以看到很多微細的粒子，稱為金屬的晶粒(crystal grain)，晶粒大小大約為 0.01～0.1mm，它的形狀多半為不規則的多角形。

　　1. 結晶格子：晶粒內原子依一定的規則排列，且原子是以正方體為基本單位，假想把原子用線串聯，則在空間可得到的立體格子即稱為空間格子或結晶格子。

　　2. 單位格子：能代表排列的最小單位來表示結晶格子稱為單位格子或單位晶包。而每單位晶包所含原子個數，體心立方為 2(如 α－鐵、δ－鐵)、面心立方為 4(如 γ－鐵)、六方密格子為 6。

　　3. 格子常數：表示單位格子的各稜長，此稜長稱為格子常數即單位格子邊長。

(三) 純金屬會在一定的溫度熔解或凝固。以固體金屬 Ni 為例，溫度昇到熔點 1455°C熔點時，Ni 雖不會立即熔解，還需繼續加熱量才會慢慢熔解，加熱量少，熔解的 Ni 量就少，熱量加多，熔解的 Ni 量就會愈多。相反，在同一溫度使它冷卻時，液體會減少，而固體會增加。

(四) 合金：在一種金屬內，加入其他金屬或非金屬，而形成具有金屬的特性。加入合金原素後，一般熔點強低、延性、展性降低，導電度降低，強度、硬度增加，電阻增大，熱處理增進。

(五) 工業上所用的金屬有純金屬與合金，列舉如下：

1. 純金屬，大部分合金屬於置換型固溶體。

   (1) 普通金屬：Fe、Cu、Al、Zn、Sn、Pb、Ni、Mg、Hg 等。

   (2) 合金用金屬：Mn、Co、Cr、W、Mo、Sb、Cb 等。

   (3) 貴金屬：Ag、Au、Rh、Os、Pd、Ir 等。

2. 合金(大部分合金屬於置換型固溶體)

   (1) 鐵和鋼：如碳鋼、鑄鐵、合金鋼。

   (2) 銅合金：如黃銅、青銅。

   　　銅管、桿或條的黃銅在使用或貯存時，易發生破裂，此現象稱為季裂，原因為加工時殘留內應力，以及材料受長期潮濕和氨氣侵入造成，為防止此現象，常將黃童加熱到 150°C～250°C，退火約 30 分鐘，消除內應力。

   　　A. 青銅：是銅和錫的合金，具有易鑄造。強度大、良好流動性、耐蝕、耐磨耗。

   　　B. 七三黃銅：含銅 70%，約 30%鋅，適合常溫加工，槍砲彈殼多以此製造。

   　　C. 六四黃銅：含銅 60%，約 40%鋅，適合高溫加工，冷暖氣管多以此製造。

   (3) 鋁合金和鎂合金：如輕合金。

   (4) 鎳合金：如白銅。

   (5) 鋅、鉛、錫合金：如白合金、鉛字合金。工業上普遍常用的軸承合金分三類，以 Sn 為主的錫基合金，最具代表性的為巴氏合金，其成分為 Sn：80～90%，Sb：5～10%，Cu：3～6%；以 Pb 為主要成分的鉛基合金；以 Zn 為主要成分的鋅基合金。

   (6) 鈦合金。

   金屬材料又以鐵金屬與非鐵金屬來區分，鐵金屬材料主體為碳鋼、合金鋼、鑄鐵等鋼鐵材料，雖有其特點，但仍有應用上的缺點，如耐蝕性比鎳銅差很多，比重與導熱度無法與鋁相比較。因此，將鋼鐵以外的金屬材料稱為非鐵金屬，工業上常用的有(1)銅和銅合金(2)鋁和鋁合金(3)鎂和鎂合金(4)鋅和鋅合金(5)軸承合金。

二、陶屬

陶瓷材料係由金屬的氧化物或碳化物所構成，具有與金屬不同的鏈結特性，物性與金屬差異很大，如磚、玻璃、絕緣物及金鋼砂。具有光學與絕熱性質佳，高熔點，延性及成形性和耐震不佳。

三、聚合物(高分子材料)

許多的小分子物以共價鍵或凡得瓦爾力之類的次鍵結合而成的大分子，又稱為聚合物或塑膠，包含橡膠、塑膠和各類接著劑，可以做成很薄、柔軟且不透氣，絕緣性和耐潮濕佳。

四、複合材料

由基材 matrix 和強化材 reinforcement 組成之複合材料，由兩種以上材料所構成而單獨材料所無法獲得的性質，常見的如混凝土、夾板和玻璃棉，具有強度－重量比高、硬度高、耐震性。

10-2　材料機械性質

材料機械性質係描述材料受外力時之反應，包含硬度、潛變、延性、強度、疲勞及衝擊。

一、硬度

當由重錘在一定的高度落下，打擊材料而使材料凹陷的量度，鑽石硬度最高，塑膠材料一般硬度較低，硬度高的材料適宜製作刀刃或工具。

二、潛變

固體材料受應力影響而緩慢永久性的變形。

三、延性

材料發生塑性變形的能力，延性材料在斷裂前先產生頸縮現象，而脆性材料在極限應力時產生斷裂，無頸縮的現象。

四、強度

抗拉強度指抵抗拉力的能力，壓縮強度是指抗拒受壓的能力，一般鋁的抗拉能力比鋼小，而複合材料的抗拉能力又高於鋼。

10-3　鐵、鋼和鑄鐵

純鐵的強度低，在鐵中加碳做成合金改良性質，這種合金稱為鋼和鑄鐵。含碳量在 0.02～2%的 Fe–C 合金稱為鋼(steel)，含碳量在 2%以上的 Fe–C 合金稱為鑄鐵或純鐵(cast iron)，含碳量在 0.02%以下的 Fe–C 合金稱為純鐵(iron)。

鑄鐵含碳量 2.5～4.0%，和鐵化合成雪明碳鐵(Fe_3C)，如含碳量 4%，碳全部和鐵化合成雪明碳鐵，鑄鐵就有 60%雪明碳鐵($\frac{4-0}{66.7-0}$%)。鑄鐵含多量雪明碳鐵，硬度高不利切削。其切斷面為白色，故稱為白鑄鐵。當鑄件中含 2～3%Si 時，組織中除 Fe_3C 外，還有未和鐵化合的碳，這種碳叫做石磨，石磨強度低且軟，硬度低，切斷面呈灰色，叫做灰鑄鐵(灰鑄鐵凝固時，當冷卻速度緩慢，所含的碳已片狀石墨存於基質中)。

10-4 Fe-Fe₃C 平衡圖

一、F_e-C 相圖的重要溫度

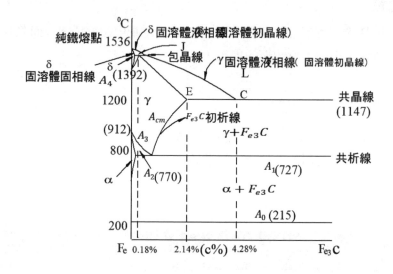

(一) 純鐵熔點 1535°C，J 包晶點(0.18%，1492°C)，純鐵的 A_4 變態點(1400°C)。共晶點(4.3%C，1147°C)，共析點(0.8%C，723°C)，純鐵的 A_3 變態點(910°C)。鐵固溶碳量極限(2.0%)。

(二) 液相線，鐵碳合金冷卻時開始結晶/加熱時完全融化的理論溫度連線，此線以上全部為液相。

(三) 固相線，鐵碳合金加熱時開始融化/冷卻時完全結晶的理論溫度連線，此線以下全部為固相。

(四) 包晶點(0.18%C，1495°C)J—包晶線所在溫度為 1495°C。

(五) 共晶點(2.14%C，1148°C)E—共晶線 EC，該線所在溫度為 1148°C。

(六) 共析點(0.8%C，723°C)—共析線，該線所在溫度為 727°C。

(七) 純鐵三種同素異型體為 $\alpha-Fe$、$\gamma-Fe$、$\delta-F_e$，912°C以上為γ鐵。

(八) 平衡相圖中，合金在升溫過程中開始熔解溫度稱為固相線。

(九) 共晶反應：$L \rightarrow \alpha + \beta$，二元合金在某溫度處有一合金溶液同時分出兩種不同之固體。

(十) 共析反應：二元合金在某溫度處有一固體同時分出兩種不同之固體。

(十一) 偏析反應：合金冷卻速率太快，無法充分時間擴散，致先晶出部分與後晶出部分濃度有差異稱之。

(十二) 純鐵磁性變態溫度 770℃，稱為 A_2 變態，α 鐵變態為子鐵稱為 A_3 變態。

(十三) Fe-C 平衡圖：Fe_3C 的初析線為 A_{cm}。

(十四) Fe-C 平衡圖：肥粒體的初析線為 A_3。

  1. 變態：同一金屬於固態時，因壓力和溫度的不同而使結晶原子的排列不同稱之。

   鋼因具有 A_1 變態點(Fe_3C 合金含碳量超過 0.02%特有的變態)，引出熱處理理論，使鋼具有優良性質。

  2. 正常組織：把鋼料加到完全沃斯田鐵(即 γ 鐵)，維持一段時間變態完成，再靜置於空氣中，所得組織即正常化組織。

二、Fe-C 平衡相圖的應用

(一) 要求塑性、韌性好，宜選用低碳鋼；要求強度、塑性和韌性具有良好的配合，宜選用中碳鋼；要求材料硬度高、耐磨性好，宜選用高碳鋼。

 純鐵與波來鐵的組織特點：

 純鐵結晶粒為 α 鐵(肥粒鐵)，純鐵內含少量不純物會在晶界集中，使晶界容易被腐蝕而成暗線。波來鐵的組織為白色的肥粒鐵與雪明碳鐵，而肥粒鐵面高於雪明碳鐵面，呈現微細層狀組織。

 碳鋼硬度大小：雪明碳鐵＞麻田散鐵＞變韌鐵＞肥粒鐵，碳鋼的抗拉強度最大為波來鐵。

 碳元素對鋼的影響為含碳量高、熱處理效果大、比重降低及比熱增加。

(二) 白口鑄鐵硬度高、脆性大，不能切削加工，也不能鍛造，但其耐磨性好，鑄造性能優良，適用於要求耐磨、不受衝擊、形狀複雜的鑄件。

(三) 澆注溫度一般在液相線以上 50°C～100°C，純鐵和共晶白口鑄鐵的鑄造性能最好，因其凝固溫度區間最小，流動性好，分散縮孔少，可獲得緻密的鑄件，所以，鑄鐵的生產總是選在共晶成分附近。

(四) 在鑄鋼碳質量分數在 0.15%～0.6%之間，這範圍內鋼的結晶溫度區間較小，鑄造性能較好。

(五) 鋼處於奧氏田鐵狀態時強度較低，塑性較好，因此，鍛造或軋制選在單相奧氏田鐵區進行。

(六) 一般開始鍛、軋溫度控制在固相線以下 100°C～200°C範圍內。一般始鍛溫度為 1150°C～1250°C，終鍛溫度為 750°C～850°C。

10-5 不銹鋼

一般人將耐蝕性鋼材通稱為不銹鋼，而民間俗稱為「白鐵」，學理上鋼材的定義：鋼液中的鉻(Cr)含量大於 12%的鋼材，其中分類及其特性與應用：

一、麻田散鐵型不銹鋼

鋼種為 400 系列。可淬火硬化，質量效應小，有自硬性；碳成分增加、耐氧化腐蝕特性降低。含碳量低，經調質處理後，韌性好、耐蝕佳。其高強度及低抗腐蝕特性可用於醫用器具、渦輪機葉片。

二、肥粒田鐵型不鏽鋼

鋼種為 400 系列。無淬火自硬性，可不經熱處理直接使用，含 C_r 量高，在氧化性及安定環境下，耐蝕性好；而在非氧化性及活性環境下，不具耐蝕性。一般日常裝飾用的不銹鋼品與餐具即為此類。

三、沃斯田鐵型不銹鋼

鋼種為 200、300 系列。用量最高，304 用量最多，低、中強度、高抗腐蝕性，常用於一般化工、機械用具、車輛。

四、析出硬化型不銹鋼

鋼種為 600 系列。源為改進麻田散鐵型不銹鋼耐蝕性弱、焊接加工困難而做的，多用於航太高精密工業。

10-6　金屬材料強化

一、晶粒尺寸強化

金屬是由許多晶粒所組成的多晶體，單位體積內晶粒的數目越多，晶粒越細，金屬會有更高的強度、硬度、塑性和韌性。這是因為細晶粒受到外力發生塑性變形可以分散在更多的晶粒內進行，塑性變形較均勻，應力集中較小；此外，晶粒越細，晶界面積越大，當晶界越曲折，則越不利於裂紋的擴展。所以，藉由細化晶粒與增加晶界面積，以提高材料強度的方法稱為細晶強化。

二、固溶強化

融入固溶體中的溶質原子會造成晶格畸變，當晶格畸變會增大位錯運動的阻力，使滑移難以進行，從而使合金固溶體的強度與硬度增加。這種利用合金元素固溶於基體金屬中，造成一定程度的晶格畸變，從而使合金強度提高的現象，稱為固溶強化。溶質原子濃度適當時，雖可提高材料的強度和硬度，但韌性和塑性卻有所下降。常見銅鎳合金引入置換性鎳原子到原來的銅晶格內而強化。

三、散步強化

引入第二相細小的微粒均勻分布在基體相中時，因位錯間的交互作用阻礙了位錯運動，提高合金的變形抗力，因而產生顯著的強化作用，此種強化作用稱為散佈強強化(第二相強化)。

四、時效硬化

另一種特殊的散佈強化處理，即利用固溶處理、淬火、時效，使一整合析出物形成，提供了巨大的強化效果。以 Al-5%Cu 合金為例，步驟如下：

(一) **固溶處理**：將 Al-5%Cu 合金加熱到約 500~548°C，使合金中之θ溶解減少任何可能的偏析。

(二) **淬火**：合金急速冷卻，不讓原子有時間擴散置成核位置形成 θ 相，此時的 α 為含 Cu 過量之過飽和固溶體。

(三) **時效處理**：將過飽和的 α 固溶體加熱至低於 190～260°C固溶解線溫度，約 15～60hr，整合物析出，合金材料強度變強，如時間過久則強度降低，為過時效。

(四) **固溶處理**：合金從高溫急冷(淬火)時，因冷卻速度太快，無法立刻析出，而成為過飽和固溶體組織，此由高溫急冷而形成的過飽和固溶體熱處理，稱為固溶處理。

(五) **析出硬化**：固溶處理後的過飽和組織並不安定，常時間置於常溫會慢慢析出強硬安定組織，此由過飽和組織而強化現象稱為析出硬化。

五、加工硬化(應變硬化)

(一) 碳鋼拉伸試驗

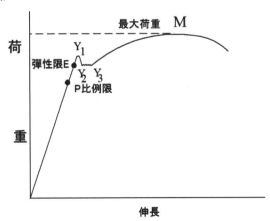

1. **彈性限**：圖中 E 點，E 點以下的變形會恢復到原來的大小，彈性限是荷重除去後，變形是否完全消滅的臨界點。
2. **比例限**：負載不超過 P 點，荷重與伸長量依照虎克定律。比例限是荷重與伸長量是否依照虎克定律的臨界點。
3. **強伏點**：過了比例限限後伸長量與荷重不再成正比，當過了 Y_1 點，荷重會突然降到 Y_2 點，在強伏期間(Y_1-Y_2-Y_3)材料會發生很大的變化。
4. **強伏強度**：材料發生 0.2%永久變形時的應力。
5. **抗拉強度**：M 點處材料中央會發生局部變形，此處荷重與斷面積比值稱抗拉強度。

(二) 加工硬化

1. 金屬材料常溫加工，隨加工程度增加，材料強度逐漸增加稱加工硬化。金屬隨冷變形程度的增加，材料強度和硬度指標都會提高，但塑性、韌性卻下降。金屬材料在再結晶溫度以下塑性變形時強度和硬度升高，而塑性和韌性降低的現象，稱冷作硬化。產生原因是，金屬在塑性變形時，晶粒發生滑移，出現位錯的纏結，使晶粒拉長、破碎和纖維化，金屬內部產生了殘餘應力等。(金屬結晶內的差排對金屬變形的影響，初期有助變形，最後則阻礙變形。)

因加工硬化會帶給金屬件加工困難，如冷軋鋼板的過程中會愈軋愈硬，以致軋不動，需在加工過程中安排中間退火，通過加熱消除加工硬化。又如，切削加工中，使工件表層脆而硬，從而加速刀具磨損、增大切削力等。但有利的是，它可提高金屬的強度、硬度和耐磨性，特別是對於不能以熱處理方法提高強度的純金屬和某些合金甚為重要。

以低碳鋼拉伸的應力－應變(σ-ε)圖為例(見圖)，當負荷超過屈服階段後，進入強化階段卸載，應力不沿加載的路線返回，而是沿著基本平行的直線下降，產生塑性變形。再加載後繼續產生塑性變形，此時，屈伏極限已提高，如此反覆的作用，每循環一次，產生一次新的塑性變形，並提高強度指標。隨著循環次數的增加，加工硬化逐漸趨於穩定。這種加工硬化現象可解釋為，塑性變形時，晶粒產生滑移滑移面，和其附近的晶格扭曲，使晶粒伸長和破碎，金屬內部產生殘餘應力等，因而繼續塑性變形就變得困難，引起加工硬化。

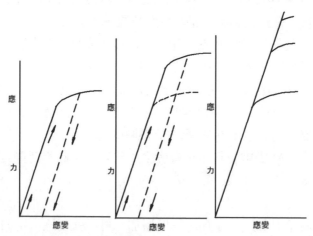

加工硬化可由真正應力－應變曲線來描述，$\sigma_t = k\varepsilon_t^n$，n 稱為應變硬化係數，硬變硬化係數低表示冷作反應差。

如圖為 log-log 尺度的真應力應變曲線圖。

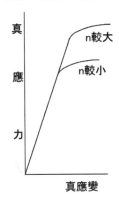

2. 機械加工硬化對材料的作用：
   (1) 經過冷拉、滾壓和拋光等工藝，能顯著提高金屬材料的表面強度。
   (2) 材料受力，某些部位局部應力超過材料的屈伏極限，引起塑性變形，由於加工硬化限制了塑性變形的繼續發展，可提高零件和構件的安全度。
   (3) 金屬零件受衝壓時，其塑性變形處伴隨著強化，變形轉移到其周圍未加工硬化部分，這樣反覆交替作用，可得到截面變形均勻一致的冷衝壓件。
   (4) 改進低碳鋼的切削性能，使切屑易於分離。但加工硬化也可能帶給金屬件進一步加工帶來困難，須借助中間退火，消除加工硬化後。

10-7　熱處理

改變鋼材的加熱溫度和冷卻速度，會得到各種不同的組織，因組織不同，機械性質也就不一樣，所以，對鋼材施行加熱和冷卻處理來調整其性質稱為熱處理。工廠常用到的熱處理有淬火、回火、退火，及以恆溫變態發展出來的恆溫退火、麻回火、麻淬火。

熱處理常識：共析鋼冷卻速度的結束：

1.爐中冷卻：波來鐵。

2.空氣中冷卻：糙班鐵。

3.油中冷卻：吐粒散鐵及麻田散鐵。

4.水中冷卻：麻田散鐵。

一、退火

(一) 定義：使金屬軟化、晶粒細化及消除內應力，把鋼材加熱到適當溫度，保持適當時間慢慢冷卻的操作。

(二) 退火的目的

  1. 消除內應力。

  2. 降低硬度。

  3. 改良切削性或加工性。

  4. 調整結晶組織。

  5. 消除化學不均勻。

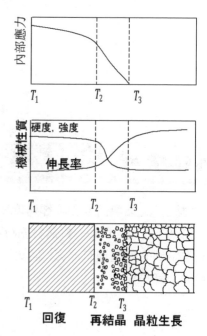

退火溫度和內部應力、機械性質及晶粒大小如圖所示，在某溫度範圍(T_1 到 T_2)，溫度上升但材料硬度和其他機械性質變化很小，但在這範圍材料內部應力卻減少很多，各種物理性質恢復加工前狀態，此期間稱回復期。

回復期後在某範圍(T_2 到 T_3)硬度和內部應力會顯著降低其他機械性質也顯著變化，此範圍稱再結晶，此時受加工材料內部產生新的結晶核，從這結晶核產生新的結晶，此現象稱為再結晶。

在某範圍(T_3 到 T_4)，隨晶粒發展，材料內部應力、強度及硬度很快降低，變形伸長率急速增加。

(三) 退火依目的分成

    1. 完全退火：使金屬完全軟化及增加延性，便利於切削加工。

    2. 製程退火：消除冷加工內應力，利於進一步加工。

    3. 球化退火：使亞共析鋼層狀雪明碳鐵或過共析鋼網狀雪明碳鐵變成球狀，而易於加工。

    4. 弛力退火：消除鑄造、鍛造及各種加工產生的內應力。

    5. 均質化退火：消除鑄造後冷熱不均，致元素濃度不均的偏析現象。

(四) 正常化與完全退火類似，惟正常化加熱溫度略高於完全退火，保持一段時間後，於空氣中冷卻，所得波來鐵組織較完全退火為細，故強度與硬度較完完全退火為大。

二、淬火、回火

淬火目的使鋼硬化得到最高硬度，即得完全麻田散鐵。回火目的可分為消除脆火產生內應力的低溫回火，與為降低硬度提高延性與展性的高溫回火。

把鋼加熱到適當溫度(亞共析鋼 A_{c3} 以上，共析鋼和過共析鋼 A_{c1} 以上，保持適當時間後急冷，可阻止波來鐵變態而得到高硬度麻田散鐵組織稱為淬火。

淬火候鋼材很硬但也很脆、不實用，所以，須將淬火鋼再加熱到適當溫度，以去除內應力，即調整硬度與韌性，此作業稱回火低溫回火係在 200℃以下，為消除脆火後之殘留應力，而高溫回火則在 400℃以上，為增加材料之韌性。

共析鋼的淬火、回火作業如下圖：

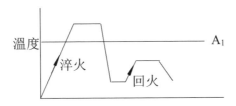

三、恆溫變態

沃斯田鐵化的鋼在某特定溫度下發生變態，稱為恆溫變態。

四、S 曲線

沃斯田鐵狀態的共析鋼在各種不同溫度下作恆溫變態，將開始變態時間與完成變態時間用圖表示，左邊曲線為變態開始的時間，右邊曲線為變態完成的時間，此兩條曲線即為恆溫變態曲線，因含有溫度與時間值，亦稱為 TTT 曲線 (temperature-time-transformation curve)，其特殊形狀，又稱為 S 曲線，C 曲線。
變韌鐵：在 TTT 曲線鼻部下方施以恆溫變態產生特殊組織，其性質介於波來鐵與麻田散鐵之間，稱為變韌鐵。在鼻部附近生成者狀如羽毛，稱為上變韌鐵，在更低溫生成者狀如尖針，稱為下變韌鐵。

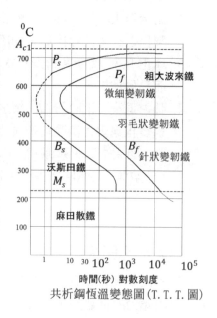

共析鋼恆溫變態圖(T. T. T. 圖)

五、麻田散鐵組織

將鋼瞬間急冷到 M_s 線下，瞬間發生的變態麻田散鐵組織，其變態量僅與冷卻溫度有關，與保持時間長短無關，如冷到 120°C可得到90%麻田散鐵。與波來鐵和變韌鐵變態不同，該二者變態量與時間有關。

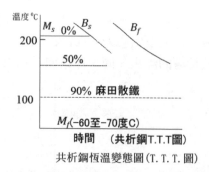

共析鋼恆溫變態圖(T. T. T. 圖)

六、殘留沃斯田鐵

如圖，含碳量高於 0.2%的碳鋼，M_f 溫度低於 0℃，縱即使冷至室溫，沃斯田鐵無法完全變為麻田散鐵，因有一些沃斯田鐵殘留下來，稱為殘留沃斯田鐵。雖對鋼的強度沒影響，但因殘留沃斯田鐵不安定性，置於常溫一段時間會因析出碳化物發生膨脹現象，易導致機件斷裂，故，為清除殘留沃斯田鐵，需施行深冷處理，即將鋼件冷卻到 0℃以下的溫度，如−20℃、−70℃。

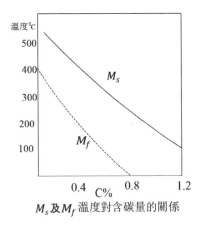

M_s 及 M_f 溫度對含碳量的關係

七、麻回火

沃斯田鐵狀態鋼放進 M_s 點以下的恆溫槽，在 ab 溫度範圍得到麻田散鐵，在以後恆溫保持變為回火麻田散鐵，ab 範圍內未變態的沃斯田鐵，在 cd 時間範圍產生變韌鐵，因此，可在常溫得到回火麻田散鐵及變韌鐵組織，麻回火的目的為，熱處理過程中可避免發生淬裂及變形情況下，得到麻田散鐵及變韌鐵組織，但因曲線過於靠右，恆溫變態時間很長，實施困難，可採用麻淬火。

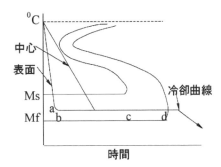

八、麻淬火

沃斯田鐵狀態鋼放進鼻部以下，M_s 點以上的恆溫槽，在 ab 溫度範圍保持沃斯田鐵狀態，然後在 cd 範圍內氣冷，使沃斯田鐵慢慢發生麻田散鐵變態。實施麻淬火不會發生淬火裂痕和變形，可適用複雜材料。

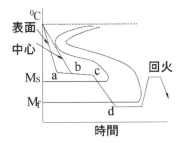

經典試題

一、(一) 摩擦在金屬塑性加工會造成什麼問題？
　　(二) 什麼是金屬塑性加工中的黏摩擦（sticking friction）？主要發生在熱加工
　　　　還是冷加工？為什麼？【110 高考】

解：(一) 塑性成形中摩擦可分為內摩擦和外摩擦，內摩擦是整個變形體的各個質點
　　　　間的相互作用，發生在晶粒界面或晶內的實際滑移面上，阻礙變形金屬的
　　　　滑移變形；外摩擦為兩物體在接觸面上產生的阻礙，其相對移動的力的相
　　　　互作用，金屬塑性成形中的內摩擦出現在晶內變形和晶間變形過程中，外
　　　　摩擦出現在變形金屬與工具相接觸的部分。

　　　　塑性變形過程一般是在高溫下進行的，表面生成的氧化皮對塑性變形中
　　　　摩擦和潤滑帶來很大影響，在熱變形中，表面生成的氧化皮一般比變形金
　　　　屬軟，在摩擦表面上雖起一定的潤滑作用，但當氧化皮插入變形金屬中，
　　　　則會造成金屬表面質量的惡化。在冷變形和溫變形時，在摩擦表面生成的
　　　　氧化皮往往比變形金屬硬，如果氧化皮脫落在工具和金屬表面上，就會使
　　　　摩擦加劇，所以實際加工中，由於摩擦工件就展開成桶型。

　　(二) 一般塑性變形過程都伴有新新金屬表面產生，新生表面不但增加了實際的
　　　　接觸面積，而且使表面原有的氧化膜被破壞，使工具與材料的實際接觸面
　　　　增大，同時增大了分子間的吸附作用，摩擦力也相應的變大。工具與新表
　　　　面的相對滑動，還易產生「犁溝」現象，如果潤滑不足，也易產生金屬的
　　　　轉移、粘著等現象，使工件的表面質量惡化。

　　　　金屬塑性加工中的黏摩擦（sticking friction）主要發生在冷加工，冷加工
　　　　的過程因可能的潤滑不是會造成黏摩擦（sticking friction），雖熱加工摩
　　　　擦係數大，但因界面間的剪應力大於流動剪應力，致摩擦的影響變小。

二、(一) 熔接有可能產生那些重要的缺陷？

　　(二) 變形（翹曲）是熔焊中的一個嚴重問題，請提出一些可以用來減少發生或降低程度的技術？【110 高考】

解：(一)焊接重要的缺陷包含零件變形、氣孔、夾渣及不完全的熔化與滲透，另由於焊接熱源的作用，容易使焊縫金屬以及焊接熱影響區域出現過熱，導致焊縫金屬和熱影響區金屬晶粒粗大產生缺陷，性能變差。

　　(二) 零件的體積特別是厚度與焊道的密度、焊腳高度等有密切的關係，因為零件體積太小，焊接熱量無法快速散發，會出現零件翹曲變形的現象。

　　減少發生或降低程度的技術如下：

　　1. 焊接不鏽鋼零件時，為減小零件的熱影響，儘量採用氣體保護焊接。

　　2. 儘量採用左右交替焊法、對稱焊法、分段焊法等，具體原則為先內後外、先少後多、先短後長。

　　3. 焊接電流、電弧電壓等焊接參數會影響到焊接變形，隨著零件的增大，焊接電流也要變大，為使焊件局部受熱更均勻，應對焊接電流進行嚴格控制，若焊接電流過小，會對焊接質量造成影響，若焊接電流過大，焊接變形很可能會比較嚴重。

　　4. 形狀簡單的小型零件，下面焊道位置加墊裝銅板，銅板熱傳遞效率比鋼板的熱傳遞效率高，快速的把焊接熱量帶走，減小零件的熱變形。

　　5. 形狀複雜或零件較大，採用水冷法以水冷法噴在零件焊道的背面。

　　6. 厚板大型零件的焊接時

　　　(1)焊接時提前做好降溫措施

　　　(2)焊接預留變形量

　　　(3)加工完成後進行應力消除，應力消除可採用自然時效和人工時效。自然時效一般應用於大型鑄件，不適用一般焊接零件，惟週期長，控制不易工期；人工時效分為熱處理時效和振動時效。

三、　對於鋼鐵材料之表面硬化處理，請分別說明滲碳法和氮化法兩者之硬化處理過程、硬度分布及硬化深度。【110 關務】

解：(一) 含碳量低鋼料在高溫以適當方法，把碳從材料表面滲入材料的預定部位，使含碳量增加，再全部施予淬火，表面含碳量高、硬度高，中心硬度低、具韌性，這種從材料表面滲入碳的方式叫滲碳。滲碳方法有固體滲碳、氣體滲碳及真空滲碳和離子滲碳法。

滲碳溫度愈高、時間愈長，滲碳層厚度愈大

(二) 氮化法是把含有 Al 或 Cr 等的合金鋼，在無水 NH_3 氣流中長時間加熱於 500 到 550°C，在它的表面形成硬化層，處理後不再實施淬火、回火作業，變形小。常用的有氣體氮化法、鹽浴氮化法、軟氮化法及離子氮化法。

隨氮化時間增加，氮化深度變大，但最高硬度大致相同。

四、　試比較鋁合金 T3 熱處理和 T6 熱處理的差異。【110 地特】

解：強化程度由質別命名，T 是做熱處理，後面的數字表明應變硬化的量、正確的熱處理型態。

T3：溶體化處理後，經冷加工的目的在提高強度、平整度及尺寸精度。

T6：溶體化處理後，施以人工時效處理，此為熱處理合金代表性的熱處理，無須施以冷加工便能獲得優越的強度。於溶體化處理後，為提高尺寸精度或矯正而施以冷加工。

五、　請詳述金屬板材塑性應變比（plastic strain ratio）的定義與意義及其試驗方法與對引伸（deep drawing）製程的影響。【109 高考】

解：板材塑性應變比值是指在拉伸試驗中，試片寬度方向應變與厚度方向
應變的比值 R，R 值越大表示變形過程中，材料抵抗變薄的能力較強。
為決定 R 值，準備一抗拉試驗樣本，並將其拉長 15 到 20%，因輥軋(Rolling)
的製程具有異向性，由下式計算

$$R_{ave} = \frac{R_0 + 2R_{45} + R_{90}}{4}$$ 下標方向是相對於輥軋(Rolling)的方向

以平均塑性應變比值 R 來評估其成形性。

深引能力通常以極限引伸比 LDR 來表示，LDR＝$\dfrac{最大胚料直徑}{沖頭直徑}$

板金能否成功抽引成一圓形杯狀工件，端視於材塑性應變比 R

六、 對於純金屬材料和合金材料之加熱或冷卻曲線圖，請說明：
(一) 這兩種曲線圖之實驗設備圖和實驗步驟。
(二) 過冷卻（Supercooling）的定義。【109 地特】

解：(一)1.以熱分析法進行，以溫度為縱軸、時間為橫軸，將金屬或合金放入坩鍋
中，合金材料則配置取不同組成重量百分比的試樣，用熱電偶量測溫度，
固定時間記錄溫度，即可繪製加熱或冷卻曲線圖，設備圖如下

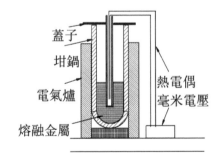

2. 金屬凝固過程溫度不變，而合金凝固過程，溫度會下降無固定熔點，如下圖

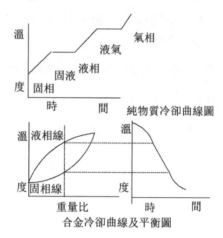

純物質冷卻曲線圖

合金冷卻曲線及平衡圖

(二) 在一定壓力下，當液體的溫度已低於該壓力下液體的凝固點，而液體仍不凝固的現象，叫液體的過冷現象(supercooled phenomena of liquid)，此時的液體稱為過冷液體(supercooled liquid)。

七、 試說明 Jominy 硬化能（hardenability）試驗的目的、原理與方法，並舉例說明合金元素對 Jominy 硬化能曲線之影響。【108 高考】

解：(一) 許多鋼料的 CCT 圖無法求得，又正確的冷卻速率亦難訂出，有一種替代辦法叫 Jominy 硬化能（hardenability）試驗，常用來作鋼的硬化能比較。一根棒長 4″、直徑 1″沃斯田鐵化鋼棒，一端置於架子，一端以水噴灑，此程序之後，沿試體縱向量測硬度，並將結果會成一條硬化能曲線。

(二) 1. 除 Co 會促使波來鐵程核成長外，大部分其他元素會提高鋼的硬化能。

2. 除 Co 及 Al 會使 M_s 提高外，其他置換核金元素會降低 M_s，M_n 效果最大。

3. Mn、Mo 和 Cr 等都會顯著增加硬化能，N_i 效果低。

4. 硬化能倍數 Mn＞Mo＞P＞Cr＞Si＞Ni

八、 打鐵趁熱常用來比喻做事必須把握時機、因勢利導。試說明在機械製造上何
謂打鐵趁熱及其優缺點。那些金屬可以不趁熱打鐵，為何？【108 高考】

解：金屬在熱變形下可以較小功率達到較大的應變，因加熱到一定的溫度，原子
動能增加，固溶體具有良好的塑性。此熱作加工的優缺點如下：

優點	(一)熱作變形中不發生強化。
	(二)適合大型元件成型。
	(三)可消除鑄件內的缺陷。
	(四)高溫下的 HCP 具有更活潑滑動系統，延性的增加允許比冷作更多的變形量。
	(五)雜質和第二相顆粒的伸長產生纖維結構，也可發展類似退火組織的結構。
缺點	(一)最後的性質不如冷作那麼均勻。
	(二)元件的表面平整度不如冷作
	(三)尺寸精確度不易獲得。

有些金屬如鋁合金、鈦合金及鎳合金具有時效硬化的特性，當高溫加工時，會
因過時效而降低強度及硬度。

九、 試說明金屬材料強化機構的種類？在這些強化機構中，何者適用於純金屬？
又何者適用於合金？【108 地特】

解：金屬材料強化機構的種類有：
(一) 應變硬化(加工硬化)：利用加工變形增加差排數來增加強化。適用於純金
屬。

(二) 晶粒尺寸強化：減少晶粒尺寸，增加晶界面積，使材料強化。如少量鈦或硼加入液態鋁合金，來增加晶界面積。適用於合金。

(三) 固溶強化：引入缺陷進入材料結構內而形成強化效果。如在銅鎳合金中，引入鎳到原來的銅格子內。適用於合金。

(四) 散佈強化：引入第二向造成強化。適用於合金

(五) 時效應化（析出硬化）：利用固溶處理、淬火及時效使一整合析出物行程而有強化效果。適用於合金。

十、 對於金屬材料的再結晶（recrystallization），請說明：
(一) 再結晶的定義。
(二) 再結晶溫度的範圍。
(三) 冷作加工量對再結晶溫度與晶粒大小的影響及其原因。【107 高考】

解：(一)金屬加工硬化後施予退火，在某溫度(回復期)硬度和內部應力會顯著降低，這溫度範圍稱再結晶範圍，在此範圍晶加工的材料內部會產生新結晶核，從新結晶核再產生新結晶，這現象叫再結晶。

(二) 通常將再結晶溫度定義為一小時內，完成在結晶所需要的溫度。再結晶溫度大約界於 0.3 到 0.5T_m，T_m是該金屬熔點的絕對溫度。

同一材料，加工程度不同再結晶溫度也不同，加工層次漸增加，再結晶溫度隨著降低，而接近某定值。以下為各種金屬的再結晶溫度

元素	再結晶溫度°C
Fe	450
Ni	600
Au	200
Ag	200
Cu	200
Al	150

元素	再結晶溫度°C
Mg	200
W	1200
MO	900
Zn	室溫
Pb	室溫以下

(三) 金屬之冷作加工程度會影響再結晶的情形，愈多的冷作，產生再結晶的溫度愈低。因冷作程度多，差排與差排中所積存的能量也愈多，這些能量可供在結晶時所需的能量。而金屬的變形程度愈大，再結晶形成的晶粒愈小。

十一、 鋼的熱處理可以改變其材料特性，試繪恆溫變態曲線圖（Time Temperature-Transformation diagram）解釋之。【107 地特】

解： 變態溫度對共析鋼的影響，當恆溫變態溫度降低時，變韌鐵未形成前，波來鐵變細，溫度更低則形成麻田散鐵。當共析鋼的顯微鏡組織變細則得到較佳的散佈強化，若變韌鐵圓形顯微鏡很細小時，可產生比波來鐵更高強度與硬度，但仍保持延性與韌性。

在各種不同溫度下作恆溫變態試驗，將各恆溫變態的開始時間和完成時間用途表示，這種曲線叫恆溫變態圖，恆溫變態圖曲線的右方註明在該溫度變態時所得的組織和硬度，在 550°C 附近最靠近縱座標，表示保持在這溫度變態很快就會開始，變態進行速度也快，沃斯田鐵在短時間內完成變態產生新的組織。

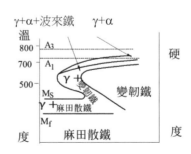

十二、 何謂熱處理（heat treatment），其功能及重要步驟為何？【106 高考】

解：所謂熱處理即對鋼施以適當的熱或冷卻處理，以得到所需的機械性質或物理
性質為目地的處理，簡單熱處理分下列幾種

(一) 中間退火：消除冷作效果的再結晶熱處理，在低於 A_1 溫度 80°C 到 170°C
下進行。

(二) 退火及正常化：用來控制散佈強化，普通碳鋼利用 Fe_3C 的數量、尺寸。
形狀與分佈來作散佈強化，當控制沃斯田鐵變態為波來鐵的冷卻速率可來
控制散佈強化。緩慢冷卻形成粗大波來鐵，此熱處理稱為退火或稱為完全
退火，快速冷卻產生細波來鐵，此熱處理稱為正常化。

1. 亞共析鋼之退火係將鋼加熱到 A_3 溫度以上 30°C 產生均勻沃斯田鐵，即
所謂沃斯田鐵化處理，然後再冷卻，因肥粒鐵與波來鐵都粗大，故鋼強
度低、延展性佳。

2. 亞共析鋼之退火係將鋼加熱到 A_1 溫度以上 30°C，沃斯田鐵化，可使
Fe_3C 變為圓形，然後緩慢冷卻，可產生連續的 Fe_3C 和粗大波來鐵。

3. 鋼之正常化係將鋼加熱到 A_3 或 A_{cm} 溫度以上 55°C，至於是 A_3 或 A_{cm}
依鋼成分而定。沃斯田鐵化後氣冷，氣冷速率快、故波來鐵細，過共析
鋼在 A_{cm} 溫度以上氣冷，因冷卻速率快，Fe_3C 不會在沃斯田鐵晶界形成
連續的薄膜。

(三) 球化：用來改善加工性，含 Fe_3C 量高的高碳鋼加工性質不佳，施予低於
A_1 溫度 30°C 且時間長的球化處理，可使其邊界面積降低，具有連續的柔
軟且可加工的肥粒鐵基質。

十三、 試說明鋼鐵滲碳處理的目的與影響滲碳深度的製程參數。【106 地特】

解：對於含碳量低的鋼材，在高溫以適當的方法將碳從材料表面滲入材料中預定
位置，材料含碳量增加後，施予淬火作業，材料的表層硬度會很高，但含碳量
低的心部硬度低但具有韌性，此從鋼表面增加碳含量，目的在增加表層硬化，

改善磨耗性或疲勞性。滲碳層的深度因鋼料、滲碳劑種類、處理溫度、處理時間而不同；一般處理溫度愈高，處理時間愈長，滲碳深度愈深。

十四、　試說明熱加工成形製程在加工前先將成形模具進行預熱的目的。

解： 模具先加到熱工件相同的溫度，因鍛造期間，工件均保持在熱的狀態，故工件強度較低，延展性高，同時由於鍛造負荷較低，可改善材料在模穴內流動。

十五、　試述固態焊接（solid-state welding）的工作原理，並舉三種固態焊接方法及說明之。【105 高考】

解： 固態焊接利用擴散、壓力或界面運動方式進行。
(一) 擴散：透過原子的交換以及施加外部能量，提升接合面的接合強度。如摩擦和接法、電阻焊接法。
(二) 壓力：利用壓力，當壓力愈高界面接合力愈強。如閃光焊、電阻浮凸焊接法。
(三) 界面運動方式：利用接觸面移動以分離氧化層，產生乾淨表面，改善接合強度。如超音波焊接法。

十六、　請分別敘述下列各種磨耗之形成原因：
(一) 黏附磨耗（adhesive wear）。
(二) 磨粒磨耗（abrasive wear）。
(三) 腐蝕磨耗（corrosive wear）。
(四) 疲勞磨耗（fatigue wear）。【105 地特】

解： (一) 黏附磨耗，因受切線力在原接觸面或沿路徑的上下，發生剪應力，引起黏著磨耗，在滑動期間，表面粗痕破裂點發生在較弱零件上，雖破裂片會黏

合在較硬工件上，由於進一步的摩擦，破裂顆粒分離，成為不受拘束的研磨顆粒。

(二) 磨粒磨耗（abrasive wear），當硬而粗糙的表面滑過另一表面所引起的，此磨耗會產生微切屑或細粒片的顆粒。

(三) 腐蝕磨耗，也稱氧化或化學磨耗，因表面間的化學或電化學以及環境因素所引起，在材料表面的細腐蝕物構成了磨耗微粒，當腐蝕層或磨料去除，會再度形成腐蝕層，此過程不斷地重覆進行。

(四) 疲勞磨耗是當材料表面承受循環負荷時，磨耗微粒以擊碎或挖凹坑方式形成。

十七、 在兩種金屬所組成的合金平衡圖中，其合金受到加熱或冷卻而有以下各種固液兩相反應，請分別說明：

(一) 共晶反應（eutectic reaction）。

(二) 包晶反應（peritectic reaction）。

(三) 偏晶反應（monotectic reaction）。【105 地特】

解：(一) 共晶反應（eutectic reaction）：$L \rightarrow \alpha + \beta$
液態時完全溶合，固態時完全不溶合，而以純粹狀態成為共晶混和物。即合金從液態冷卻，在包晶溫度會同時晶出金屬 A 和金屬 B。

(二) 包晶反應（peritectic reaction）：$\alpha + L \rightarrow \beta$
液態時完全溶合，固體有溶解度，而凝固時發生包晶反應。即初晶的固溶體 α 和液體接觸面開始，從固溶體 α 外邊漸次生成 β 固溶體，固溶體 β 會包圍固溶體 α。

(三) 偏晶反應（monotectic reaction）$L_1 \rightarrow L_2 + \alpha$
液態時有部分溶解度，固態時完全不溶合，而發生偏晶反應。當溶液同時產生固樣和液相，只晶出一種固相。

第十一章　附錄

向量是工程運算必需的工具，對力學的分析解答有很大的幫助，本書特擷取重
要常用向量分析概念，讀者可在本書上動力學與流體力學的章節上比較參考，
加強提升觀念。

一、直角坐標

x、y、z 軸訂出三個[單位向量]$\vec{i}$、$\vec{j}$、$\vec{k}$，分別指向+x、+y、+z 方向，單位向
量 $|\vec{i}|=|\vec{j}|=|\vec{k}|=1$

(一) 直角坐標 x、y、z 軸固定方位後，$\vec{i}$、$\vec{j}$、$\vec{k}$ 即為常數向量，所以，$d\vec{e_i}=0$。

(二) 極座標 $\vec{r}=r(\theta)\vec{e_r}$

二、極座標 $\vec{r}(\theta)$

當 θ 值改變，$\vec{r}$ 值隨同改變。而 $\vec{e_r}$ 與 $\vec{e_\theta}$ 方向均隨同 θ 值改變。

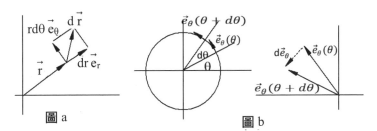

圖 a，$d\vec{e_r}=d\theta\,\vec{e_\theta}$(方向改變 90^0，$d\theta$ 值→0($d\vec{e_r}$ 變動很小))

圖 b，$d\vec{e_\theta}=-d\theta\,\vec{e_r}$(方向指向 r 內，$d\theta$ 值→0($d\vec{e_\theta}$ 變動很小))

【注意】

因為 $\vec{e}_r = \vec{e}_r(\theta)$ 與 $\vec{e}_\theta = \vec{e}_\theta(\theta)$ 均為 θ 的函數，則 $\dfrac{\partial}{\partial r}(\vec{e}_r)$ 為 0，$\vec{e}_r$ 視為常數，但，$\dfrac{\partial \vec{e}_r}{\partial \theta}$

$= \vec{e}_\theta$，$\dfrac{\partial \vec{e}_\theta}{\partial \theta} = -\vec{e}_r$

例題 動力學常見圓周運動 $\vec{r} = r\vec{e}_r$，求速度與加速度的表示。

解： $\vec{v} = \dfrac{d\vec{r}}{dt} = \dfrac{dr}{dt}\vec{e}_r + r\dfrac{d\vec{e}_r}{dt} = \dot{r}\vec{e}_r + r\dfrac{d\theta}{dt}\vec{e}_\theta = v_r\vec{e}_r + v_\theta\vec{e}_\theta$

$\vec{a} = \dfrac{d\vec{v}}{dt} = [\ddot{r}\vec{e}_r + \dot{r}\dot{\theta}\vec{e}_\theta] + [\dot{r}\dot{\theta}\vec{e}_\theta + r\ddot{\theta}\vec{e}_\theta + (-r\dot{\theta}^2)\vec{e}_r]$

三、圓柱座標

$\vec{r} = r\vec{e}_r + z\vec{e}_z$

同理得 $d\vec{r} = dr\vec{e}_r + r(d\vec{e}_r) + dz\vec{e}_z = dr\vec{e}_r + r\theta\vec{e}_\theta + dz\vec{e}_z$

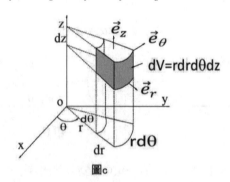

圖c

從 c 圖可了解，$\vec{e}_r$ 方向有變化，其長度的變化就是 dr。$\vec{e}_\theta$ 方向有變化時，其長度的變化就是 rdθ。

【備註】

讀者由上面圖 c 的觀念可知，流力與材力在圓柱座標力平衡圖分析，受力大小在 $\vec{e}_r$ 方向為 $\vec{e}_r$ 方向地應力乘上 $rd\theta$ 的長度，在 $\vec{e}_\theta$ 方向為 $\vec{e}_\theta$ 方向的應力乘上 dr 的長度。

四、梯度(gradient of the scalar fields)$\vec{\nabla}$ or ∇ (讀 del)

$\vec{\nabla} \equiv \vec{i}\dfrac{\partial}{\partial x} + \vec{j}\dfrac{\partial}{\partial y} + \vec{k}\dfrac{\partial}{\partial z}$ ，用在純量場，則產生向量場 $\vec{\nabla}$

$\vec{\nabla} f = \vec{i}\dfrac{\partial f}{\partial x} + \vec{j}\dfrac{\partial f}{\partial y} + \vec{k}\dfrac{\partial f}{\partial z}$

(一) $\vec{\nabla}$ 有向量的性質(但並不是真正的向量)，其與純量 $f(\vec{r})$ 運算不滿足乘法交換率

$\vec{\nabla} f \neq f\vec{\nabla}$ ，因為 $\vec{\nabla} f(\vec{r}) = \vec{i}\dfrac{\partial f}{\partial x} + \vec{j}\dfrac{\partial f}{\partial y} + \vec{k}\dfrac{\partial f}{\partial z}$

$f(\vec{r})[\vec{\nabla}] = f(\vec{r})[\vec{i}\dfrac{\partial}{\partial x} + \vec{j}\dfrac{\partial}{\partial y} + \vec{k}\dfrac{\partial}{\partial z}]$ 是一運算符號

(二) $\vec{\nabla}$ 與向量 $\vec{A}$ 運算，不滿足乘法交換率($\vec{\nabla}$ 與 $\vec{A}$ 運算要內積)

$\vec{\nabla} \cdot \vec{A} = [\vec{i}\dfrac{\partial}{\partial x} + \vec{j}\dfrac{\partial}{\partial y} + \vec{k}\dfrac{\partial}{\partial z}] \cdot [\vec{i}\,A(x) + \vec{j}\,A(y) + \vec{k}\,A(z)] = \dfrac{\partial A_x}{\partial x} + \dfrac{\partial A_y}{\partial y} + \dfrac{\partial A_z}{\partial z}$

$\vec{A} \cdot \vec{\nabla} = [A(x)\dfrac{\partial}{\partial x} + A(y)\dfrac{\partial}{\partial y} + A(z)\dfrac{\partial}{\partial z}] \Rightarrow$ 代表運算符號

【注意】

1. 上二式的運算結果不可混淆。

2. 圓柱座標 $\vec{\nabla} = \vec{e}_r\dfrac{\partial}{\partial r} + \vec{e}_r\dfrac{1}{r}\dfrac{\partial}{\partial \theta} + \vec{z}_z\dfrac{\partial}{\partial z}$

3. Navier-Stokes 方程式左側慣性力$[\vec{V} \cdot \vec{\nabla}]\vec{V}$ 為例

$[(\vec{e}_r u_r + \vec{e}\,u_\theta + \vec{z}\,u_z)(\vec{e}_r\dfrac{\partial}{\partial r} + \vec{e}_\theta\dfrac{1}{r}\dfrac{\partial}{\partial \theta} + \vec{e}_z\dfrac{\partial}{\partial z})](\vec{e}_r u_r + \vec{e}_\theta u_\theta + \vec{e}_z u_z)$

$$=(u_r\frac{\partial}{\partial r}+\frac{u_\theta}{r}\frac{\partial}{\partial\theta}+u_z\frac{\partial}{\partial z})(\vec{e}_r\,u_r+\vec{e}_\theta\,u_\theta+\vec{e}_z\,u_z)$$

$$[(\frac{\partial}{\partial r}(\vec{e}_r)=0,\ \frac{\partial\vec{e}_r}{\partial\theta}=\vec{e}_\theta,\ \frac{\partial\vec{e}_\theta}{\partial\theta}=-\vec{e}_r]$$

在 $\vec{e}$ 方向:$u_r\dfrac{\partial u_r}{\partial r}+\dfrac{u_\theta}{r}\dfrac{\partial u_\theta}{\partial\theta}+u_z\dfrac{\partial u_\theta}{\partial z})$ 及 $(\dfrac{u_r u_\theta}{r})$

在 $\vec{e}_z$ 方向:$u_r\dfrac{\partial u_z}{\partial r}+\dfrac{u_\theta}{r}\dfrac{\partial u_z}{\partial\theta}+u_z\dfrac{\partial u_z}{\partial z})$

(三) 兩個常用的恆等式
　　1. $\vec{\nabla}\times(\vec{\nabla}f)=0$ curl of a grad=0
　　2. $\vec{\nabla}\cdot(\vec{\nabla}\times\vec{A})=0$ div of a curl=0

五、$\vec{\nabla}(\nabla)$的物理意義

(一) 空間純量場 $f(\vec{r})$ 中任一點的向量 ∇f，必垂直通過該點的的等值面，且指向 f 值最大增加率的方向，等值面得法線 normal 方向，即為 $\vec{n}=\dfrac{\vec{\nabla}f}{|\nabla f|}$

(二) 對任意位移 $d\vec{r}=\vec{i}\,dx+\vec{j}\,dy+\vec{k}\,dz\Rightarrow df==\vec{\nabla}f\cdot d\vec{r}$
　　例題：以 $f(x,y)=y^2-x$ 函數為例(圖 d)，在 $f(x,y)=y^2-x$ 上任一點，$\vec{\nabla}f\cdot d\vec{r}=0$，因 $\vec{\nabla}f$ 垂直 $d\vec{r}$，而 $d\vec{r}$ 是沿著 y^2-x 的切線，$f(x,y)=C_1$ 與 $f(x,y)=C_2$。二方程式最短距離在 $\vec{\nabla}f$ 方向。

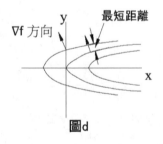

圖d

六、圓柱座標的 $\vec{\nabla}$ or ∇(有助流體力學 Navier-Stokes equ.的了解)

(一) 在直角坐標上 $\vec{\nabla} \equiv \vec{i}\dfrac{\partial}{\partial x} + \vec{j}\dfrac{\partial}{\partial y} + \vec{k}\dfrac{\partial}{\partial z}$ 且具備要件 $df = \vec{\nabla} f \cdot d\vec{r}$

(二) 幾何性質 $d\vec{r} = \vec{e}_r\, dr + \vec{e}_\theta\, r d\theta + \vec{e}_z\, dz$，需符合 $du = \vec{\nabla} u \cdot d\vec{r}$ 要件，可得圓柱座標 $\vec{\nabla}$

$= \vec{e}_r\dfrac{\partial}{\partial r} + \vec{e}_\theta\dfrac{1}{r}\dfrac{\partial}{\partial \theta} + \vec{e}_z\dfrac{\partial}{\partial z}$

(三) 符合向量運算規則

$$\vec{\nabla} \cdot \vec{F} = \frac{1}{1 \cdot r \cdot 1}\left[\frac{\partial}{\partial r}(1 \cdot r \cdot F_1) + \frac{\partial}{\partial \theta}(1 \cdot r \cdot F_2) + \frac{\partial}{\partial z}(1 \cdot r \cdot F_3)\right]$$

$$\nabla^2 u \equiv \nabla \cdot \nabla u = \frac{1}{r}\frac{\partial}{\partial r}\left[r\frac{\partial u}{\partial r}\right] + \frac{1}{r^2}\frac{\partial^2 u}{\partial \theta^2} + \frac{\partial^2 u}{\partial z^2}$$

【注意】

Navier-Stokes 方程式右側黏滯力均有 $\nabla^2 u$，$\nabla^2 v$ 與 $\nabla^2 w$，但在 r 方向還有 $-\dfrac{u_r}{r^2}$

$-\dfrac{2}{r^2}\dfrac{\partial v_\theta}{\partial \theta}$，在 θ 方向還有 $-\dfrac{v_\theta}{r^2} + \dfrac{2}{r^2}\dfrac{\partial u_r}{\partial \theta}$。

依定義，純量場 $du = \dfrac{\partial u}{\partial r}\, dr + \dfrac{\partial u}{\partial \theta}\, d\theta + \dfrac{\partial u}{\partial z}\, dz = \vec{\nabla} u \cdot d\vec{r}$

$d\vec{r} = \vec{e}_r\, dr + \vec{e}_\theta\, r d\theta + \vec{e}_z\, dz$

上式可寫成 $du = \dfrac{\partial u}{\partial r}\, dr + \dfrac{\partial u}{\partial \theta}\, d\theta + \dfrac{\partial u}{\partial z}\, dz = \vec{\nabla} u \cdot (\vec{e}_r\, dr + \vec{e}_\theta\, r d\theta + \vec{e}_z\, dz) = [(\vec{e}_r(\vec{\nabla} u)_r + \vec{e}((\vec{\nabla} u) + \vec{e}_z(\vec{\nabla} u)_z)(\vec{e}_r\, dr + \vec{e}_\theta\, r d\theta + \vec{z}\, dz) = (\vec{\nabla} u)_r dr + (\vec{\nabla} u)\, r d\theta + (\vec{\nabla} u)_z)dz$

所以，$(\vec{\nabla} u)_r = \dfrac{\partial u}{\partial r}$，$(\vec{\nabla} u)_\theta = \dfrac{1}{r}\dfrac{\partial u}{\partial \theta}$，$(\vec{\nabla} u)_z = \dfrac{\partial u}{\partial z}$

則 $\vec{\nabla} = \vec{e}_r\dfrac{\partial}{\partial r} + \vec{e}_\theta\dfrac{1}{r}\dfrac{\partial}{\partial \theta} + \vec{e}_z\dfrac{\partial}{\partial z}$

$\vec{\nabla} \cdot \vec{F} = (\vec{e}_r\dfrac{\partial}{\partial r} + \vec{e}_\theta\dfrac{1}{r}\dfrac{\partial}{\partial \theta} + \vec{e}_z\dfrac{\partial}{\partial z}) \cdot (\vec{e}_r\, F_r + \vec{e}\, F_\theta + \vec{z}\, F_z) = \dfrac{1}{r}\dfrac{\partial}{\partial r}(rF_r) + \dfrac{1}{r}(\dfrac{\partial F_\theta}{\partial \theta}) + \dfrac{\partial F_z}{\partial z}$

為方便記憶，因 $\vec{\nabla}$ 是對長度的微分，因此，$\vec{e}\dfrac{\partial}{\partial \theta}$ 分母需加長度

而 $\vec{\nabla} \cdot \vec{F} = \dfrac{1}{1 \cdot r \cdot 1}\left[\dfrac{\partial}{\partial r}(1 \cdot r \cdot F_1) + \dfrac{\partial}{\partial \theta}(1 \cdot r \cdot F_2) + \dfrac{\partial}{\partial z}(1 \cdot r \cdot F_3)\right]$

★Laplace operator

$$\nabla^2 u \equiv \nabla \cdot \nabla u = \frac{\partial^2 u}{\partial x^2} + \frac{\partial^2 u}{\partial y^2} + \frac{\partial^2 u}{\partial z^2}$$

★圓柱座標

$$\nabla^2 u \equiv \nabla \cdot \nabla u = \frac{1}{r} \frac{\partial}{\partial r} [r \frac{\partial u}{\partial r}] + \frac{1}{r^2} [\frac{\partial^2 u}{\partial \theta^2}] + [\frac{\partial^2 u}{\partial z^2}]$$

七、純量場與向量場

(一) **純量場**：函數 $\varphi(x,y,z)$ 賦予空間任一點一個實數值，例如溫度、壓力、能量等。

(二) **向量場**：向量 $\vec{F}(X,Y,Z) = P(X,Y,Z)\vec{i} + Q(X,Y,Z)\vec{j} + R(X,Y,Z)\vec{k}$ 賦予空間任一點一向量值，例如速度、磁力等

(三) **定理**：

1. 函數 $f(x,y)$，$x = x(r,s)$，$y=y(r,s)$之一階偏導數均存在，則有

$$\frac{\partial f}{\partial r} = \frac{\partial f}{\partial x}\frac{\partial x}{\partial r} + \frac{\partial f}{\partial y}\frac{\partial y}{\partial r}; \frac{\partial f}{\partial s} = \frac{\partial f}{\partial x}\frac{\partial x}{\partial s} + \frac{\partial f}{\partial y}\frac{\partial y}{\partial s}$$

2. 若 $f(x,y)$，$x = x(t)$，$y = y(t)$之一階偏導數均存在，則有 $\dfrac{df}{dt} = \dfrac{\partial f}{\partial x}\dfrac{\partial x}{\partial t} + \dfrac{\partial f}{\partial y}\dfrac{\partial y}{\partial t}$

八、向量微分

$\vec{r}(t) = x(t)\vec{i} + y(t)\vec{j} + z(t)\vec{k} = (x(t),y(t),z(t))$，則 $\dfrac{d\vec{r}}{dt} = x'(t)\vec{i} + y'(t)\vec{j} + z'(t)\vec{k}$

同理 $\vec{r}(u,v) = x(u,v)\vec{i} + y(u,v)\vec{j} + z(u,v)\vec{k}$，則

$$\frac{\partial \vec{r}(u,v)}{\partial u} = \frac{\partial x}{\partial u}\vec{i} + \frac{\partial y}{\partial u}\vec{j} + \frac{\partial z}{\partial u}\vec{k}$$

$$\frac{\partial \vec{r}(u,v)}{\partial v} = \frac{\partial x}{\partial v}\vec{i} + \frac{\partial y}{\partial v}\vec{j} + \frac{\partial z}{\partial v}\vec{k}$$

九、向量運算

$$\frac{d}{dt}[f(t)\,\vec{r}\,(t)] = f(t)\,\frac{d\vec{r}}{dt} + \frac{df}{dt}\,\vec{r}\,(t)$$

十、切線與法線分量

e_t：質點路徑切線單位向量。

e'_t：質點在稍後瞬間路徑切線單位向量。

e_n：$\lim\limits_{\Delta\theta\to 0}\dfrac{de_t}{d\theta}$，朝向質點所旋轉之方向沿法線單位向量。

因 $e_n = \dfrac{de_t}{d\theta}$，

$$\frac{de_t}{dt} = \frac{v}{\rho}\,e_n\,\left(\frac{de_t}{dt} = \frac{de_t}{d\theta}\,\frac{d\theta}{ds}\,\frac{ds}{dt}\,;\,\frac{d\theta}{ds} = \frac{v}{\rho}\,,\,\rho\,為曲線半徑\right)$$

推導得速度與加速度關係式

$\vec{v} = v\,e_t$，則

$$\vec{a} = \frac{d\vec{v}}{dt} = \frac{dv}{dt}\,e_t + v\,\frac{de_t}{dt} = \frac{dv}{dt}\,e_t + \frac{v^2}{\rho}\,e_n$$

十一、徑向與切線向量

極座標 $\vec{r} = r(\theta)\,\vec{e_r}$，$r$ 方向單位向量 $\vec{e_r}$，垂直 r 方向單位向量 $\vec{e_\theta}$

因 $\vec{e_\theta} = \dfrac{d\vec{e_r}}{d\theta}\,;\,\dfrac{d\vec{e_\theta}}{d\theta} = -\vec{e_r}$，所以 $\dot{e_r} = \dot{\theta}e_\theta\,;\,\dot{e_\theta} = -\dot{\theta}e_r$

推導速度與加速度關係式

$\vec{r} = r(\theta)\,\vec{e_r}$

$\vec{v} = \dot{r}\vec{e_r} + r\,\dot{\vec{e_r}} = \dot{r}e_r + r\dot{\theta}e_\theta$

$\vec{a} = (\ddot{r} - r\dot{\theta}^2)\,\vec{e_r} + (r\ddot{\theta} + 2\dot{r}\dot{\theta})\,\vec{e_\theta}$

而在流體力學上向量函數 $\vec{r}\,(t)$ 改用弧長 s 為參數 $\vec{r}\,(s)$

$d\vec{r}(s) = \dfrac{d\vec{r}(s)}{ds}ds$ 且 $\left|d\vec{r}(s)\right| = ds$，所以弧長作曲線參考時，微分可得到切線方向單

位向量 $e_t = \dfrac{d\vec{r}(s)}{ds}$

十二、方向導數

純量函數 $\varphi(x,y,z)$在點(x_0,y_0,z_0)沿方向 $\vec{u} = \cos\alpha\vec{i} + \cos\beta\vec{j} + \cos\gamma\vec{k}$ 之變化率，稱

$\varphi(x,y,z)$函數在此點沿方向 $\vec{u}$ 之方向導數，即

$$\frac{d\psi}{ds} = \lim_{s \to 0} \frac{\psi(x_0 + s\cos\alpha, y_0 + s\cos\beta, z_0 + s\cos\gamma) - \psi(x_0,y_0,z_0)}{s}$$

若純量函數 $\varphi(x,y,z)$存在一階偏導數，梯度 $\nabla\psi(x,y,z) = \dfrac{\partial\psi}{\partial x}\vec{i} + \dfrac{\partial\psi}{\partial y}\vec{j} + \dfrac{\partial\psi}{\partial z}\vec{k}$

定理：

(一) 純量函數 $\varphi(x,y,z)$存在一階偏導數，在定點(x_0,y_0,z_0)沿方向 $\vec{u}$ 之方向導數為

$$\frac{d\psi}{ds} = \vec{u} \cdot \nabla\varphi\big|_{(x_0,y_0,z_0)}$$

$$= (\cos\alpha\vec{i} + \cos\beta\vec{j} + \cos\gamma\vec{k})\,(\frac{\partial\psi}{\partial x}\vec{i} + \frac{\partial\psi}{\partial y}\vec{j} + \frac{\partial\psi}{\partial z}\vec{k})$$

$$= \frac{\partial\psi}{\partial x}\cos\alpha + \frac{\partial\psi}{\partial y}\cos\beta + \frac{\partial\psi}{\partial z}\cos\gamma$$

定點上的向量 $\nabla\varphi\big|_{(x_0,y_0,z_0)}$ 是一常數向量，與指引方向 $\vec{u}$ 有一夾角，當夾角

為 0 時，方向導數為最大

(二) 純量場 $\varphi(x,y,z)$存在一階偏導數，在定點(x_0,y_0,z_0)之最大增加與最小減少

率方向分別為：

$$\vec{u}_{max} = \frac{\nabla\psi}{|\nabla\psi|}\,;\vec{u}_{min} = \frac{-\nabla\psi}{|\nabla\psi|}\,;$$

最大增加率與最大減少率分別為 $|\nabla\varphi|$ 與 $-|\nabla\varphi|$

(三) 方程式 $\varphi(x,y,z)=C$ 表示，純量函數 $\varphi(x,y,z)$在空間終一等位面曲面上點

(x_0,y_0,z_0)之單位法向量 $\vec{n} = \dfrac{\nabla\psi}{|\nabla\psi|}\big|_{(x_0,y_0,z_0)}$

物理上常用等溫面、等壓面，等位面上一點 $\nabla\varphi$ 的向量和所有切線垂直

十三、散度

流場之散度定義為 $\nabla \cdot \vec{F}$，即 $\vec{F}$ 在空間某位單位體積之流失(發散)率。

$$\nabla \cdot \vec{F} = \lim_{\Delta\tau \to 0} \oint_S (\vec{F} \cdot \vec{n}) \cdot Da$$

(一) **定理**：流場 $\vec{F} = P\vec{i} + Q\vec{j} + R\vec{k}$，各分量一階偏導數存在且連續，直角坐標

$$\nabla \cdot \vec{F} = \frac{\partial P}{\partial x} + \frac{\partial Q}{\partial y} + \frac{\partial R}{\partial z}$$

　散度有其物理意義，如同梯度。

(二) **散度定理**：空間封閉曲面 S 為分段平滑可定向之曲面，包圍著空間區域 V。向量函數 $\vec{F}$ 在 S 上及 V 內存在連續之一階偏導數，則：

$$\iiint_V (\nabla \cdot \vec{F}) dv = \oiint_S \vec{F} \cdot \vec{n} dA$$

1. **定理**：一階偏導數存在且連續之向量場 $\vec{F}$，面積分與曲面形狀無關充要條件是 $\nabla \cdot \vec{F} = 0$

2. **散度**：特定點單位體積的淨流失率，依此定義得到 $\nabla \cdot \vec{F}$ 的運算公式定義。散度定理要成立，必需該流場在空間內為連續，此即流場中連續定理的推導重要觀念。另外，面積分與曲面形狀無關充要條件是 $\nabla \cdot \vec{F} = 0$。線積分與路徑形狀無關的充要條件是 $\nabla \times \vec{F} = 0$

十四、旋性

曲線 C 為一平面上封閉曲線且包圍面積 A，$\vec{n}$ 為平面法向量，$\vec{P}$ 為內部一點，位置 P 之旋性為：$\displaystyle \lim_{A \to 0} \frac{1}{A} \oint_C \vec{F} \cdot dr$

十五、旋性與格林定理

平面上封閉曲線，邊界 C 為平滑封閉曲線，函數 f(x,y) 及 g(x,y) 在 R 及 C 有定義且有連續之一階偏導數，則 $\displaystyle \iint_R (\frac{\partial g}{\partial x} - \frac{\partial f}{\partial y}) dxdy = \oint_C f(x,y)dx + g(x,y)dy$

物理旋轉現象可用平面封閉曲線積分來表示，積分值不為 0，即有旋轉情形發生。

十六、旋性與斯托克士定理

向量場的旋度向量定義為 $\nabla \times \vec{F}$，滿足 $(\nabla \times \vec{F}) \cdot \vec{n} = \lim\limits_{\Delta A \to 0} \dfrac{1}{\Delta A} \oint\limits_{C} \vec{F} \cdot dr$，$\Delta A$ 為所包圍

面積，$\vec{n}$ 為平面單位法向，c 為封閉曲線。

(一) **定理**：向量 $\vec{F} = P\vec{i} + Q\vec{j} + R\vec{k}$，存在一階偏導數，在直角坐標上 $\nabla \times \vec{F}$ 向量為：

$$\begin{vmatrix} \vec{i} & \vec{j} & \vec{k} \\ \dfrac{\partial}{\partial x} & \dfrac{\partial}{\partial y} & \dfrac{\partial}{\partial z} \\ P & Q & R \end{vmatrix}$$

(二) **斯托克士定理**：S 為可定向且分段平滑空間曲面，封閉曲線 C 為 S 之邊界，

向量函數 $\vec{F}$ 在 S 與 C 均存在連續一階偏導數，則 $\iint\limits_{S} (\nabla \times \vec{F}) \cdot \vec{n} dA = \oint\limits_{C} \vec{F} \cdot dr$。

顯然斯托克士定理中，其曲面 S 為 X-Y 平面，則斯托克士定理就是平面格林定理。而且，散度定理應用在封閉曲面，而斯托克士定理應用在不封閉曲面。

十七、剛體旋轉

速度向量場之旋度，其大小為旋轉角速度的 2 倍。

$\vec{r}(\theta) = r\cos\theta \vec{i} + r\sin\theta \vec{j}$ ，，$\vec{v}(x, y) = -(wy)\vec{i} + (wx)\vec{j}$

$$\nabla \times \vec{v} = \begin{vmatrix} \vec{i} & \vec{j} & \vec{k} \\ \dfrac{\partial}{\partial x} & \dfrac{\partial}{\partial y} & \dfrac{\partial}{\partial z} \\ -wy & wx & 0 \end{vmatrix} = 2w\vec{k}$$

流力常用的向量推導公式：

公式 1

$$\int\limits_{S} \nabla \times F \cdot dS = \oint\limits_{C} F \cdot dr$$

$$\iiint\limits_{V} (\nabla \cdot F) d\forall = \oiint_{S} F \cdot dS$$

$$\vec{V} \cdot \nabla = (V_x \vec{i} + V_y \vec{j} + V_z \vec{k})(\dfrac{\partial}{\partial x}\vec{i} + \dfrac{\partial}{\partial y}\vec{j} + \dfrac{\partial}{\partial z}\vec{k}) = (V_x \dfrac{\partial}{\partial x} + V_y \dfrac{\partial}{\partial y} + V_z \dfrac{\partial}{\partial z})$$

$$(\vec{V} \cdot \nabla)\vec{V} = (V_x \frac{\partial}{\partial x} + V_y \frac{\partial}{\partial y} + V_z \frac{\partial}{\partial z})(V_x \vec{i} + V_y \vec{j} + V_z \vec{k})$$

$$= \vec{i}(V_x \frac{\partial V_x}{\partial x} + V_y \frac{\partial V_x}{\partial y} + V_z \frac{\partial V_x}{\partial z}) + \vec{j}(V_x \frac{\partial V_y}{\partial x} + V_y \frac{\partial V_y}{\partial y} + V_z \frac{\partial V_y}{\partial z}) + \vec{k}(V_x \frac{\partial V_z}{\partial x} + V_y \frac{\partial V_z}{\partial y} + V_z \frac{\partial V_z}{\partial z})$$

公式 2

$$\vec{V} \cdot \vec{V} = (V_x \vec{i} + V_y \vec{j} + V_z \vec{k}) \cdot (V_x \vec{i} + V_y \vec{j} + V_z \vec{k}) = (V_x^2 + V_y^2 + V_z^2)$$

$$\frac{1}{2}\nabla(\vec{V} \cdot \vec{V}) = \frac{1}{2}\left(\frac{\partial}{\partial x}\vec{i} + \frac{\partial}{\partial y}\vec{j} + \frac{\partial}{\partial z}\vec{k}\right)(V_x^2 + V_y^2 + V_z^2)$$

$$= \vec{i}(V_x \frac{\partial V_x}{\partial x} + V_y \frac{\partial V_y}{\partial x} + V_z \frac{\partial V_z}{\partial x}) = \vec{i}(V_x \frac{\partial V_x}{\partial x} + V_y \frac{\partial V_y}{\partial x} + V_z \frac{\partial V_z}{\partial x}) + \vec{k}(V_x \frac{\partial V_x}{\partial z} + V_y \frac{\partial V_y}{\partial z} + V_z \frac{\partial V_z}{\partial z})$$

公式 3

常用關連式 $(\vec{V} \cdot \nabla)\vec{V} = \frac{1}{2}\nabla(\vec{V} \cdot \vec{V}) - \vec{V} \times (\nabla \times \vec{V})$

第十二章 最新試題及解析

110 年 ◀ 台電（工程力學概要）

( ) **1** 有關平衡力系之敘述，下列何者正確？ (A)平衡力系各力之作用線必不相交 (B)平衡力系之合力為零 (C)平衡力系各力之方向相同 (D)平衡力系必為共線力系。

( ) **2** 依構件之力學特性而言，繩索可承受何種力？ (A)拉力及壓力 (B)拉力及彎矩 (C)壓力及彎矩 (D)僅可承受拉力。

( ) **3** 材料受力在比例限度以內時，其應力與應變之比值稱為何？ (A)應變能 (B)蒲松比 (C)慣性矩 (D)彈性模數。

( ) **4** 下列何者為非共點非平行之空間平衡力系，需滿足靜力平衡之方程式總數？ (A)12 個 (B)9 個 (C)6 個 (D)3 個。

( ) **5** 在工程力學中，下列各項之 2 個物理量，何者具有相同之單位？ (A)力矩、功 (B)力、長度 (C)力、力矩 (D)力、功。

( ) **6** 有關力之可傳性的敘述，下列何者有誤？ (A)適用於剛體 (B)著力點可沿作用線移動 (C)可移至平行線 (D)大小及方向不變。

( ) **7** 應力與應變成正比之最大應力值稱為下列何者？ (A)比例限度 (B)極限強度 (C)降伏強度 (D)容許強度。

( ) **8** 剪力圖上任一點之切線斜率等於下列何者？ (A)荷重 (B)剪力 (C)彎矩 (D)彎矩差。

( ) **9** 如右圖所示，依平面應力元素，求最大剪應力值為何？ (A)$5kg/cm^2$ (B)$10kg/cm^2$ (C)$15kg/cm^2$ (D)$20kg/cm^2$。

$10kg/cm^2 \longleftarrow$ ☐ $\longrightarrow 10kg/cm^2$

( )　**10** 如右圖所示之 L 形懸臂梁 ABC，若 Q＝
40kN，若欲使該梁固定端支承 A 之彎矩
反力 MA＝0，則 P 應為何？
(A)P＝15kN　(B)P＝30kN
(C)P＝60kN　(D)P＝40kN。

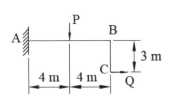

( )　**11** 一組同平面非共點力系，在平衡狀態下，最多可求得幾個未知力？
(A)1 個　(B)2 個　(C)3 個　(D)4 個。

( )　**12** 在空間力系中，有一物體在 x、y、z 三正交軸上，分別受到 $M_x＝6$kg-
cm，$M_y＝7$kg-cm，$M_z＝6$kg-cm 之力偶作用，則此三力偶之合力偶大小
應為何？　(A)19kg-cm　(B)13kg-cm　(C)11kg-cm　(D)7kg-cm。

( )　**13** 下列何者結構屬於二力桿件？　(A)桁架　(B)梁　(C)版　(D)鋼架。

( )　**14** 任何形狀之截面，下列何者為其最小之慣性矩？　(A)平行軸　(B)垂直
軸　(C)切於底邊之軸　(D)形心軸。

( )　**15** 一邊長為 30cm 之方形柱，承受 4500kg 之軸向載重，則其所受之應力
大小為何？　(A)5kg/cm²　(B)10kg/cm²　(C)15kg/cm²　(D)20kg/cm²。

( )　**16** 如右圖所示之元素受力後，若 υ 為蒲松比，E 為
彈性模數，則其在 x 方向之應變為何？

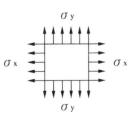

(A)$\dfrac{\sigma_x}{E} + \upsilon \dfrac{\sigma_y}{E}$　(B)$\dfrac{\sigma_y}{E} + \upsilon \dfrac{\sigma_x}{E}$

(C)$\dfrac{\sigma_x}{E} - \upsilon \dfrac{\sigma_y}{E}$　(D)$\dfrac{\sigma_y}{E} - \upsilon \dfrac{\sigma_x}{E}$。

( )　**17** 兩端固定之材料，當溫度升高時，其固定端之熱應力為下列何者？
(A)張應力　(B)壓應力　(C)剪應力　(D)不產生應力。

( )　**18** 如右圖所示，載重之合力作用線在 A
點右側之距離為何？　(A)1.7m
(B)3m　(C)3.4m　(D)6m。

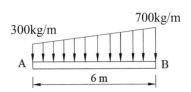

(　) **19** 如右圖所示，求 C 點支承之反力為何？
(A)90kg
(B)30kg
(C)18kg
(D)12kg。

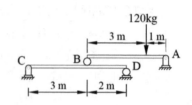

(　) **20** 如右圖所示，一長度為 4m，寬度為 2m 之剛體平面板，板之四角分別承受 F_1 及 F_2 之力，若該剛體平面板處於平衡狀態，則 F_1 與 F_2 之關係為何？　(A)$F_1 = 2F_2$　(B)$F_1 = F_2$　(C)$F_1 = 0.5F_2$　(D)$F_1 = 4F_2$。

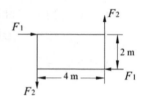

(　) **21** 下列何者為剪力模數的單位？　(A)kg　(B)kg/cm　(C)kg/cm^2　(D)kg-cm^2。

(　) **22** 桁架應力分析，如採用節點法分析，則每一節點之平衡條件方程式數目為何？　(A)1 個　(B)2 個　(C)3 個　(D)4 個。

(　) **23** 一矩形斷面之寬度為 20cm，斷面材料之容許撓曲應力為 60kg/cm^2，若承受 20t-m 之彎矩，則設計深度之最小值應為何？　(A)120cm　(B)100cm　(C)80cm　(D)60cm。

(　) **24** 一金屬桿長 200cm，橫斷面積為 40cm^2，兩端受一軸向拉力 20000kg，其彈性模數為 $1×10^5$kg/cm^2，試求此桿之總變形量為何？　(A)1cm　(B)0.1cm　(C)0.15cm　(D)2cm。

(　) **25** 一懸臂梁，在自由端受 P 之集中載重，其斷面為寬 b，高 h，則懸臂梁中之最大剪應力為何？　(A)$\dfrac{P}{bh}$　(B)$\dfrac{2P}{3bh}$　(C)$\dfrac{3P}{2bh}$　(D)$\dfrac{4P}{3bh}$。

(　) **26** 如右圖所示為一桁架結構，下列何者不是零力桿件？　(A)BC 桿件　(B)JK 桿件　(C)DE 桿件　(D)IJ 桿件。

(　) **27** 有一正方形平面，每邊長為 3a，其對底邊之慣性矩大小為何？　(A)3a^4　(B)6a^4　(C)9a^4　(D)27a^4。

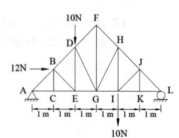

( ) **28** 有一正方形平面，每邊長為 3a，其對底邊軸之迴轉半徑為何？　(A) $\frac{\sqrt{3}}{3}a$　(B) $\sqrt{3}a$　(C) $3\sqrt{3}a$　(D) $6\sqrt{3}a$。

( ) **29** 截面積為 A，楊氏模數為 E 的桿件 ACB。桿件之兩端固定，在 C 點受外力 2P 作用，如右圖所示，則 C 點的位移δ為何？　(A) $\frac{2PL}{3AE}$　(B) $\frac{4PL}{3AE}$　(C) $\frac{2PL}{AE}$　(D) $\frac{4PL}{AE}$。

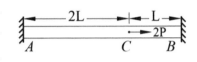

( ) **30** 一桿件兩端在軸心上受到拉力 P 的作用，若其橫剖面積為 A，所產生的最大剪應力為何？　(A) $\frac{P}{A}$　(B) $\frac{P}{2A}$　(C) $\frac{P}{3A}$　(D) $\frac{P}{4A}$。

( ) **31** 一等向性之線彈性材料，楊氏模數 E＝750kN/cm²，蒲松比（Poisson's Ratio）υ＝0.25，其剪力彈性模數 G 為多少 kN/cm²？　(A)150　(B)200　(C)250　(D)300。

( ) **32** 如右圖所示，一剛體桿 AB，長度為 6m，桿上下兩端分別承受一組均布力組 10N/m。若 AB 桿處於平衡狀態，則桿 A、B 兩端之力 F 為何？
(A)12N　　　　　(B)15N
(C)18N　　　　　(D)24N。

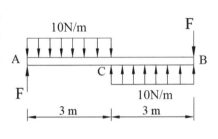

( ) **33** 重量為 200N 的物體靜置在一水平桌上，物體與桌面接觸面間的靜摩擦係數為 0.3，動摩擦係數為 0.15。若對物體施加 40N 的水平推力，此時物體仍然保持靜止，則接觸面間之摩擦力為何？　(A)30N　(B)40N　(C)60N　(D)200N。

( ) **34** 如右圖所示，一平面應力元素，請問最大剪應力τ_{max} 為何？　(A)10ksi　(B)20ksi　(C)25ksi　(D)30ksi。

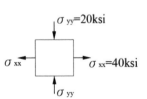

(　　) **35** 剛體（Rigid Body）之定義為何？　(A)物體受力後任兩點相對位置不發生變化　(B)物體受力後變形量無法恢復　(C)鋼質的物體　(D)受力可變形，但不致破壞之物體。

(　　) **36** 任何一力必須具備的 3 要素，下列何者有誤？　(A)大小　(B)方向　(C)時間　(D)作用點。

(　　) **37** 如右圖所示，有一梁長 L，承受均布載重 2W，剛度 EI，則 B 點之支承反力為何？

(A) $\dfrac{WL}{8}$　　(B) $\dfrac{3WL}{8}$

C) $\dfrac{3WL}{4}$　　(D) $\dfrac{WL}{4}$ 。

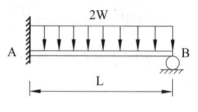

(　　) **38** 如右圖所示，欲使 50kgf 之物體不沿斜面上下滑動，試問 W 之範圍為何？（斜面摩擦係數μ＝0.4）

(A)13kgf≦W≦45kgf

(B)14kgf≦W≦46kgf

(C)15kgf≦W≦47kgf

(D)16kgf≦W≦48kgf。

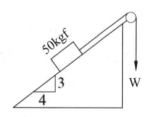

(　　) **39** 如右圖所示，有一受均布載重之梁，其彎矩圖之形狀為何？

(A)

(B)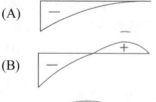

(C)

(D)  。

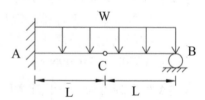

( ) **40** 有一複合梁之斷面尺寸如右圖所示，若該梁由 A 及 B 兩種材料組成，彈性模數 $E_A=4×10^6kg/cm^2$，彈性模數 $E_B=2×10^6kg/cm^2$，若採用「轉換斷面法」分析彎曲應力時，其轉換後斷面形狀為何？

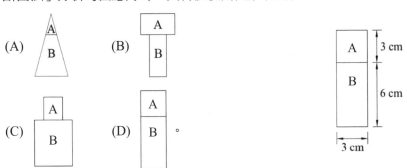

( ) **41** 下列何者為向量（Vector）？　(A)面積　(B)質量　(C)溫度　(D)加速度。

( ) **42** 一物體受應力$σ_x$、$σ_y$與$σ_z$作用，其彈性模數為 E，蒲松比為$υ$，則其體積應變$ε_v$為何？（忽略高階）

(A)$ε_v=\dfrac{(1-2υ)}{E}(σ_x-σ_y-σ_z)$　(B)$ε_v=\dfrac{(1+2υ)}{E}(σ_x-σ_y-σ_z)$

(C)$ε_v=\dfrac{(1+2υ)}{E}(σ_x+σ_y+σ_z)$　(D)$ε_v=ε_v=\dfrac{(1-2υ)}{E}(σ_x+σ_y+σ_z)$。

( ) **43** 有一物體置於粗糙之地平面上，某人已開始施力欲推動該物體，則下列何者正確？　(A)無論該物體是否被推動，都受到粗糙地面之摩擦力作用　(B)摩擦力公式中摩擦係數$μ$之單位，與力之單位相同　(C)若某人推動該物體前進，則前進之速率越大，物體受到之摩擦力作用也愈大　(D)物體與粗糙地面所接觸之面積愈小，則所受到之摩擦力亦愈小。

( ) **44** 如右圖所示，並聯桿件兩端受軸力 P＝10kN 之作用，AB 兩桿變形量皆相同，試求 B 桿之內力為多少 kN？
(A)2　(B)4　(C)6　(D)8。

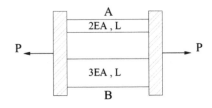

( ) **45** 有關平面應力分析之應力莫爾圓（Mohr Circle）特性，其莫爾圓之直徑為何？ (A)材料最大與最小主應力之差值 (B)材料之最大剪應力 (C)材料最大與最小主應變之差值 (D)材料之最大剪應變。

( ) **46** 下列何者不是桁架的基本假設？ (A)桁架桿件自重忽略不計 (B)每一根桿件皆為二力桿 (C)桁架各桿件端部均以光滑釘連接，不考慮其摩擦力 (D)每一節點切開分析皆可承受彎矩。

( ) **47** 材料受力發生變形，當外力去除後，變形完全復原之現象稱為下列何者？ (A)塑性 (B)剛性 (C)柔度 (D)彈性。

( ) **48** 梁之剪力圖 V(x)與彎矩圖 M(x)的關係為何？ (A)$\dfrac{dM(x)}{dx}=V(x)$ (B)$\dfrac{dV(x)}{dx}=M(x)$ (C)$\dfrac{d^2M(x)}{dx^2}=V(x)$ (D)$\dfrac{d^2V(x)}{dx^2}=M(x)$。

( ) **49** 如右圖所示，梁之斷面積 50mm²，水平 x 軸通過形心 G 點。已知此斷面對水平 a-a 軸的慣性矩為 40,000mm⁴，則此斷面對 x 軸的慣性矩為多少 mm⁴？

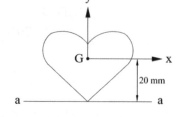

(A)20,000　　　　(B)30,000
(C)60,000　　　　(D)80,000。

( ) **50** 簡支梁承受均布載重，下列敘述何者有誤？ (A)剪力極值發生在梁端點 (B)梁中點剪力為零 (C)梁端點彎矩不為零 (D)梁中點彎矩不為零。

> **解答及解析**

1 (B)　　**2** (D)　　**3** (D)　　**4** (C)　　**5** (A)　　**6** (C)　　**7** (A)　　**8** (A)

9 (A)。 $\sigma_{1,2}=\dfrac{10+0}{2}\pm\sqrt{(\dfrac{10-0}{2})^2}=5\pm5=10,0$，$\tau_{max}=\dfrac{10-0}{2}=5$，故選(A)

10 (B)。　依題意 A 點彎力矩為 0，所以，$\Sigma M_A = P \times 4 - Q \times 3 = 0$。

求得 $P = (Q \times 3)/4$，得 $P = 30$，故選(B)

11 (C)　**12 (C)**　**13 (A)**　**14 (D)**　**15 (A)**

16 (C)。　$\epsilon_x = \dfrac{\sigma_x}{E} - \dfrac{\nu}{E}(\sigma_y + \sigma_z) = \dfrac{\sigma_x}{E} - \dfrac{\nu}{E}(\sigma_y)$，故選(C)

17 (B)

18 (C)。　設載重之合力作用線在 A 點右側 X 處，全部負載為$[(300+700) \times 6]/2 = 3000$

則 $3000 \times X = \displaystyle\int_0^6 x \left[300 + \dfrac{400x}{6} \right] dx$，$3000X = 10200$，所以 $X = 3.4$，故選(C)

19 (D)。　針對 AB 桿件，B 處支撐力為 120/4

$\Rightarrow$針對 CD 桿件，C 處支撐力為$(120/4) \times (\dfrac{2}{5}) = 12$，故選(D)

20 (A)　**21 (C)**　**22 (B)**　**23 (B)**　**24 (A)**　**25 (C)**　**26 (C)**　**27 (D)**

28 (B)

29 (B)。　本題為靜不定問題，假設右端無固定，則桿件伸長量為$(2P)(2L)/AE$

當右端無位移時，則 $P_B(3L)/(AE) = (2P)(2L)/AE$

得 $P_B = \dfrac{4P}{3}$

C 點位移為$(2P)(2L)/AE - (\dfrac{4P}{3})(2L)/AE = \dfrac{4PL}{3AE}$，故選(B)

30 (B)　**31 (D)**　**32 (B)**　**33 (B)**

34 (D)。　$\sigma_{1,2} = \dfrac{40-20}{2} \pm \sqrt{(\dfrac{40+20}{2})^2} = 10 \pm 30 = 40, -20$

$\tau_{max} = \dfrac{40+20}{2} = 30$，故選(D)

35 (A)　　**36 (C)**

37 (C)。 選取 R_B 為贅力，應變能 $U=\int_0^L \dfrac{M^2}{2EI} dx$ ， $M(x)=R_Bx-wx^2$

$\delta_B=\dfrac{\partial U}{\partial R_B}=0 \Rightarrow \dfrac{1}{EI}\int_0^L (R_Bx^2 - wx^3)\, dx=0 \Rightarrow R_B=\dfrac{3wL}{4}$ ，故選(C)

38 (B)。 當物體向下滑動時 $50\times\dfrac{3}{5}=50\times\dfrac{4}{5}\times0.4+W$

當物體向上滑動時 $50\times\dfrac{3}{5}+50\times\dfrac{4}{5}\times0.4=W$

所以，$14kgf \leq W \leq 46kgf$，故選(B)

39 (B)

40 (B)。 轉換斷面法：其他材質與基質之比值為 n，則寬度對稱改為原寬度的 n 倍，故選(B)。

41 (D)　　**42 (D)**　　**43 (A)**

44 (C)。 $F_A+F_B=P$，因相同伸長量 $\dfrac{F_A L}{2AE}=\dfrac{F_B L}{3AE}$ ，所以，$F_B=\dfrac{3P}{5}=6$，故選(C)

45 (A)　　**46 (D)**　　**47 (D)**　　**48 (A)**

49 (A)。 $40000=I_{G,x}+50\times20^2$，所以，$I_{G,x}=20,000$，故選(A)

50 (C)

110 年 經濟部（應用力學、材料力學）

（　）**1** 下列何者為質量單位？　(A)N　(B)kg　(C)gal　(D)MPa。

（　）**2** 下列有關二力桿件（Two-force member）之描述，何者有誤？　(A)僅受二力作用　(B)所受之力大小相等、方向相反　(C)桿件必為直線　(D)力作用於同一直線上。

（　）**3** 一滑車如右圖所示，彈簧彈力常數分別為 k_1、k_2、k_3，求其組合彈力常數？

(A)$k_1 + k_2 + k_3$

(B)$k_1 + \dfrac{k_2 + k_3}{k_2 k_3}$

(C)$k_1 + \dfrac{k_2 k_3}{k_2 + k_3}$

(D)$\dfrac{k_1 k_2 k_3}{k_2 k_3 + k_1 k_3 + k_1 k_2}$。

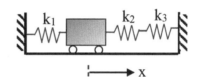

（　）**4** 下列何者為非保守力（Nonconservative force）？　(A)彈簧力　(B)靜電力　(C)重力　(D)摩擦力。

（　）**5** 一質量 M 物體，距離地面高度 h 處自由落下，若以地面為零位面且不計空氣阻力，重力加速度為 g，當下降至 h/2 時，物體之總能量為何？
(A)Mgh　(B)$\dfrac{1}{2} Mgh$　(C)$\dfrac{1}{2} Mgh^2$　(D)$\dfrac{1}{4} Mgh$。

（　）**6** 一單擺長度 L 被懸掛在電梯之天花板上，假設電梯以加速度 a 向上加速，重力加速度為 g，此單擺之週期為何？　(A)$2\pi \sqrt{\dfrac{L}{g}}$　(B)$2\pi \sqrt{\dfrac{L}{g+a}}$

(C)$2\pi \sqrt{\dfrac{L}{a}}$　(D)$2\pi \sqrt{\dfrac{L}{g-a}}$。

（　）**7** 以初速 v_0，仰角 α 斜向拋射一物體，在物體達最大高度 H 時，物體水平方向之動量變化為何？　(A)不變　(B)增加　(C)減小　(D)隨時間不同。

( ) **8** 如右圖所示,一懸臂梁受兩相等 F 力作用時,下列有關固定端垂直反力及彎矩之描述,何者正確? (A)垂直反力及彎矩均為零 (B)垂直反力及彎矩均不為零 (C)垂直反力不為零、彎矩為零 (D)垂直反力為零、彎矩不為零。

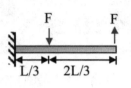

( ) **9** 一旋轉唱片盤,於經過 t 秒所轉動之角度為$\theta(t)=4t^3+2t^2-t$,求 t=2 秒之角速度為何? (A)38rad/s (B)52rad/s (C)55rad/s (D)60rad/s。

( ) **10** 一單對稱 T 形斷面如右圖所示,y_c 為其形心軸位置,求對應其形心軸之慣性矩為何?

(A)457cm⁴

(B)560cm⁴

(C)829cm⁴

(D)976cm⁴。

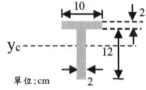

( ) **11** 一質量 M 之質點運動,其動量為 P,則此質點之動能可表示為何? (A)P/M (B)P^2/M (C)P/2M (D)P^2/2M。

( ) **12** 如右圖所示,一點受 P、Q 兩力作用,求其合力大小為何?

(A)18N

(B)20N

(C)21.06N

(D)29.93N。

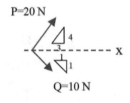

( ) **13** 梁結構受力如右圖所示,求梁內最大彎矩為何?

(A)12kN-m

(B)20kN-m

(C)30kN-m

(D)50kN-m。

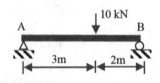

( ) **14** 下列有關摩擦力之描述,何者有誤? (A)最大靜摩擦力與兩接觸面之正向力成正比 (B)摩擦力之大小與接觸面積無關 (C)摩擦力作用方向必與接觸面平行 (D)靜止狀態之物體不會受到摩擦力。

(　　) **15** 一靜止質點受一力量作用，其加速度 a(t)＝1.5tm/s²，求 5 秒後該質點之速度為何？　(A)18.75m/s　(B)9.375m/s　(C)7.5m/s　(D)3.75m/s。

(　　) **16** 一懸臂梁受三角形分佈載重為 w，如右圖所示，其固定端之彎矩值為何？

(A)$\frac{2}{3}$ wL²　　　　(B)$\frac{1}{2}$ wL²

(C)$\frac{1}{3}$ wL²　　　　(D)$\frac{1}{4}$ wL²。

(　　) **17** 一木塊質量 5kg，置於光滑無摩擦力之水平面上，以 F＝20N 之水平力推之，使其同水平力方向移動 50m，其所作之功為何？　(A)0J　(B)200J　(C)500J　(D)1000J。

(　　) **18** 如右圖所示，一木塊重量為 100N 與桌面之最大靜摩擦係數為 0.3，以繩懸吊一物體 W＝20N，系統力平衡，求木塊所受之摩擦力為何？　(A)20N　(B) $20\sqrt{2}$ N　(C)30N　(D) $30\sqrt{2}$ N。

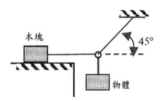

(　　) **19** 一質點位置對時間之關係曲線若為直線，此質點之運動方式為何？　(A)等加速度運動　(B)簡諧運動　(C)變速運動　(D)靜止或等速運動。

(　　) **20** 如右圖所示一斷面，其形心位置(x，y)之值為何？

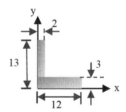

(A)(6，1)

(B)(4.2，3.8)

(C)(3.8，4.2)

(D)(6，6.5)。

(　　) **21** 下列有關功（Work）之描述，何者有誤？　(A)非保守力作功時，力學能守恆　(B)作用力與位移垂直時不作功　(C)功只有大小沒有方向性　(D)功有正功與負功之分，正功可增加質點之動能，負功則會減少質點之動能。

( ) **22** 一均勻細直桿之質量為 m，長度為 L，如細桿繞桿端點旋轉，其轉動慣量為何？ (A)$\frac{1}{2}$ mL² (B)$\frac{1}{3}$ mL² (C)$\frac{1}{4}$ mL² (D)$\frac{1}{12}$ mL²。

( ) **23** 有關桁架結構之描述，何者有誤？ (A)桿件內力承受壓力、拉力及彎矩 (B)各桿件自重忽略不計 (C)載重均作用於接點上 (D)各桿件之連接均為光滑銷接，無摩擦力存在。

( ) **24** 一桁架結構受力如右圖所示，桿件 GH 之軸向力為多少？
(A)17$\sqrt{2}$ kN（壓力）
(B)17$\sqrt{2}$ kN（拉力）
(C)17kN（壓力）
(D)17kN（拉力）。

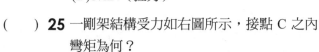

( ) **25** 一剛架結構受力如右圖所示，接點 C 之內彎矩為何？
(A)24kN-m
(B)48kN-m
(C)64kN-m
(D)112kN-m。

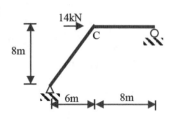

( ) **26** 一正方形斷面之混凝土短柱，混凝土抗壓強度為 f'c＝280kgf/cm²，若混凝土容許抗壓強度為 0.85f'c，承受軸向壓力 600tf，則此正方形斷面至少需要多少邊長？ (A)40cm (B)46.3cm (C)48.2cm (D)50.2cm。

( ) **27** 若某材料受力破壞瞬間可以展現出大永久變形量，則稱此材料為下列何者？ (A)脆性材料 (B)延展性材料 (C)彈性材料 (D)等向性材料。

( ) **28** 如右圖所示，一等斷面懸臂梁，長度為 150cm，斷面為 30cm×60cm，承受一集中力 P＝180tf，若不計梁自重，則梁內最大剪應力為何？
(A)100kgf/cm²
(B)120kgf/cm²
(C)150kgf/cm²
(D)200kgf/cm²。

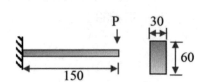

（　）**29** 材料存在初始應力，經過一段時間後，應變不與時改變，內部應力卻隨時間變小之現象稱為下列何者？　(A)鬆弛　(B)潛變　(C)疲勞　(D)降伏。

（　）**30** 如右圖所示，一等斷面懸臂梁，長度為 250cm，斷面直徑為 10cm，梁中間承受一集中力 P＝785kgf，若不計梁自重，梁內最大剪應力約為多少？

　　　(A)$10kgf/cm^2$

　　　(B)$12kgf/cm^2$

　　　(C)$13.3kgf/cm^2$

　　　(D)$15kgf/cm^2$。

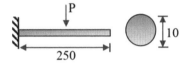

（　）**31** 一斷面受彎矩作用達全斷面降伏，即張力區與壓力區應力均達降伏強度，此時斷面彎矩稱為下列何者？

　　　(A)降伏彎矩　　　　　　　　　(B)塑性彎矩

　　　(C)彈性彎矩　　　　　　　　　(D)脆性彎矩。

（　）**32** 一平面應力元素如右圖所示，求最大剪應力之值為何？

　　　(A)100MPa

　　　(B)160MPa

　　　(C)200MPa

　　　(D)210MPa。

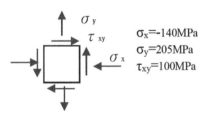

σ_y
τ_{xy}
σ_x
$\sigma_x = -140MPa$
$\sigma_y = 205MPa$
$\tau_{xy} = 100MPa$

（　）**33** 細而長之壓力桿件，受足夠大之軸壓力作用下，產生側向位移而無法維持穩定之現象稱為下列何者？　(A)挫屈　(B)降伏　(C)斷裂　(D)平衡。

（　）**34** G 為剪力模數，E 為彈性模數，ν為柏松比（Poisson's Ratio），對於等向性材料，三者並非獨立而有一關係式，此關係式為下列何者？

　　　(A)$G = \dfrac{E}{1+\nu}$　　　　　　　　(B)$G = \dfrac{E}{3(1-2\nu)}$

　　　(C)$G = \dfrac{\nu}{2(1+E)}$　　　　　　　(D)$G = \dfrac{E}{2(1+\nu)}$ 。

( ) **35** 如右圖所示，一無質量剛性柱頂端受 P 力作用，柱側向有一水平彈簧作
用，其勁度為 k，求系統之臨界挫屈荷重 P_{cr} 為何？

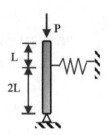

(A)$\frac{3}{2}$ kL

(B)$\frac{4}{3}$ kL

(C)$\frac{2}{3}$ kL

(D)$\frac{1}{3}$ kL。

( ) **36** 如右圖所示，桿件由一固定端懸垂下來，彈性模數為 E，單位重
為γ，斷面積為 A，桿件長度為 L，桿件受自重作用伸長，如欲
以外力 P 抵消自重伸長之效應，請問外力 P 需施加多少？

(A)$\frac{\gamma L}{2E}$　(B)$\frac{\gamma LA}{2}$　(C)$\frac{\gamma LA}{4}$　(D)$\frac{\gamma L}{2EA}$。

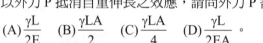

( ) **37** 一均質懸臂梁承受均佈載重為 w，懸臂梁長度為 L，斷面剛度均為 EI，
如自由端撓角為θ，若將梁長度增為 1.5L，則自由端撓角變為下列何者？
(A)1.5θ　(B)2.25θ　(C)3.375θ　(D)5.0625θ。

( ) **38** 如右圖所示，懸臂梁 C 點受一集中力 P 作
用，求 B 點之變位為何？

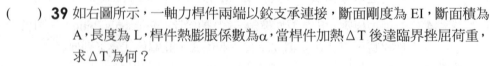

(A)$\frac{5PL^3}{6EI}$　　　(B)$\frac{2PL^3}{3EI}$

(C)$\frac{8PL^3}{3EI}$　　　(D)$\frac{5PL^3}{12EI}$。

( ) **39** 如右圖所示，一軸力桿件兩端以鉸支承連接，斷面剛度為 EI，斷面積為
A，長度為 L，桿件熱膨脹係數為α，當桿件加熱△T 後達臨界挫屈荷重，
求△T 為何？

(A)$\frac{\pi^2 I}{A\alpha L^2}$　　　　(B)$\frac{4\pi^2 I}{A\alpha L^2}$

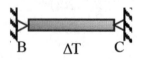

(C)1.5625$\frac{\pi^2 I}{A\alpha L^2}$　　(D)$\frac{\pi^2 I}{4A\alpha L^2}$。

( ) **40** 一軸向桿件斷面為 $A=0.04m^2$，彈性模數為 $E=193GPa$，$\nu=0.29$，當桿件受一軸向拉力為 3000kN 作用時，側向應變為何？ (A)-3.88×10^{-4} (B)-1.13×10^{-4} (C)1.13×10^{-4} (D)3.88×10^{-4}。

( ) **41** 下列有關梁受彎矩之撓曲正向應力公式$\sigma=-My/I$之描述，何者有誤？ (A)斷面在彎曲前後，平面須維持平面，無翹曲（Warping）現象 (B)可使用於非均質斷面 (C)中性面上撓曲應變為 0 (D)I 值為斷面對形心軸之面積二次矩。

( ) **42** 如右圖所示，一圓管軸承斷面受扭矩 T，外半徑為 0.025m，內半徑為 0.015m，若最大扭轉剪應力不得超過 110MPa，求斷面所能施加之最大扭矩為何？

(A)1700N-m
(B)1900N-m
(C)2350N-m
(D)2936N-m。

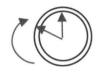

$R_1=0.015$ m
$R_2=0.025$ m

( ) **43** 如右圖所示，以 45°應變規瓣測量構件表面某點之應變，得到各應變計讀數為$\varepsilon_A=530\times10^{-6}$，$\varepsilon_B=420\times10^{-6}$，$\varepsilon_C=-80\times10^{-6}$，求其最大剪應變為何？ (A)$-137\times10^{-6}$ (B)390×10^{-6} (C)587×10^{-6} (D)724×10^{-6}。

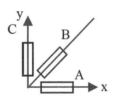

( ) **44** 如右圖所示，一長度為 L 之簡支梁承受均佈載重為 w，梁兩端承受大小相等、方向相反之彎矩為 M，若斷面剛度 EI 為定值，其梁中點之撓度為何？

(A)$\dfrac{5wL^4}{384EI}+\dfrac{ML^2}{8EI}$　(B)$\dfrac{5wL^4}{384EI}-\dfrac{ML^2}{8EI}$

(C)$\dfrac{wL^3}{24EI}+\dfrac{ML^2}{8EI}$　(D)$\dfrac{5wL^4}{384EI}+\dfrac{ML^2}{3EI}$。

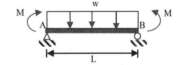

( ) **45** 如右圖所示，梁結構之靜不定度為何？ (A)0 (B)1 (C)2 (D)3。

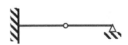

(　) **46** 如右圖所示，一方形箱型梁受剪力 V＝28kip，
厚度為 1in，邊長為 12in，求其最大剪應力τ_{max}
為何？　(A)0.71ksi　(B)1.32ksi　(C)1.42ksi
(D)2.84ksi。

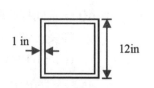

(　) **47** 下列有關軸力桿件「串聯」、「並聯」之描述，何者有誤？　(A)外力作
用在兩桿並聯之節點上，兩桿有相同之變位　(B)串聯之總勁度為兩桿
勁度相加　(C)兩桿串聯，兩桿之變形量可以不同　(D)兩桿串聯，兩桿
具有相同內力。

(　) **48** 圓形斷面之直徑為 d，此斷面對圓心之極慣性矩為何？　(A)$\dfrac{\pi d^4}{64}$　(B)
$\dfrac{\pi d^4}{32}$　(C)$\dfrac{\pi d^2}{64}$　(D)$\dfrac{\pi d^2}{32}$。

(　) **49** 一懸臂支撐外伸梁如右圖所示，求 B 點支承反
力為何？

(A)20kN　　　　　(B)40kN

(C)60kN　　　　　(D)80kN。

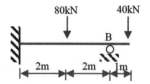

(　) **50** 下列何者不影響柱之臨界挫屈荷重 P_{cr}？　(A)柏松比　(B)斷面慣性矩
(C)彈性模數　(D)柱之有效長度。

解答及解析

1 (B)　　　**2 (C)**

3 (C)。　$\dfrac{1}{k}=\dfrac{1}{k_2}+\dfrac{1}{k_3}$，$k=\dfrac{k_2 k_3}{k_2+k_3}$ ⇒系統組合彈力常數為 $k_1+\dfrac{k_2 k_3}{k_2+k_3}$，故選(C)

4 (D)

5 (A)。　機械總能不變，能量守恆，所以總能量為 $M_g h$，故選(A)

6 (B)　　　**7 (A)**　　　**8 (D)**　　　**9 (C)**　　　**10 (C)**　　　**11 (D)**　　　**12 (C)**

13 (A)。 最大內彎矩於負載處 M=4×3(或 6×2)=12，故選(A)

14 (D)　　**15 (A)**

16 (C)。 固定端彎矩為 $\int_0^L x\left(\dfrac{wx}{L}\right)dx = \dfrac{wL^3}{3}$

17 (D)　　**18 (A)**　　**19 (D)**　　**20 (B)**　　**21 (A)**　　**22 (B)**　　**23 (A)**　　**24 (D)**

25 (C)。 N=$\dfrac{14\times 8}{14}$=8，M_C=8×8=64，故選(C)

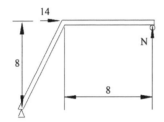

26 (D)　　**27 (B)**

28 (C)。 此題須注意是求最大剪應力，$\tau_{max} = \dfrac{3}{2}\dfrac{P}{A} = 150\text{kgf/cm}^2$，故選(C)

29 (A)

30 (C)。 此題須注意是求最大剪應力，$\tau_{max}=\dfrac{4}{3}\dfrac{P}{A}$=13.3kgf/cm²，故選(C)

31 (B)

32 (C)。 $\sigma_{1,2}=\dfrac{-140+205}{2}\pm\sqrt{(\dfrac{-140-205}{2})^2+(100)^2}$ =32.5±200=232.5，-167.5

$\tau_{max}=\dfrac{232.5-\left(-167.5\right)}{2}$ =200，故選(C)

33 (A)　　**34 (D)**

35 **(B)**。K(2L)(θ)(2L)
=P$_{cr}$(3L)(θ)，

得 P$_{cr}$=$\dfrac{4KL}{3}$ ，

故選(B)

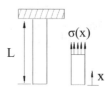

36 (B)。 dδ=ε(x)dx ⋯⋯⋯⋯⋯⋯⋯⋯⋯⋯⋯ ①

ε(x)=σ(x)/E ⋯⋯⋯⋯⋯⋯⋯⋯⋯⋯⋯ ②

自重產生的應力σ(x)=(γ・A・x)/A⋯⋯ ③

②與③式代入①式

$$\delta = \int_0^L \dfrac{\gamma x}{E}\, dx = \dfrac{\gamma}{2E}L^2$$

外力 P 抵銷自重的伸長量

$$\Rightarrow \dfrac{PL}{AE} = \dfrac{\gamma}{2E}L^2$$

得 $P = \dfrac{A\gamma L}{2}$

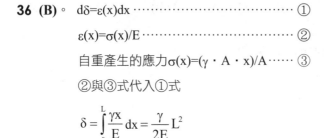

37 (C)

38 (D)。 $\delta_{B/A}=\int_0^L \dfrac{M}{EI}x_1\, dx$

$$=(\dfrac{-PL}{2EI}\times L\times\dfrac{L}{2})+(\dfrac{-PL}{2EI}\times L\times\dfrac{1}{2}\times\dfrac{2L}{3})$$

$$=\dfrac{-5PL^3}{12EI}$$ ，故選(D)

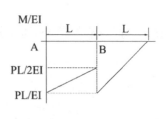

39 (A)。 αΔTL=$\dfrac{P_{cr}L}{AE}$ ，得ΔT=$\dfrac{P_{cr}}{\alpha EA}$=[π^{2}EI/L^2]/αEA=$\dfrac{\pi^2 I}{\alpha AL^2}$ ，故選(A)

40 (B)　　**41 (B)**

42 (C)。　$\tau=\dfrac{T}{2A_m t}$　$110\times10^6=\dfrac{T_{max}}{2\times\pi 0.02^2\times0.01}$　T_{max}=2763Nm，故選(C)

43 (D)。　$\varepsilon_x=\varepsilon_A=530\times10^{-6}$，$\varepsilon_y=\varepsilon_c=-80\times10^{-6}$，$\gamma_{xy}=2\varepsilon_{OB}-(\varepsilon_A+\varepsilon_c)=390\times10^{-6}$

$\varepsilon_{1,2}=\dfrac{\epsilon_x+\epsilon_y}{2}\pm\sqrt{(\dfrac{\epsilon_x-\epsilon_y}{2})^2+(\dfrac{\gamma_{xy}}{2})^2}=225\times10^{-6}\pm362\times10^{-6}=587\times10^{-6}$，$-137\times10^{-6}$

$\gamma_{max}=(\epsilon_1-\epsilon_2)=724\times10^{-6}$，故選(D)

44 (A)。　本題在考疊加原理，樑中點撓度為均勻負載造成撓度$\dfrac{5wL^4}{384ei}$與彎矩的撓度

$\dfrac{ML^2}{8EI}$的和，故選(A)

45 (B)

46 (C)。　最大剪應力在中心軸處 $\tau_{max}=\dfrac{VQ}{It}$，$I=\dfrac{12^4-10^4}{12}$=894.66

Q=(12×6×3)-(10×5×2.5)=91，$\tau_{max}=\dfrac{(28)(91)}{(894.66)(2)}$=1.42，故選(C)

47 (B)　　**48 (B)**

49 (D)。　先求 80KN 與 40KN 造成

B 點位移 $\delta_{B/A}=\displaystyle\int_0^L\dfrac{M}{EI}x_1\,dx=$

$\dfrac{1}{EI}[\dfrac{2\times160}{2}(2+\dfrac{2\times2}{3})+$

$\dfrac{5\times200}{2}(4-\dfrac{1\times5}{3})-\dfrac{1\times40}{2}$

$(\dfrac{1}{3})]=R_B\dfrac{4^3}{3EI}$

求得 R_B=79.4，故選(D)

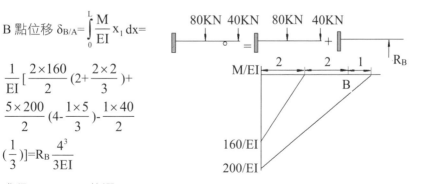

110 年 經濟部（流體力學與流體機械）

一、 如圖所示，一邊長為 2m 之正方形平面水閘門安裝於水庫下方，可繞鉸接點 H 旋轉開啟，如忽略閘門自身重量及鉸接點之摩擦效應，而水的比重量 (Specific Weight)γ=9810N/m^3，試求作用於 A 點之施力 F，最少須為多少牛頓 (N)才得以維持閘門關閉(計算至小數點後第 1 位，以下四捨五入)？

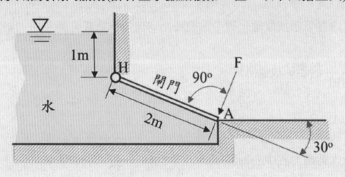

解：H 點為力矩中心ΣM_H=0

$\Rightarrow 2F_A - \int y dF = 0$

$\int y dF = \int_0^2 y[\gamma(1 + y \sin 30°)(w)]dy$

$= \gamma w \int_0^2 (y + y^2 \sin 30°)dy$

$= 19620[\frac{1}{2}y^2 + \frac{1}{6}y^3]_0^2$

$= 65400(Nm)$

所以，得 F_A=32700N

二、 如圖所示，管路泵浦系統中，一水泵於定轉速下將水由水槽 A 以流量 Q 泵送
至水槽 B，兩水槽液面皆暴露於大氣，已知該水泵揚程 h_A 與泵送流量 Q 之
關係可表示為 $h_A=50-2Q^2$，系統之損失水頭曲線為 $h_{L,1-2}=1.5Q^2$，其中 h_A、
$h_{L,1-2}$ 之單位皆為 m，Q 之單位則為 m^3/s，假設泵送過程中兩水槽之液面高
度變化極微小可忽略不計，請計算此系統中水泵之泵送流量為多少 m^3/s(計算
至小數點後第 1 位，以下四捨五入)？

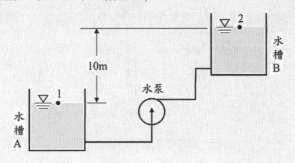

解：依題意泵送過程中兩水槽之液面高度變化極微，泵浦水頭 $h_p=(z_2-z_1)+h_L$

$\Rightarrow 50.2Q^2=10+1.5Q^2$

$\Rightarrow 48.5Q^2=10$

$\Rightarrow Q=0.454$

所以，水泵之泵送流量為 $0.5m^3/s$

三、 一灑水器如圖所示，由一固定之空心立柱與兩支等長、位於同一直線上、通
過立柱軸心且垂直於立柱之轉臂組成，當水由立柱下方進入灑水器後，會平
均地由兩支轉臂末端的噴嘴沿轉臂旋轉之切線方向噴出，並帶動轉臂繞立柱
軸心旋轉；兩噴嘴之噴口面積皆為 $50mm^2$，噴嘴中心距離立柱中心為 300mm；
假設立柱下方穩定地以 2Liter/s 的水量流進灑水器，水的密度為 $1000kg/cm^3$，
在忽略噴嘴長度、轉臂旋轉過程中之空氣阻力及轉軸處之摩擦阻力下，請計
算下列各項(計算至小數點後第 1 位，以下四捨五入)。

(一) 需施加多少 N‧m 的反向扭矩於轉臂上，才能使其靜止？

(二) 當轉臂穩定地以 ω=100RPM 旋轉時，施加於其上之反向扭矩為多少 N‧m？

(三) 當無任何反向扭矩施加於轉臂上時，轉臂的轉速 ω 為多少 RPM？

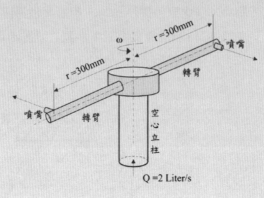

解：(一) $-T=\oint_{C.S.}(\vec{r}\cdot\vec{V})(\rho\vec{V}\cdot d\vec{A})=-rV\dot{m}$

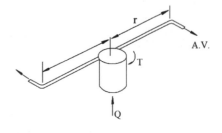

$\dot{m}=\rho Q=(1000)(2\times10^{-3})=2\text{kg/s}$

水進出噴嘴速率 $AV=\dfrac{1}{2}\dfrac{Q}{A}=$

$\dfrac{1}{2}\dfrac{2\times10^{-3}}{50}=20(\text{m/s})$

$T=(0.3)(20)(2/2)(2)=12(\text{Nm})$

因此，需施加 12N‧m 的反向扭矩於轉臂上，才能使其靜止。

(二) 水進出噴嘴速率相對灑水器旋轉速率

$V_r=A.V.-r\omega=20-(0.3)(100)(\dfrac{2\pi}{60})=16.86$

$T=(0.3)(16.86)(2)=10.12(\text{Nm})$

當轉臂穩定地以 ω=100RPM 旋轉時，施加反向扭矩為 10.12N‧m

(三) 當無任何反向扭矩施加於轉臂上時

$0=r(AV-r\omega)\dot{m}$

所以，轉臂的轉速 ω 為 636.6(20/0.3)RPM

111 年　台電（工程力學概要）

(　) **1** 若材料受力維持不變，但隨時間增加其變形亦持續增加，時間越長變形將趨於穩定，此現象稱為？　(A)降伏　(B)潛變　(C)鬆弛　(D)疲勞。

(　) **2** 有關材料之單軸拉伸試驗，下列敘述何者有誤？　(A)應力－應變曲線之最高點為材料抗拉強度　(B)在比例限度(proportional limit)前，應力－應變曲線斜率為材料之彈性係數(modulus of elasticity)　(C)中低碳鋼材料降伏(yielding)後緊接著產生頸縮(necking)現象　(D)脆性材料(brittle material)如混凝土、陶瓷，一般沒有明顯之降伏點(yield point)。

(　) **3** 有關波松比(Poisson's ratio)之定義為何？　(A)側向應變/軸向應變　(B)軸向應變/側向應變　(C)軸向應力/側向應變　(D)側向應力/軸向應變。

(　) **4** 下列何者不是功的單位？　(A)焦耳　(B)馬力　(C)kg－m　(D)ft－lb。

(　) **5** 如圖所示，有一長度同為 L 之桿和套管之組合體，兩者截面積及彈性係數分別為 A_1、E_1 及 A_2、E_2，當板受水平外力 P 作用時，桿和套管之變形量為何？

(A) $\dfrac{2PL}{E_1A_1 + E_2A_2}$　　(B) $\dfrac{PL}{2(E_1A_1 + E_2A_2)}$

(C) $\dfrac{PL}{E_1A_1 + E_2A_2}$　　(D) $\dfrac{3PL}{E_1A_1 + E_2A_2}$ 。

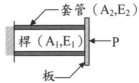

(　) **6** 有關扭轉之觀念描述，下列何者正確？
(A)扭轉角 ϕ 很小時，剪應力與剪應變為非線性之關係
(B)GJ 稱為扭轉剛度，與扭轉角 ϕ 成正比
(C)剪應變 γ 與圓軸半徑 R 成反比
(D)剪應力 τ 在圓軸中心為最小。

(　　) **7** 如圖所示，有一矩形簡支梁承受均布載重 ω，其斷面為 T 形，對水平形心軸慣性矩為 I，則該梁之最大彎曲應力為何？

(A) $\dfrac{\omega La}{4I}$

(B) $\dfrac{\omega L^2 a}{8I}$

(C) $\dfrac{\omega L^2 b}{4I}$

(D) $\dfrac{\omega L^2 b}{8I}$ 。

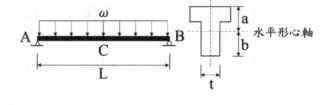

(　　) **8** 如圖所示之結構為何？

(A)1 度靜不定

(B)2 度靜不定

(C)3 度靜不定

(D)4 度靜不定。

(　　) **9** 在具有相同面積之條件下，下列何者對形心軸之慣性矩最大？(多邊形取平行最長邊者)

(A)圓形

(B)正方形

(C)正三角形

(D)寬：高＝2:1 之矩形。

(　　) **10** 如圖所示，欲使一質量 100kg 之物體不產生滑動，假設該物體與斜面之滑輪摩擦係數為 0.25，忽略繩與滑輪之間的摩擦力且滑輪無質量，則 W 介於多少 kg？

(A)40kg≦W≦80kg

(B)40kg≦W≦60kg

(C)65kg≦W≦105kg

(D)65kg≦W≦80kg。

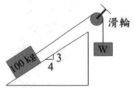

( ) **11** 如圖所示，有一簡支梁 AB，在中央斷面 C 承受一逆時鐘彎矩 M，若在梁中斷面 D 處形心軸上方取一平面應力元素，則各平面應力元素之受力狀況，下列何者正確？

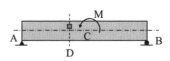

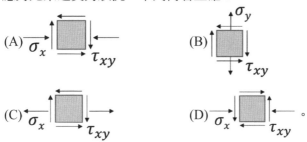

(A) σ_x τ_{xy}

(B) σ_y τ_{xy}

(C) σ_x τ_{xy}

(D) σ_x τ_{xy} 。

( ) **12** 有關梁內應力之敘述，下列何者有誤？　(A)彎曲應力在中性軸為 0　(B)矩形梁剖面最大剪應力恰為平均剪應力之 1.5 倍　(C)矩形梁邊長變為原來 2 倍時，最大剪應力變為原來 4 倍　(D)寬度不固定之複雜斷面梁，最大剪應力不一定出現在中性軸。

( ) **13** 如右圖所示，有一承受軸力之桿件，在材質均勻及斷面不變的情況下，假設材料之應力－應變關係是彈性的，則 AC 與 CB 兩部分各自中間的斷面應力比 (σ_A/σ_B) 為何？
(A)2/3　(B)$-$(2/3)　(C)1/1　(D)$-$(3/2)。

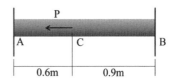

( ) **14** 有一平面應變元素，$\sigma_x = -50$MPa、$\sigma_y = 10$MPa、$\tau_{xy} = -40$MPa，則最大剪應力 (取正值) 為何？　(A)40MPa　(B)50MPa　(C)60MPa (D)70MPa。

( ) **15** 如右圖所示，有一均勻矩形斷面懸臂梁，長度 L，寬度 b，深度 h，梁部分受均布載重 ω。在固定端時，此梁斷面中性軸至表面之中點處 D 點，其撓曲應力 σ_D 為何？

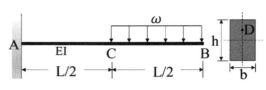

(A)$\dfrac{9\omega L^2}{2bh^2}$　(B)$\dfrac{9\omega L^2}{4bh^2}$　(C)$\dfrac{9\omega L^2}{8bh^2}$　(D)$\dfrac{9\omega L^2}{16bh^2}$ 。

(　　) **16** 如右圖所示，A 物體重 200N，B 物體重 500N，
A 物體與 B 物體以繩索繫結，假設繩索與滑
輪之間無摩擦力且滑輪無質量，各接觸面間
之摩擦係數皆為 0.3，則欲使 B 物體向左滑
動之力 P，最小應為多少？　(A)270N　(B)300N　(C)330N　(D)360N。

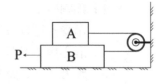

(　　) **17** 材料應力－應變曲線中，曲線下方的面積越大，代表何種容量越大？
(A)剛性容量　(B)彈性容量　(C)韌性容量　(D)勁度容量。

(　　) **18** 有關向量與純量，下列敘述何者正確？　(A)「慣性矩」與「迴轉半徑」
為純量　(B)「力」為向量，但「力矩」為純量　(C)「逝去的時間」為
純量　(D)「三角形面積」為向量。

(　　) **19** 如右圖所示，有一平面應力元素之莫耳圓
(Mohr's circle)，其中 C 為圓心、AB 為直徑、
O 為 $(\sigma-\tau)$ 平面座標圓點。若已知 $\sigma_x =$
40MPa，$\tau_{xy}=$15MPa，有關本平面應力元素之
敘述，下列何者有誤？　(A)最小主應力為－
7.5MPa　(B)最大主應力為 45MPa　(C)最大
剪應力為 25MPa　(D)最小主應力為壓應力。

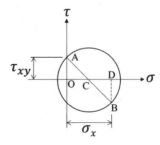

(　　) **20** 如右圖所示，有一矩形複合斷面，材料 1(彈
性係數 E_1、寬 b_1、深 h_1)，材料 2(彈性係數
E_2、寬 b_2、深 h_2)。當 $E_1=4E_2$ 時，此斷面
承受一彎矩 M_x，則轉換斷面法應如何換
算？　(A)b_1 放大 4 倍　(B)b_2 放大 4 倍
(C)h_1 放大 4 倍　(D)h_2 放大 4 倍。

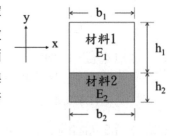

(　　) **21** 下列敘述何者係說明牛頓第三運動定律？　(A)一質點上作用力之合
力不為零時，將於合力的作用方向產生加速度，且此加速度的大小與
合力成正比，但與質量成反比　(B)多個共點力之合力對一定點的力
矩，會等於個別力對同一定點力矩之和　(C)當作用於一質點上的合
力為零時，若該質點最初為靜止則保持靜止，若為運動則保持等速度
直線運動　(D)兩質點的作用力與反作用力其大小相等、方向相反，
且作用於同一直線上。

( ) **22** 如右圖所示，有一圓柱重 2400kg，則與重力垂直之最小力 P 為多少才能拉動圓柱？ (A)1800kg (B)1800$\sqrt{3}$ kg (C)2400kg (D)2400$\sqrt{3}$ kg。

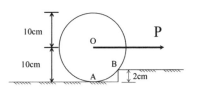

( ) **23** 如右圖所示，有一 T 形斷面梁，梁翼及梁腹由鐵釘接合，接合處承受剪力 V＝100kg。已知梁形心軸恰好在梁翼及梁腹之間，若每支鐵釘可承受之極限剪力為 120kg，則鐵釘之容許間隔 s 為多少？ (A)4cm (B)6cm (C)8cm (D)10cm。

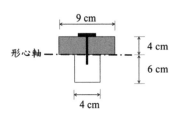

( ) **24** 如右圖所示，有一彈簧系統，其彈簧彈力常數分別為 K_1、K_2、K_3、K_4，則組合彈力常數為何？
(A)$K_1+K_2+K_3+K_4$
(B)$\dfrac{K_1K_2}{K_1+K_2}+\dfrac{K_3K_4}{K_3+K_4}$
(C)$\dfrac{K_1+K_2}{K_1K_2}+\dfrac{K_3+K_4}{K_3K_4}$
(D)$\dfrac{(K_1+K_2)(K_3+K_4)}{K_1K_2K_3K_4}$。

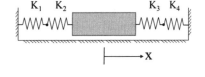

( ) **25** 如右圖所示，有一簡支梁，其 B、C 點承受彎矩 M_1 及 M_2。當 $M_1＝M_2$，該梁之彎矩圖為何？

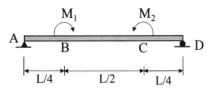

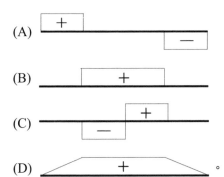

( ) **26** 如右圖所示之構架，A、B 及 C 點均為鉸接，則 C 點的反力合力值為何？

(A)$\frac{1}{\sqrt{2}}$ kN (B)$\sqrt{2}$ kN

(C)$\frac{1}{3}$ kN (D)3kN。

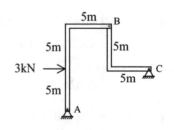

( ) **27** 如右圖所示，A 力可分解成 B 及 C 兩力，若 C＝$\sqrt{2}$ N，則 B 為何？

(A)$\sqrt{2}$ N (B)$\frac{1}{\sqrt{2}}$ N (C)2N (D)$\frac{1}{2}$ N。

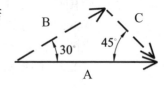

( ) **28** 有一簡支梁長為 L，受力型式如右圖所示，若 A 點反力為 B 點反力的 2 倍，則 X 為何？(水平方向力量不計)

(A)0.3L (B)0.4L (C)0.5L (D)0.6L。

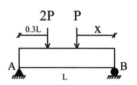

( ) **29** 如圖所示，平面桁架之 bd 桿件內力為何？

(A)480N 拉力
(B)480N 壓力
(C)384N 拉力
(D)384N 壓力。

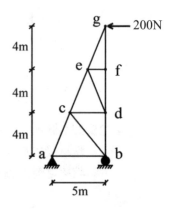

( ) **30** 如圖所示，一集中載重 P 作用於斷面均勻的懸臂梁，其自由端 F 之位移量為何？

(A)144$\frac{PL^3}{EI}$ (B)144$\frac{PL^2}{EI}$

(C)$\frac{1000}{3}\frac{PL^3}{EI}$ (D)$\frac{1000}{3}\frac{PL^2}{EI}$。

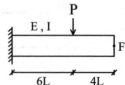

(　)　**31** 如右圖所示，梁長為 2L，剛度為 2EI，承受均佈載重 w，則 B 點之支承
反力值為何？

(A)$\dfrac{wL}{8}$

(B)$\dfrac{3wL}{8}$

(C)$\dfrac{wL}{3}$

(D)$\dfrac{3wL}{4}$ 。

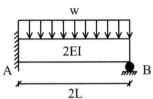

(　)　**32** 一桿件長度為 3L，斷面積為 A，材料之彈性係數為 E，受力如圖所示，
則其桿件總應變能 U 為何？

(A)$\dfrac{3P^2L}{2AE}$　(B)$\dfrac{3PL^2}{2AE}$

(C)$\dfrac{9P^2L}{2AE}$　(D)$\dfrac{9PL^2}{2AE}$ 。

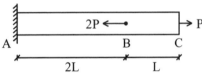

(　)　**33** 結構鋼之應力－應變圖如圖所示
(僅示意，未依實際比例繪製)，則其
極限應力發生在哪一點？

(A)C 點

(B)D 點

(C)E 點

(D)F 點。

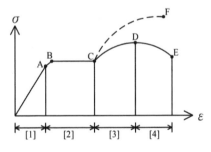

(　)　**34** 結構鋼之應力－應變圖如圖所示
(僅示意，未依實際比例繪製)，則其
頸縮段為哪一區域？

(A)[1]區

(B)[2]區

(C)[3]區

(D)[4]區。

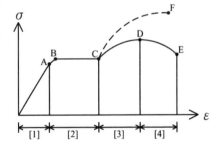

( ) **35** 如右圖所示,有一對稱結構桿件承受
P 力,桿件 AD 伸長量為 δ_{AD},桿件
BD 伸長量為 δ_{BD},則其兩伸長量的
關係為何?

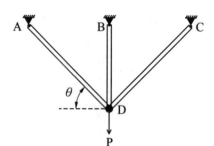

(A)$\delta_{AD} = \delta_{BD} \cdot \cos\theta$

(B)$\delta_{AD} = \delta_{BD} \cdot \sin\theta$

(C)$\delta_{BD} = \delta_{AD} \cdot \cos\theta$

(D)$\delta_{BD} = \delta_{AD} \cdot \sin\theta$。

( ) **36** 如右圖所示,有 3 個應變計 A、B、C,其讀數
分別為 500×10^{-6}、380×10^{-6}、-60×10^{-6},則該處
剪應變 γ_{xy} 為何?

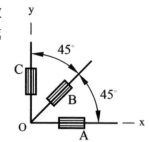

(A)80×10^{-6}

(B)160×10^{-6}

(C)320×10^{-6}

(D)640×10^{-6}。

( ) **37** 有一長度 3m,斷面直徑 30mm 之圓形均勻桿件,彈性係數 E 為 73GPa,
波松比(Poisson's ratio)為 $\frac{1}{3}$,若施加拉力使其長度伸長 9mm,則其直徑
縮減量為何? (A)0.01mm (B)0.02mm (C)0.03mm (D)0.09mm。

( ) **38** 甲、乙分別製成兩根相同直徑之圓桿,甲的長度為乙的 2 倍,甲材料的
彈性係數為乙的 $\frac{1}{2}$ 倍,若對甲、乙兩圓桿施加相同拉力,則伸長量之比
(甲:乙)為何? (A)4:1 (B)2:1 (C)$\frac{1}{2}$:1 (D)$\frac{1}{4}$:1。

( ) **39** 有一均質且等斷面桿件受力如右圖所示,彈性係數為 E,斷面積為 A,
桿件中貼有 3 個應變計,試比較 3 個應變計 $\varepsilon_{甲}$、$\varepsilon_{乙}$、$\varepsilon_{丙}$ 之讀數大小(絕
對值)?

(A)$\varepsilon_{乙} > \varepsilon_{甲} > \varepsilon_{丙}$ (B)$\varepsilon_{乙} > \varepsilon_{丙} > \varepsilon_{甲}$

(C)$\varepsilon_{丙} > \varepsilon_{乙} > \varepsilon_{甲}$ (D)$\varepsilon_{丙} > \varepsilon_{甲} > \varepsilon_{乙}$。

(　)　**40** 有一斷面積為 1cm² 之預力鋼鉸線，彈性係數 E 為 200GPa，容許拉力為
90kN，若該預力鋼鉸線長度為 20m，則其容許伸長量為何？　(A)30mm
(B)45mm　(C)60mm　(D)90mm。

(　)　**41** 如右圖所示之外伸梁受均佈荷重 4kN/m 作用，其梁斷面之最大彎矩值
(絕對值)為何？
(A)4.5kN・m
(B)6kN・m
(C)8kN・m
(D)10kN・m。

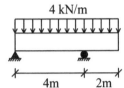

(　)　**42** 如圖所示，正方形箱型梁承受彎矩 M，其最
大撓曲拉應力位置為何？
(A)甲點
(B)乙點
(C)丙點
(D)丁點。

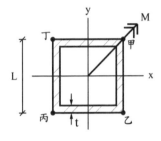

(　)　**43** 如圖所示，依單拉試驗之應力－應變圖，計算
其彈性係數為何？
(A)200GPa
(B)150GPa
(C)100GPa
(D)50GPa200。

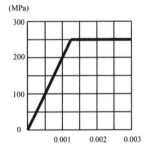

(　)　**44** 應力單位 kN/cm² 相當於下列何值？　(A)10Pa
(B)10kPa　(C)10MPa　(D)10GPa。

(　)　**45** 如右圖所示，矩形斷面寬為 2B，高為 H，降伏應力
(yielding stress)為 σ，則其降伏彎矩 Mₓ 為何？
(A)$\sigma\dfrac{BH^2}{6}$　(B)$\sigma\dfrac{BH^2}{3}$　(C)$\sigma\dfrac{3}{BH^2}$　(D)$\sigma\dfrac{6}{BH^2}$。

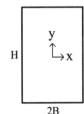

( ) **46** 有一長度 L 之懸臂梁，受三角形分佈載重如右圖所
示，則其固定端彎矩為何？

(A)$\frac{1}{12}$ wL²

(B)$\frac{1}{6}$ wL²

(C)$\frac{1}{4}$ wL²

(D)$\frac{1}{3}$ wL²。

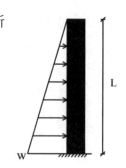

( ) **47** 有一簡支梁受力如圖所示，其最大剪力(絕對值)
為何？

(A)6kN   (B)9kN

(C)15kN   (D)24kN。

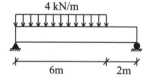

( ) **48** 有一等向性之線彈性材料，剪力彈性模數 G 為 200 kN/cm²，波松比 υ 為 0.25，
其彈性係數 E 為多少 kN/cm²？　(A)500　(B)550　(C)600　(D)650。

( ) **49** 直徑 D 之圓形斷面均質彈性桿件，其容許撓曲應力使其所能承受的容
許彎矩為 M，若直徑增為 4D，則其容許最大彎矩為何？　(A)4M
(B)16M　(C)32M　(D)64M。

( ) **50** 以「共軛梁法」求得共軛梁上某點之剪力，代表該點何項數值？　(A)撓
度　(B)角度　(C)應力　(D)應變。

解答及解析

1 (B)　　**2 (C)**　　**3 (A)**　　**4 (B)**　　**5 (C)**　　**6 (D)**　　**7 (D)**

8 (B)。　2 組平衡方程式計 6 條，
未知數反作用力計 8 個，
靜不定度數為 8－6＝2

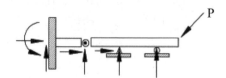

觀念補充

直接利用靜力平衡方程式(x 方向與 y 方向力及力矩)即可求出支撐反作用力
稱為靜定問題(statically determinate)，如還須利用到變位一致的條件求解，則
稱靜不定問題(statically indeterminate)。而靜不定度數的定義為反作用力個數)
超過靜平衡方程式數目的，因此，平面結構平衡方程式有 3 條，當支撐反作
用力超過 3 個時及為靜不定。依一般平面結構，由支撐點特性則知支撐反作
用力的方向與是否有扭矩，如此題目，但須注意，有時，依樑負載形式即可
判定無某方向的反作用力，此時，平衡方程式為 2。

例題：負載如下，靜不定度數為何？

解：樑受負載僅 y 方向，且為對稱負載所以無軸
向(x 向)力量，支樑恆方程式反作用力為 4，平衡
方程式為 2，所以，靜不定度數為 4−2＝2

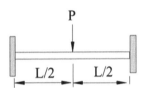

另一重要觀念，針對剛性平面桁架的必要式子：

m＋3＝2j（m 為桿件數目，j 為節點數目）

m＋3＞2j，桿件數目大於平衡方程式數目，稱桁架內部靜不定；

m＋3＜2j，桿件數目不足，可能桁架會崩潰。

9 (C)

10 (A)。　質量 100kg 要下滑時力體圖如圖一

$$N=100\times\frac{4}{5}\quad\cdots\cdots\cdots\cdots\cdots ①$$

$$F_1+W=100\times\frac{3}{5}\quad\cdots\cdots\cdots ②$$

$$F_1=100\times\frac{4}{5}\times 0.25\quad\cdots\cdots\cdots ③$$

得 W＝40(kg)

質量 100kg 要上升時力體圖如圖一

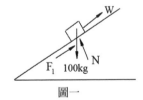

圖一

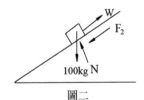

圖二

$$N = 100 \times \frac{4}{5} \cdots\cdots\cdots\cdots ①$$

$$F_1 + 100 \times \frac{3}{5} = W \cdots\cdots\cdots ②$$

$$F_1 = 100 \times \frac{4}{5} \times 0.25 \cdots\cdots\cdots ③$$

得 W＝80(kg)

所以，40kg ≤ W ≤ 80kg

11 (A)。 本題最主要是要了解剪力與力矩方向，

若觀念清楚，

因是選擇題，

直接可選(A)

在中性軸上方為壓應力

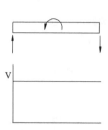

12 (C)

13 (D)。 靜不定題型

設 B 端點力為 P_B

當取消 B 端點拘束桿件壓縮 $\dfrac{P(0.6)}{AE}$

如圖一，有 B 端點力 P_B 維持桿件位移量不變

$$\frac{P(0.6)}{AE} = \frac{P_B(1.5)}{AE}$$

$$\Rightarrow P_B = \frac{2P}{5} \text{（拉力）}$$

如圖二，桿件維持平衡，$P_B + P_A = P \Rightarrow P_A = \dfrac{3P}{5}$ （壓力）

因面積相等 $\Rightarrow \dfrac{\sigma_A}{\sigma_B} = \dfrac{-3}{2}$

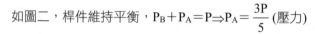

14 (B)

15 (C)。　$M(x) = -\dfrac{1}{2}w(L-x)^2 + \dfrac{1}{2}w(L/2-x)^2$

在固定端 $x=0 \Rightarrow M(0) = \dfrac{-3}{8}wL^2$

於中點 h/2 處，$\sigma = -\left[\dfrac{M\left(\dfrac{h}{2}\right)}{I}\right] = \dfrac{9wL^2}{8bh^2}$

16 (C)　　**17 (C)**　　　**18 (A)**　　**19 (A)**　　　**20 (A)**　　　**21 (D)**

22 (A)。　將圓柱重 2400kG 拉起

最小 P 力為 $2400 \times \dfrac{6}{8} = 1800(kg)$

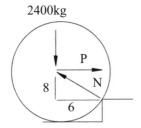

23 (C)。　題目已告知形心軸，若未告知，

也可求得形心位置 $= \dfrac{(36 \times 2 + 24 \times 7)}{(36+24)} = 4$

樑翼面積一次矩 $Q = 9 \times 4 \times 2$

代入剪力流公式 $\dfrac{100 \times Q}{I} \times S = 120$

得 $S = 8(cm)$

24 (B)

25 (B)。　本題在考兩個觀念

　　　　①左右兩端點支撐無力偶

　　　　②$M_1=M_2$，力矩正負方向的觀念，答案選(B)

26 (B)。　A、B 及 C 均為絞接

　　　　B 與 C 受力如圖二，

　　　　由圖一力平衡方程式 $P \times \frac{1}{\sqrt{2}} \times 5 + P \times \frac{1}{\sqrt{2}} \times 10 = 3 \times 5$

　　　　得 $P = \sqrt{2}$ (KN)

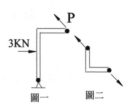

27 (C)　　**28 (D)**

29 (A)。　C 點受力情形，cb 桿件不受力，

　　　　所以，在 b 點上 bd 桿件為拉力 480N

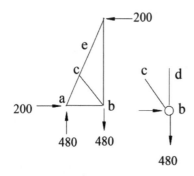

30 (A)。　$\delta_B = \delta_A + \theta_A \times (4L)$

　　　　$\Rightarrow \delta_B = \frac{P(6L)^3}{3EI} + \frac{P(6L)^3}{2EI}(4L) = 144\frac{PL^3}{EI}$

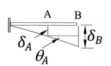

31 (D)　　**32 (A)**　　**33 (B)**　　**34 (D)**　　**35 (B)**

36 (C)。　本題重點為公式 $\gamma_{xy} = 2\varepsilon_B - (\varepsilon_A + \varepsilon_C)$

　　　　$\Rightarrow \gamma_{xy} = 2(380) - (500 - 60) \times 10^{-6} = 320 \times 10^{-6}$

37 (C)　　**38 (A)**　　**39 (B)**　　**40 (D)**　　**41 (C)**　　**42 (D)**　　**43 (A)**　　**44 (C)**

45 (B)

46 (B)。 $q(x) = \dfrac{wx}{L}$

$\Rightarrow V(x) = \dfrac{w}{2L} x^2$

$\Rightarrow M(x) = \dfrac{w}{6L} x^3$

因此，$M(L) = \dfrac{w}{6} L^2$

47 (C)。 $M_A = 0 \Rightarrow (6 \times 4) \times 3 = = R_B \times 8$，得 $R_B = 9$

$\Sigma F_y = 0 \Rightarrow R_A + R_B = 24$，得 $R_A = 15$

最大剪應力在 $R_A = 15$

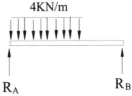

48 (A)　**49 (D)**　**50 (B)**

一試就中，升任各大

國民營企業機構

高分必備，推薦用書

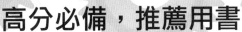

共同科目

2B811111	國文	高朋・尚榜	560元
2B821121	英文	劉似蓉	650元
2B331121	國文(論文寫作)	黃淑真・陳麗玲	近期出版

專業科目

2B031091	經濟學	王志成	590元
2B041121	大眾捷運概論（含捷運系統概論、大眾運輸規劃及管理、大眾捷運法	陳金城	近期出版
2B061101	機械力學(含應用力學及材料力學)重點統整+高分題庫	林柏超	430元
2B071111	國際貿易實務重點整理+試題演練二合一奪分寶典	吳怡萱	560元
2B081111	絕對高分! 企業管理(含企業概論、管理學)	高芬	650元
2B111081	台電新進雇員配電線路類超強4合1	千華名師群	650元
2B121081	財務管理	周良、卓凡	390元
2B131101	機械常識	林柏超	530元
2B161121	計算機概論(含網路概論)	蔡穎、茆政吉	590元
2B171101	主題式電工原理精選題庫	陸冠奇	470元
2B181111	電腦常識(含概論)	蔡穎	470元
2B191101	電子學	陳震	530元
2B201091	數理邏輯(邏輯推理)	千華編委會	430元

2B211101	計算機概論(含網路概論)重點整理+試題演練	哥爾	460元
2B311111	企業管理(含企業概論、管理學)棒！bonding	張恆	610元
2B321101	人力資源管理(含概要)	陳月娥、周毓敏	550元
2B351101	行銷學(適用行銷管理、行銷管理學)	陳金城	550元
2B421121	流體力學（機械）・工程力學（材料）精要解析	邱寬厚	650元
2B491111	基本電學致勝攻略	陳新	650元
2B501111	工程力學(含應用力學、材料力學)	祝裕	630元
2B581111	機械設計(含概要)	祝裕	580元
2B661121	機械原理(含概要與大意)奪分寶典	祝裕	近期出版
2B671101	機械製造學(含概要、大意)	張千易、陳正棋	570元
2B691111	電工機械(電機機械)致勝攻略	鄭祥瑞	570元
2B701111	一書搞定機械力學概要	祝裕	630元
2B741091	機械原理(含概要、大意)實力養成	周家輔	570元
2B751111	會計學(包含國際會計準則IFRS)	歐欣亞、陳智音	550元
2B831081	企業管理(適用管理概論)	陳金城	610元
2B841111	政府採購法10日速成	王俊英	530元
2B851111	8堂政府採購法必修課：法規+實務一本go！	李昀	460元
2B871091	企業概論與管理學	陳金城	610元
2B881111	法學緒論大全(包括法律常識)	成宜	650元
2B911111	普通物理實力養成	曾禹童	590元
2B921101	普通化學實力養成	陳名	530元
2B951101	企業管理(適用管理概論)滿分必殺絕技	楊均	600元

以上定價，以正式出版書籍封底之標價為準

歡迎至千華網路書店選購
服務電話 (02)2228-9070

千華網路書店

更多網路書店及實體書店

博客來網路書店　PChome 24hr書店　三民網路書店
MOMO 購物網　金石堂網路書店　誠品網路書店

查詢實體書店

一試就中，升任各大
國民營企業機構
高分必備，推薦用書

2B541111	主題式土木施工學概要高分題庫	林志憲	590元
2B551081	主題式結構學(含概要)高分題庫	劉非凡	360元
2B591111	主題式機械原理(含概論、常識)高分題庫	何曜辰	530元
2B611111	主題式測量學(含概要)高分題庫	林志憲	450元
2B681111	主題式電路學高分題庫	甄家灝	450元
2B731101	工程力學焦點速成＋高分題庫	良運	560元
2B791101	主題式電工機械(電機機械)高分題庫	鄭祥瑞	430元
2B801081	主題式行銷學(含行銷管理學)高分題庫	張恆	450元
2B891111	法學緒論(法律常識)高分題庫	羅格思 章庠	540元
2B901111	企業管理頂尖高分題庫(適用管理學、管理概論)	陳金城	410元
2B941101	熱力學重點統整＋高分題庫	林柏超	390元
2B951101	企業管理(適用管理概論)滿分必殺絕技	楊均	600元
2B961101	流體力學與流體機械重點統整＋高分題庫	林柏超	410元
2B971111	自動控制重點統整＋高分題庫	翔霖	510元
2B991101	電力系統重點統整＋高分題庫	廖翔霖	570元

以上定價，以正式出版書籍封底之標價為準

歡迎至千華網路書店選購
服務電話 (02)2228-9070

千華網路書店

更多網路書店及實體書店

 博客來網路書店　 PChome 24hr書店　三民網路書店

MOMO 購物網　金石堂網路書店　 誠品網路書店

查詢實體書店

頂尖名師精編紙本教材
超強編審團隊特邀頂尖名師編撰，
最適合學生自修、教師教學選用！

千華影音課程
超高畫質，清晰音效環
繞猶如教師親臨！

TTQS 銅牌獎

多元教育培訓
數位創新

現在考生們可以在「Line」、「Facebook」
粉絲團、「YouTube」三大平台上，搜尋【千
華數位文化】。即可獲得最新考訊、書
籍、電子書及線上線下課程。千華數位
文化精心打造數位學習生活圈，與考生
一同為備考加油！

實戰面授課程
不定期規劃辦理各類超完美
考前衝刺班、密集班與猜題
班，完整的培訓系統，提供
多種好康講座陪您應戰！

遍布全國的經銷網絡
實體書店：全國各大書店通路

電子書城：
Google play、Hami 書城 …
Pube 電子書城

網路書店：
千華網路書店、博客來
MOMO 網路書店…

書籍及數位內容委製
服務方案
課程製作顧問服務、局部委外製
作、全課程委外製作，為單位與教
師打造最適切的課程樣貌，共創
1+1＝無限大的合作曝光機會！

多元服務專屬社群 @ f YouTube

千華官方網站、FB 公職證照粉絲團、Line@ 專屬服務、YouTube、
考情資訊、新書簡介、課程預覽，隨觸可及！

學習方法 系列

如何有效率地準備並順利上榜，學習方法正是關鍵！

榮登新書快銷榜

連三金榜 黃禕

翻轉思考	適合的最好	一定學得會
破解道聽塗說	調整習慣來應考	萬用邏輯訓練

三次上榜的國考達人經驗分享！
運用邏輯記憶訓練，教你背得有效率！
記得快也記得牢，從方法變成心法！

作者在投入國考的初期也曾遭遇過書中所提到類似的問題，因此在第一次上榜後積極投入記憶術的研究，並自創一套完整且適用於國考的記憶術架構，此後憑藉這套記憶術架構，在不被看好的情況下先後考取司法特考監所管理員及移民特考三等，印證這套記憶術的實用性。期待透過此書，能幫助同樣面臨記憶困擾的國考生早日金榜題名。

作者線上分享

網 路 書 店

最強校長 謝龍卿

榮登博客來暢銷榜

作者線上分享

經驗分享＋考題破解
帶你讀懂考題的know-how！

open your mind！
讓大腦全面啟動，做你的防彈少年！

108課綱是什麼？考題怎麼出？試要怎麼考？書中針對學測、統測、分科測驗做統整與歸納。並包括大學入學管道介紹、課內外學習資源應用、專題研究技巧、自主學習方法，以及學習歷程檔案製作等。書籍內容編寫的目的主要是幫助中學階段後期的學生與家長，涵蓋普高、技高、綜高與單高。也非常適合國中學生超前學習、五專學生自修之用，或是學校老師與社會賢達了解中學階段學習內容與政策變化的參考。

千華會員享有最值優惠!

立即加入會員

會員等級	一般會員	VIP 會員	上榜考生
條件	免費加入	1. 直接付費 1500 元 2. 單筆購物滿 5000 元	提供國考、證照相關考試上榜及教材使用證明
折價券	200 元	500 元	
購物折扣	・平時購書 9 折 ・新書 79 折 (兩周)	・書籍 75 折 ・函授 5 折	
生日驚喜		●	●
任選書籍三本		●	●
學習診斷測驗(5科)		●	●
電子書(1本)		●	●
名師面對面		●	

facebook

公職 ‧ 證照考試資訊

專業考用書籍 | 數位學習課程 | 考試經驗分享

f 千華公職證照粉絲團

按讚送 E-coupon

Step1. 於FB「千華公職證照粉絲團」按讚
Step2. 請在粉絲團的訊息，留下您的千華會員帳號
Step3. 粉絲團管理者核對您的會員帳號後，將立即回饋e-coupon 200元。

千華 Line@ 專人諮詢服務

☑ 有疑問想要諮詢嗎？歡迎加入千華LINE@！

☑ 無論是考試日期、教材推薦、勘誤問題等，都能得到滿意的服務。

☑ 我們提供專人諮詢互動，更能時時掌握考訊及優惠活動！

國家圖書館出版品預行編目(CIP)資料

(國民營事業)流體力學(機械).工程力學(材料)精要解析/
邱寬厚編著. -- 第一版. -- 新北市：千華數位文化
股份有限公司, 2022.08
　　面； 　公分

ISBN 978-626-337-248-1(平裝)

1.CST: 流體力學　2.CST: 工程力學

332.6　　　　　　　　　　　　111012173

［國民營事業］

流體力學(機械)・工程力學(材料)精要解析

編 著 者：邱 寬 厚

發 行 人：廖 雪 鳳
登 記 證：行政院新聞局局版台業字第 3388 號
出 版 者：千華數位文化股份有限公司
地址／新北市中和區中山路三段 136 巷 10 弄 17 號
電話／(02)2228-9070　　傳真／(02)2228-9076
郵撥／第 19924628 號　千華數位文化公司帳戶
千華公職資訊網：http://www.chienhua.com.tw
千華網路書店：http://www.chienhua.com.tw/bookstore
網路客服信箱：chienhua@chienhua.com.tw

法律顧問：永然聯合法律事務所
編輯經理：甯開遠
主　　編：甯開遠
執行編輯：潘俊安
校　　對：千華資深編輯群
排版主任：陳春花
排　　版：蕭韻秀

出版日期：2022 年 8 月 30 日　　　第一版／第一刷

本書如有勘誤或其他補充資料，
將刊於千華公職資訊網　http://www.chienhua.com.tw
歡迎上網下載。

【國家考試系列】

流體力學(機械)・工程力學(材料)精要解析

編 著 者　林柏志

發 行 人　楊玉文

出版日期：2022 年 8 月 30 日　　第一版／第一刷